全国工程爆破技术人员统一培训教材

# 《爆破设计与施工》复习指南

中国工程爆破协会　编
汪旭光　主编



北　京
冶　金　工　业　出　版　社
2023

## 内 容 提 要

本复习指南与《爆破设计与施工》一书相结合，共同构成全国工程爆破技术人员统一培训教材。本书共分为4部分，第一部分为爆破理论与技术；第二部分为爆破设计，主要包含爆破工程设计实践方面相关内容；第三部分为爆破法规与标准相关知识；第四部分为附录，包括法律法规条文及初级爆破工程技术人员考试的300道范例填空题。

本书系统、全面地覆盖了培训教材的基本内容，有着较强的针对性，是爆破工程技术人员培训考核的必读教材。


**图书在版编目(CIP)数据**

《爆破设计与施工》复习指南/汪旭光主编．—北京：冶金工业出版社，2015.12（2023.3 重印）

全国工程爆破技术人员统一培训教材

ISBN 978-7-5024-7157-6

Ⅰ.①爆… Ⅱ.①汪… Ⅲ.①爆破设计—技术培训—教材 ②爆破施工—技术培训—教材 Ⅳ.①TB41

中国版本图书馆CIP数据核字(2015)第278180号

**《爆破设计与施工》复习指南**

| | | | |
|---|---|---|---|
| **出版发行** | 冶金工业出版社 | **电　　话** | (010)64027926 |
| **地　　址** | 北京市东城区嵩祝院北巷39号 | **邮　　编** | 100009 |
| **网　　址** | www.mip1953.com | **电子信箱** | service@mip1953.com |

责任编辑 徐银河 王梦梦 美术编辑 彭子赫 版式设计 孙跃红

责任校对 李 娜 责任印制 禹 蕊

三河市双峰印刷装订有限公司印刷

2015年12月第1版，2023年3月第4次印刷

787mm×1092mm 1/16；24.5印张；595千字；378页

**全套定价300.00元**

**投稿电话 (010)64027932 投稿信箱 tougao@cnmip.com.cn**

**营销中心电话 (010)64044283**

**冶金工业出版社天猫旗舰店 yjgycbs.tmall.com**

（本书如有印装质量问题，本社营销中心负责退换）

# 前　言

2011 年，由中国工程爆破协会组织编写了《爆破设计与施工》、《爆破设计与施工试题库》两本一套的《全国工程爆破技术人员统一培训教材》。在过去的 4 年多时间内，3 万多名爆破工程技术人员使用该套培训教材顺利通过了爆破工程技术人员安全作业证考核。应该说，这套教材在提高全国爆破工程技术人员技术素质和安全意识的培训工作中发挥了重要作用。鉴于我国爆破公共安全管理工作的提升和爆破技术的不断创新与发展，公安部颁布了《爆破作业人员资格条件和管理要求》，对爆破工程技术人员的培训内容和考核方式等方面均作了重要调整。为适应调整后的考核要求，更好地指导参训人员的复习和备考，中国工程爆破协会再次组织专家编写了《〈爆破设计与施工〉复习指南》，该复习指南与《爆破设计与施工》共同构成一套完整的全国工程爆破技术人员统一培训教材，原有的《爆破设计与施工试题库》将不再作为全国工程爆破技术人员统一培训教材。

本复习指南的编写原则、章节安排、内容取舍都是全体编写人员以及中国工程爆破协会培训部按照公安部新标准的要求，经过多次认真讨论、斟酌再三确定的。以《爆破设计与施工》教材为基础，在保证知识完整性和系统性的同时，突出考生复习过程中的重点和难点，内容比较合理、详略基本得当，具有实用性和可操作性。同时考虑新考试大纲对法律法规知识的要求，适当增加了法律、法规和标准等方面的内容。需要说明的是，本复习指南与《爆破设计与施工》教材是互为补充、密不可分的整体，考生在复习过程中应注意将二者结合使用，不可偏废。

本复习指南共分为 4 部分，即：第一部分为爆破理论与技术，这部分内容安排与《爆破设计与施工》教材一致；第二部分为爆破设计，这部分为爆破工程设计实践方面的内容；第三部分为爆破法规与标准相关知识；第四部分为附录，包括：《民用爆炸物品安全管理条例》、《爆破安全规程》(GB 6722—2014)、《爆破作业单位资质条件和管理要求》(GA 990—2012)、《爆破作业项目管理要求》(GA 991—2012) 等法律法规条文及初级爆破工程技术人员考试的 300 道范例填空题。

参加《〈爆破设计与施工〉复习指南》编写的人员有（按姓氏笔画排列）：

于亚伦、王小林、龙源、李晓杰、张双计、张正宇、汪平、宋锦泉、杨军、高文学、徐宇皓和高荫桐。书稿写成后经反复讨论，数易其稿，于亚伦、高荫桐和宋锦泉统稿，汪旭光院士审阅定稿。

在本复习指南编写过程中，中国工程爆破协会培训部郝玉梅和吴慧对文稿的收集整理、校对等做了大量工作；冶金工业出版社谭学余、程志宏为本复习指南的出版做了大量的具体工作，付出了辛勤劳动。在此一并表示衷心感谢。

由于时间紧迫、编者水平所限，书中的疏漏之处欢迎广大读者批评指正。

编　者

2015 年 11 月

# 目　　录

## 第一部分　爆破理论与技术

## 第二部分　爆破设计

## 第三部分　爆破法规与标准相关知识



## 第四部分　附　　录

# 第一部分

# 爆破理论与技术

## 1 绪 论

### 1.1 爆破的历史与现状

#### 1.1.1 本节知识点及要求

本节知识点及要求包括：

（1）了解部分：工业炸药和爆破技术的历史与现状的概况；

（2）掌握部分：了解历史展望未来。

#### 1.1.2 本节知识点表述

1.1.2.1 工业炸药的历史与现状

火药是我国四大发明之一。公元10世纪我国开始将黑火药用于军事，10～11世纪才经由阿拉伯国家传入欧洲。黑火药、印刷术和航海术的发明标志着人类从中世纪向近代的转变。

约在1613年，黑火药首次应用于奥地利的西利基上保布罗夫矿的水平巷道掘进爆破，但直到1627年，Grosslitz，Chemnitz才将此事公布于众。同年，卡斯珀·文德尔也记载了黑火药在匈牙利的波斯托伦（Ober-Biberstollen）的舍姆尼茨皇家矿山应用。黑火药作为独一无二的炸药，延续了数百年。

1865年，瑞典化学家阿尔弗雷德·诺贝尔（Alfred Nobel）发明了以硝化甘油为主要组分的达纳迈特（Dynamite）炸药之后，工业炸药才步入了多品种的时代。随后，1867年奥尔森（Olsson）和诺宾（Norrbein）发明了硝酸铵和各种燃料制成的混合炸药，奠定了硝铵类炸药与硝甘类炸药相互竞争发展的基础。

我国早在20世纪30年代抗日战争时期，解放区人民就发明和使用过由硝酸铵和液体可燃物组成的炸药，即铵油炸药的雏形。

新中国成立后，随着国民经济的迅速发展需要，炸药工业有了很大的发展。迅速建立了一批专门生产硝铵炸药和硝甘炸药的工厂，基本满足了我国国民经济发展的需要。

20世纪50年代中期开始，工业炸药又进入了一个新的发展时期，其主要标志是铵油炸药和浆状炸药等含水炸药的相继发明和推广应用，这也是我国在工业炸药领域追赶世界先进水平的一次很好的契机。

我国从1959年开始研制浆状炸药，并于20世纪60年代中期在矿山爆破作业中获得应用。70年代后期开始研制乳化炸药，目前不仅有了连续化自动化生产工艺技术、设备和岩石型、煤矿许用型乳化炸药、粉状乳化炸药，而且发展了露天型乳化炸药混装车，地下小直径乳化炸药装药车。乳化炸药生产技术和装药车不仅满足了国内的需要，而且还出口瑞典、蒙古、俄罗斯、越南、赞比亚等国。

与此同时，起爆器材也得到了迅速发展。

概括地说，我国已经建立了比较完整的爆破器材生产、流通和使用体系。

#### 1.1.2.2 爆破技术的历史与现状

新中国成立以后，我国才有了自己的爆破队伍和独立自主的爆破设计与施工作业。但建国初期，我国工程爆破技术力量十分薄弱，施工设备简陋，爆破器材的品种和产量都很少，远不能满足经济建设的需要。

从第一个五年计划开始，由于矿山、铁道、水利水电工程等基础设施建设的迫切需要，在党和政府的重视下，培养了大批爆破技术人员，使我国逐步具备了独立从事大规模爆破设计与施工的水平。例如，1956年在甘肃白银露天矿进行了我国首次万吨级硐室大爆破。

中深孔爆破技术已非常广泛地应用于我国露天与地下矿山、铁道、公路、水利水电建设的基坑路堑开挖工程、采石场、工业场地平整和大型长隧道的掘进等爆破作业中。矿山深孔爆破已根据工程的要求发展了毫秒延期爆破、挤压爆破、预裂爆破、光面爆破和逐孔起爆技术等。

地下矿山除应用常规的浅孔、中深孔爆破技术外，大直径深孔爆破也得到了推广应用。煤矿岩巷掘进经历了全断面一次爆破、毫秒延期爆破和光面爆破三个阶段的发展，并已达到了相当高的技术水平。

我国城镇拆除爆破和复杂环境深孔爆破技术发展非常迅速，它不仅将过去危险性大的爆破作业由野外安全可靠地移植到人口密集的城镇，特别是创造了许多新技术、新工艺和新经验。

与此同时，水下爆破技术、油气田开发中的爆破技术和特种爆破技术也有了长足的发展，应用领域不断扩大。

我国在爆破安全技术与管理方面都进行了大量工作，积累了丰富的经验。不仅可以预防和减少各种爆破事故，而且在环境复杂的条件下也能充分控制爆破有害效应对周围环境的不利影响，扩大了工程爆破的应用领域。国家制定和颁布了《爆破安全规程》，政府主管部门也制定了相关的条例和法规，使我国爆破规程安全管理逐步走上制度化和规范化。

## 1.2 工程爆破的内涵与基本特点

### 1.2.1 本节知识点及要求

本节知识点及要求包括：

（1）了解部分：工程爆破的内涵与基本特点；

（2）掌握部分：了解工程爆破的内涵，不断创新，拓宽爆破的应用范围。

### 1.2.2 本节知识点表述

#### 1.2.2.1 工程爆破的内涵

内涵是指概念的内容，而工程爆破包括的内容极其广泛。《全国工程爆破技术人员统一培训教材——爆破设计与施工》（以下简称《教材》）中图 1-1 列出现代工程爆破涵盖的主要内容。

#### 1.2.2.2 工程爆破的基本特点

（1）工程爆破是一种高风险的涉及爆炸物品的特种行业；

（2）工程爆破外部环境特定且复杂；

（3）对爆破器材有特定的严格要求；

（4）工程爆破施工环节多而复杂；

（5）从业人员必须经过严格的培训考核，实行持证上岗，熟悉并严格遵守国务院关于爆炸物品的管理规定和国家标准《爆破安全规程》。

# 2　爆炸与炸药的基本理论

## 2.1　基本概念

### 2.1.1　本节知识点及要求

本节知识点及要求包括：

（1）了解部分：炸药化学变化的基本形式及其相互关系；

（2）掌握部分：爆炸、爆轰与爆破的定义、分类及关系，炸药爆炸的三要素。

### 2.1.2　本节知识点表述

#### 2.1.2.1　爆炸及其分类

（1）爆炸的定义。爆炸是某一物质系统在有限空间和极短时间内，大量能量迅速释放或急剧转化的物理、化学过程。在这种变化过程中通常伴随有强烈放热、发光和声响等效应。

（2）爆炸的分类。通常可以将爆炸现象归纳为三大类：物理爆炸、化学爆炸和核爆炸。

（3）爆破作业的定义。爆破作业是利用炸药的爆炸能量对介质做功，以达到预定工程目标的作业。

（4）炸药爆炸的三要素。炸药爆炸包含三要素，即释放大量的热、变化过程必须是高速的、生成大量的气体产物。这是炸药爆炸的基本条件，也是炸药爆炸不同于一般化学反应的3个重要特征。

#### 2.1.2.2　炸药化学变化的基本形式

按照炸药化学变化过程的传播性质和速度的不同，可将炸药化学变化的基本形式分为4种：热分解、燃烧、爆炸和爆轰。

（1）爆轰的定义：炸药以最大而稳定的爆速进行传爆的过程叫做爆轰。

（2）炸药化学变化的4种基本形式间的关系：在一定的外界条件下热分解、燃烧、爆炸和爆轰可以互相转化。炸药的热分解在一定的条件下可以转变为燃烧，而炸药的燃烧随温度和压力的增加又可能发展转变为爆炸，直至过渡到稳定的爆轰。

## 2.2　炸药的起爆和感度

### 2.2.1　本节知识点及要求

本节知识点及要求包括：

（1）了解部分：引起炸药爆炸的内因与外因。炸药的热起爆理论及热爆炸临界条件、炸药的爆炸冲击能起爆理论，炸药静电火花感度定义以及防止静电的措施。

（2）掌握部分：起爆与起爆能的定义。炸药的机械能起爆理论——热点理论的基本要点；炸药感度的定义及影响炸药感度的因素；炸药热感度定义及其测定方法、爆发点和火焰感度的定义；炸药机械感度、爆轰感度、冲击波感度定义及其测定方法。

### 2.2.2 本节知识点表述

#### 2.2.2.1 炸药的起爆和起爆能

A 起爆与起爆能的定义

炸药是一种相对稳定的平衡系统，要使其发生爆炸变化必须要由外界施加一定的能量。通常将外界施加给炸药某一局部而引起炸药爆炸的能量称为起爆能，而引起炸药发生爆炸的过程称为起爆。

B 引起炸药爆炸的原因

引起炸药爆炸的原因包括内因和外因的作用。

（1）内因：炸药分子结构。炸药本身的化学性质和物理性质决定着该炸药对外界作用的选择能力。吸收外界作用能量比较强，分子结构比较脆弱的炸药就容易起爆，否则起爆就比较困难。

（2）外因：系指起爆能。由于外部作用的形式不同，其起爆能通常可以有 3 种形式：热能、机械能、爆炸能。

#### 2.2.2.2 炸药起爆能的基本理论

A 炸药的热能起爆理论

在一定的温度、压力和其他条件下，如果一个体系反应放出的热量大于热传导所散失的热量，就能使该体系——混合气体发生热积聚，从而使反应自动加速而导致爆炸。即，爆炸是系统内部温度渐增的结果。

由热爆炸临界条件的谢苗诺夫判据，热爆炸的临界条件为：

$$T - T_0 = \frac{RT^2}{E} \approx \frac{RT_0^2}{E} \tag{2-1}$$

式中 $E$——炸药分子的活化能，J；

$R$——气体常数；

$T_0$——环境温度，常数；

$T$——炸药达到爆炸时的炸药体系温度。

B 炸药的机械能起爆理论——热点理论（灼热核理论）

当炸药受到撞击、摩擦等机械能的作用时，并非受作用的各个部分都被加热到相同的温度，而只是其中的某一部分或几个极小的部分。例如，个别晶体的棱角处或微小气泡处，首先被加热到炸药的爆发温度，促使局部炸药首先起爆，然后迅速传播至全部。这种温度很高的微小区域，通常被称为热点（灼热核）。

（1）形成热点的原因：

1）绝热压缩炸药内所含的微小气泡，形成热点；

2）炸药受机械作用，颗粒间产生摩擦，形成热点；

2）液态炸药（塑性炸药或低熔点炸药）具有高速黏性流动，也可形成热点。

（2）热点起爆必须满足的条件：

1）热点的尺寸应尽可能地细小，直径一般为 $10^{-5} \sim 10^{-3}$cm；

2）热点的温度应为 300 ~ 600℃；

3）热点的作用时间在 $10^{-7}$s 以上。

C　炸药的爆炸冲击能起爆理论

炸药的爆炸冲击能起爆理论可描述如下：

（1）均相炸药的爆炸冲击能起爆过程。主发装药爆炸产生的强冲击波进入均相炸药（如四硝基甲烷），经过一定的延迟以后，便开始在其表面形成爆轰波。这个爆轰波是在强冲击波通过后，在已被冲击压缩的炸药中发生的，此时爆轰波的传播速度比正常的稳定爆速大得多。

（2）非均相炸药的爆炸冲击能起爆过程。非均相炸药系指物理性质不均匀的炸药。这种物理不均匀性既可以是不同物质的相互混合，也可以是炸药中留有空气间隙，或是二者皆有之。非均相炸药的爆炸冲击能起爆和均相炸药有很大的不同，这是由于非均相炸药反应是从局部“热点”处扩展开的，而不像均相炸药反应那样能量均匀分配给整个起爆面，这样非均相炸药所需的临界起爆压力 $P_K$ 值要比均相炸药小。

2.2.2.3　炸药感度的定义

炸药的感度是指炸药在外界能量作用下，发生爆炸反应的难易程度称为炸药感度。炸药爆炸所需的起爆能愈小，该炸药的感度愈高。按照外部作用形式，炸药感度有热感度、机械感度和爆轰感度等。

A　炸药热感度

炸药在热能作用下发生爆炸的难易程度称为炸药热感度。通常以爆发点和火焰感度等来表示。

（1）炸药的爆发点。炸药的爆发点系指使炸药开始爆炸所需加热到的介质的最低温度。这一温度并不是炸药爆炸时炸药本身的温度，也不是炸药开始分解时本身的温度，而是指炸药分解自行加速开始时的环境温度。一般把炸药的分解开始自行加速到爆炸所经历的时间称为爆发延滞期。实验时，延滞期取 5min 或 5s 为标准。

（2）炸药的火焰感度。炸药在明火（火焰、火星）作用下，发生爆炸变化的能力称为炸药的火焰感度。

B　炸药机械感度

（1）炸药撞击感度及测定方法。炸药撞击感度系指炸药在机械撞击下发生爆炸的难易程度，是炸药最重要的感度指标之一。测定撞击感度最常用的仪器是立式落锤仪。

（2）炸药的摩擦感度及测定方法。炸药的摩擦感度系指在机械摩擦作用下炸药发生爆炸的难易程度。测定炸药摩擦感度的仪器有多种，但大多数测定误差较大，精度不高。我国目前最常用的比较精确的仪器是摆式摩擦仪。

C　炸药的爆轰感度

炸药的爆轰感度系用来表示一种炸药在其他炸药的爆炸作用下发生爆炸的难易程度。

它一般用极限起爆药量表示，即要使1g炸药完全爆炸所需的最小起爆药量。

D 炸药的冲击波感度

当一个药包（卷）爆炸时，会在某种惰性介质中（如空气、水、沙土等）产生冲击波，通过这种冲击波的作用可以引起相隔一定距离处另一药包（卷）的爆炸，这种现象称为殉爆。炸药的冲击波感度是指炸药在冲击波的作用下发生爆炸的难易程度。炸药冲击波感度的测定方法主要有隔板试验和飞片撞击试验等。

E 炸药的静电火花感度

炸药通常是绝缘物质，炸药颗粒间或炸药与其他绝缘物体之间经常发生摩擦会产生静电，有时会形成很高的静电电压（可达数千伏）。当静电电量或能量聚集到足够大时，就有可能放电产生电火花而引燃或引爆炸药。

炸药对静电火花作用的感度，可用使炸药发生爆炸所需最小放电电能来表示，或用在一定放电电能条件下所发生的爆炸频数来表示。

炸药生产和使用中的防静电措施有：工房增湿；设备接地、容器壁涂上能减少产生静电的物质或防静电剂；炸药颗粒包敷导电物质或表面活性剂；桌面、地面铺设导电橡胶等。在爆破地点使用压气装药器装药时，常采用敷有良好导电层的抗静电聚乙烯软管作输药管并采取接地等措施，来减少产生静电，防止静电事故。

2.2.2.4 影响炸药感度的因素

影响炸药感度的内、外在因素如下：

（1）内在因素。键能、分子结构和成分、生成热、热效应、活化能、热容量。

（2）外在因素。炸药的物理状态与晶体形态、装药密度、炸药结晶的大小、温度、惰性杂质的掺入。

## 2.3 炸药的爆轰理论

### 2.3.1 本节知识点及要求

本节知识点及要求包括：

（1）了解部分：爆轰波相关波的基本概念；爆轰反应机理（整体反应机理与局部反应机理）；理想爆轰与非理想爆轰以及侧向膨胀波对反应区结构的影响。

（2）掌握部分：爆轰波的流体力学理论基本要点（爆轰波的结构、特点、稳定爆轰条件）；爆轰波基本方程与爆轰波参数计算；药包极限直径与临界直径以及工程爆破的药包直径要求。

### 2.3.2 本节知识点表述

2.3.2.1 爆轰波

A 波的基本概念

（1）波。波就是扰动的传播，即介质状态变化的传播。

（2）扰动。在受到外界作用时，介质状态（压力$p$、温度$T$、密度$\rho$等）发生的局部变化。

（3）压缩波。扰动波传播过后，压力$p$、密度$\rho$、温度$T$等状态参数增加的波称为压缩波。

(4) 稀疏波。扰动波传播过后，介质状态参数 $p$、$\rho$、$T$ 等均下降的波称为稀疏波。

(5) 冲击波。是指在介质中以超声速传播并能引起介质的状态参数（$p$、$\rho$、$T$、$u$、$E$）发生突跃升高的一种特殊形式的压缩波。

(6) 爆轰波。伴随着发生化学反应，在炸药中传播的特殊形式的冲击波，简称爆轰波。

B　爆轰波的结构

根据爆轰波的流体力学理论，爆轰波由一个前沿冲击波阵面和紧跟其后的化学反应区构成。爆轰波的前沿冲击波维持固有波速和波阵面压力在炸药中向前传播，其后紧跟着的化学反应区以同等速度向前传播。即在爆轰波稳定传播和一维流动条件下，反应区内的情况始终保持稳定，不会随着反应区的传播而发生变化。此时反应区又叫做稳恒区。稳恒区末端面称为 C-J 面（Champan-Jouget 面），通常将 C-J 面称为爆轰波波阵面。C-J 面上的参数即爆轰波阵面参数。

C　爆轰波的特点

爆轰波的特点如下：

(1) 爆轰波只存在于炸药的爆轰过程中。

(2) 爆轰波阵面中的高速化学反应区，是爆轰得以稳定传播的基本保证。爆轰波阵面的宽度 A—B 通常约为 0.1 ~ 1.0mm。爆轰波参数通常是 B—B 面上的状态参数，参见《教材》图 2-9。

(3) 爆轰波具有稳定性，即波阵面上的参数及其宽度不随时间变化，直至爆轰终止。

2.3.2.2　爆轰波基本方程

(1) 质量守恒方程：

$$\rho_0 D = \rho_H (D - D_H) \tag{2-2}$$

(2) 动量守恒方程：

$$p_H - p_0 = \rho_0 D_H \tag{2-3}$$

(3) 能量守恒方程（爆轰波的雨果尼奥（Hugoniot）方程）：

$$E_H - E_0 - Q = \frac{1}{2}(p_H + p_0)(v_0 - v_H) \tag{2-4}$$

式中　$\rho_0$——初始炸药密度；

$\rho_H$——反应区物质密度；

$D$——爆速；

$D_H$——爆炸生成气体气流速度；

$p_H$——C—J 面上压力，即爆轰压力；

$p_0$——初始压力；

$E_H$，$E_0$——炸药爆轰时和爆轰前的能量；

$v_0$——炸药初始比容；

$v_H$——爆轰波阵面上爆炸气体的比容；

$Q$——爆热。

#### 2.3.2.3　爆轰波参数计算

爆轰波参数可用与求一般冲击波参数相似的方法求得：

（1）C—J 面处的质点速度：

$$u_{\mathrm{H}} = \frac{1}{K+1}D \tag{2-5}$$

（2）爆轰压力：

$$p_{\mathrm{H}} = \frac{1}{K+1}\rho_0 D^2 \tag{2-6}$$

（3）爆轰结束瞬间产物体积：

$$V_{\mathrm{H}} = \frac{K}{K+1}v_0 \tag{2-7}$$

（4）爆轰结束瞬间产物密度：

$$\rho_{\mathrm{H}} = \frac{K+1}{K}\rho_0 \tag{2-8}$$

（5）爆速：

$$D = \sqrt{2(K^2-1)Q_{\mathrm{v}}} \tag{2-9}$$

（6）爆轰结束瞬间产物温度：

$$T_{\mathrm{H}} = \frac{2K}{K+1}T_{\mathrm{c}} \tag{2-10}$$

式中　$K$——系数，通常可取为3；

$T_{\mathrm{c}}$——定容条件下的爆温；

其他符号含义同前。

#### 2.3.2.4　爆轰波稳定传播的条件

爆轰波稳定传播的条件由查普曼（Chapman）和朱格（Jouguet）分别提出，即 C－J 条件。可用 C－J 方程描述，即在稳定爆轰时存在着如下的关系：

$$D = c_{\mathrm{H}} + u_{\mathrm{H}} \tag{2-11}$$

式中　$D$——爆速；

$c_{\mathrm{H}}$——C—J 面处爆轰气体产物的声速；

$u_{\mathrm{H}}$——C—J 面处气体产物质点速度。

方程的物理意义为，爆轰波化学反应区后面的爆轰产物稀疏波将紧跟化学反应区，以同样的速度传播，既不会超前也不会落后。因此，反应区所释放出的能量就不发生损失，而全部用来支持爆轰波的定常传播。

A　反应区化学反应机理

（1）整体反应机理。整体均匀灼热引起化学反应。该机理适用于不含气泡或其他掺和物的均质炸药，例如，不含气泡或其他掺和物的液体炸药。在冲击波作用下，邻接波阵面的炸药薄层均匀地受到强烈压缩，温度迅速上升，产生急剧化学反应。由于整个薄层炸药均需均匀受压缩、灼热而发生反应，这就需要有较强的冲击波来提供较高的压力。

（2）局部反应机理。热点局部灼热引起化学反应，该机理适用于不均匀的炸药。由于冲击波的作用，化学反应首先是围绕热点开始的，然后进一步发展至整个炸药薄层。因为冲击能量首先集中在一定数量的热点处，所以为引起炸药薄层化学反应所必需的冲击波压力比均匀灼热时要低。

B 药包极限直径与临界直径

（1）极限直径。随着药包直径的增大，爆速相应增大，一直到药包直径增大到 $d_{极}$ 时，药包直径虽然继续增大，爆速将不再升高而趋于一恒定值，亦即达到了该条件下的最大爆速。$d_{极}$ 称为药包极限直径。

（2）临界直径。随着药包直径的减小，爆速逐渐下降，一直到药包直径降到 $d_{临}$ 时，如果继续缩小药包直径，即 $d < d_{临}$，则爆轰完全中断。$d_{临}$ 称为药包临界直径（参阅《教材》图 2-11）。

C 工程爆破的药包直径要求

从工程爆破角度来看，显然必须避免不稳定爆轰的发生而应力求达到理想爆轰。即药包直径不应小于 $d_{临}$，而尽可能达到或大于 $d_{极}$。但由于技术或其他条件的限制，矿山实际采用的药包直径往往都小于 $d_{极}$，尤其在使用低感度混合炸药时更加突出。在这种情况下，不可避免地出现非理想爆轰，尽管达到了稳定爆轰，然而化学反应过程中炸药能量没有完全充分释放出来，能量损失很大。

D 理想爆轰与非理想爆轰

（1）理想爆轰。当任意加大药包直径和长度而爆轰波传播速度仍保持稳定的最大值时，称为理想爆轰。

（2）非理想爆轰。若爆轰波以低于最大爆速的定常速度传播时，则称为非理想爆轰。

非理想爆轰又可分为两类。$d_{临}$ 至 $d_{极}$ 之间的爆轰属于稳定爆轰区，在此区间内爆轰波以与一定条件相对应的定常速度传播。在药包直径小于 $d_{临}$ 的区域属于不稳定爆轰区。稳定爆轰区和不稳定爆轰区合称非理想爆轰区。

E 侧向膨胀波对反应区结构的影响

药包直径缩小时，由于爆轰侧向膨胀波对反应区的损耗使得用以维持爆轰波传播的能量急剧减少。药包爆轰时是否能达到稳定爆轰甚至理想爆轰，取决于侧向膨胀波到达装药轴线处的时间 $t_1$ 同反应区反应终了所需时间 $t_2$ 之间的相对关系。炸药爆轰反应速度高，即 $t_2$ 小，则 $t_1$ 值可以相应减少，即可以采用较小的药包。

## 2.4 炸药的氧平衡与热化学参数

### 2.4.1 本节知识点及要求

本节知识点及要求包括：

（1）了解部分：爆热的测定及计算；爆压的计算；爆温的计算。

（2）掌握部分：氧平衡的基本概念、分类、意义和工程爆破作业与炸药氧平衡的选择；实际爆破对爆温的选择；单质炸药和混合炸药氧平衡的计算。另外，爆热的定义、爆压的定义和爆温的定义应熟练掌握。

### 2.4.2 本节知识点表述

2.4.2.1 炸药的氧平衡

A 氧平衡的定义

氧平衡是衡量炸药中所含的氧与将可燃元素完全氧化所需要的氧两者是否平衡的问题。广义地说，氧平衡就是氧化还原平衡，也即炸药或物质中的氧化剂用以完全氧化自身所含的可燃剂后所多余或不足的氧量。

B 氧平衡的分类

根据所含氧的多少，可以将炸药的氧平衡分为三种不同的情况：

(1) 零氧平衡。系指炸药中所含的氧刚够将可燃元素完全氧化。

(2) 正氧平衡。系指炸药中所含的氧将可燃元素完全氧化后还有剩余。

(3) 负氧平衡。系指炸药中所含的氧不足以将可燃元素完全氧化。

C 工程爆破作业与炸药氧平衡的选择

实践表明，只有当炸药中的碳和氢都被氧化成 $CO_2$ 和 $H_2O$ 时，其放热量才最大。零氧平衡一般接近于这种情况。负氧平衡的炸药，爆炸产物中就会有 CO、$H_2$，甚至会出现固体碳；而正氧平衡炸药的爆炸产物，则会出现 NO、$NO_2$ 等气体。这两种情况，都不利于发挥炸药的最大威力，同时会生成有毒气体。如果把它们用于地下工程爆破作业，特别是含有矿尘和瓦斯爆炸危险的矿井，就更应引起注意。因为 CO、NO、$N_xO_y$ 不仅都是有毒气体，而且能对瓦斯爆炸反应起催化作用，因此这样的炸药就不能应用于地下矿井的爆破作业。

D 氧平衡的意义

氧平衡是设计混合炸药配方、确定炸药使用范围和条件的重要依据。

E 氧平衡的计算

(1) 对于含碳、氢、氧、氮的 $C_aH_bO_cN_d$ 的单质炸药或混合炸药，其氧平衡值的计算方法如下：

$$\text{氧平衡值} = c - \left(2a + \frac{1}{2}b\right) \tag{2-12}$$

$$\text{氧平衡值} = \frac{\left[c - \left(2a + \frac{1}{2}b\right)\right] \times 16}{M} \tag{2-13}$$

式中 16——氧的原子量；

$M$——炸药的分子量；

$a$，$b$，$c$——分别代表在一个炸药分子中，碳、氢、氧的原子个数。

在实际计算中，由于氧平衡值往往用每克炸药内多余或不足氧物质的量来表示，这时 $C_aH_bO_cN_d$ 炸药的氧平衡就按上式计算。

氧平衡值也可用百分数来表示，系指每 100g 炸药所含的多余或不足的氧的克数。习惯上，在正氧平衡数值前冠以“+”号，在负氧平衡数值前冠以“-”号。

(2) 若以 $C_aH_bO_cN_dX_e$ 表示含铝、硫等炸药的实验通式（X 表示任意一种可燃元素），那么这些炸药的氧平衡值可用下式计算：

$$\text{氧平衡值} = \frac{\left[c - \left(2a + \frac{1}{2}b + m \times e\right)\right] \times 16}{M} \tag{2-14}$$

式中　$e$——该元素的原子量；

$m$——该元素完全氧化时，氧原子数与该原子数之比。如，$Al \to Al_2O_3$ 时，其 $m = 3/2$；$Na \to Na_2O$ 时，$m = 1/2$；$S \to SO_2$ 时，$m = 2$；

$a$，$b$，$c$ 的意义同式（2-13）。

（3）混合炸药的氧平衡计算。

1）先写出混合炸药实验通式，然后按照单质炸药氧平衡公式进行计算。此法较复杂；

2）采用各组分的百分率与其氧平衡值的乘积的总和来计算，各组分氧平衡值可单独计算也可查表得到。此法较简便：

$$\text{氧平衡值} = m_1M_1 + m_2M_2 + \cdots + m_nM_n \tag{2-15}$$

式中　$m_1$，$m_2$，…，$m_n$——浆状炸药或乳化炸药各组分的氧平衡值；

$M_1$，$M_2$，…，$M_n$——浆状炸药或乳化炸药各组分的百分含量。

#### 2.4.2.2　炸药的热化学参数

##### A　爆热

1mol 炸药爆轰时所放出的热量称为爆热。在实际使用中，为比较各种炸药，一般以千克炸药为单位。因此爆热系指在定容下所测出的单位质量炸药的热效应，通常用 $Q_v$ 表示。

（1）爆热的测定。爆热的测定通常使用量热弹。由于各种条件的影响，用此方法测出的爆热只是近似值。

（2）爆热的计算。爆热计算的理论基础是炸药爆炸变化反应式的确立和盖斯定律。根据盖斯定律，炸药爆热等于爆炸产物生成热减去炸药本身的生成热。其计算式如下：

$$Q_{2-3} = Q_{1-3} - Q_{1-2} \tag{2-16}$$

炸药的爆炸反应是在瞬间完成的，可以认为在反应过程中药包的体积未变化，爆热可按定容条件计算。

##### B　爆温

炸药爆炸时所放出的热量将爆炸产物加热达到的最高温度称为爆温。它取决于炸药的爆热和爆炸产物的组成。单质炸药的爆温一般为 3000～5000℃，矿用炸药的爆温一般为 2000～2500℃。

（1）爆温的计算。假设炸药爆炸是在定容下进行的绝热过程，爆炸过程中所放出的热量全部用于加热爆炸产物。可采用下式计算爆温：

$$t = \frac{-a + \sqrt{a^2 + 4bQ_v}}{2b} \tag{2-17}$$

式中　$a$，$b$——卡斯特平均分子热容式中的系数；

$Q_v$——定容下的爆热，J/mol。

$$Q_v = \overline{C}_{v,m} \cdot t \tag{2-18}$$

式中　$\overline{C}_{v,m}$——在温度由 0 到 $t$℃范围内全部爆炸产物的平均热容量，J/mol；

$t$——所求的炸药之爆温，℃。

$\overline{C}_{v,m}=a+bt$ 利用下列卡斯特平均分子热容量(J/(mol · ℃))式计算，可确定 $a$，$b$：

对于双原子气体 $C_v=20.1+18.8\times10^{-4}t$

对于水蒸气 $C_v=16.7+90\times10^{-4}t$

对于 $CO_2$ $C_v=37.7+24.3\times10^{-4}t$

对于四原子气体 $C_v=41.8+18.8\times10^{-4}t$

对于 C $C_v=25.12$

(2) 实际爆破中炸药爆温的选择。在实际使用炸药时，需根据具体条件选用不同爆温的炸药。例如，在金属矿山的坚硬矿岩和大抵抗线爆破中，通常希望选用爆温较高的炸药，从而获得较好的爆破效果。而在软岩，特别是煤矿爆破中，常常要求爆温控制在较低的范围内，以防止引起瓦斯、煤尘爆炸，同时又保证能获得一定的爆破效果。

C 爆压

炸药在密闭容器中爆炸时，其爆炸产物对器壁所施的压力称为爆压。爆压的计算如下：

(1) 气体爆炸。因爆炸气体近似于理想气体，在密闭容器中爆炸时所产生的压力可以利用理想气体的状态方程式计算：

$$pV=nRT \quad 或 \quad p=\frac{nRT}{V} \tag{2-19}$$

式中 $R$——理想气体常数；

$n$——气体爆炸产物的量，mol；

$V$——密闭容器的容积，L；

$T$——爆温，K。

(2) 固体或液体炸药爆炸。固体或液体炸药爆炸时，生成的气体密度很大，因此不能再利用理想气体状态方程，一般应用阿贝尔方程式进行计算：

$$p=\frac{F\cdot\Delta}{1-\alpha\cdot\Delta} \tag{2-20}$$

式中 $\Delta$——炸药装填密度，即炸药装药质量与药室体积之比，kg/L；

$F$——炸药力，即表示乘积 $nRT$；

$\alpha$——爆炸产物的范德华不可压缩体积，或1kg 炸药的余容。

考虑在炸药的爆炸产物中，除了气体以外，有时还存在固体或液体的残渣，则采用变换式计算：

$$p=\frac{F\cdot\Delta}{(1-\alpha'+\alpha'')\Delta} \tag{2-21}$$

式中 $\alpha'$——气态爆炸产物的范德华不可压缩体积；

$\alpha''$——凝缩爆炸产物的体积，等于其重量被其密度除；

$F$，$\alpha'$，$\alpha''$值可查表得到。

阿贝尔式只适用于计算装填密度不太大的炸药在密闭容积中爆炸的压力。例如，火药装药从火炮中射出所产生的压力。当炸药装填密度较大时，得到的结果常常没有物理意义。

## 2.5　炸药的爆炸性能

### 2.5.1　本节知识点及要求

本节知识点及要求包括：

（1）了解部分：炸药的做功能力、做功值及爆破作业中的有效功概念；聚能效应的概念、成因及特点。

（2）掌握部分：爆速的定义及影响因素；工程爆破的相对威力；猛度的定义；殉爆和殉爆距离的定义、意义及影响因素；沟槽效应的概念、成因、影响因素、对工程爆破的影响及其消减措施。

### 2.5.2　本节知识点表述

#### 2.5.2.1　爆速

A　爆速的定义

爆轰波在炸药药柱中的传播速度称为爆轰速度，简称为爆速，通常以 m/s 或 km/s 表示。

B　爆速的影响因素

影响爆速的因素包括：

（1）药柱直径与约束条件。实践表明，在药柱直径较小的情况下，增强药柱的约束条件可以显著提高炸药的爆速，减少其临界直径值。

（2）炸药密度。概括地说，当炸药组分配比和工艺条件控制一定时，炸药的爆速随着密度的增加而增大。

（3）炸药粒度。一般地说，减小炸药粒度能够提高炸药的反应速度，减小反应时间和反应区厚度，从而减小临界直径提高爆速。

#### 2.5.2.2　炸药的做功能力

炸药做功能力是衡量炸药威力的重要指标之一，通常以爆炸产物作绝热膨胀直到其温度降至炸药爆炸前的温度时，对周围介质所做的功来表示。炸药做功能力取决于爆热及气体爆炸产物的体积。

A　炸药做功值

假设炸药在做功过程中没有热量损失，热能全部转变成机械功。按照热力学的定律，此种功值 $A$ 可按下式计算：

$$A = \eta Q_V \tag{2-22}$$

$$\eta = 1 - \left(\frac{V_1}{V_0}\right)^{K-1} \tag{2-23}$$

式中　$Q_V$——炸药的爆热，J/mol；

$\eta$——热转变成功的效率；

$V_1$——爆炸产物膨胀前的体积，即等于爆炸前炸药的体积，L；

$V_0$——爆炸产物膨胀到常温时的体积，约等于炸药的比容，L/kg；

$K$——绝热指数。

B　炸药做功值 $A$ 的物理意义

式（2-22）及式（2-23）的物理意义可概括如下：

（1）炸药的最大做功能力与炸药爆热有关，它随爆热的增大而增大。

（2）炸药的实际做功能力，除爆热 $Q_V$ 外，还与 $V_0$ 有关。也就是炸药的比容越大，效率越高。

（3）绝热指数：

$$K = \frac{C_P}{C_V} = \frac{C_V + R}{C_V} = 1 + \frac{R}{C_V} \tag{2-24}$$

C　爆破作业中的有效功

进行爆破作业时的实际的有效功只占炸药功值的很小部分。其损失原因包括：

（1）化学损失。炸药爆炸的侧向飞散，带走部分未反应的炸药。这部分损失叫化学损失，装药直径越小，化学损失相对越大。

（2）热损失。如爆炸过程中的热传导、热辐射及介质的塑性变形等等，都造成热损失。这部分热损失往往占炸药总放热量的一半左右。

（3）机械损失。一部分无效机械功消耗在岩石的振动、抛掷和在空气中形成空气冲击波上。剩下来的有效机械功一般只占炸药总能力的10%左右。

D　工程爆破的相对威力

在工程爆破中通常使用相对威力的概念，系指以某一熟知的炸药（如铵油炸药）的威力作为比较的标准。

（1）相对重量威力。以单位重量炸药作比较。

（2）相对体积威力。以单位体积炸药作比较。

在选用含水炸药作为设计爆破参数的依据时，一般应以相对体积威力来衡量比较合适。

2.5.2.3　猛度

炸药的猛度系指炸药爆炸瞬间，爆轰波和爆炸气体产物直接对与之接触的固体介质局部产生破碎的能力。

猛度的大小主要取决于爆速，爆速越高，猛度越大，岩石被粉碎得越厉害。炸药猛度的实测方法一般采用铅柱压缩法。

2.5.2.4　殉爆

殉爆的概念及影响因素包括：

（1）殉爆。一个药包（卷）爆炸后，引起与它不相接触的邻近药包（卷）爆炸的现象，称为殉爆。殉爆在一定程度上反映了炸药对冲击波的感度。通常将先爆炸的药包称为主发药包，被引爆的后一个药包称为被发药包。

（2）殉爆距离。主发药包引爆被发药包的最大距离叫做殉爆距离，一般以厘米计，它表示一种炸药的殉爆能力。

（3）殉爆的意义。在工程爆破中，殉爆距离对于确定分段装药、盲炮处理和合理的孔网参数等都具有指导意义。在炸药厂和危险品库房的设计中，它是确定安全距离的重要依据。

（4）影响殉爆距离的因素包括：

1）装药密度。密度对主发药包和被发药包的影响是不同的。主发药包的条件给定后，在一定范围内，被发药包密度减小，殉爆距离增加；主发药包密度增高，殉爆距离增大。

2）药量和药径。增加药量和药径，将使主发药包的冲击波强度增大，被发药包接收冲击波的面积也增加，殉爆距离随之提高。

3）药包约束条件和连接方式。如果主发药包有外壳，甚至将两个药包用管子连接起来，由于爆炸产物流的侧向飞散受到约束，自然会增大被发药包方向的引爆能力，显著增大殉爆距离，而且随着外壳、管子材质强度的增加而进一步加大。

4）药包的摆放形式。药包的摆放涉及冲击波与爆炸产物流的打击方向，对殉爆极有影响。在主发药包与被发药包轴线对正的情况下殉爆效果最好；轴线垂直效果最差，可降低4～5倍之多。

5）装药间惰性介质的性质。在不易压缩的介质中，冲击波容易衰减，因而殉爆距离较小。介质越稠密，冲击波在其中损失的能量越多，殉爆距离也就越小。

#### 2.5.2.5 沟槽效应

A 定义

沟槽效应，也称管道效应、间隙效应，就是当药卷与炮孔壁间存在有月牙形空间时，爆炸药柱所出现的自抑制－能量逐渐衰减直至拒（熄）爆的现象。

B 沟槽效应对工程爆破的影响

实践表明，在小直径炮孔爆破作业中，沟槽效应普遍存在，是影响爆破质量的重要因素之一。近年来我国和美国等均已将沟槽效应视为工业炸药的一项重要性能指标。

C 沟槽效应的产生原因

（1）压缩空气解释。爆炸产物压缩药卷和孔壁之间的间隙中的空气，产生冲击波，它超前于爆轰波并压缩药卷，抑制爆轰。

（2）等离子体解释。沟槽效应是由于药卷外部炸药爆轰产生的等离子体引起的。即炸药起爆后在爆轰波阵面的前方有一等离子层（离子光波），对后面未反应的药卷表层产生压缩作用，妨碍该层炸药的完全反应，造成能量衰减，抑制爆轰。

D 沟槽效应的影响因素

沟槽效应的影响因素包括：

（1）炸药配方。在各种矿用炸药中，乳化炸药沟槽效应小，在小直径炮孔中传爆长度很长。

（2）物理结构。例如，乳化炸药具有极细的油包水型物理内部结构，氧化剂与可燃剂以近似分子大小的距离彼此紧密接触，爆轰传递迅速，沟槽效应几乎不存在。

（3）包装条件。例如，增大药卷外壳的强度会使乳化炸药的沟槽效应显著减少，甚至消除。

（4）加工工艺。凡是能改善和增强乳化混合条件的工艺因素（如增大剪切强度），都能提高乳化炸药的质量，减少其沟槽效应。

E 工程爆破中减少或消除沟槽效应的措施

减少或消除沟槽效应可采取如下措施：

（1）化学技术，选用不同的包装涂覆物，如柏油沥青、石蜡、蜂蜡等。

（2）调整炸药的配方和加工工艺，以缩小炸药爆速与等离子体速度间的差值。

（3）堵塞等离子体的传播，1）在炮孔中的每个药卷间插上一层塑料薄板或填上炮泥；2）用水或有机泡沫充填炮孔与药卷之间的月牙形间隙。

（4）增大药卷直径。

（5）沿药包全长放置导爆索起爆。

（6）采用散装技术，使炸药全部充填炮孔不留间隙，使其没有超前的等离子层存在。

#### 2.5.2.6　聚能效应

A　定义

在某种特定药包形状的影响下可以使爆炸的能力在空间重新分配，极大增强对某一个方向的局部破坏作用，这种底部具有锥孔的药包（也叫聚能穴）爆炸时对目标的破坏作用显著增强的现象称为聚能效应。

B　产生聚能效应的原因

对于带锥孔的圆柱形药柱，当爆轰波前进到锥体部分，其爆轰产物则沿着锥孔内表面垂直的方向飞出。由于飞出速度相等，药形对称，爆轰产物要聚集在轴线上，汇聚成一股速度和压力都很高的气流，称为聚能流，它具有极高的速度、密度、压力和能量密度。这使得爆轰产物的能量集中在靶板的较小面积上，提高了破坏作用。

C　聚能装药的特点

聚能装药有如下特点：

（1）聚能效应的产生在于能量的调整、集中，它只能改变药柱某个方向的猛度，而没有改变整个药包的总能量。

（2）由于金属射流的密度远比爆轰聚能流的密度大，能量更集中，所以有罩聚能药包的破甲作用比无罩聚能药包大得多，应用得也更多。

（3）金属射流和爆轰产物聚能流都需要一定的距离来延伸。能量最集中的断面总是在药柱底部外的某点，由此断面至锥底的距离称为炸高。对位于炸高处的目标，破甲效果最好。

# 3　爆破器材

## 3.1　工业炸药

### 3.1.1　本节知识点及要求

本节知识点及要求包括：

（1）了解部分：工业炸药的各种分类、主要工业炸药的组成、特点和用途；

（2）掌握部分：工业炸药的基本概念。

### 3.1.2　本节知识点表述

3.1.2.1　工业炸药的特点与分类

A　工业炸药定义

工业炸药又称民用炸药，由氧化剂、可燃剂和其他添加剂等组分按照氧平衡的原理配制，并均匀混合制成的爆炸物。它广泛应用于国民经济的各个部门。

B　工业炸药的主要组成

工业炸药主要由如下成分组成：

（1）氧化剂。硝酸铵、硝酸钠等。

（2）可燃剂。木粉、石蜡、地蜡、柴油类碳氢化合物。

（3）敏化剂。添加单质炸药。有时根据特殊需要可加入少量铝粉、镁粉等。乳化炸药通常采用微气泡敏化技术。

C　工业炸药的特点

工业炸药具有以下特点：

（1）爆炸性能好，具有足够的爆炸威力以满足各种工程爆破对象的作业要求；

（2）具有较低的机械感度和适当的起爆感度，既能保证生产、贮存、运输和使用的安全，又能保证有效地被起爆；

（3）炸药组分配比为零氧平衡或接近零氧平衡，以保证爆炸产生较少的有毒气体；

（4）具有较高的热安定性、物理化学相容性和适当的稳定贮存期；

（5）使用方便，易于装药，炸药生产、使用过程中不会给人体和环境带来较大危害或污染；

（6）原料来源广泛，价格便宜，加工工艺简单，生产操作安全可靠，无污染。

D　工业炸药的分类

工业炸药一般有五种分类方法：

（1）按炸药的应用范围和成分分类：如起爆药、猛炸药（包括混合和单质。混合猛炸药是工程爆破中用量最大的炸药，它是开山、筑路、采矿等爆破作业的主要能源）、发射药、烟火剂。

（2）按工业炸药的使用条件分类：

1）第一类炸药。准许在一切地下和露天爆破工程中使用的炸药，包括有瓦斯和矿尘爆炸危险的矿山。又称安全炸药或煤矿许用炸药。

2）第二类炸药。一般可在地下或露天爆破工程中使用，但不能用于有瓦斯或煤尘爆炸危险的地方。用于地下作业场所工程爆破的炸药，对有害气体生成量有一定的限制，我国现行标准规定1kg井下炸药爆炸所产生的有毒气体不超过80L。

3）第三类炸药。专用于露天作业场所工程爆破的炸药。

（3）按炸药的主要化学成分分类：

1）硝铵类炸药。以硝酸铵为主要成分，加入适量的可燃剂、敏化剂及其他添加剂的混合炸药均属此类。这是目前国内外工程爆破中用量最大、品种最多的一类混合炸药。

2）硝化甘油类炸药。以硝化甘油为主要爆炸成分，加入硝酸钾、硝酸铵作氧化剂，硝化棉为吸收剂，木粉为疏松剂，多种组分混合而成的混合炸药。具有爆炸威力大，感度高，装药密度大等特点，适于小直径炮孔、坚硬矿岩和水下的爆破作业。但其安全性较差，炸药有毒，爆后生成的有毒气体量大，不易加工，且生产成本较高。

3）芳香族硝基化合物类炸药。凡含有苯及其同系物，如甲苯、二甲苯的硝基化合物以及苯胺、苯酚和萘的硝基化合物的炸药均属此类，如TNT等。这类炸药在我国工程爆破中用量不大。

（4）按炸药的物理状态分类：按照炸药的物理状态，又可将工业炸药分为粉状炸药、粒状炸药、乳化炸药和胶质炸药。

（5）按联合国危险物品运输规定分类：联合国危险物品运输专家委员会将危险物品定义并分类，对于危险物品的包装方法、表征、捆扎、标识都做了规定，将危险物品划分为9个类别，火炸药等爆炸物品属于第一类别。在这个类别中又根据不同火炸药及装置所具有的特性不同而细分为6个级别，参见《教材》表3-1所示。

#### 3.1.2.2　常用工业炸药

归纳起来，常用工业炸药主要有以下9种：

##### A　铵油炸药

（1）铵油炸药的成分。铵油炸药主要成分是硝酸铵（细粉状结晶硝酸铵和多孔粒状硝酸铵）和轻柴油，是一种无梯炸药。可适量加入木粉作为疏松剂。

（2）铵油炸药的特点：

1）成分简单，原料来源充足，成本低，制造使用安全；

2）感度低，起爆较困难；

3）铵油炸药吸潮及固结的趋势较为强烈。

（3）铵油炸药的品种：

1）粉状铵油炸药；

2）多孔粒状铵油炸药；

3）改性铵油炸药。

B　重铵油炸药

重铵油炸药又称乳化铵油炸药，是乳胶基质与多孔粒状铵油炸药的物理掺和产品。既提高了粒状铵油炸药的相对体积威力，又改善了铵油炸药的抗水性能。

C　乳化炸药

（1）乳化炸药的成分。乳化炸药是以氧化剂水溶液为分散相，以不溶于水、可液化的碳质燃料作连续相，借助乳化作用及敏化剂的敏化作用而形成的一种油包水（W/O）型特殊结构的含水混合炸药。

（2）乳化炸药的特点：

1）密度可调范围较宽；

2）爆速和猛度较高；

3）起爆感度高；

4）抗水性强。

D　水胶炸药

（1）水胶炸药的成分。它以硝酸甲胺为主要敏化剂的含水炸药，即由硝酸甲胺、氧化剂、辅助敏化剂、辅助可燃剂、密度调节剂等材料溶解、悬浮于有胶凝剂的水溶液中，再经化学交联而制成的凝胶状含水炸药。

（2）水胶炸药与浆状炸药的区别。水胶炸药用硝酸甲胺为主要敏化剂，而浆状炸药敏化剂主要用非水溶性的火炸药成分、金属粉和固体可燃物。

（3）水胶炸药的特点：

1）优点。爆炸反应较完全，能量释放系数高，威力大；抗水性好；爆炸后有毒气体生成量少；机械感度和火焰感度低；储存稳定性好；成分间相容性好；规格品种多，特别是煤矿许用型可用于高瓦斯地区。

2）缺点。不耐压；不耐冻；易受外界条件影响而失水解体，影响炸药的性能；原材料成本较高，炸药价格较贵。

E　膨化硝酸铵炸药

用膨化硝酸铵作为炸药氧化剂的一系列粉状硝铵炸药，其关键技术是硝酸铵的膨化敏化改性，膨化硝酸铵颗粒中含有大量的“微气泡”，颗粒表面被“歧性化”、“粗糙化”，当其受到外界强力激发作用时，这些不均匀的局部就可能形成高温高压的“热点”进而发展成为爆炸，实现硝酸铵的“自敏化”设计。

F　典型单质炸药

（1）梯恩梯。梯恩梯（TNT）又叫三硝基甲苯，分子式为 $C_8H_2(NO_2)_3CH_3$，分子量227。工业梯恩梯呈淡黄色鳞片状，有毒性，1863 年研制成功，1891 年发现其爆炸性能，从 1901 年起开始取代苦味酸用于军事上。

（2）黑索今。黑索今（RDX）是一种单质猛炸药，分子式为 $C_3H_6N_6O_6$，分子量为222.12。外观为白色斜方结晶，有一定毒性，由浓硝酸与乌洛托品进行硝解反应制得的产品。在民用爆炸物品行业称做工业黑索今，主要用作炸药制品（如起爆具、震源药柱的组分等）和导爆索芯药，以及工业雷管的二次装药。

（3）太安。太安（PETN）是一种单质猛炸药，分子式为 $C_5H_8N_4O_{12}$，分子量为316.17，是由浓硝酸与季戊四醇进行酯化反应生成季戊四醇四硝酸酯，再经丙酮重结品后制得的产品。在民爆行业用作雷管装药和导爆索芯药等。

（4）奥克托金。奥克托今（HMX）是一种单质猛炸药，分子式为 $C_4H_8N_8O_8$，分子量为 296.20，在民用爆炸物品行业用作雷管底药、导爆索芯和炸药制品（如起爆具、震源药柱的组分等）。

G 低爆速炸药

（1）低爆速炸药的成分。低爆速炸药的基本配方是在一种炸药中加入另一种与其相容的、广义的稀释剂，降低其爆速。稀释剂为重金属、重金属氧化物、微孔物质、人工充气气泡，甚至为爆速更低的可爆组分。

（2）低爆速炸药的特点。极限爆速较低，具有较大的极限直径，其极限爆速通常为 1500～2000m/s。在工程爆破中主要应用于爆炸加工和岩土爆破中的光面爆破及预裂爆破等领域。

H 含高能添加物的工业炸药（工业含铝炸药、含高氯酸盐类炸药）

工业含铝炸药是在工业炸药中加入少数铝粉制成的工业炸药。铝粉在爆炸反应中的作用，是它在爆轰波阵面后的二次反应放出热量，从而增加爆热，提高爆炸威力。由于铝粉价格较贵，制成的炸药成本高，在工业上只能用在一些需要高威力炸药的特殊爆破场合。

I 煤矿许用炸药

（1）煤矿许用炸药的特点。

1）爆炸后不至于引起矿井大气的局部高温；

2）具有较高的起爆敏感度和较好的传爆能力；

3）有毒气体的生成量应符合国家标准；

4）组分中不能含有金属粉末。

（2）煤矿许用炸药的消焰剂。为满足使用要求，煤矿许用炸药组分中通常添加一定量的消焰剂。消焰剂主要是碱金属卤化物，如食盐、氯化钾、氯化铵或其他类似的物质。它们具有较强的极性和活性，能够有效地破坏或者束缚链反应中的活泼中心——自由基，破坏反应链传递。

（3）煤矿许用炸药的分级。我国煤矿许用炸药按所含瓦斯安全性分为五级，各个级别许用炸药瓦斯安全性（巷道试验）的合格标准如下：

一级煤矿许用炸药：100g 发射臼炮检定合格，可用于低瓦斯矿井；

二级煤矿许用炸药：180g 发射臼炮检定合格，一般可用于高瓦斯矿井；

三级煤矿许用炸药：试验法一：400g 发射臼炮检定合格；试验法二：150g 悬吊检定合格；可用于瓦斯与煤突出矿井；

四级煤矿许用炸药：250g 悬吊检定合格；

五级煤矿许用炸药：450g 悬吊检定合格。

（4）煤矿许用炸药的常用种类。根据炸药的组成和性质，煤矿许用炸药可分为六类：

1）粉状硝铵类许用炸药；

2）含水炸药；

3）离子交换炸药；

4）当量炸药；

5）被筒炸药。

## 3.2　起爆器材

### 3.2.1　本节知识点及要求

本节知识点及要求包括：

（1）了解部分：起爆器材的种类；工业雷管的分类；电雷管发火系统的分类；导爆管雷管的结构；数码电子雷管的分类与结构；数码电子雷管有哪些功能单元构成；数码电子雷管的优缺点；无起爆药雷管的定义；低能导爆索的用途。

（2）掌握部分：电雷管的分类、组成以及工作原理；导爆管雷管分类和命名规则；工业雷管编码方法；工业导爆索分类、结构和工作原理；起爆具的结构、作用及起爆原理。

### 3.2.2　本节知识点表述

#### 3.2.2.1　工业雷管

工程爆破中常用工业雷管作为起爆器材之一。

（1）起爆器材：雷管、导爆索、导爆管、继爆管、起爆药柱。

（2）工业雷管分类：电雷管、导爆管雷管、数码电子雷管、无起爆药雷管。

（3）电雷管分类：瞬发电雷管和延期电雷管。瞬发电雷管分为普通瞬发电雷管和煤矿许用瞬发电雷管。延期电雷管分为普通延期电雷管和煤矿许用毫秒延期电雷管。普通延期电雷管又分为秒延期电雷管、半秒延期电雷管、1/4 秒延期电雷管和毫秒延期电雷管；煤矿许用毫秒延期电雷管分为 1-5 段毫秒延期电雷管。参见《教材》表 3-26所示。

（4）电雷管组成：管壳、电点火系统、加强帽、起爆药和猛炸药，延期电雷管还有延期体元件。

（5）电雷管的电发火系统分类：灼热桥丝式、火花式、导电药式。

（6）电雷管工作原理：电雷管接通电流，使得桥丝发热，引燃点火药（延期雷管中点火药直接引燃延期体，再由延期体火焰引爆起爆药），点火药的燃烧火焰通过传火孔引燃起爆药，起爆药在加强帽的约束作用下迅速由燃烧转为爆轰，从而起爆下方的猛炸药，完成雷管最终能量的输出，起爆炸药。

（7）导爆管雷管结构：由导爆管、卡口塞、加强帽、起爆药、猛炸药、管壳组成。

（8）导爆管雷管分类和命名：导爆管雷管按抗拉性能分为普通型导爆管雷管和高强度型导爆管雷管；按延期时间分为毫秒延期导爆管雷管，1/4 秒延期导爆管雷管，半秒延期导爆管雷管和秒延期导爆管雷管。导爆管雷管的命名按 WJ/T9031 的规定执行。

（9）数码电子雷管的结构：在原有雷管装药的基础上，采用具有电子延时功能的专用集成电路芯片实现延期的电子雷管。

（10）数码电子雷管的功能单元：整流电路、内储能电容、控制开关、通信管理电路、内部检测电路、延期电路、控制电路。

（11）数码电子雷管分类：按输入能量区分：导爆管雷管、数码电子雷管；按延期编程方式区分：固定延期（工厂编程）电子雷管、现场可编程电子雷管、在线可编程电子雷管；按使用场合区分：隧道专用电子雷管、煤矿许用电子雷管、露天使用电子雷管。

（12）数码电子雷管的优点：1）良好的抗水、抗压性能；2）可抵御静电、杂散电流、射频电等各种外来电的固有安全性；3）可以在爆破现场根据需要在0～1500ms内任意设置和调整的灵活性；4）具有高精度与高可靠性；5）起爆之前雷管位置和工作状态可反复检查的测控性等。

（13）无起爆药雷管：凡不使用起爆药实现雷管起爆的均可称为无起爆药雷管。

（14）工业雷管编码方法：工业雷管编码采用13位字码，由生产企业代码、生产年份代码、生产月份、生产日、特征号及流水号组成。

具体说明如下：

1）生产企业代号用“01～99”两位阿拉伯数字表示；

2）生产年份代号用“0～9”一位阿拉伯数字表示公元世纪末位年份；

3）生产月份代号用“01～12”两位阿拉伯数字表示1～12月份；

4）生产日代号用“01～31”两位阿拉伯数字表示1～31日；

5）特征号用一位英文字母（小写字母c、o、s、u、v、w、x、z除外）表示，也可用一位阿拉伯数字表示。具体可以是编码机机台代号、雷管品种代号、雷管编码的分段号或并入盒号使用；

6）流水号用五位阿拉伯数字表示，应连续布置，不应分割，且便于阅读和用户发放登记管理。其中前三位表示盒号，当三位数字不能满足生产需要时可将特征号并入使用，后两位表示盒内雷管顺序号。

#### 3.2.2.2　工业导爆索

工业导爆索也是起爆器材之一。

（1）工业导爆索分类。露天导爆索和安全导爆索。露天导爆索分为普通导爆索、高抗水导爆索、强起爆力导爆索和低能导爆索。

（2）工业导爆索结构。药芯和外壳，药芯部分直径3～4mm，由粉状猛炸药——太安（季戊四醇四硝酸酯）或黑索今（环三亚甲基三硝胺）构成，外壳是用棉、麻等纤维材料编制而成，直径为5.5～6.2mm。

（3）工业导爆索传爆原理。导爆索受到一定强度的爆炸冲击波作用后，沿索的一个方向向前传播稳定的爆轰波。爆轰波使得前沿药芯受到高温高压作用发生爆炸，爆炸的能量一部分用于激发前方炸药的反应，一部分用于维持爆轰产物的温度和压力，使得其稳定地传播。导爆索是从侧向引爆。

（4）低能导爆索用途。1）用以敷设炮孔外的导爆索网路；2）在深孔爆破时，用以引爆起爆药柱。

#### 3.2.2.3　起爆具

起爆具的起爆原理及结构说明如下：

（1）起爆具作用及起爆原理。通过缠绕或插入在起爆具上的雷管或者导爆索起爆起爆具，然后起爆具再起爆低感度炸药，其中起爆具起了爆轰波放大的作用。

（2）起爆具结构。外形结构主要有圆柱形和圆台形，外壳材料一般采用纸质或塑料，中间有搁置雷管或导爆索的贯穿圆孔。

## 3.3　地震勘探与油气井燃烧爆破器材

### 3.3.1　本节知识点及要求

本节知识点及要求包括：

（1）了解部分：地震勘探用爆破器材的分类；震源药柱的结构；震源药柱基本工作原理和分类；地震枪的基本结构；震源枪弹的特点；油、气井燃烧爆破器材分类；油气井爆破专用单质炸药的种类、起爆药的种类、混合炸药的种类、火药的种类；油气井用电雷管的分类；油气井用撞击式雷管结构；油气井用机械式起爆装置的分类；机械撞击起爆机构的构成；油气井用导爆索分类；油气井用传爆管基本结构；无枪身聚能射孔弹和有枪身聚能射孔弹的典型结构；有枪身射孔弹的品种；增效射孔器的基本结构；射孔压裂复合弹的基本结构；聚能切割弹的基本结构和工作原理；炸药焊接弹的构成；无壳高能气体压裂弹结构；电缆桥塞构成；子弹射孔器分类；枪管平行式子弹射孔器和枪管垂直式子弹射孔器构成。

（2）掌握部分：油气井用传爆器材的种类；震源药柱的型号和性能；震源枪弹的用途和主要性能；油气井用爆破器材的种类；油气井用导爆索技术要求；常用油气井工程爆破器材的种类：聚能射孔弹的分类；聚能切割弹的分类；常用修井器材的种类；爆炸整形弹炸药的选择；常用油气井工程用燃烧器材种类；高能气体压裂弹品种及特点。

### 3.3.2　知识点表述

3.3.2.1　地震勘探用爆破器材

地震勘探用爆破器材包括：震源药柱、地震枪、地震弹。

（1）震源药柱结构：由雷管座、传爆药、炸药、塑料壳体四部分构成。

（2）震源药柱基本工作原理：将震源药柱装上雷管下到井内，连接井位引爆线和电雷管，起爆由仪器来控制，当仪器车的数字地震仪（或磁带记录仪）处于正常工作状态时，引爆震源药柱，炸药爆炸，爆轰波以球面波的形式向地下方向传播。球面波在地层传播中遇到不同介质时，产生不同的反射波，数字地震仪接收并记录该反射波的参数，经资料处理确定各矿层的位置和深度。

（3）震源药柱的分类：1）高密度震源药柱（密度≥1.4g/cm$^3$）；2）中密度震源药柱（密度 =1.20～1.40g/cm$^3$）；3）低密度震源药柱（密度 =1.0～1.20g/cm$^3$）；4）高威力震源药柱；5）高分辨率震源药柱；6）地面定向震源药柱。

（4）震源药柱型号和性能：

1）高密度震源药柱请参阅《教材》表 3-34 和表 3-35；

2）中密度震源药柱请参阅《教材》表 3-35 和表 3-36；

3）低密度震源药柱请参阅《教材》表 3-38；

4）高威力震源药柱请参阅《教材》表 3-40；

5）高分辨率震源药柱请参阅《教材》表 3-42；

6）地面定向震源药柱请参阅《教材》表 3-43。

（5）地震枪的基本结构：子弹、枪体、支架、消声筒。

（6）震源枪弹的特点：

1）采用电、撞击两用击发机构，地面使用，适用性强；

2）可以单枪垂直叠加或多枪组合叠加，有效地提高击发能量；

3）可以用手推、人抬、机车牵引、飞机吊运，移动方便；

4）由于装备消音器，所以击发噪声小，对周围环境干扰小。

（7）震源枪弹的用途：主要用于中、浅层石油的地震勘探，是工程勘探和煤田勘探的理想震源枪弹，是石油勘探的辅助震源枪弹。

（8）震源枪弹的主要性能请参阅《教材》表3-44。

3.3.2.2 油、气井燃烧爆破器材

气井燃烧爆破器材分类：按使用性能和应用品种可分为三大类。第一类，是油气井用爆破器材，包括射孔器材、复合射孔器材、爆炸切割器材、爆炸整形与焊接器材、爆炸震源器材以及雷管、导爆索、塑料导爆管等起爆与传爆器材；第二类，油气井用燃烧器材，包括高能气体压裂器材、油井取芯器材、油井桥塞器材及耐热火药产品；第三类，起爆、传爆器材，包括起爆雷管、导爆索、塑料导爆管等。

3.3.2.3 油气井爆破专用火、炸药

油气井爆破专用单质炸药包括：六硝基芪（HNS）、PYX、TATB、特屈儿。

（1）气井爆破专用起爆药包括：雷汞、叠氮化铅、三硝基间苯二酚铅、二硝基重氮酚铅。

（2）油气井爆破专用混合炸药包括：聚黑-16、聚黑-14、聚奥-6、聚皮-1、S992炸药、钝化黑索今、熔注梯黑、塑-4、橡皮炸药等。

（3）油气井爆破专用火药包括：黑火药、单基药、双基药、三基药。

3.3.2.4 油气井用起爆器材

油气井用起爆器材包括：电雷管、撞击式雷管、机械式起爆装置。

（1）油气井用电雷管分类：耐温型、耐温耐压型及安全型。

（2）油气井用撞击式雷管结构：一般由雷管壳、击发药（或点火药）、增感剂、火台、起爆药与猛炸药构成。

（3）油气井用机械式起爆装置包括：机械撞击式起爆装置和压力激发式起爆装置。

（4）机械撞击起爆机构主要包括：金属投掷物（球、棒）、撞针、上药室和下药室。上药室主要是火帽、雷管和扩爆药，下药室主要是传爆药和导爆索，下药室通常装在接头里，与上药室和射孔枪相连接，在结合处用密封圈密封，以防井液渗入。

3.3.2.5 油气井用传爆器材

油气井用传爆器材包括：导爆索和传爆管。

（1）油气井用导爆索分类：塑料软管导爆索、线绕导爆索、编制导爆索、铅管导爆索。

（2）油气井用导爆索技术要求：1）爆速：普通型≥6800m/s，高爆速型≥7500m/s，高温型、超高温型一般不低于5500m/s；2）感爆性能：在两段导爆索搭接处隔两层符合QB325的黄纸板进行试验时，应爆轰完全；3）耐寒性能：导爆索应满足在－40℃条件下冷冻2h后爆轰完全；4）横向输出压力不小于2.5GPa。

（3）油气井用传爆管基本结构：起爆药、猛炸药、壳体，其中起爆药为PbN6，猛炸药为 RDX 或 HNS，外壳材料为铅或耐热橡胶。

3.3.2.6　油气井工程用爆破器材

常用油气井工程用爆破器材：聚能射孔弹、增效射孔器、射孔压裂复合弹、聚能切割弹、爆炸整形弹、炸药焊接加固弹。

（1）聚能射孔弹分类：按射孔原理分为：聚能射孔弹和子弹射孔弹；按装配方法分为：有枪身射孔弹和无枪身射孔弹；按射孔方法分为：过油管射孔弹、管射孔弹和油管输送式射孔弹；按壳体材料分为：金属壳射孔弹和非金属壳射孔弹。

（2）无枪身聚能射孔弹典型结构：压丝、传爆药、聚能药柱、药型罩、壳体和乳胶垫。

（3）有枪身聚能射孔弹典型结构：传爆药、壳体、主装药、药型罩。

（4）有枪身射孔弹品种：YD51-150-1、YD60-150-1、YD-73 聚能射孔弹、YD-89 型聚能射孔弹、YD-102 型聚能射孔弹、YD-127 型聚能射孔弹。

（5）增效射孔器基本结构：分为单元弹式和含能弹架式两种产品结构，由火药装药、导爆索、聚能射孔弹、壳体构成。

（6）射孔压裂复合弹基本结构：射孔段；压裂段；燃烧转爆轰转换接头。射孔段的上部是由电缆接头，通过连接件和射孔枪连接。射孔枪包括枪体、导爆索、射孔弹。

（7）聚能切割弹分类：内切割弹和外切割弹。

（8）聚能切割弹基本结构：由切割弹、引爆器、点火头、引爆器材衬套、分路塞、加长筒和安全管等组成。

（9）聚能切割弹基本工作原理：当切割器下到井下预定位置后，电源通到分路塞；分路塞给电到点火头；点火头将引爆器引爆；由引爆器引爆切割弹，切割弹的聚能装药将油管切断。

（10）常用修井器材包括：爆炸整形弹和炸药焊接加固弹。

（11）爆炸整形弹炸药类型选择：常用的炸药有 TNT 炸药和 RDX（黑索今）等混合炸药。

（12）炸药焊接弹构成：由装药系统、排液系统和控制系统三个系统构成。1）装药系统是由环焊装药、扩径装药、脱扣装药、引爆装药和焊管构成的；2）排液系统装在焊接弹底部，是一个发动机装药；3）引爆点火控制系统由“磁控定时起爆器”构成，主要作用是控制两端的环焊装药和中间扩径装药的爆炸时间，是爆炸焊接成败的关键系统。

3.3.2.7　油气井工程用燃烧器材

常用油气井工程用燃烧器材包括：高能气体压裂弹、高缆桥塞与井壁取芯装药、子弹射孔器。

（1）高能气体压裂弹品种及特点：第一类：燃爆压裂弹。该弹是由发射药段和炸药装药段组成的。发射药段装的是双茎药，炸药段是由聚能穴装药构成。这种压裂弹因为炸药量较大，对井壁和套管破坏较大，只适于裸眼井压裂。第二类：金属壳体高能气体压裂弹。它由长筒状合金钢金属壳、装药结构、点火结构、排气结构等部分构成。该类型的高能气体压裂弹问世后，在国内各大油田得到普遍应用。但金属壳压裂弹比较笨重，操作不方便。第三类：无壳高能气体压裂弹。

（2）无壳高能气体压裂弹结构：由可燃外壳、点火机构、中心管（连接体）、推进剂装药、上下压盖及密封结构等主要部件所构成。

(3) 电缆桥塞构成：一部分称做座封工具，另一部分称桥塞。

(4) 子弹射孔器分类：一类是枪管平行式子弹射孔器，另一类是枪管垂直曲向射孔器。

(5) 枪管平行式子弹射孔器构成：

1) 点火部件（电激发或撞击击发）；

2) 高压气体产生部件（包括火药及燃烧室）；

3) 子弹头（抛射体）；

4) 枪管。

(6) 枪管垂直式子弹射孔器构成：带有接头的头部、舱室和尾端。

## 3.4 爆破器材的检测与销毁

### 3.4.1 本节知识点及要求

本节知识点及要求包括：

(1) 了解部分：工业炸药检验项目；炸药爆炸性能检验项目；物理化学性能检测项目；导爆管和导爆索性能检验项目；震源药柱检验项目；起爆具检验项目。

(2) 掌握部分：常用爆速检测方法、做功能力测试方法、猛度测试方法和殉爆距离测试方法；雷管性能检验项目；报废炸药的销毁方法；报废起爆器材和油、气井工程专用爆破器材的销毁方法；采用爆炸法销毁时的安全原则。

### 3.4.2 本节知识点表述

#### 3.4.2.1 爆破器材的检验

爆破器材的检验项目和方法如下：

(1) 工业炸药检验项目：外观检验、爆炸性能检验和物理化学性能检测；

(2) 炸药爆炸性能检验项目：包括爆速、做功能力、猛度和殉爆距离；

(3) 常用爆速检测方法：道特里什法（又称导爆索法），测时仪法，孔内炸药爆速连续测试法；

(4) 做功能力测试方法：铅铸扩孔法（又称特劳茨铅柱试验）、爆破漏斗法、弹道抛掷法；

(5) 猛度测试方法：铅柱压缩法；

(6) 殉爆距离测试方法请参阅《教材》表3-48；

(7) 物理化学性能检测项目：密度测定、含水量测定、抗水性能；

(8) 雷管性能检验项目：外观、起爆能力（用铅板穿孔试验测定）、电阻、毫秒雷管延期时间、串联起爆电流；

(9) 导爆索性能检验项目：外观、爆速、起爆性能、传爆性能、抗水性能；

(10) 导爆管性能检验项目：外观、爆速、传爆可靠性；

(11) 震源药柱检验项目：爆速、起爆感度、传爆可靠性、耐温性能；

(12) 起爆具检验项目：外观、质量、起爆感度、装药密度、爆速、抗水性、跌落安全性、耐温耐油性。

3.4.2.2　爆破器材的销毁

爆破器材的销毁方法及安全原则：

（1）报废炸药的销毁方法：爆炸法、焚烧法、溶解法和化学分解法；

（2）报废起爆器材和油、气井工程专用爆破器材的销毁方法：雷管、导爆索等则用爆炸法；

（3）采用爆炸法销毁时的安全原则：1）一定要在远离人员和住宅区的空旷场地进行；2）销毁时应挖深坑，掩埋好后再起爆，防止爆炸飞片伤人；3）对于有壳体的爆炸器材严禁掏挖弹体内的炸药装药，严禁用人工或机械的方法去破坏金属壳体，以免发生爆炸造成安全事故。

# 4　起爆技术

## 4.1　常用起爆方法

### 4.1.1　本节知识点及要求

本节知识点及要求包括：

（1）了解部分：常用起爆方法有哪些；电起爆法的优缺点；常用的电爆网路的检测仪器有哪些；导爆索起爆法的优缺点；高精度导爆管雷管起爆系统的主要构成，如何区分Exel地表延时导爆管雷管标准延期时间。

（2）掌握部分：电雷管的主要性能参数的内容及其含义；导爆索起爆法的连接方法；导爆管起爆法构成；导爆管起爆法的连接方法；导爆管雷管逐孔起爆技术的特点和典型网路的敷设方法。

### 4.1.2　本节知识点表述

4.1.2.1　常用的起爆方法

常用的起爆方法主要包括：电力起爆法、导爆索起爆法、导爆管雷管起爆法、高精度导爆管雷管起爆法。

4.1.2.2　电力起爆法与起爆网路

电力起爆法与起爆网路应掌握要点包括：

（1）电力起爆法优、缺点：

1）优点：① 爆前可以用仪表检查电雷管和对网路进行测试，检查网路的施工质量，从而保证网路的准确性和可靠性；② 电力起爆网路（俗称电爆网路）可以远距离起爆，提高了起爆安全性；③ 可控制起爆时间和延期时间，因而可保证良好的爆破效果。

2）缺点：① 普通电雷管不具备抗杂散电流和抗静电的能力；② 电力起爆准备工作量大，操作复杂，作业时间较长；③ 电爆网路的设计计算、敷设和连接要求较高；④ 需要可靠的电源和必要的仪表设备。

（2）电雷管的主要性能参数包括：电雷管电阻、安全电流、最小发火电流、串联起爆电流、发火冲能、静电感度、延期时间、保证期。

（3）电阻：桥丝电阻与脚线电阻之和。

（4）安全电流：给单发电雷管通以恒定直流电，通电时间5min，受试电雷管均不会起爆的电流值。

（5）最小发火电流：给电雷管通恒定直流电流，通电时间为30ms时，发火概率为0.9999的电流值作为最小发火电流值。

（6）串联起爆电流：指对串联连接的 20 发电雷管通以恒定直流电流，受试的所有电雷管全部起爆的电流值。

（7）发火冲能：先对电雷管通以恒定直流电流，通电时间 100ms，求出发火概率为 0.9999 的电流值，为百毫秒发火电流；再以两倍百毫秒电流的恒定直流电流 $I$(A)向电雷管通电，求出发火概率为 0.9999 的通电时间 $t$(ms)，则发火冲能 $K(\mathrm{A}^2 \cdot \mathrm{ms})$为：

$$K = I^2 \cdot t \tag{4-1}$$

（8）静电感度：在电容为 2000pF、串联电阻为 0Ω 及规定的充电电压条件下，对工业电雷管的脚线-管壳放电，不应发火。

（9）常用的电爆网路的检测仪器：205-1 型线路电桥、QJ-41 型电雷管测试仪、B-1 型爆破用表、SD-1 型数字式爆破电桥、SD-2 型电雷管测试仪、2H-1 型电雷管测试仪。

4.1.2.3 导爆索起爆法

导爆索起爆要掌握的要点包括：

（1）导爆索起爆法的优、缺点：

1）优点：① 在装药、填塞和联网等施工程序上都没有雷管，不受雷电、杂散电流的影响，导爆索的耐折和耐损度远大于导爆管，安全性优于电爆网路和导爆管起爆法；② 导爆索起爆法传爆可靠，操作简单，使用方便，可以使钻孔爆破分层装药结构中的各个药包同时起爆；③ 导爆索有一定的抗水性能和耐高、低温性能，可以用在有水的爆破作业环境中；④ 导爆索的传爆速度高，可以提高弱性炸药的爆速和传爆可靠性，改善爆破效果。

2）缺点：① 成本较高；② 起爆前不能用仪表检查网路质量；③ 露天爆破时，会产生较大的响声和一定强度的空气冲击波，不适用于城市爆破。

（2）导爆索的连接方法：簇并联、分段并联。

4.1.2.4 导爆管雷管起爆法

导爆管雷管起爆应掌握内容包括：

（1）导爆管起爆法构成：击发元件、连接元件、传爆元件和起爆元件。

（2）导爆管起爆法连接方式：簇联法、并串联连接法、闭合网路连接法。

4.1.2.5 高精度导爆管雷管起爆系统和逐孔起爆技术

学习掌握好高精度导爆管雷管起爆系统的主要构成及如何区分 Exel 地表延时导爆管雷管标准延期时间。

导爆管雷管逐孔起爆技术的特点和典型网路的敷设方法应了解逐孔起爆技术的特点是：先爆炮孔为后爆炮孔多创造一个自由面；爆炸应力波靠自由面充分反射，岩石加强破碎；相邻孔爆破相互碰撞，挤压，增强岩石二次破碎；同段爆破药量小，可减小爆破振动。逐孔起爆典型网路敷设方法为：孔内同段，地表分段。

## 4.2 起爆网路的设计和现场运用

### 4.2.1 本节知识点及要求

本节知识点及要求包括：

（1）了解部分：电爆网路的连接方式有哪些；导爆管雷管起爆网路的分类；传爆元件

组成的复式捆联网路结构；接力式捆联网路的基本连接方式；网格式闭合起爆网路的基本形式；网格式闭合起爆网路的特点。

（2）掌握部分：电爆网路电阻的计算方法、电流的计算方法和发火冲量的计算方法；掌握一般爆破中的常用电爆网路；硐室爆破的常用电爆网路；深孔爆破中的导爆索起爆网路的设计和现场应用；硐室爆破中的导爆索起爆网路设计方法；光面爆破与预裂爆破中的导爆索起爆网路设计方法；拆除爆破中的导爆索起爆网路设计方法；接力式捆联网路点燃阵面与毫秒段别的选择；网络型接力式捆联网路的设计方法；复式交叉捆联网路的设计方法；双复式交叉捆联网路的设计方法；混合起爆网路的常用形式。

### 4.2.2 本节知识点表述

#### 4.2.2.1 电爆网路设计与应用

电爆网路的连接方式有：串联、并串联、串并联、并串并联。

A 电爆网路电阻计算方法

（1）串联网路：

$$R = R_1 + R_2 + mr \tag{4-2}$$

（2）并串联网路：

$$R = R_1 + R_2 + \frac{mr}{n} \tag{4-3}$$

（3）串并联网路：

$$R = R_1 + \frac{R_{支}}{N} = R_1 + \frac{R_2 + mr}{N} \tag{4-4}$$

（4）并串并联网路：

$$R = R_1 + \frac{R_{支}}{N} = R_1 + \frac{1}{N}\left(R_2 + \frac{mr}{n}\right) \tag{4-5}$$

式中 $R$——电爆网路总电阻，Ω；

$R_1$——主线电阻，Ω；

$R_{支}$——并联网路中各支路的电阻，Ω；

$R_2$——端线、连接线、区域线的合电阻，Ω；

$r$——每发电雷管电阻，Ω；

$m$——串联电雷管个数或组数；

$n$——并联电雷管个数，工程爆破的电爆网路中，一般 $n=2$；

$N$——并联支路数。

B 电爆网路电流计算方法

（1）串联网路：

$$i = I = \frac{U}{R_1 + R_2 + mr} \tag{4-6}$$

（2）并串联网路：

$$i=\frac{I}{n}=\frac{U}{nR_1+nR_2+mr} \tag{4-7}$$

（3）串并联网路：

$$i=\frac{I}{N}=\frac{U}{NR_1+R_2+mr} \tag{4-8}$$

（4）并串并联网路：

$$i=\frac{I}{nN}=\frac{U}{nNR_1+nR_2+mr} \tag{4-9}$$

C　发火冲量 $K$ 的计算方法

发火冲量的计算公式：

$$K=I^2\cdot t \tag{4-10}$$

对电容式起爆器，电流 $I$ 应采用平均电流 $\bar{I}$。

起爆器是瞬间放电的，其瞬间最大电流 $I_0$ 为：

$$I_0=U/R$$

平均电流 $\bar{I}$为：

$$\bar{I}=\varphi I_0 \tag{4-11}$$

式中　$U$——起爆器放电电压，V；

$\varphi$——等效平均电流系数。

$\varphi$ 值的大小取决于起爆器的供电时间和起爆器电容器电容 $C$ 与线路电阻 $R$ 之积 $RC$ 值。

D　一般爆破中的电爆网路

在浅孔爆破、露天深孔爆破以导爆管雷管起爆网路为主，由电爆网路击发起爆的拆除爆破中，一般采用串联或并串联电爆网路，适用于起爆器起爆，可以根据起爆器说明书的要求布置电爆网路；在大型矿山和地下采场爆破中，当采用由动力电、变压器和专用开关组成起爆电源时，常采用串并联电爆网路，这时应对电爆网路进行设计计算，以保证每个电雷管中通过的电流满足安全规程的要求。

E　硐室爆破的电爆网路

硐室爆破应采用复式起爆网路。如采用电爆网路，应采用双套并串并联网路，这两套网路在药室、导硐和区域间是完全相同而独立的，即两套网路的电阻应平衡，但相互之间是绝缘的，最后并联接入主线。

4.2.2.2　导爆索起爆网路设计与应用

导爆索起爆网路设计与应用概述如下：

（1）深孔爆破中的导爆索起爆网路的设计和现场应用。在深孔爆破中，可以利用导爆索继爆管组成分段并联起爆网路，导爆索网路连接方式分开口网路和环形网路。在没有继爆管时，利用导爆索爆速高的特性，在深孔内用导爆索起爆钝感的铵油炸药，以提高铵油炸药的爆速和传爆可靠性，孔外采用电爆网路或导爆管起爆网路实现延时爆破。

（2）硐室爆破中的导爆索起爆网路设计。在同一药室的主起爆体和副起爆体之间，或同时起爆的不同药室的起爆体之间用导爆索串联，可以保证药室的准爆性能。另外在实现硐室爆破毫秒延期起爆时，也可以采取在导硐内由导爆索起爆不同段别的导爆管雷管的起爆网路。

（3）光面爆破与预裂爆破中的导爆索起爆网路设计。光面爆破与预裂爆破需采用弱性装药，当无专用弱性药卷时，可以采用普通药卷进行间隔装药，导爆索起爆网路可以将这些间隔的药卷连接起来实现同时起爆。

（4）拆除爆破中的导爆索起爆网路设计。在建筑物拆除爆破中，导爆索起爆网路仅作为辅助起爆网路用于炮孔内间隔装药；也可用于基础切割爆破。

4.2.2.3 导爆管雷管起爆网路设计与应用

导爆管雷管起爆网路设计与应用大致包括以下九个方面：

（1）导爆管雷管起爆网路的分类。传爆元件组成的复式捆联网路、接力式捆联网路、网络型接力式捆联网路、复式交叉捆联网路、双复式交叉捆联网路、网格式闭合起爆网路。

（2）传爆元件组成的复式捆联网路结构。这种网路每个药包中用一发导爆管雷管，将各药包中引出的导爆管直接捆绑在两发导爆管传爆雷管上组成顺序式复式网路。

（3）接力式捆联网路的基本连接方式。它以延时导爆管雷管作为传爆元件，将网路顺序连接下去，每经过一个连接点，其后连接的药包的起爆时间就滞后一定时间，整个网路的药包按一定时差一组（个）一组（个）顺序起爆，故称接力式网路。

（4）接力式捆联网路点燃阵面与毫秒段别的选择。在任何一次爆破中，由炸药正在爆轰的炮孔及所有延期药正在燃烧，但还未爆炸的导爆管雷管所构成的平面称为点燃阵面。

在接力式网路中，一般孔内用段别高、延期时间长的导爆管雷管，孔外用段别低、延期时间短的导爆管雷管作接力管。在设计导爆管接力起爆网路时，点燃阵面不能太大，也不能太小。根据目前国产延期雷管的精度及延期时间离散情况，采用4排炮孔的点燃阵面比较合适。

（5）网络型接力式捆联网路的设计。孔内高段位雷管起爆药包，孔外低段位雷管接力式捆联进行网路连接，中段位雷管网络型布置进行网路保险。用作网路保险的中段位雷管，与用作接力的低段位雷管在标称的延期时间上应该有整数倍数的关系，并由此安排网络连接点，保证整个网路延期时间的正确。

（6）复式交叉捆联网路的设计。复式交叉捆联网路在复式捆联网路的基础上对传爆部分进行了交叉连接，使主传爆部分由双股加强成四股，拆除爆破工程中，采用这种网路经实践证明是很可靠的。

（7）双复式交叉捆联网路的设计。在每个药包内放置两个导爆管雷管，将引出孔外的导爆管分开并各自分组捆联在两发导爆管传爆雷管上，再将各组的两发导爆管传爆雷管组成交叉复式网路连接到起爆点。

（8）网格式闭合起爆网路的基本形式。利用闭合导爆管网路，把整个爆破区域的药包通过连接技巧组成网格式的网路。连接以插接为主，这与接力式捆联网路有所不同。使用网格式闭合网路一般采用孔内毫秒延期网路，也可以孔内全部装同一段导爆管雷管，用不同的毫秒延期雷管起爆分区闭合网路。

（9）网格式闭合起爆网路的特点：

1）网格式闭合网路实现了网路内无雷管连接，在整个网路的连接过程中，可以采用电灯照明，不会因通讯电网、高压电网等杂电干扰引起早爆、误爆事故。传爆过程中声响小，无破坏作用。

2）由于每个导爆管雷管至少有两个方向来的爆轰波能使其引爆，即一个导爆管雷管起到了复式网路中两个导爆管雷管的作用。

3）整个网路是网格状多通道的，传爆方向四通八达，个别导爆管雷管或局部导爆管的缺陷不影响整个网路的准爆性，不会出现成片药包拒爆的情况。

4）在网路连接过程中，通过连接技巧可以把封闭的网格网路无限扩展，因而起爆的药包数量不受限制。

5）在网路上选任意点击发起爆，整个网路中的药包就全部引爆，通常可以用电雷管多点击发，提高网路击发的可靠性。在特殊地区，可使用起爆枪或击发笔击发，即整个网路包括起爆都可实现非电操作。

6）网路连接操作简单，检查方便，网路无需进行计算，只需掌握基本要领，任何爆破工都可以直接进行操作。网路的连接可以分区分片同时进行，网路清晰，检查时一目了然，能大大节省网路的连接时间。

4.2.2.4 混合起爆网路设计与应用

混合起爆网路的形式：电雷管-导爆管雷管混合网路；导爆索-导爆管雷管混合网路；电雷管-导爆索混合网路。有时候，混合起爆网路中甚至包含有电雷管-导爆管雷管-导爆索三种网路形式。

## 4.3 起爆网路的施工技术

### 4.3.1 本节知识点及要求

本节知识点及要求包括：

（1）了解部分：电爆网路施工前的准备工作；导爆索的连接方式；敷设和连接导爆索起爆网路时需注意的问题。

（2）掌握部分：电爆网路导线的连接方式；导爆管雷管起爆网路一般施工要求；捆联网路的施工要求；网格式闭合网路的施工要求。

### 4.3.2 本节知识点表述

4.3.2.1 电爆网路的施工技术

（1）电爆网路导线的连接方式。

1）电力起爆网路的所有导线接头，均应按电工接线法连接，并用绝缘胶布缠好。

2）对线径较粗的单股或多股线，连接时将剥开的线头对向交叉，再互相顺序缠在对方剥开的导线上，要缠得密实、紧凑，保证接头牢固不松动，然后用绝缘胶布缠好。

3）电雷管脚线与线径较小的单股爆破线连接时，可将剥开的线头顺向并拢在一起，在中间倒折回来转动缠绕并成一股，再将露出的线头尖端折回压紧在接头处，然后用绝缘胶布缠好。

（2）电爆网路施工前准备工作。

1）当爆区附近有各类电源及电力设施，有可能产生杂散电流时，或爆区附近有电台、雷达、电视发射台等高频设备时，应对爆区内的杂散电流和射频电的强度进行检测。若电流强度超过安全允许值时，不得采用普通型电雷管起爆，应采用抗杂散电流电雷管。

2）同一起爆网路，应使用同厂、同批、同型号的电雷管，电雷管的电阻值不得大于产品说明书的规定。

3）对电雷管逐个进行外观检查和电阻检查，挑出合格的电雷管用于电爆网路中；对延期秒量进行抽样检查；对网路中使用的导线进行外观检查、电阻检查。

4）对重要的爆破工程，应安排网路的原型试验，即将准备用于电爆网路中的主线、连接电线、起爆电源，按设计网路的连接方式、连接电阻、连接电雷管数进行电爆网路原型试验。原型试验中一般使用挑出后剩余的电雷管。

#### 4.3.2.2　导爆索起爆网路的施工技术

导爆索的连接应采用搭接、扭接、水手结和“T”型结等方法连接，其中搭接应用最多。

敷设和连接导爆索起爆网路时，需注意的问题包括：

（1）同一导爆索网路中，应使用同一工厂生产的同一牌号导爆索，以避免导爆索由于起爆力、感度、爆速差别而发生拒爆现象。

（2）导爆索在使用前应进行外观检查，包缠层不得出现松垮、涂料不均以及折断、油污等不良现象，对质量有怀疑的段应当切掉，切掉的废料集中作销毁处理。

（3）普通导爆索不能在烈日下长时间暴晒，防止内外层防潮涂料熔化渗入药芯使药芯钝感。

（4）切割导爆索应使用锋利刀具，但禁止切割已接上雷管或已插入炸药里的导爆索；不应用剪刀剪断导爆索。

（5）在敷设过程中，防止导爆索折角、打结、挽圈，并尽量避免交叉；应避免脚踩和冲击、碾压导爆索。

（6）搭接导爆索网路时，搭接长度不能小于15cm，并要捆扎牢固紧密。支索搭接方向任何时候都不能与干索爆轰波方向夹角大于90°，环形网路中，支干索之间要用三角形连接。

（7）交叉敷设时，应在两根交叉导爆索之间设置厚度不小于10cm的木质垫块；平行敷设传爆方向相反的两根导爆索彼此间距必须大于40cm。

（8）起爆导爆索的雷管与导爆索捆扎端端头的距离应不小于15cm，雷管的聚能穴应朝向导爆索的传爆方向。

（9）硐室爆破中，导爆索与铵油炸药接触的部位应采取防渗油措施或采用塑料布包裹，使导爆索与油源隔开。

（10）在潮湿和有水的条件下应使用防水导爆索，索头要作防水处理或密封好，防止水从索头处渗入药芯使药芯潮湿从而不能起爆。

（11）深孔爆破露出炮孔的索头不能小于半米，填塞炮孔时，要防止导爆索跌入炮孔内。

#### 4.3.2.3　导爆管雷管起爆网路施工技术

##### A　导爆管雷管起爆网路一般施工要求

导爆管雷管起爆网路一般施工要求包括：

（1）施工前应对导爆管进行外观检查，用于连接用的导爆管不允许有破损、拉细、进水、管内杂质、断药、塑化不良、封口不严。在连接过程中导爆管不允许打结，不能对折，要防止管壁破损、管径拉细和异物入管。如果在同一分支网路上有一处导爆管打结，传爆速度会降低，若有两个或两个以上的死结时，就会产生拒爆；对折通常发生在反向起爆的药包处。实测表明，对折可使爆速降低，从而导致延期时间不准确，严重时可产生拒爆。

（2）导爆管雷管网路应严格按设计进行连接。用于同一工作面上的导爆管必须是同厂同批产品，每卷导爆管两端封口处应切掉5cm后才能使用。露在孔外的导爆管封口不宜切掉。

（3）根据炮孔的深度、孔间距选取导爆管长度，炮孔内导爆管不应有接头。

（4）用套管连接两根导爆管时，两根导爆管的端面应切成垂直面，接头用胶布缠紧或加铁箍夹紧，使之不易被拉开。

（5）孔外相邻传爆雷管之间应留有足够的距离，以免相互错爆或切断网路。

（6）用雷管起爆导爆管雷管网路时，起爆导爆管的雷管与导爆管捆扎端端头的距离应不小于15cm，应有防止雷管聚能穴炸断导爆管和延时雷管的气孔烧坏导爆管的措施，导爆管应均匀地敷设在雷管周围并用胶布等捆扎牢固，接头胶布不少于三层。

（7）用导爆索起爆导爆管时，宜采用垂直连接。用普通导爆索击发引爆导爆管时，因为导爆索的传播速度一般在6500m/s以上，比导爆管的传播速度快得多，为了防止导爆索产生的冲击波击断导爆管造成引爆中断，导爆管与导爆索不能平行捆绑，而应采用正交绑扎或大于45°以上的绑扎。硐室爆破中采用导爆管和导爆索混合起爆网路时，宜用双股导爆索连成环行起爆网路，导爆管与导爆索宜采用单股垂直搭接，即各根导爆管分别搭接（可以将导爆管用水手结联在导爆索上）在单股导爆索上，相互之间分开，再将导爆索围成圈，组成环行起爆网路。硐室爆破中每个起爆体中的导爆管雷管数不得少于4个。

（8）只有所有人员、设备撤离爆破危险区，并具备安全起爆条件时，才能在主起爆导爆管上连接起爆雷管。

B　捆联网路的施工要求

捆联网路的施工要求包括：

（1）捆扎材料。捆联网路通常采用塑料电工胶布捆绑导爆管和雷管。塑料胶布有一定的弹性和黏性，能将导爆管紧紧的密贴在雷管四周。黑胶布弹性差，且易老化。

（2）捆扎导爆管根数。按导爆管质量要求，一只8号工业雷管可击发50根以上的导爆管。考虑目前导爆管的质量和捆绑时的操作特点，1发雷管外侧最多捆扎20根导爆管，复式接力式捆联网路中，每个接力点上两发导爆管雷管捆绑的导爆管应控制在40根以内。导爆管末端应露出捆扎部位15cm以上，胶布层数不得小于3层（有的厂家要求不少于5层），关键是捆扎时导爆管要均布在雷管四周，捆扎要密贴。

（3）雷管方向。雷管击发导爆管是靠其主装药部位，为防止金属壳雷管爆炸时聚能穴部位的金属碎片在高速射流的作用下损伤捆绑在雷管四周的导爆管和延时雷管的气孔烧坏导爆管，应在金属壳导爆管雷管的底部先用胶布包严，再在其四周捆绑导爆管。金属壳导爆管雷管最好反向起爆导爆管，即导爆管雷管聚能穴指向导爆管传爆的反向，对非金属壳导爆管雷管，正向和反向捆绑均可。

C　网格式闭合网路的施工要求

网格式闭合网路的施工要求包括：

（1）施工前应对导爆管进行外观检查。

（2）导爆管内径仅1.35mm，任何细小的杂质、毛刺都可能将导爆管管口堵塞而引起拒爆。因此，施工前应检查使用的每一个接头，套管接头应没有漏气现象，塑料四通接头中不能有毛刺，接头内的杂质要清理干净。

（3）在插接导爆管前应用剪刀将导爆管的端头剪去一小截，并将插头剪平整。

（4）每个接头内的导爆管要插够数，要插紧，使用塑料四通时要加缩口金属箍。

（5）连接用的导爆管要有一定的富余量，不要拉得太紧，因为导爆管与接头采用的是插接法，稍许受力就可能脱开。

（6）防止雨水、污泥及其他杂物进入导爆管管口和接头内。在雨天和水量较大的地方最好不采用网格式网路，如在连接过程中遇到有水，则应将接头口朝下，离地支起，并做好防水包扎。

## 4.4 起爆网路的试验与检查

### 4.4.1 本节知识点及要求

本节知识点及要求包括：

（1）了解部分：电爆网路实爆试验或等效模拟试验的要求；电爆网路检查的内容；导爆索起爆网路检查内容。

（2）掌握部分：导爆索和导爆管雷管起爆网路的试验设计方法。

### 4.4.2 本节知识点表述

#### 4.4.2.1 电爆网路的试验与检查

（1）电爆网路实爆试验或等效模拟试验要求：

1）应选择平整、安全的场地进行实爆试验或等效模拟试验。

2）实爆试验指按设计网路连接起爆；等效模拟试验，至少应选一条支路按设计方案连接雷管，其他各支路用可等效电阻代替。

（2）电爆网路检查的内容包括：

1）电源开关是否接触良好，开关及导线的电流通过能力是否能满足设计要求；如果采用起爆器起爆，则要检查起爆器的电池是否充足，充电时间是否正常，充电后电压能否达到最高值，起爆能力是否足够。

2）网路电阻与设计值是否相符，电阻值是否稳定。在串联电爆网路中有多人连接时，特别要注意有没有自成闭合网路而未接入整个起爆网路的情况；在检查网路电阻时，应始终使用同一个爆破电桥，避免因使用不同的电桥带来的测量误差。

3）在毫秒延期爆破中应检查电雷管的段别是否符合设计要求。

#### 4.4.2.2 导爆索和导爆管雷管起爆网路的试验与检查

导爆索和导爆管雷管起爆网路施工完成后应对其进行试验和检查。

（1）导爆索和导爆管雷管起爆网路的试验。大型导爆索起爆网路或导爆管雷管起爆网路试验，应按设计连接起爆，或至少选一组（对地下爆破是选一个分区）典型的起爆网路进行试爆，对重要爆破工程，应考虑在现场条件下进行网路试爆。网路试爆应采用在正式爆破中使用的导爆索、导爆管和雷管。这些导爆索、导爆管和雷管应已经过外观检查、起爆性能检查。

（2）导爆索起爆网路检查内容包括：传爆方向是否正确；导爆索有无打结或打圈，支路连接方向和拐角是否符合规定；导爆索继爆管的连接方向是否正确、段别是否符合设计要求；导爆索搭接长度是否大于 15cm，搭接方式是否正确；平行敷设传爆方向相反的两根导爆索彼此间距是否大于 40cm；交叉导爆索之间设置厚度是否不小于 10cm 的木质垫块；起爆雷管与导爆索是否正向捆扎等。

（3）导爆管雷管起爆网路检查内容包括：网路连接是否符合设计要求；导爆管有无漏接或中断、破损；雷管捆扎是否符合要求；线路连接方式是否正确、雷管段数是否与设计相符；网路保护措施是否可靠；导爆管与连接元件的接插是否稳固，不易脱开；潮湿和有水地区的导爆管接头是否做防水处理。对网格式闭合网路，还应检查网格布置是否合理，在某些关键部位要加强布置网格通道，以加强网路的安全准爆性能。

## 4.5　数码电子雷管起爆网路

### 4.5.1　本节知识点及要求

本节知识点及要求包括：

（1）了解部分：铱钵起爆系统的接线方式及带载能力；铱钵起爆系统的安全性设计内容；隆芯电子雷管在工程中的应用及优点。

（2）掌握部分：铱钵起爆系统网路的构成。

### 4.5.2　本节知识点表述

本节学习应了解知识点的表述内容：

（1）“隆芯 1 号”数码电子雷管是铱钵起爆系统的核心组成部分，是我国具有自主知识产权的高安全、高精度、宽延时范围、在线可编程的数码雷管。

（2）铱钵起爆系统网路构成：由铱钵起爆器、铱钵表、“隆芯 1 号”数码电子雷管构成。其中“隆芯 1 号”数码电子雷管包括脚线、密封塞、控制模块、点火头和火管。

（3）铱钵起爆系统的接线方式及带载能力。系统采用双线并连接，即所有的数码电子雷管以并联的方式连接到铱钵表上，铱钵表再并联到起爆器上。一个铱钵起爆器可带载 26 个铱钵表，每个铱钵表可带载 200 发数码电子雷管，从而可组建高达 5200 发的起爆网路。

（4）铱钵起爆系统的安全性设计包括：抗非法起爆能力、电子雷管具有很强的抗静电、抗射频、抗杂散电流等外来电的能力、起爆方案和施工的安全性。

（5）隆芯电子雷管在工程中的应用及优点：在我国矿山深孔爆破工程、隧道与地下爆破工程、拆除爆破工程、水下爆破工程、城镇复杂环境控制爆破工程已进行了初步应用。它特别适用于逐孔精准毫秒延时爆破、毫秒延时干扰降振爆破、大规模无地面雷管毫秒延时爆破、恶劣环境高可靠性爆破、高安保要求爆破、精细爆破。

# 5　爆破工程地质

土石方爆破的主要对象是岩石，因此只有在充分了解岩石类别、熟悉岩石的主要物理力学性质及其动力学特性的基础上，才能取得良好的爆破破岩效果。

由于爆破工程直接在岩体中进行，而由各类岩石组成的岩体在地质历史时期的各种内外力作用下，留下了多种构造形迹，因此岩石的坚硬程度和岩体的完整程度决定了岩体的特征。爆破实践表明，这些地质构造形迹不仅直接影响爆破破岩效果，而且会对爆破安全和爆后岩体的稳定性带来一定的影响。因此，必须了解、掌握爆破工程地质及其相关问题。

## 5.1　岩石性质及其分级

### 5.1.1　本节知识点及要求

本节知识点及要求包括：

（1）了解部分：岩浆岩、沉积岩和变质岩的分类及其鉴定特征，常见松散沉积物的分类；岩石的主要物理性质、变形特征、强度特征。

（2）掌握部分：岩石坚固性系数与普氏分级；爆破性分区的特点。

### 5.1.2　本节知识点表述

#### 5.1.2.1　*岩石分类*

岩石是一种或几种矿物组成的天然集合体，其种类很多，按其成因，可分为三大类：岩浆岩、沉积岩和变质岩。另外，第四纪以来，由于风化的作用、流水的作用、风的作用等各种地质作用的结果，形成各种堆积物，这些堆积物尚未硬结成岩，一般统称为松散沉积物。

岩石的种类包括：

（1）岩浆岩。岩浆岩是由埋藏在地壳深处的岩浆（主要成分为硅酸盐）上升冷凝或喷出地表形成的。直接在地下凝结形成的称为侵入岩；喷出地表形成的叫做火山岩（喷出岩）。侵入岩的产状多为整体块状，火山岩的整体性较差，常伴有气孔和碎屑。常见的岩浆岩有花岗岩、闪长岩等。

（2）沉积岩。沉积岩是地表母岩经风化剥离或溶解后，再经过搬运和沉积，在常温常压下固结形成的岩石。沉积岩的特点是，其坚固性除与矿物颗粒成分、粒度和形状有关外，还与胶结成分和颗粒间胶结的强弱有关。从胶结成分看，以硅质成分最为坚固，铁质成分次之，钙质成分和泥质成分最差。常见的沉积岩有石灰岩、砂岩、页岩、砾岩等。

（3）变质岩。变质岩是由已形成的岩浆岩、沉积岩在高温、高压或其他因素作用下，其矿物质成分和排列经某种变质作用而形成的岩石。一般来说，它的变质程度越高，矿物重新结晶越好、结构越紧密、坚固性越好。常见的变质岩有大理岩、石英岩等。

对3种不同成因的岩石而言，一般来说岩浆岩可爆性较差（对爆破作用的抵抗能力最强），沉积岩和变质岩的可爆性较好。

#### 5.1.2.2　岩石基本性质

岩石的主要物理性质包括密度$\rho$、堆积密度$\gamma$、孔隙率、岩石波阻抗、岩石风化程度、岩石抗冻性。

岩石的主要力学性质包括变形特征、强度特征、弹性模量$E$、泊松比$\mu$。

#### 5.1.2.3　岩石的动力学特性

引起岩石变形及破坏的荷载有动荷载和静荷载之分。一般给出的岩石的力学参数均为静荷载作用下的性质。普遍认为，在动载作用下岩石的力学性质将发生很大变化，它的动力学强度比静力学强度增大很多，变形模量也明显增大。

炸药爆炸是一种强扰动源，爆轰波瞬间作用在岩石界面上，使岩石的状态参数产生突跃，形成强间断，并以超过介质声速的冲击波的形式向外传播。随着传播距离的增大，冲击波能量迅速衰减而转化为波形较为平缓的应力波。现场测试表明，爆源近区冲击波作用下岩石的应变率为$10^{11}/s$，中、远区应力波的传播范围内应变率也达到$5\times10^{4}/s$。爆炸冲击荷载对岩石的加载作用与静载相比，呈现出不同的特征。

#### 5.1.2.4　岩石分级

岩石分级主要包括：岩石的坚固性及普氏分级、苏联Б. Н. 库图涅佐夫的岩石爆破性分级、考虑岩石的基本性质和爆破破碎效果的分级、东北大学（原东北工学院）的岩石爆破性分级。

（1）岩石的坚固性及普氏分级。岩石的坚固性是一个综合性的概念，是各种物理力学性质的总和，表征着各种不同方法下岩石破碎的难易程度。苏联学者M. M. 普洛托吉雅可诺夫通过长期观察和大量统计认为，岩石坚固性在各方面的表现是一致的。岩石坚固性系数$f$(又称普氏系数）即为坚固性的定量指标。普氏根据$f$值的不同，对岩石进行具体分级。

（2）苏联Б. Н. 库图涅佐夫的岩石爆破性分级。苏联Б. Н. 库图涅佐夫根据岩石的坚固性，同时考虑了岩体的裂隙性、岩体中大块构体的不同含量提出了岩石爆破性分级方法，请参阅《教材》表5-11。

（3）考虑岩石的基本性质和爆破破碎效果的分级，不仅考虑了岩石的基本性质，还考虑了为获取最好的爆破破碎效果，对所采用的炸药品种和单位耗药量做了相应规定。

（4）东北大学的岩石爆破性分级。东北大学于1984年提出的岩石可爆性分级法，是以爆破漏斗试验的体积及其实测的爆破块度分布率作为主要判据，并根据大量统计数据进行分析建立一个爆破性指数$N$值，按$N$值的级差将岩石的可爆性分成五级十等，请参阅《教材》表5-14。

#### 5.1.2.5　岩石爆破性分区

传统的岩石分级，一般根据实测的不同指标加以综合评判，确定某些指标作为划分等级的标准。但是，露天矿的生产爆破是以爆区为单元进行的，为了准确地确定不同爆区的孔网参数、材料消耗定额和进行优化爆破，就必须以区域为中心对岩石的爆破性进行分区；其次，为了保持爆破性分区在一定时间内的稳定性，例如露天矿，在已知生产台阶爆破分区的同时，还希望知道下一台阶不同地段的爆破难易程度，这一点传统的岩石爆破性分级是难以做到的。

岩石爆破性分区是岩石可爆性分级的发展和进一步完善，更有利于在生产上应用，是爆破优化的基础工作。它与岩石可爆性分级的最主要的区别在于：在分区对象上，是以爆区为采样单元——样本，而不是以岩石为样本。在分区准则和采用何种数学方法进行指标的评判时可以各有差异。

## 5.2　地质构造与爆破工程地质勘察

地质构造是指地质历史时期的各种内外动力作用在地壳上所留下的构造形迹。这些构造形迹对于工程建设有主要影响，为了保证施工的效率和安全，必须要对地质构造进行详细的调查，系统研究与爆破工程有密切关系的地质构造条件，主要包括岩层层理、褶皱、断层、节理裂隙及相互之间的空间关系。

### 5.2.1　本节知识点及要求

本节知识点及要求包括：

（1）了解部分：研究地质构造的目的和内容；结构体与结构面；结构面产状三要素；地质构造的类型及特征。

（2）掌握部分：结构面的类型和特征；层理、片理与节理的区别；爆破工程地质勘察提供的工程地质资料基本要求。

### 5.2.2　本节知识点表述

#### 5.2.2.1　研究地质构造的目的和内容

研究与爆破工程有密切关系的地质构造条件，主要是研究有关组成地壳岩体的各种构造形体，以及它们之间的接触面的类型和空间分布特征及相互之间的空间关系。

#### 5.2.2.2　结构面与结构体

岩体中存在各种地质界面，包括物质分异面和不连续面，如褶皱、断层、层理、节理和片理等。这些不同成因、不同特性的地质界面统称为结构面。结构面依其本身的产状，彼此组合将岩体切割成形态不一、大小不等以及成分各异的岩石块体。被各种结构面切割而成的岩石块体称为结构体。结构体有块状、柱状、板状及菱状、楔形和锥形体等。

结构体和结构面称为岩体结构单元或岩体结构要素，不同类型的岩体结构单元在岩体内的组合、排列就形成岩体结构。

岩体是地质体经历过多次反复地质作用，经受过变形，遭受过破坏，形成一定的岩石成分和结构于一定的地质环境中。岩石抵抗外力作用的能力称为岩石力学性质。

结构体（岩石）是岩体的基本组成部分，岩石对岩体力学性质的影响，通过结构体的力学性质来表征。在这种情况下，结构体对岩体力学性质和力学作用具有控制作用。在结构体强度很高时，主要是结构面的力学性质决定了岩体的力学性质。

#### 5.2.2.3　岩体结构面产状三要素

所谓产状是指地质体（岩层、岩体、矿体等）在地壳中的空间分布位置和产出状态。通常用走向、倾向、倾角三个要素来表示。

5.2.2.4 结构面的类型和特征

根据结构面的形成原因，通常将其分为3种类型，包括原生结构面、构造结构面和次生结构面。

（1）原生结构面。在岩石建造形成过程中产生的结构面。

（2）构造结构面。在地壳运动中由构造应力的作用而产生的各种破裂面。

（3）次生结构面。岩体受卸荷、风化、地下水等次生作用所形成的结构面，包括风化裂隙、卸荷裂隙、爆破裂隙等。

在爆破工程中，岩体结构面的发育程度和形状对单位炸药消耗量和爆破安全起决定性作用。

5.2.2.5 地质构造的类型及特征

地质构造可归纳为两大类型：褶皱与断裂。

（1）褶皱构造。褶皱的基本单位是褶曲。褶曲是岩层的一个弯曲，两个或两个以上的褶曲组合称为褶皱。褶皱的形态基本上分为背斜和向斜两种，背斜和向斜相间排列，彼此连接，连续出现。

（2）断裂构造。断裂构造是指地壳运动使岩层遭到破坏，发生断裂和错动的一种地质构造。根据岩层沿断裂面相对位移的程度，断裂构造分为节理和断层两种。

1）节理。就是通常所说的裂隙，是断裂后不发生错动或错动不明显的断裂构造。节理裂隙，会使矿岩的结合能力大大削弱，稳固性降低。在构造应力作用下，岩层所受应力超过其本身的强度，使其连续、完整性遭受破坏，并且沿断裂面两侧的岩体产生明显位移，移为断层。

2）断层。使矿体遭受切割、破坏，甚至错失，出现破碎矿段，这都会给露天矿边坡稳定性带来困难，使露天开采潜伏着隐患，威胁采矿安全。

（3）层理、片理与节理的区别。1）层理是沉积岩的主要特征之一，是在沉积形成过程中产生的原生构造。层理是一组互相平行岩层的层间分界面。相邻两个层理面的垂直距离为岩层的厚度。岩层厚度与岩体的工程力学性质有很大关系，在同一种岩石中，厚的岩层较薄的岩层工程力学性质好。岩层厚度对岩体的可爆性和爆破后块度大小的影响十分明显。2）片理是在地下深处的岩石在较高的应力作用下发生柔性形变；有再结晶现象时，在充分结晶的岩石中，结晶物依一定方向呈平行排列，可成片理。片理是变质岩特有的构造，片理将岩体切割成碎片，在工程建设中要引起特别注意。

5.2.2.6 爆破工程地质勘察

对爆破工程地质勘察提供地质资料的基本要求是：

（1）能充分论证爆破设计施工方案的合理性和可靠性；

（2）在爆破设计时便于选择恰当的爆破参数和合理确定允许的爆破规模；

（3）能指导爆破施工；

（4）为正确估计爆破效果和取得良好的技术经济指标提供依据；

（5）能根据提供的资料论证爆破前后对地质条件的影响和提出相应的对策。

## 5.3 地质条件对爆破的影响

### 5.3.1 本节知识点及要求

本节知识点及要求包括：

（1）了解部分：结构面对爆破影响的6种作用。

（2）掌握部分：结构面对深孔爆破的影响；结构面对爆破岩块的破裂特征和块度形态影响；断裂构造对公路建设的影响。

## 5.3.2 本节知识点表述

### 5.3.2.1 结构面对爆破的影响

学习本节应对结构面对爆破的影响作如下表述：

（1）应力集中作用。由于软弱带或软弱面的存在，使岩石的连续性遭到破坏。当岩石受力时，岩石便从强度最小的软弱带或软弱面处首先裂开，在裂开的过程中，在裂缝尖端发生应力集中，特别是岩石在爆破应力作用下的破坏是瞬时的，来不及进行热交换，且处于脆性状态，结果使应力集中现象更加突出。因此，在岩石中软弱面较发育的爆破地区，其单位耗药量 $K$ 应相应降低。

（2）应力波的反射增强作用。由于软弱带的密度、弹性模量和纵波速度均比两侧岩石的值小，当波传至两者的界面处，便发生反射，反射回去的波与随后继续传来的波相叠加，当其同相位时，应力波便会增强，使软弱带迎波一侧岩石的破坏加剧。对于张开的软弱面，这种作用亦较明显。另外，软弱带和软弱面对爆破效果的影响问题，必须视爆破规模区别对待。对于施工开挖小炮，不大的裂隙面即可影响其效果，对于大规模的群药包爆破，小的断层破碎带对其影响也不会很明显。

（3）能量吸收作用。由于界面的反射作用和软弱带介质的压缩变形与破裂，使软弱带背波侧应力波因能量被吸收而减弱，它与反射增强作用同时产生。因而，软弱带可保护其背波侧的岩石，使其破坏减轻。同样，空气充填的张开裂隙，也有能量吸收作用。

（4）泄能作用。当软弱带或软弱面穿过爆源通向临空面，且由爆源到临空面间软弱带或软弱面的长度小于爆破药包最小抵抗线 $W$ 的某个倍数时，炸药的能量便可以“冲炮”或其他形式泄出，使爆破效果明显降低。在爆破作用范围以内，如果有大溶洞存在，亦会发生泄能作用。

（5）楔入作用。在高温高压爆炸气体的膨胀作用下，爆炸气体沿岩体软弱带高速侵入时，将使岩体沿软弱带发生楔形块裂破坏。

（6）改变破裂线作用。当爆破漏斗范围存在较大的结构面（如断层面、层理面等），根据其结构面与药包的相对位置和产状不同，将会影响漏斗形状大小，减少或增加爆破方量，不能达到预定的抛掷方向和堆积集中程度。

通过结构面对爆破影响的6种作用的分析，在设计布置药包和选择相关爆破参数时，应充分利用结构面的有利作用，避开其不利作用，才能达到满意的爆破效果。

### 5.3.2.2 结构面对深孔爆破的影响

当岩体中存在发育较大结构面且岩性较软，如风化岩中含发育泥化夹层面，前排先引爆的药包对后排岩体产生强烈扰动，易使周边岩体沿断裂面发生较大位移错动。若前后排药包延期时间间隔较大，导致后排柱状药包在雷管起爆前被错断而中断了局部药柱传爆，发生局部拒爆现象。此外，倾斜结构面对炮孔的钻凿和炮孔质量也有一定的影响。

### 5.3.2.3 结构面对爆破岩块的破裂特征和块度形态影响

岩体的强度受岩石强度和结构面强度的控制，在更多的情况下，主要受结构面强度的控制，所以岩块的破裂面大多数是沿岩体内部的结构面形成。由爆后岩块特征的统计表明，凡是沿结构面形成的爆块表面，均呈风化状态；凡是由岩石断裂形成的岩块表面，均呈新鲜状态。爆破块径愈大，风化面数占的比例也愈大。

研究表明，结构面的分布不仅对岩块的破裂特征有重要影响，而且对爆堆的块度分布规律也有重要影响。要想得到准确的爆破块度预报，必须进行详细的工程地质勘察，尤其必须进行节理裂隙的统计分析。

5.3.2.4 断裂构造对公路建设的影响

节理裂隙及断层对公路建设都产生影响。

（1）节理裂隙对公路建设的影响。岩体中存在的节理裂隙，破坏了岩体的整体性，促进了岩体风化速度，增强了岩体的透水性，因而使岩体的强度和稳定性降低。当节理裂隙主要发育方向与路线走向平行，倾向与边坡一致时，不论岩体的产状如何，路堑边坡都易出现不稳定现象。路基爆破中，如果岩体存在裂隙，还会影响爆破作业的效果。因此，当节理裂隙构造可能成为影响工程设计的重要因素时，应当对节理裂隙进行深入的调查研究，详细论证节理裂隙对岩体工程建筑条件的影响，采取相应措施，以保证构筑物的稳定和正常使用。

（2）断层对公路建设的影响。断层的存在，从总体上说，破坏了岩体的完整性，断层面或破碎带的抗剪强度远低于岩体其他部位的抗剪强度。由此，断层对岩质边坡的稳定性常有重要影响，如在断层处进行施工时，有可能产生不均匀沉降。另外，隧道工程通过断裂破碎带地段时，易发生坍塌，甚至冒顶等。

## 5.4 爆破对工程地质条件的改变

### 5.4.1 本节知识点及要求

本节知识点及要求包括：

（1）了解部分：爆破对保留岩体的破坏；爆破对水文地质条件的改变。

（2）掌握部分：爆破对边坡稳定性的影响。

### 5.4.2 本节知识点表述

5.4.2.1 爆破对保留岩体的破坏

爆破对保留岩体的破坏分两种情况：

（1）爆破对后缘地表的破坏。爆破对后缘地表的破坏主要由后冲和反射拉伸波作用形成，裂缝常常沿着平行临空面的方向延展。地表裂隙的分布规律为距爆破区越近就越宽越密，地表裂缝宽度和延展长度则与爆破规模、爆破夹制作用和地形地质条件有关。爆破规模大、爆破夹制作用强，则地表裂缝破坏程度强。尽管地表裂缝破坏范围较大，但也可以减小其危害。如在爆区的最后排或破裂线后缘预先钻一排预裂孔，首先进行预裂爆破后再进行主爆破，其后缘地表裂缝可极大减轻甚至不出现后缘张开裂缝，而且爆后边坡平直整齐。

（2）爆破对深层基岩的破坏。爆破对深层基岩的破坏情况，根据工程性质不同，要求有所不同。开山采石不需要考虑基岩破坏；路基爆破仅考虑爆破对路堑边坡的影响。而在水工坝基开挖中，即使爆破作用下产生的微小裂缝也被视为对基岩的破坏。深孔爆破，为了减小对底部基岩的破坏，可在炮孔底部设置一定高度的柔性垫层效果明显。深孔爆破的柔性垫层等于孔底径向不耦合装药。通过柔性垫层的可压缩性及对空气冲击波的阻滞作用，降低了爆炸对孔底以下岩石的破坏。孔底柔性垫层缓冲爆破作用除了降低爆炸对孔底以下岩石的损伤破坏作用外，也可以降低爆破振动对环境的影响。另外，为了减小爆破对深层基岩的破坏，也可采用水平炮孔进行预裂爆破，形成预裂水平面，以阻止上层爆破裂缝向下扩展。

5.4.2.2　爆破对边坡稳定性的影响

爆破对自然边坡和残留边坡都产生影响。

（1）爆破对自然边坡稳定性的影响。爆破对自然边坡稳定性影响，取决于爆破振动强度及坡体自身的地质条件，如爆区附近坡体内已有贯通滑动面；坡体内至少发育一组倾向坡体外的节理裂隙；岩体内垂直柱状节理十分发育；坡缘局部发育成冲沟或陡倾张开性裂隙，将岩体分割成危石等。统计资料表明，边坡坡角在35°以上的容易发生振动失稳破坏。

（2）爆破对残留边坡稳定性的影响。主要指爆破对保留边坡的内部岩体产生破坏，受破坏的程度主要与爆破药量、最小抵抗线、岩体地质条件等因素有关。

5.4.2.3　爆破对水文地质条件的改变

爆破作用产生的强破坏区和轻微破坏区，在岩体中产生了不同程度的张性裂缝，将成为地下水流的良好通道。对于边坡工程则是不利因素，它既破坏了岩体的完整性，又增加了地下水的侵蚀作用，减小了结构面的抗剪强度。因此应尽量减小爆破作用区域的破坏范围，最好采取光面（预裂）爆破。对于地下隧道爆破开挖，由于爆破采空区改变了地下水通道，造成地下水流失，引起地表沉降、植被缺水等环境问题。

# 6　岩土爆破理论

## 6.1　岩石爆破理论的发展

### 6.1.1　本节知识点及要求

本节知识点及要求包括：

（1）了解部分：爆破理论研究的内容；

（2）掌握部分：岩石爆破理论的发展阶段，即爆破理论早期发展阶段、确立阶段和最新发展阶段，其中尤以爆破理论确立阶段为重点。

### 6.1.2　本节知识点表述

*6.1.2.1　岩石爆破理论研究的内容*

应了解岩石爆破理论研究的内容包括：

（1）爆轰波理论的研究；

（2）岩石特性，包括岩体结构、构造特征和岩石动力学性质及其对爆破效果的影响；

（3）炸药能量向岩石的传递效率；

（4）岩石的动态断裂与破坏；

（5）爆破过程的数值模拟，预测爆破块度和爆堆形态。

*6.1.2.2　岩石爆破理论的确立阶段*

这一阶段从20世纪60年代初，日野氏和美国矿业局戴维尔（Dwall W. L.）提出冲击波拉伸破坏理论和村田勉提出爆炸气体膨胀压破坏理论开始，到70年代L. C. 朗（L. C. Long）明确提出爆破作用3个阶段为止，历时10余年，这一阶段的特征是：

（1）冲击波拉伸破坏理论；爆炸气体膨胀压破坏理论；冲击波和爆炸气体综合作用理论已经确立。

（2）在爆炸破坏主因是冲击波压力还是爆炸气体膨胀压方面展开激烈的争论，在争论中各派都在不断完善和发展自己的观点。

（3）争论的结果，冲击波和爆炸气体综合作用理论，爆破过程的3个阶段论逐步得到多数人的承认。

（4）利用现代测量仪器，例如高速摄影机进行的观测，极大丰富和完善了爆破理论的内容，初步揭示了破坏的本质现象。

*6.1.2.3　爆破理论最新发展阶段的特征*

爆破理论的最新发展阶段始于20世纪80年代，标志之一是裂隙介质爆破机理的产生。代表该阶段的主要特征是：

（1）裂隙岩体爆破理论的深入研究和岩体结构面对岩石爆破的影响和控制。

（2）断裂力学和损伤力学的引入。

（3）计算机模拟和再现爆破过程，用以研究裂纹的产生、扩展；预测爆破块度的组成和爆堆形态；供计算机模拟用的爆破模型不断涌现。

（4）一些新的思想，新的研究方法开始进入爆破理论的研究。20 世纪 60 年代出现的信息论、控制论；70 年代发展起来的突变论、协同学理论、耗散结构论、分形理论和非线性理论；80 年代以后发展起来的混沌学和分叉理论，使爆破理论的研究出现了一个崭新的局面。

## 6.2　岩石中的爆炸应力波

### 6.2.1　本节知识点及要求

本节知识点及要求包括：

（1）了解部分：冲击荷载的特征及爆炸冲击波参数、应力场。

（2）掌握部分：爆破应力波的定义、应力波的分类、爆炸冲击波衰减成应力波和地震波的过程、应力波反射拉伸破坏机理等内容。

### 6.2.2　本节知识点表述

爆破应力波的定义：炸药在岩石和其他固体介质中爆炸所激起的应力扰动的传播称为爆炸应力波。

#### 6.2.2.1　应力波分类

应力波分类可作如下表述：

（1）按传播途径分类。按传播途径不同，应力波分为两类：在介质内部传播的应力波称为体积波；沿着介质内、外表面传播的应力波称为表面波。

（2）按波阵面形状分类。应力波在传播过程中，由于所形成的波阵面形状不同，将应力波分为球面波、柱面波和平面波。

（3）按传播介质变形性质不同分类。在固体中传播的应力波可分为：弹性波、黏弹性波、塑性波、冲击波。炸药爆炸后，在岩石中传播的主要是弹性波。

#### 6.2.2.2　冲击载荷的特征及爆炸冲击波参数

A　冲击载荷的特征

（1）在冲击荷载作用下所产生力的大小、作用的持续时间和力的分布状态等，主要取决于加载体和受载体之间的相互作用。例如，在炸药荷载的作用下，由于炸药威力不同，对被冲击物体（岩石）的破坏力是不同的。

（2）在冲击荷载作用下，在承载体中诱发出的应力是局部性的，即在冲击载荷作用下，承载物体受载的某一部分的应力应变状态可以单独地存在，并与其他部分发生的应力或应变无关。因此，在承载体内部产生了明显的应力不均匀性。

（3）在冲击载荷的作用下，承载体的反应是动态的。冲击荷载使物体发生运动，物体出现的各种现象均呈运动状态。

B　爆炸冲击波参数

爆炸冲击波参数，主要指冲击波压力 $p$、冲击波速度 $D$、介质质点运动速度 $u$、内能 $E$

和压缩比 $\rho$。

根据物理学的质量守恒、动量守恒和能量守恒方程可以得出下列 3 个冲击波的基本方程式：

$$\rho_0 D = \rho(D - u) \tag{6-1}$$

$$p - p_0 = \rho_0 Du \tag{6-2}$$

$$\Delta E = E_2 - E_1 = \frac{1}{2}(p + p_0)(V_0 - V) \tag{6-3}$$

式中　$E_1$，$E_2$——介质扰动前后的内能；

$p_0$，$p$——介质扰动前后的压力；

$V_0$，$V$——介质扰动前后的体积。

#### 6.2.2.3　爆炸应力波的传播

爆炸应力波传播的 3 种情况如下。

##### A　冲击波，应力波和地震波

冲击波在岩体内传播时，它的强度随传播距离的增加而减小。波的性质和形状也产生相应的变化。根据波的性质、形状和作用性质的不同，可将冲击波的传播过程分为 3 个作用区，如《教材》图 6-3 所示。在离爆源约 3 ~ 7 倍药包半径的近距离内，冲击波的强度极大，波峰压力一般都大大超过岩石的动抗压强度，故使岩石产生塑性变形或粉碎，因而消耗了大部分的能量，冲击波的参数也发生急剧的衰减。这个距离的范围叫做冲击波作用区。冲击波通过该区以后，由于能量大量消耗，冲击波衰减成不具陡峻波峰的应力波，波阵面上的状态参数变化得比较平缓，波速接近或等于岩石中的声速。由于应力波的作用，岩石处于非弹性状态，在岩石中产生变形，可导致岩石的破坏或残余变形。该区称作应力波作用区或压缩应力波作用区。其范围可达到 120 ~ 150 倍药包半径的距离。应力波传过该区后，波的强度进一步衰减，变为弹性波或地震波，波的传播速度等于岩石中的声速，它的作用只能引起岩石质点作弹性振动，而不能使岩石产生破坏。故此区称为弹性振动区。

##### B　爆炸应力波的传播

在研究爆炸应力波传播过程时，必须研究应力波传播时所引起的应力，以及应力波本身的传播速度和应力波传播过程中所引起的质点振动速度，这两种速度在数量上存在着一定的关系。

弹性介质中的应力波传播速度取决于介质密度、弹性模量等。在无限介质的三维传播情况下，其纵波和横波的传播速度为：

$$C_{\mathrm{P}} = \left[\frac{E(1 - \nu)}{\rho(1 + \mu)(1 - 2\nu)}\right]^{\frac{1}{2}} \tag{6-4}$$

$$C_{\mathrm{S}} = \left[\frac{E}{2\rho(1 + \nu)}\right]^{\frac{1}{2}} = \left(\frac{G}{\rho}\right)^{\frac{1}{2}} \tag{6-5}$$

式中　$E$——介质的弹性模量，kPa；

$\nu$——介质的泊松比；

$G$——介质的剪切模量，kPa。

C 应力波的反射和透射

当应力波传到不同介质的分界面时，均要发生反射和透射。

应力波的传播速度用$\sigma$表示，右下角标的字母 i、r 和 t，分别代表入射、反射和透射波。

$$\sigma_r = \sigma_i\left(\frac{\rho_2 C_{P2} - \rho_1 C_{P1}}{\rho_2 C_{P2} + \rho_1 C_{P1}}\right) \tag{6-6}$$

式中 $\rho_1$，$\rho_2$——分别表示两种不同介质的密度，kg/m³；

$C_{P1}$，$C_{P2}$——分别表示两种不同介质的纵波传播速度，m/s。

若$\rho_2 C_{P2} < \rho_1 C_{P1}$，$F < 0$，反射波和入射波异号，只要分界面能保持接触，不产生滑移，既会出现透射的压缩波，也会出现反射的拉伸波。

若$\rho_2 C_{P2} = 0$，类似于入射应力波到达自由面时，则$\sigma_t = 0$，$\sigma_r = -\sigma_i$，在这种情况下入射波全部反射成拉伸波。

由于岩石的抗拉强度大大低于岩石的抗压强度，因此上述两种情况都可能引起岩石破坏，尤其是后者，这充分说明自由面在提高爆破效果方面的重要作用。

## 6.3 岩石中的爆炸气体

### 6.3.1 本节知识点及要求

本节知识点及要求包括：

（1）了解部分：爆炸气体的应力场分布特征；

（2）掌握部分：爆炸气体在破碎岩体中的作用。

### 6.3.2 本节知识点表述

尽管爆炸气体出现的时间晚，但由于它携带有巨大的能量和较长的作用时间，在破碎岩石中的作用是不可忽视的。如果药包靠近自由面，孔壁岩石被高压冲击波压缩和粉碎，炮孔容积被扩大，被密封在炮孔中的爆炸气体以准静态压力作用在孔壁上。在岩石中各点的主应力$\sigma_1$和$\sigma_2$的作用方向，如《教材》图 6-12 所示。爆轰气体压力所引起的主应力$\sigma_1$常为压缩应力，而主应力$\sigma_2$并不常为拉伸应力，随距离最小抵抗线超过某一极限距离以后，主应力$\sigma_2$变为压缩应力。

## 6.4 岩石的爆破机理

### 6.4.1 本节知识点及要求

本节知识点及要求的内容包括：

（1）了解部分：炸药在岩石中的爆破破坏过程和爆破作用的 5 种破坏模式；

（2）掌握部分：爆炸冲击波和爆炸气体综合作用破碎岩石机理、炸药的内部作用和外部作用。

### 6.4.2 本节知识点表述

6.4.2.1 *岩石破碎是爆炸冲击波和爆炸气体综合作用的结果*

炸药爆炸时炸药能量以两种形式释放出来，一种是冲击波，另一种是爆炸气体。岩石是在冲击波和爆炸气体膨胀压力综合作用下破碎的。即两种作用形式在爆破的不同阶段和针对不同岩石所起的作用不同。爆炸冲击波（应力波）使岩石产生裂隙，并将原始损伤裂隙进一步扩展；随后爆炸气体使这些裂隙贯通、扩大形成岩块，脱离母岩。此外，爆炸冲击波对高阻抗的致密、坚硬岩石作用更大，而爆炸气体膨胀压力对低阻抗的软弱岩石的破碎效果更佳。

#### 6.4.2.2　炸药在岩石中爆破作用范围

炸药在岩石中爆破作用范围叙述如下。

##### A　炸药的内部作用

假设岩石为均匀介质，当炸药置于无限均质岩石中爆炸时，在岩石中将形成以炸药为中心的由近及远的不同破坏区域，分别称为粉碎区、裂隙区及弹性振动区。如《教材》图6-14 所示。

（1）粉碎区。炸药爆炸后，爆轰波和高温、高压爆炸气体迅速膨胀形成的冲击波作用在孔壁上，都将在岩石中激起冲击波其压力高达几万兆帕、温度达 3000℃以上，远远超过岩石的动态抗压强度，致使炮孔周围岩石呈塑性状态，在几毫米至几十毫米范围内岩石熔融。而后随着温度的急剧下降，将岩石粉碎成微细的颗粒，把原来的炮孔扩大成空腔，称为粉碎区。如果所处岩石为塑性岩石（黏土质岩石，凝灰岩，绿泥岩等），则近区岩石被压缩成致密的、坚固的硬壳空腔，称为压缩区。

（2）裂隙区。当冲击波通过粉碎区以后，继续向外层岩石中传播。随着冲击波传播范围的扩大，岩石单位面积的能流密度降低，冲击波衰减为压缩应力波。其强度已低于岩石的动抗压强度，不能直接压碎岩石。但它可使粉碎区外层的岩石遭到强烈的径向压缩，使岩石的质点产生径向位移，因而导致外围岩石层中产生径向扩张和切向拉伸应变。如果这种切向拉伸应变超过了岩石的动抗拉强度，在外围的岩石层中就会产生径向裂隙。当切向拉伸应力小到低于岩石的动态抗拉强度时，裂隙便停止向前发展。

一般说来，岩体内最初形成的裂隙是由应力波造成的，随后爆炸气体渗入裂隙起着气楔作用。并在静压作用下，使应力波形成的裂隙进一步扩大。

（3）弹性振动区。裂隙区以外的岩体中，由于应力波引起的应力状态和爆轰气体压力建立起的准静应力场均不足以使岩石破坏，只能引起岩石质点作弹性振动，直到弹性振动波的能量被岩石完全吸收为止，这个区域叫弹性振动区。

##### B　炸药的外部作用

当集中药包埋置在靠近地表的岩石中时，药包爆破后除产生内部的破坏作用以外，还会在地表产生破坏作用。在地表附近产生破坏作用的现象称为外部作用。

根据应力波反射原理，当药包爆炸以后，压缩应力波到达自由面时，便从自由面反射回来，变为性质和方向完全相反的拉伸应力波，这种反射拉伸波可以引起岩石“片落”和引起径向裂隙的扩展。

（1）反射拉伸波引起自由面附近岩石的“片落”。当压缩应力波到达自由面时，产生了反射拉伸应力波，并由自由面向爆源传播。由于岩石抗拉强度很低，当拉伸应力波的峰值压力大于岩石的抗拉强度时，岩石被拉断，与母岩分离。随着反射拉伸波的传播，岩石将从自由面向药包方向形成“片落”破坏，其破坏过程如《教材》图 6-17 所示。

（2）反射拉伸波引起径向裂隙的延伸。从自由面反射回岩体中的拉伸波，即使它的强度不足以产生“片落”，但是反射拉伸波同径向裂隙梢处的应力场相互叠加，可使径向裂隙大大地向前延伸。

6.4.2.3 炸药在岩石中的爆破破坏过程

炸药在岩石中的爆破破坏过程分为三个阶段：

第一阶段为炸药爆炸后冲击波径向压缩阶段。炸药起炸后，产生的高压粉碎了炮孔周围的岩石，冲击波以3000～5000m/s的速度在岩石中引起切向拉应力。由此产生的径向裂隙向自由面方向发展，冲击波由炮孔向外扩展到径向裂隙的出现需1～2ms，参阅《教材》图6-20(a)。

第二阶段为冲击波反射引起自由面处的岩石“片落”。第一阶段冲击波压力为正值，当冲击波到达自由面后发生反射时，波的压力变为负值，即由压缩应力波变为拉伸应力波。在反射拉伸应力的作用下，岩石被拉断，发生“片落”，参阅《教材》图6-20(b)。此阶段发生在起爆后10～20ms。

第三阶段为爆炸气体的膨胀。岩石受爆炸气体超高压力的影响，在拉伸应力和气楔的双重作用下，径向初始裂隙迅速扩大，参阅《教材》图6-20(c)。

6.4.2.4 爆破作用的5种破坏模式

应掌握在爆破的整个过程中，起主要作用的5种破坏模式：

(1) 炮孔周围岩石的压碎作用；

(2) 径向裂隙作用；

(3) 卸载引起的岩石内部环状裂隙作用；

(4) 反射拉伸引起的“片落”和引起径向裂隙的延伸；

(5) 爆炸气体扩展应变波所产生的裂隙。

## 6.5 爆破漏斗理论

### 6.5.1 本节知识点及要求

本节知识点及要求包括：

(1) 了解部分：利文斯顿爆破漏斗理论基本观点及应用；

(2) 掌握部分：爆破漏斗的定义及几何参数；作用指数的定义；爆破漏斗4种基本形式。

### 6.5.2 本节知识点表述

6.5.2.1 爆破漏斗定义

当药包爆炸产生外部作用时，除了将岩石破坏以外，还会将部分破碎了的岩石抛掷，在地表形成一个漏斗状的坑，这个坑称为爆破漏斗。

6.5.2.2 集中药包爆破漏斗的几何参数

置于自由面下一定距离的球形药包爆炸后，形成爆破漏斗的几何参数包括：自由面；最小抵抗线；爆破漏斗半径；爆破作用半径；爆破漏斗深度；爆破漏斗的可见深度；爆破漏斗张开角，如《教材》图6-21所示。此外尚有一个经常使用的参数，称为爆破作用指数（$n$），即爆破漏斗半径$r$和最小抵抗线$W$的比值：

$$n = \frac{r}{W}$$

6.5.2.3　集中药包爆破漏斗的基本形式

根据爆破作用指数 $n$ 值的不同，爆破漏斗有如下 4 种基本形式，如《教材》图 6-22 所示。

（1）标准抛掷爆破漏斗如《教材》图 6-22(a)所示，漏斗半径 $r$ 与最小抵抗线 $W$ 相等，即爆破作用的指数 $n = \frac{r}{W} = 1.0$，漏斗张开角 $\theta = 90°$。在确定不同种类岩石的单位炸药消耗量时，或者确定和比较不同炸药的爆炸性能时，往往用标准爆破漏斗容积作为计算的依据。

（2）加强抛掷爆破漏斗如《教材》图 6-22(b)所示，半径 $r$ 大于最小抵抗线 $W$，即爆破作用指数 $n > 1.0$，漏斗张开角 $\theta > 90°$，形成加强抛掷爆破漏斗的药包称为加强抛掷爆破药包。当 $n > 3$ 时，爆破漏斗的有效破坏范围并不随 $n$ 值的增加而明显增大。所以，爆破工程中加强抛掷爆破作用指数为 $1 < n < 3$。一般情况下，$n = 1.2 \sim 2.5$。

（3）减弱抛掷（简称加强松动爆破）漏斗如《教材》图 6-22(c)所示，半径 $r$ 小于最小抵抗线 $W$，即爆破作用指数 $1 > n > 0.75$，漏斗张开角 $\theta < 90°$。形成减弱抛掷爆破漏斗的药包称为减弱抛掷爆破或加强松动爆破药包，它是井巷掘进常用的爆破漏斗形式。

（4）松动爆破漏斗。药包爆破后只使岩石破裂，几乎没有抛掷作用。从外表看，不形成可见的爆破漏斗，如《教材》图 6-22(d)所示。此时的爆破作用指数 $n$ 小于或等于 0.75。又可细分为标准松动爆破，加强和减弱松动爆破。松动爆破时采用的药量一般较小。因此，爆破时所产生的振动较小，碎石飞散距离也较小。常用于井下和露天的矿石回采作业。

6.5.2.4　延长药包的爆破漏斗

延长药包的爆炸作用有两个明显的特点：一是冲击波阵面是柱面波，其能量在垂直药包轴线方向扩散，能流密度随距离的平方衰减，其在均匀介质中爆炸效应的表现特征和物理量具有轴对称的特点；二是在不计重力和黏聚力等作用的条件下，其爆炸作用也遵循几何相似律，且基本上符合平方根定律，其漏斗特征量和应力波参数仅是比例距离的函数。

在爆破漏斗形态上集中球形药包漏斗平面形状呈圆形，延长药包漏斗平面形状为中部平直、两端衔接近似于半圆的封闭曲线。从漏斗表面状态观察，两种药包在相同的设计爆炸作用指数时，其径向形状基本相似；爆破漏斗纵剖面随埋深的变化，两种药包也很相似。

在抛掷堆积分布方面，两种药包却不相同：集中药包抛出岩土堆积在漏斗四周，而延长药包的抛体却集中在药包轴线两侧药包长度的范围内，堆体峰值线在过药包轴心的垂线附近，但在药包两端却无抛体堆积。

6.5.2.5　利文斯顿爆破漏斗理论的基本观点

（1）以各类岩石的爆破漏斗试验为基础，阐明了炸药能量分配给周围岩石和空气的方式。炸药爆炸后传递给岩石的能量和传递速度，与炸药性能和岩石的特性有关。炸药性能与岩石特性是两个不可分割的独立参数。例如，炸药释放的能量与装药量成正比。炸药能量的释放速度是炸药爆速的函数，而炸药传递给岩石的能量又是时间的函数。

（2）从能量观点出发，阐明了岩石变形系数 $E$ 的物理意义。用 $E$ 值来评价炸药的性能，对比岩性的可爆性，从而作为衡量岩石爆破性的一个指标。

## 6.6 装药量计算原理

### 6.6.1 本节知识点及要求

本节知识点及要求包括：

（1）了解部分：爆破药量计算公式的物理意义；

（2）掌握部分：集中药包和延长药包的装药量计算。

### 6.6.2 本节知识点表述

6.6.2.1 装药量计算的基本公式

通过量纲分析理论推导，爆破药量计算的基本公式可以表示为：

$$Q = k_2 W^2 + k_3 W^3 + k_4 W^4 \tag{6-7}$$

式（6-7）第一项（$k_2 W^2$）的物理意义是表示克服张力形成断裂面所需要的能量；第二项（$k_3 W^3$）表示介质体积变形所需要的能量；第三项（$k_4 W^4$）表示介质克服重力场所需要的能量。

瑞典学者兰格福尔斯（U. Langefors）在《现代岩石爆破》一书中，提出的在一般岩石中采用松动爆破情况下的药量计算公式为：

$$Q = 0.07W^2 + 0.35W^3 + 0.004W^4 \tag{6-8}$$

研究表明，在抵抗线 $1.0\text{m} < W \leqslant 20.0\text{m}$ 时：爆破装药量可以不考虑岩土的重力和内聚力的影响，主要用于使介质体积变形所需要的能量，其药量计算公式可以只采用第二项，即：

$$Q = k_3 W^3 \tag{6-9}$$

式（6-7）即是工程爆破常用的体积药量计算公式。

6.6.2.2 集中药包装药量计算公式

（1）集中药包的标准抛掷爆破。

对于采用单个集中药包进行的标准抛掷爆破，其装药量计算式为：

$$Q_b = q_b W^3 \tag{6-10}$$

式中 $Q_b$——形成标准抛掷漏斗的装药量，kg；

$q_b$——形成标准抛掷爆破漏斗的单位体积岩石的炸药消耗量，一般称为标准抛掷爆破单位用药量系数，$\text{kg/m}^3$。

（2）集中药包的非标准抛掷爆破。

非标准抛掷爆破的装药量是爆破作用指数的函数。不同爆破作用的装药量用下面的计算通式来表示：

$$Q = f(n) q_b W^3 \tag{6-11}$$

式中，$f(n)$为爆破作用指数函数。

对于标准抛掷爆破 $f(n)=1.0$，减弱抛掷爆破或松动爆破 $f(n)<1$，加强抛掷爆破 $f(n)>1$。

$f(n)$ 具体的函数形式有多种，我国爆破工程界应用较为广泛的是前苏联学者鲍列斯阔夫提出的经验公式，得到集中药包抛掷爆破装药量的计算通式：

$$Q=(0.4+0.6n^3)q_b W^3 \tag{6-12}$$

(3) 松动爆破的装药量公式。

由于集中药包松动爆破的单位用药量约为标准抛掷爆破单位用药量的1/3～1/2，松动爆破的装药量公式可以表示为：

$$Q=(0.33\sim0.5)q_b W^3 \tag{6-13}$$

6.6.2.3　延长药包装药量计算公式

我国在条形药包爆破设计中，大多数采用如下的一般公式：

$$q=\frac{Q}{L}=KW^2 f_c(n) \tag{6-14}$$

式中　$q$——炸药线装药密度，kg/m；

$Q$——条形药包装药量，kg；

$L$——条形药包长度，m；

$K$——标准抛掷爆破单位用药量，kg/m$^3$；

$W$——最小抵抗线，m；

$f_c(n)$——条形药包爆破作用指数函数，$n$ 为爆破作用指数。

条形药包爆破作用指数 $f_c(n)$ 和集中药包爆破作用指数 $f(n)$ 在含义和形式上是不相同的。对于条形药包爆破作用指数函数 $f_c(n)$，中国铁道科学研究院建议的公式为：

$$f_c(n)=\left(\frac{1+n^2}{2}\right)^{1.4} \tag{6-15}$$

## 6.7　露天台阶爆破的破碎机理

### 6.7.1　本节知识点及要求

本节知识点及要求包括：

(1) 了解部分：露天台阶爆破的破碎机理；

(2) 掌握部分：露天台阶爆破的破碎机理与一般岩石爆破破碎机理的异同点。

### 6.7.2　本节知识点表述

台阶爆破具有两个自由面，其爆炸应力波形呈圆柱状。在炸药爆炸冲击波作用下，药包附近孔壁呈塑性变形或剪切破碎成压缩粉碎区。当爆炸冲击波衰减成为压应力波作用在孔壁岩石时，径向方向产生压应力和压缩变形，形成径向裂隙。当压应力波传到自由面，形成反射拉应力波，将加速径向裂隙的发展，随之爆炸气体的膨胀楔劈作用，进一步使径向裂隙发展，到达自由面。其次，当压缩粉碎区爆炸空腔形成瞬间及压应力波通过之后，积蓄在岩体内的一部分弹性变形能得到释放，形成切向（环向）裂隙。

对于具有两个自由面的台阶爆破，两个反射波的共同作用，形成复合裂隙。它的形成有利于减少台阶顶部大块的产生。同时，爆炸气体的膨胀作用，使得台阶表面隆起（鼓包作用），形成表面裂隙。足够的超深有利于提高孔底炸药爆炸能量利用率，可以形成克服底盘抵抗线——“根底”的爆破漏斗下破裂线的底部径向裂隙，同时可以构成爆破漏斗上破裂线的边坡径向裂隙，减轻爆破“后冲”的危害。由于台阶爆破具有两个自由面，更有利于岩石的破碎。

## 6.8 土中爆破机理

### 6.8.1 本节知识点及要求

本节知识点及要求包括：

（1）了解部分：土中爆破机理的一般了解；

（2）掌握部分：土中爆破的破碎机理与一般岩石爆破破碎机理的异同点。

### 6.8.2 本节知识点表述

土是由固体颗粒、水和空气组成的一种三相介质，包括黏性土和非黏性（松散）土。在爆炸载荷作用下，土体的工程特性和效应与土体的结构及含水量密切相关。

## 6.9 影响爆破作用的因素

### 6.9.1 本节知识点及要求

本节知识点及要求包括：

（1）了解部分：炸药特性和岩石性质是如何影响爆破作用的；

（2）掌握部分：4 种典型结构面对爆破作用的影响；自由面、装药结构、填塞、起爆位置如何影响爆破作用。

### 6.9.2 本节知识点表述

影响爆破作用的因素主要有三方面，即炸药性能；岩石特性；爆破条件和爆破工艺。

#### 6.9.2.1 炸药性能对爆破作用的影响

##### A 炸药密度、爆热和爆速对爆破作用的影响

破碎岩石主要靠炸药爆炸释放出来的能量。增加炸药爆热和密度，可以提高单位体积炸药的能量密度；反之，必然导致炸药能量密度的降低，增加钻孔的工作量和成本。

爆速也是炸药性能的主要参数之一，不同爆速的炸药，在岩石中爆炸可激起不同的应力波参数。对于坚固的岩石使用高爆速的乳化炸药比低爆速的铵油炸药，爆破效果明显不同。采用高密度炸药是提高爆破作用的有效途径。

##### B 爆轰压力

爆轰压力是指炸药爆轰时爆轰波波阵面中的 C—J 面所测得的压力，当爆轰波传到炮孔孔壁上时，在孔壁的岩石中会激发成强烈的冲击波和应力波。这种冲击波在岩石中，特别是在硬岩中会引起炮孔周围岩石出现粉碎和破裂，它为整个岩石破裂创造了先

决条件。一般来说，爆轰压力越高，在岩石中激发的冲击波的初始峰值压力和引起的应力以及应变也越大，越有利于岩石的破裂，尤其是对于爆破坚硬致密的岩石更是如此。但是并不是对所有岩石爆轰压力越高越好，对某些岩石爆轰压力过高将会造成炮孔周围岩石的过度粉碎。另外，爆轰压力越高，冲击波对岩石的作用时间越短，冲击波的能量利用率低而且造成岩石破碎不均匀。因此，必须根据岩石的性质和工程的要求来合理选配炸药的品种。

爆轰压力与炸药的密度的一次方和爆速平方的乘积成正比关系。所以在爆破坚硬致密的岩石时，以选用密度大和爆速较高的炸药为宜。

C 爆炸压力

爆炸压力又称炮孔压力，它是爆轰气体产物膨胀作用在孔壁上的压力。在爆破破碎过程中爆炸压力对岩石起胀裂、推移和抛掷作用，一般说来，爆炸压力越高，说明爆轰产物中含有能量越大，对岩石的胀裂、推移和抛掷的作用越强烈。

爆炸压力的大小取决于炸药爆热、爆温和爆轰气体的体积。而爆炸压力作用的时间除与炸药本身的性能有关以外，还与爆破时炮泥的填塞质量有关。因此，在工程爆破中除了针对岩石性能和爆破目的，选用性能相适应的炸药品种外，还应注意填塞质量。

D 炸药能量利用率

炸药在岩体中爆炸时所释放出的能量，是通过爆炸应力波和爆轰气体膨胀压力的方式传递给岩石，使岩石产生破碎。但是，真正用于破碎岩石的能量只占炸药释出能量的极小部分，大部分能量都消耗在作无用功上。例如，采用抛掷爆破时用于爆破破碎上的有用功只占总能量的5% ~7%，就是采用松动爆破，能量利用率也不会超过20%。因此，提高炸药爆炸能量的利用率是有效地破碎岩石、改善爆破效果和提高经济效益的重要因素。

#### 6.9.2.2 岩石性质对爆破作用的影响

岩石的基本性质决定了岩石的可钻性和可爆性，也影响爆破参数的选择。

#### 6.9.2.3 结构面对深孔爆破的影响

岩层的分布种类繁多，现仅选择3种较有代表性的情况说明。

(1) 炮孔沿岩层走向布置。如《教材》图6-28和图6-29所示的布置方式均为炮孔沿岩层走向布置，但二者爆破效果截然不同。前者后冲较小，岩体位移也小，爆堆高，台阶底部阻力大；后者后冲较大，爆堆较低，除岩层、倾角小于设计台阶坡面角较多的情况以外，一般不宜产生“根底”。

(2) 炮孔与岩层走向斜交或垂直布置。炮孔与岩层走向斜交或垂直布置，如《教材》图6-30所示。沿台阶面的岩层多，且各岩层的力学性质差别较大，将产生不等的后冲和不规则的台阶坡面，爆破效果不佳。

(3) 水平岩层时，炮孔与岩层面垂直布置。水平岩层与台阶坡面垂直布置，如《教材》图6-31所示。爆后可形成接近90°的台阶坡面角，沿药包长度方向的抵抗线相等，爆破块度比较均匀，且不易产生“根底”，爆破条件较理想。

#### 6.9.2.4 炸药波阻抗和岩石波阻抗的匹配

岩石的波阻抗是指岩石的密度 $\rho$ 与纵波在该岩石中的传播速度 $C_P$ 的乘积。它反映了应力波使岩石质点运动时，岩石阻止波能传播的作用。岩石波阻抗对爆破能量在岩石中的传播效率有直接影响。通常认为炸药的波阻抗与岩石的波阻抗相匹配时，炸药传递给岩石的能量最多，在岩石中引起的应变值就大，可获得较好的爆破效果。

6.9.2.5 爆破条件、爆破工艺对爆破作用的影响

A 自由面的大小与方向的影响

自由面的作用归纳起来有以下3点：

（1）反射应力波。当爆炸应力波遇到自由面时发生反射，压缩应力波变为拉伸波，引起岩石的片落和径向裂隙的延伸。

（2）改变岩石的应力状态及强度极限。在无限介质中，岩石处于三向应力状态，而自由面附近的岩石则处于单向或双向应力状态。故自由面附近的岩石强度接近岩石单轴抗拉或抗压强度，比在无限介质中承受爆破作用时相应的强度减少几倍甚至10倍。

（3）自由面是最小抵抗线方向，应力波抵达自由面后，在自由面附近的介质运动因阻力减小而加速，随后而到的爆炸气体进一步向自由面方向运动，形成鼓包，最后破碎、抛掷。

B 装药结构的影响

通常，装药结构有连续装药和间隔装药两种。在间隔装药中，又有炮泥间隔、木（塑料）垫间隔和空气间隔等多种形式。理论和实践研究表明，装药结构的改变可以引起炸药在炮孔方向的能量分布，从而影响了爆炸能量的有效利用率。

C 填塞的影响

填塞的影响是指填塞材料、填塞长度和填塞质量的影响，填塞物作用在于：

（1）阻止爆轰气体的过早逸散，使炮孔在相对较长的时间内保持高压状态，能有效地提高爆破作用。

（2）良好的填塞加强了它对炮孔中的炸药爆轰时的约束作用，降低了爆炸气体逸出自由面的压力和温度，提高了炸药的热效率，使更多的热能转变为机械功。

（3）在有瓦斯的工作面内，填塞还能阻止灼热固体颗粒（例如雷管壳碎片等）从炮孔内飞出的作用，有利于安全。《教材》图6-34表示填塞对孔壁压力的影响。

D 起爆药包位置的影响

根据起爆药包在炮孔中安置的位置不同，有三种不同的起爆方式：一种是起爆药包装于孔底，雷管的聚能穴朝向孔口，称做反向起爆；第二种是起爆药包装于孔口附近，雷管聚能穴朝向孔底，称为正向起爆；第三种是多点起爆，即在长药包中于孔口附近和孔底分别放置起爆药包。

实践证明：反向起爆能提高炮孔利用率，减小岩石的块度，降低炸药消耗量和改善爆破作用的安全条件。

## 6.10 爆破过程的数值模拟

### 6.10.1 本节知识点及要求

本节知识点及要求包括：

（1）了解部分：爆破数值模拟的意义、应用范围、步骤和类型；

（2）掌握部分：常用的爆破模拟软件和爆破设计典型软件、爆破数值模拟的成功

案例。

### 6.10.2　本节知识点表述

6.10.2.1　模拟的定义

模拟是真实过程或系统在整个时间内运行的模仿。为了科学地研究这些系统，需要给出一系列关于系统如何工作的假设。通常，把这些采用数学公式或逻辑关系的假设构造成模型，用这种模型试验以取得相应系统行为的某些结果。这就是真实过程或系统的动态模仿。

由于爆破过程的瞬时性、模糊性的相关因素的多样性，就决定了它只能用模拟的方法，而且只能用计算机模拟的方法才能迅速地获得模型解。爆破过程的数值模拟就是采用模拟方法，以不同的数值方法为手段，求得爆破过程或系统的模型解。数值模拟和实验、理论分析已构成认识爆炸力学，甚至整个力学问题的三种有效方法，称为“三位一体”的研究途径。

6.10.2.2　应用范围

数值模拟方法在爆破研究和工程领域的应用，主要体现在以下几方面：

（1）炸药爆轰和传爆过程；

（2）冲击波、应力波的作用及其对岩石的损伤；

（3）裂纹的扩展与破碎的产生；

（4）预测爆破块度的组成和爆堆形态；

（5）爆破效果的评价与参数的优化等。

6.10.2.3　爆破过程数值模拟的步骤

（1）在分析所研究问题的原型基础上建立简化的研究物理模型；

（2）针对所建立的简化物理模型建立计算和数值模型；

（3）进行模拟计算和对模拟计算结果进行分析研究；

（4）模拟结果的验证和对计算模型进行修正。

6.10.2.4　爆破过程数值模拟的类型

依据计算模拟方法的不同，目前的数值模拟分成3种类型：

（1）基于大型计算程序进行数值模拟计算，常用的程序如LS-DYNA、ABAQUS、AUTODYN等；

（2）基于力学分析建立力学模型，在此模型的基础上进行计算数值模拟，典型的模型如HARRIS模型、NAG-FRAG模型、BMMC模型等；

（3）基于试验和统计规律建立爆破参数与效果的经验公式，进而建立计算模拟程序进行爆破效果的数值模拟分析，典型的模型如KUZ-RAM模型、SUBREX模型等，基于神经网络等建立的爆破效果分析模拟程序也应当属于此范畴。

6.10.2.5　典型的爆破计算模型

典型的爆破计算模型参见《教材》213～215页内容。

6.10.2.6　爆破效果预测模型

爆破效果预测模型参见《教材》215～216页内容。

6.10.2.7　常用爆破数值模拟软件介绍

常用爆破数值模拟软件参见《教材》表6-11所示。

6.10.2.8 爆破设计典型软件

爆破设计典型软件及应用实例参见《教材》216 页内容。

## 6.11 精细爆破

### 6.11.1 本节知识点及要求

本节知识点及要求包括：

（1）了解部分：精细爆破的定义和精细爆破的技术体系；

（2）掌握部分：无。

### 6.11.2 本节知识点表述

6.11.2.1 精细爆破的定义

精细爆破，即通过定量化的爆破设计、精心的爆破施工和精细化的爆破管理，进行炸药爆炸能量释放与介质破碎、抛掷等过程的控制，既达到预期的爆破效果，又实现爆破有害效应的控制，最终实现安全可靠、技术先进、绿色环保及经济合理的爆破作业。

6.11.2.2 精细爆破的技术体系

精细爆破技术体系包括：精细爆破的目标、精细爆破的关键技术、实现精细爆破技术支撑条件、综合评估体系和监理体系。

（1）精细爆破目标。精细爆破的目标有 3 个方面：一是安全可靠，技术先进。辨识和控制危险源；二是绿色环保、控制爆破有害效应和减少对自然环境的影响，推动资源节约型和环境友好型社会的建设；三是经济合理。精细爆破的目标是低成本、低消耗、低排放，实现经济和环境的双赢。

（2）精细爆破的关键技术。精细爆破的关键技术是定量化的爆破设计、精心施工、精细化的管理（实时监控和科学管理）。

1）定量化爆破设计的内容包括：

① 爆破设计理论和方法，包括：邻近轮廓面的爆破设计原理与计算方法、爆破孔网参数与装药量计算、炸药选型的理论与方法、装药结构设计计算理论、起爆系统与起爆网路的设计方法、段间毫秒延期选择等；

② 爆破效果的预测，包括：给定地质条件和爆破参数条件下，爆破块度分布模型及预测方法、爆破后抛掷堆积计算理论与方法等；

③ 爆破负面效应的预测预报，包括：爆破影响深度分布的计算理论与预测方法、爆破振动和冲击波的衰减规律、爆破个别飞散物的抛掷距离计算等。

2）精心施工的内容包括：

① 精确地测量放样与钻孔定位；

② 基于现场爆破条件的反馈设计与施工优化；

③ 精心的装药、填塞、联网和起爆作业等。

3）实时监控的内容包括：

① 爆破块度和堆积范围的快速量测；

② 爆破影响深度的及时检测；

③ 爆破振动、冲击波、噪声和粉尘的跟踪监测与信息反馈；

④ 炸药与起爆器材性能参数的检测；

⑤ 爆破监控信息的及时反馈等。

4）科学管理的内容包括：

① 建立考虑爆破工程类型、规模、重要性、影响程度和工程复杂程度等因素的爆破工程分级管理办法；

② 爆破工程设计与施工的方案审查与监理制度；爆破技术人员的分类管理与培训体系；

③ 爆破作业与爆破安全的管理与奖惩制度等。

# 7　露天爆破

露天台阶爆破是在地面上以台阶形式推进的石方爆破方法。台阶爆破按照孔径、孔深不同，分为深孔台阶爆破和浅孔台阶爆破。通常将炮孔孔径大于50mm，孔深大于5m的台阶爆破统称为露天深孔台阶爆破。目前，露天爆破广泛地应用于矿山、铁路、公路和水利水电等工程。

## 7.1　露天深孔台阶爆破

### 7.1.1　本节知识点及要求

本节知识点及要求包括：

（1）了解部分：深孔爆破定义；台阶要素；钻孔形式与布孔方式；深孔台阶爆破施工工艺；露天煤矿高台阶抛掷爆破技术。

（2）掌握部分：深孔台阶爆破参数；起爆顺序；毫秒延期爆破作用原理；毫秒延期间隔时间的确定；宽孔距、小抵抗线毫秒延期爆破技术。

### 7.1.2　本节知识点表述

7.1.2.1　露天深孔台阶爆破设计

A　深孔爆破定义

台阶爆破按照孔径、孔深不同，分为深孔台阶爆破和浅孔台阶爆破。通常将炮孔孔径大于50mm，孔深大于5m的台阶爆破统称为露天深孔台阶爆破。

B　深孔爆破台阶要素

深孔爆破的台阶要素主要包括：台阶高度、底盘抵抗线、孔深、装药长度、填塞长度、超深、台阶坡面角、孔距、排距、台阶面上从钻孔中心至坡顶线的安全距离。为了达到良好的爆破效果，必须正确确定上述各项台阶要素。

C　钻孔形式

露天深孔爆破的钻孔形式一般分为垂直钻孔和倾斜钻孔两种，个别情况下采用水平钻孔。垂直深孔和倾斜深孔的使用条件和特点，如《教材》表7-1所示。

D　布孔方式

（1）深孔台阶平面布孔方式主要有单排布孔和多排布孔两种。多排布孔又分为方形、矩形及三角形（梅花形）三种。方形布孔具有相等的孔间距和抵抗线，各排中对应炮孔呈竖直线排列。矩形布孔的抵抗线比孔间距小，各排中对应炮孔同样呈竖直线排列。三角形布孔时可以取抵抗线和孔间距相等，也可以取抵抗线小于孔间距，后者更为常用。为使爆区两端的边界获得均匀整齐的岩石面，三角形排列常常需要补孔。从能量均匀分布的观点看，等边三角形更为理想。

(2) 路堑爆破布孔方式：1) 半挖路堑布孔方式：半挖路堑开挖多以纵向台阶法布置，即平行路线方向钻孔。对于高边坡半挖路堑，通常采用分层（多层）布孔；2) 全挖路堑布孔方式：全路堑开挖，由于开挖断面小，爆破易影响边坡的稳定性，一般情况下台阶面的推进方向平行于路线方向，即沿道路纵向分层开挖，每层一般深 8 ~ 10m。上、下层顺边坡可布设倾斜孔进行预裂爆破，靠边坡的垂直孔深度应控制在边坡线以内。对于开挖断面较大的全路堑，可创造条件顺路线方向布置台阶面，采用横向开挖方式。

特殊条件下的半路堑石方开挖，可以采用在路堑坡底钻水平和倾斜扇形孔进行爆破。但此种布孔方式仅适用于开挖宽度较小、岩石坚固性系数不大、节理裂隙发育和风化的岩体，爆破后上部岩石塌落，且不形成陡坎的陡壁路堑。

E　深孔台阶爆破参数选取

露天深孔台阶爆破参数包括：孔径、孔深、超深、底盘抵抗线、孔距、排距、填塞长度和单位炸药消耗量等。

(1) 孔径。大型金属露天矿多采用牙轮钻机，孔径 250 ~ 310mm；中小型金属露天矿以及化工、建材等非金属矿山则采用潜孔钻机，孔径 100 ~ 200mm；路基土石方开挖常用的钻孔机械其孔径为 76 ~ 170mm 不等。一般情况下钻机选型确定后，其钻孔直径就已确定下来。国内常用的深孔直径有 76 ~ 80mm、100mm、150mm、170mm、200mm、250mm、310mm 几种。

(2) 孔深与超深。孔深是由台阶高度（$H$）和超深确定。台阶高度的确定应考虑为钻孔、爆破和铲装创造安全和高效率的作业条件。金属矿山的台阶高度多为 12m；煤矿台阶高度为 10 ~ 15m；岩石台阶高度为 15 ~ 20m。水利水电工程，台阶高度一般为 8 ~ 15m。国内矿山的超深值一般为 0.5 ~ 3.6m。后排孔的超深值一般比前排小 0.5m。

(3) 底盘抵抗线（$W_1$）。一般根据钻孔作业的安全条件、台阶高度和孔径关系以及每孔装药条件（巴隆公式）进行计算，并根据现场试爆确定。

(4) 孔距（$a$）。同一排深孔中相邻两钻孔中心线间的距离，一般按式 $a = mW_1$ 计算。其中，$m$ 为炮孔密集系数，通常 $m$ 大于 1.0，在宽孔距小抵抗线爆破中则为 3 ~ 4 或更大。但是第一排孔往往由于底盘抵抗线过大，应选用较小的密集系数，以克服底盘的阻力。

(5) 排距（$b$）。多排孔爆破时，相邻两排钻孔间的距离，它与孔网布置和起爆顺序等因素有关。

(6) 填塞长度。合理的填塞长度和良好的填塞质量，对改善爆破效果和提高炸药利用率具有重要作用。合理的填塞长度应能降低爆炸气体能量损失和尽可能增加钻孔装药量。良好的填塞质量是尽量增加爆炸气体在孔内的作用时间，以及减少空气冲击波、噪声和个别飞散物的危害。

(7) 单位炸药消耗量（$q$）。影响单位炸药消耗量的因素主要有岩石的可爆性、炸药特性、自由面条件、起爆方式和块度要求等。选取合理的单位炸药消耗量往往需要通过多次试验或长期生产实践来验证。设计时可参照类似矿岩条件下的实际单耗值选取，也可以参照相关经验选取。

(8) 每孔装药量（$Q$）。单排孔爆破或多排孔爆破的第一排孔每孔装药量按式 $Q = q \cdot a \cdot W_1 \cdot H$ 计算；多排孔爆破，从第二排孔起，各排孔的每孔装药量计算，应考虑受前面各排孔矿岩阻力作用的影响。

F 装药结构

装药结构是指炸药在装填时的状态。在露天深孔爆破中，分为连续装药结构、分段装药结构、孔底间隔装药结构和混合装药结构。

G 起爆顺序

多排孔布孔方式一般只有方形、矩形和三角形，但是起爆顺序却变化无穷，归纳起来主要有：（1）排间顺序起爆；（2）排间奇偶式顺序起爆；（3）波浪式顺序起爆；（4）V型顺序起爆；（5）梯型顺序起爆；（6）对角线顺序起爆；（7）径向顺序起爆；（8）组合式顺序起爆。

H 露天深孔台阶爆破设计说明书内容

露天深孔台阶爆破技术设计内容包括设计基础资料和设计工作内容两部分，前者是设计依据，后者是具体参数确定。

设计基础资料主要包括，工程任务资料；地形地质资料；试验资料。

设计工作内容主要包括，爆破方案确定；确定合理的台阶要素；选择钻孔形式，钻机类型，布孔方式；爆破参数设计；爆破安全计算和校核；安全警戒范围确定；施工组织设计；技术经济分析；主要附图等。

7.1.2.2 露天深孔台阶爆破施工工艺

露天深孔台阶爆破施工工艺主要包括：施工准备、钻孔、装药方法、堵塞、起爆网路的连接、起爆、爆后检查等。

7.1.2.3 露天台阶爆破技术的发展

A 大区多排孔毫秒延时爆破技术

大区多排孔毫秒延时爆破是指相邻炮孔或排间孔以及深孔内以毫秒级的时间间隔顺序起爆的一种爆破技术。

大区多排孔毫秒爆破特点：（1）爆破规模大、爆破技术复杂、难度大；（2）参加爆破施工的人数较多，工期较长，对施工组织和管理要求更高；（3）由于爆破规模大，爆破有害效应相对更严重些，要求采取更加严密的防护措施。

毫秒延时爆破作用原理，主要包括应力波叠加作用、增加自由面的作用、岩块相互碰撞作用、减少爆破振动作用等。实测资料表明，毫秒爆破与一般爆破相比，其振动强度可降低1/3~2/3。

毫秒延时间隔时间的确定：确定合理的毫秒延时间隔时间是实现毫秒爆破的关键，如何确定目前尚缺乏统一的认识，一般采用经验公式和试验确定。包括：以形成新自由面所需要的时间确定毫秒延时间隔时间；考虑岩石性质和底盘抵抗线的经验公式；长沙矿山研究院提出的经验公式以及按岩石破裂过程时间累加的经验公式。

通常，露天深孔台阶爆破时，毫秒延时间隔时间为15~75ms，常用25~50ms，随着排数的增加，排间毫秒延时间隔时间依次加长。

B 宽孔距、小抵抗线毫秒延时爆破技术

宽孔距、小抵抗线爆破是在保持炮孔负担面积不变的前提下，加大孔距、减少抵抗线，即增大密集系数的一种爆破技术。研究表明：该项爆破技术无论在改善爆破质量，还是降低单耗、增大延米爆破量方面都表现出巨大的潜力。

宽孔距、小抵抗线爆破机理：（1）增大爆破漏斗角，形成弧形自由面，为岩石受拉伸破坏创造了有利条件；（2）防止爆炸气体过早泄出，提高了炸药能量利用率；（3）炮孔间应力叠加作用减弱，使单孔的径向裂隙、环状裂隙得到充分发育，有利于改善岩石的破碎质量；（4）增强辅助破碎作用。

密集系数（$m$）值的选取：关于 $m$ 值的选取，目前尚无统一计算公式，可根据类似工程的成功事例或工程试验值选取。一般认为 $m=2\sim6$ 可取得良好的爆破效果，个别情况 $m=6\sim8$ 也是可行的。

C 露天煤矿高台阶抛掷爆破

采用高台阶抛掷爆破技术，可将 30% ~60% 的覆盖物直接抛掷到采空区，不再进行二次处理，剥离费用可降低 30% 以上。

有效抛掷率定义及计算方法：抛掷爆破指在露天采矿中利用炸药的能量，将岩石或土层抛向采空区，以减少机械式装岩工作量的爆破方法。有效抛掷率 $E_p$ 是指有效抛掷量（$V_B$）占剥离岩石总量（$V_B+V_C$）的百分比。抛掷率越大，抛掷爆破效率越高，高台阶抛掷爆破的经济效果越好。抛掷爆破结合拉斗铲无运输倒堆工艺，能显著提高生产效率，降低采矿生产费用，经济效益显著。

（1）爆破参数设计：

爆破参数设计的具体内容包括：

1）孔径：一般分为小孔（50 ~ 100mm）、中孔（100 ~ 254mm）、大孔（254 ~ 355mm）和特大孔（355 ~445mm）4 种；国内露天矿，一般孔径设计为 200 ~310mm。

2）台阶高度与采宽：在抛掷爆破中存在一个适合于抛掷爆破的 $H/W_c$，一般 $H/W_c$ 在 0.7 ~1 范围之内，其中，$W_c$ 为采区宽度。

3）最小抵抗线：在给定孔径和炸药类型的情况下，最小抵抗线的长度最好能达到最大的抛射速度和理想的破碎块度。

4）填塞长度（$l$）：填塞长度与填塞质量、填塞材料密切相关。填塞质量好和填塞物的密度大时，可适当减小填塞长度。

5）单位炸药消耗量：综合国内外露天煤矿抛掷爆破经验，建议合理抛掷爆破炸药单耗为 0.60 ~0.75kg/m$^3$。

6）孔距与排距：排距 $b$ 的计算方法与普通露天矿深孔爆破相同；排距确定后，孔距可由排距和炮孔的密集系数计算出来。

7）孔间及排间延期时间选择：国外研究发现，要获得较好抛掷爆破效果，排间延时（ms）间隔 $t_p=(2\sim3)b$，其中 $b$ 为排距，单位英尺。覆盖物较软时，延时间隔大些，抛掷效果较好。综合国内外高台阶抛掷爆破的经验，推荐：孔间时差为 $t_k=10\sim25$ms，排间时差 $t_p=75\sim200$ms。

8）欠深。为了保护下部煤层，炮孔距煤层顶板需要留出一定的距离，也就是要留有欠深，欠深一般取 1 ~3m，如《教材》图 7-22 所示。

（2）预裂爆破参数设计。露天矿抛掷爆破中的预裂爆破不同于其他露天矿的预裂爆破，对于具有水平煤层和煤岩接触处有显著弱面的露天煤矿，只要在预裂炮孔底部装一个集中药包就可以取得较好的预裂效果。由于预裂爆破目的是形成一定宽度裂缝，其爆破参数应以钻孔直径、炮孔间距和线装药密度为核心进行爆破参数设计。

## 7.2 露天浅孔台阶爆破

### 7.2.1 本节知识点及要求

本节知识点及要求包括：

（1）了解部分：浅孔爆破定义；炮孔布置；起爆顺序。

（2）掌握部分：爆破参数选取；浅孔台阶爆破质量保证措施。

### 7.2.2 本节知识点表述

#### 7.2.2.1 浅孔爆破定义

浅孔爆破是指孔深不超过5m、孔径在50mm以下的爆破。浅孔爆破法设备简单，方便灵活，工艺简单。浅孔爆破在露天小台阶采矿、沟槽基础开挖、二次破碎、边坡危岩处理、石材开采、地下浅孔崩矿、井巷掘进等工程中得到较广泛的应用。

露天浅孔台阶爆破与露天深孔台阶爆破基本原理相同，工作面都是以台阶的形式向前推进，不同点仅仅是孔径、孔深、爆破规模等比较小。

#### 7.2.2.2 炮孔排列

浅孔爆破一般采用垂直孔，炮孔布置方式和爆破设计方法与深孔台阶爆破类似，只不过相应的孔网参数较小。浅孔台阶爆破的炮孔排列分为单排孔和多排孔两种，单排孔一次爆破量较小。多排孔排列又可分为平行排列和交错排列。

#### 7.2.2.3 爆破参数选取

爆破参数应根据施工现场的具体条件和类似工程的成功经验选取，并通过实践检验修正，以取得最佳参数值。

（1）炮孔直径：采用浅孔凿岩设备，孔径多为36～42mm，药卷直径一般为32～35mm。

（2）炮孔深度（$L$）和超深（$\Delta h$）：孔深$L$是由台阶高度（$H$）和超深$\Delta h$确定；浅孔台阶爆破的台阶高度视一次起爆排数而定，一般不超过5m。超深一般取台阶高度的10%～15%。

（3）孔距（$a$）：一般$a=(1.0\sim2.0)W_1$或$a=(0.5\sim1.0)L$。

（4）底盘抵抗线：$W_1=(0.4\sim1.0)H$。

（5）单位炸药消耗量：与深孔台阶爆破单位炸药消耗量相比，浅孔台阶爆破的炸药单耗值应大一些，一般$q=0.5\sim1.2\text{kg/m}^3$。

#### 7.2.2.4 起爆顺序

浅孔台阶爆破由外向内顺序开挖，由上向下逐层爆破。一般采用毫秒延时爆破，当孔深较小、环境条件较好时也可采用齐发爆破。

#### 7.2.2.5 露天浅孔台阶爆破质量保证措施

露天浅孔爆破容易出现的问题是：爆破飞石；冲炮现象；爆后残留根部。

质量保证措施是：（1）合理的单位炸药消耗量；（2）充分利用临空面；（3）避免最小抵抗线与炮孔在同一方向；（4）确保填塞长度；（5）合理分配炮孔底部装药。

## 7.3 边坡控制爆破

### 7.3.1 本节知识点及要求

本节知识点及要求包括：

（1）了解部分：边坡控制爆破、光面爆破、预裂爆破的定义、适用条件及基本作业方法；光面（预裂）爆破施工作业；光面（预裂）爆破质量评价及标准；大孔径预裂孔爆破技术。

（2）掌握部分：光面（预裂）爆破成缝机理；光面（预裂）爆破设计；光面（预裂）爆破施工技术设计；高陡石方多台阶边坡控制爆破。

### 7.3.2 本节知识点表述

7.3.2.1 基本概念

A 边坡控制爆破

（1）定义。沿边坡线按照设计的边坡高度、坡度采用控制爆破技术进行边坡开挖的方法，称边坡控制爆破。边坡控制爆破是维护边坡稳定的重要技术措施。其基本方法有光面爆破和预裂爆破。

（2）边坡的分类。按用途可分为永久边坡和临时边坡；按形状可分为垂直边坡和倾斜边坡；按边坡高低可分为高边坡和低边坡。对于矿山和交通部门，边坡高度大于15m称高边坡，边坡低于5.0m称低边坡，一般石方边坡为5.0～15.0m。对于水利水电部门也存在有特高边坡。

B 光面爆破

（1）定义：沿开挖边界布置密集炮孔，采取不耦合装药或装填低威力炸药，在主爆区爆破后起爆，以形成平整轮廓面的爆破作业称光面爆破。

（2）光面爆破基本作业方法：

1）预留光爆层法。先将主体石方进行爆破开挖，预留设计的光爆层厚度，然后再沿开挖边界钻密孔进行光面爆破。光爆层厚度是指周边孔与最外层主爆孔之间的距离。

2）一次分段延时起爆法。光面爆破孔和主爆孔用毫秒延时雷管同次分段起爆，光面爆破孔迟后主爆孔（150～200ms）起爆。

C 预裂爆破

（1）定义。沿开挖边界布置密集炮孔采用不耦合装药或装填低威力炸药，在主爆区爆破之前起爆，在爆破和保留区之间形成一道有一定宽度的贯穿裂缝，以减弱主体爆破对保留岩体的破坏，并形成平整的轮廓面的爆破作业，称预裂爆破。

（2）预裂爆破基本作业方法：

1）预裂孔先行爆破法。在主体石方钻孔之前，先沿边坡钻密孔进行预裂爆破，然后再进行主体石方钻孔爆破。

2）次分段延时起爆法。预裂孔和主爆破孔用毫秒延时雷管同次分段起爆，预裂孔先于主爆孔（100～150ms）起爆。

D 光面爆破和预裂爆破异同点

相同点：均是边坡控制爆破的方法；通过控制能量释放，有效控制破裂方向和破坏范围，使边坡达到稳定、平整的设计要求。

不同点：炮孔起爆顺序不同；自由面数目不同；单位炸药消耗量不同。

E 光面爆破和预裂爆破适用条件

地质条件适应性：广泛应用于坚硬和完整的岩体中，效果明显；在不均质和构造发育岩体中，采用光面爆破效果虽然不明显，但它可减轻对保留岩体破坏，减少超欠挖，有利于边坡稳定。

爆破方法适应性：适应于孔深大于1.0m的浅孔爆破、露天及地下深孔爆破。

工程适应性：适应于铁路、公路、水利、矿山、场坪等石方边坡开挖工程。

7.3.2.2 光面（预裂）爆破成缝机理

光面爆破和预裂爆破的成缝机理主要有三种解释，即应力波干涉理论、以高压气体为主要作用的理论、爆炸应力波和高压气体联合作用理论。第三种解释为多数人所接受。

7.3.2.3 光面爆破设计

（1）光面爆破参数选择。主要包括：钻孔直径 $D$、台阶高度 $H$、炮孔超深 $h$、最小抵抗线 $W_{光}$、孔距 $a_{光}$、线装药密度和单孔装药量等的计算。

（2）起爆网路。光面爆破宜与主体爆破一起分段延时起爆，也可预留光爆层在主体爆破后起爆。

7.3.2.4 预裂爆破设计

（1）一般规定：

1）对于拉槽路堑或坡面前方开挖层比较宽的路堑，以及需要设置隔振带的爆破区，边坡开挖宜采用预裂爆破。

2）预裂爆破炮孔应沿设计开挖边界布置，炮孔倾斜角度应与设计边坡坡度一致，炮孔底应处在同一高程上。

3）炮孔直径可根据预裂爆破的台阶高度、地质条件和钻机设备确定。

4）预裂孔与主炮孔之间应符合：① 两者应有一定距离，该距离与主炮孔药包直径及单段最大起爆药量有关，可根据相关经验值选取；② 预裂孔的布孔界限应超出主爆区，宜向主爆区两侧各延伸5～10m，预裂孔和主炮孔之间设1～2排缓冲孔；③ 预裂孔超前主爆孔起爆，时间不宜小于75ms。

（2）预裂爆破参数选择：

确定预裂爆破参数方法主要有三种，即理论计算法、经验公式计算法、工程类比法。

（3）计算中的注意事项：

1）炸药性能。不同品种的炸药，它的爆破效果不一样，应根据工地实际使用的炸药品种进行必要的换算。

2）线装药密度。根据不同装药结构进行调整。采用分段装药时，底部加强装药段、中部正常装药段、顶部为减弱装药和填塞段，在保证填塞长度条件下，取加强装药段长度 $L_3=0.2L$，中部正常装药段长度 $L_2=0.5L$，顶部减弱装药和填塞段 $L_1=0.3L$。

3）孔径与孔深关系。孔径和孔深关系，一般条件下，炮孔深度浅，孔径小；炮孔深度大，孔径大。浅孔爆破取孔径 $D=45\sim50$mm，深孔爆破取 $D=80\sim100$mm，或者更大值，$D=250$mm 和 $D=310$mm。

4）孔径和孔距关系。预裂爆破一般采用不耦合装药，不耦合系数大于 2 为佳。一般孔距 $a_{预}=(8\sim12)D$，计算时，应使 $a_{预}$ 符合上述关系。

5）预裂爆破台阶高度。预裂爆破台阶高度 $H$，以 $H\leqslant15$m 为宜，当挖深大于 15m 时，宜分层爆破。层间应设平台，平台宽度 $B=1.5\sim2.0$m。

#### 7.3.2.5　光面爆破和预裂爆破施工

（1）光面（预裂）爆破施工技术设计。

1）施工技术设计。施工技术设计包括：① 炮孔位置、编号、钻孔方向及倾斜角度与深度；② 炮孔的爆破技术参数；③ 炮孔装药结构及填塞方法；④ 起爆方法、起爆网路图；⑤ 爆破器材用量；⑥ 安全技术措施及所需防护材料用量；⑦ 施工质量要求和注意事项。

2）光面（预裂）爆破炮孔装药结构设计。光面（预裂）爆破炮孔装药结构设计主要包括：① 采用不耦合装药，不耦合系数宜为 2～5；② 宜采用普通炸药卷和导爆索制成药串进行间隔装药，也可用光面（预裂）爆破专用炸药卷进行连续装药；③ 炮孔的整体装药结构宜分为底部加强装药段、正常装药段和上部减弱装药段，可将减弱装药段减少的药量和孔口填塞段应计药量移至加强装药段。减弱装药段长度宜为加强装药段长度的 1～4 倍。

3）光面（预裂）爆破起爆网路连接。宜用导爆索连接，组成同时起爆或多组接力分段起爆网路，当环境不允许设孔外导爆索网路时，可用相应设计段别的电雷管或非电导爆管雷管直接绑于孔内药串上起爆。

（2）光面（预裂）爆破施工作业。

光面（预裂）爆破施工作业内容包括：

1）钻孔前的施工准备；

2）钻机对位与架设；

3）钻孔作业；

4）装药与填塞；

5）起爆网路。

#### 7.3.2.6　光面、预裂爆破质量评价

质量验收内容包括：

主控项目，包括半壁孔率、坡面平整度和边坡坡率，为光面、预裂爆破质量验收指标的主控项目；一般项目，包括预裂爆破裂缝宽度、坡面观感，为光面、预裂爆破质量验收指标的一般项目。

#### 7.3.2.7　大孔径垂直预裂孔爆破

大孔径系指炮孔直径 $\phi200$mm、$\phi250$mm、$\phi310$mm 的炮孔。大直径垂直预裂孔爆破主要用于金属矿山的边坡控制爆破。

##### A　技术特征

（1）采用生产钻机进行大孔径（$\phi250$mm，$\phi310$mm）的预裂爆破，降振效果好，钻机单一化，代表了大型露天矿预裂爆破技术的一种发展趋势。

（2）垂直预裂孔爆破的炮孔布置分为预裂孔、缓冲孔和主炮孔。

(3) 调整缓冲孔参数，控制半壁孔高度，保证边坡的稳定性。

B 垂直预裂孔爆破施工工艺

(1) 布孔线。在各台阶上部平盘上沿该台阶的下部水平的境界线布孔，布孔线同下部水平的境界线。

(2) 装药结构。采用连续柱状间隔不耦合装药结构。

(3) 起爆顺序。预裂孔一般超前于正常主爆区引爆，同次爆破的预裂孔可以同时起爆，也可以分段起爆，条件允许时，最好采用同时起爆。当预裂孔与缓冲孔、主爆孔在一个爆区的网路时，预裂孔一般都得采用分段起爆，引爆时间超前缓冲孔、主爆孔100～300ms。

C 垂直预裂孔爆破的缓冲孔

在我国矿山采用垂直预裂孔爆破中，较多采用的是在主炮孔和预裂孔之间只布设一排缓冲孔。缓冲孔孔间距是正常主爆孔的1/2～2/3，缓冲孔与预裂孔排间距是1.5～2.5m，缓冲孔与主爆孔排间距是正常主爆孔的1/2～2/3，缓冲孔装药量是正常主爆孔的35%～40%，一般都采用中间分段间隔装药。

D 预裂爆破效果的质量标准

对于大孔径垂直孔预裂爆破，其质量标准除了半壁孔率和不平整度以外，更侧重于降振率和破坏范围。

#### 7.3.2.8 高陡石方多台阶边坡控制爆破

水利水电石方工程多集中在深山峡谷之中，两岸边坡既高又陡，如小湾水电站边坡开挖高度达687m。因此，边坡开挖成为控制工程质量和进度的关键技术。

A 水利水电石方边坡控制爆破技术要求

水利水电石方边坡控制爆破技术要求具体如下：

(1) 设计边坡轮廓面开挖应采用预裂爆破或光面爆破方法，保护层开挖应采用浅孔、密孔、少药量的分段控制爆破；

(2) 在开挖轮廓面上，残留炮孔痕迹应均匀分布；

(3) 开挖坡面稳定、无松动岩块、对不良地质应按设计要求进行处理；

(4) 平均坡度不陡于设计坡度；

(5) 坡脚标高±20cm；

(6) 坡面局部超欠挖±2%；

(7) 节理裂隙不发育的岩体半孔率>80%，节理裂隙发育的岩体半孔率>50%，节理裂隙极发育的岩体半壁孔率>20%。

B 边坡控制爆破关键技术

(1) 高边坡开挖爆破的稳定控制。边坡稳定的控制应做好以下工作：一是合理安排施工工序；二是优化爆破施工方案；三是加强安全监测，制定监控标准。

(2) 水利水电边坡爆破技术：

1) 预裂爆破参数选择：主要包括装药量（线装药密度）、炮孔间距、炮孔直径、炸药特性等。

炮孔直径：明挖一般为80～110mm。不耦合系数为2～4。

炮孔间距：炮孔间距与岩性、炸药性质、装药情况、开挖面平整度要求和孔径大小有关，一般取0.3～1.0m或孔距与孔径之比在7～10之间。爆破质量要求高、岩质软弱、裂隙发育者取小值。

线装药密度：影响预裂爆破参数的因素复杂，很难从理论上推导出严格的计算公式，水利水电工程常采用经验公式计算。随岩性不同，预裂爆破的线装药密度一般为100～700g/m。为克服岩石对孔底的夹制作用，孔底段应加大线装药密度到2～5倍。

2）光面爆破参数选择：光面爆破的主要参数有装药量、最小抵抗线（$W_{min}$）、炮孔间距（$a$）、炮孔直径（$d$）、炸药特性和地质条件等。

最小抵抗线：$W_{min} = (10 \sim 20)d$；

炮孔间距：$a = (0.6 \sim 0.8)W_{min}$；

线装药密度：$Q_{线} = qaW_{min}$(kg/m)，其中，$q$ 为炸药单耗，约为0.15～0.25kg/m$^3$，软岩取小值，硬岩取大值。

## 7.4　硐室爆破

### 7.4.1　本节知识点及要求

本节知识点及要求包括：

（1）了解部分：硐室爆破定义；集中药包爆破参数计算；爆破漏斗作用计算；爆破方量、残留方量及抛出方量计算；条形药包爆破参数计算；硐室爆破施工；硐室加预裂一次成型爆破技术定义、适用条件、爆破效果评价。

（2）掌握部分：硐室爆破的分类；硐室爆破设计原则与设计内容；硐室爆破药包布置原则与药包布置方法；条形药包布置原则与布置方法；硐室加预裂一次成型爆破的关键技术。

### 7.4.2　本节知识点表述

#### 7.4.2.1　硐室爆破的定义和分类

（1）硐室爆破定义。硐室爆破是将大量炸药装入硐室或导硐（巷道）中，按照设计完成开挖或者抛掷要求的爆破技术，是集中土石方快速开挖的爆破方法。

（2）硐室爆破的分类。

1）按地理条件分类：露天硐室爆破、地下硐室爆破、水下硐室爆破；

2）按爆破作用特征分类：标准抛掷爆破、加强抛掷爆破、减弱抛掷爆破和松动爆破；

3）按药室形状分类：集中药包硐室爆破、条形药包硐室爆破、分集药包硐室爆破和混合药包硐室爆破。

#### 7.4.2.2　硐室爆破设计原则和时间内容

A　设计原则

设计原则包括：

（1）硐室爆破设计应根据有关部门批准的任务书和必要的基础资料进行编制。

（2）根据工程要求及爆区地质地形条件，确定合理的爆破范围和爆破方案。应在保证爆破效果的前提下，尽可能做到投资省，开挖工程量小，工程进度快，爆破成本低。

（3）贯彻安全生产的方针，提出可靠的安全技术措施，以确保施工安全和爆区周围建筑物、构筑物和设备等不受损害。

（4）尽可能采用先进的科学技术，合理地选择爆破参数，以达到良好的爆破效果。

（5）爆破应符合挖掘工艺技术要求，以达到设计的效果。保证爆破方量和破碎质量，爆堆的形状和分布要符合要求，降低大块率，减少边坡欠挖量，爆破区底板要平整，以利于装运，同时要保护边坡不受破坏。

（6）在保证爆破效果的前提下，尽量方便施工。

对大量或特殊的爆破工程，其技术方案和主要参数，应通过专家评审和必要的试验确定。

B 设计基础资料

设计基础资料包括：

（1）工程任务资料。工程概况、目的、任务、技术要求，有关工程设计的合同、文件、会议纪要以及相关部门的批复和决定。

（2）设计资质资料。施工单位资质证明，设计人员资质证明。

（3）地形地质资料。1∶500 地形图，1∶1000 ~ 1∶5000 的大区域地形图或周围环境图，道路设计纵剖面和横剖面或开挖区最终境界图，1∶500 或 1∶1000 的爆区地质平面图及主要地质剖面图；工程地质勘查报告及岩石力学试验资料、水文基本情况及区域节理裂隙分布图。

（4）周围环境调查资料。包括爆破影响范围内各建筑物、构筑物的完好和重要程度；爆区附近的隐蔽工程分布情况；影响爆破作业安全的高压线、电台、电视塔的位置及功率；近期气象条件。

（5）试验资料。包括爆破器材说明书、合格证及检测结果；爆破漏斗试验报告；爆破网路试验资料；杂散电流监测报告；针对爆破工程中的特殊问题所作的试验炮的分析报告。

C 硐室爆破设计内容

编制硐室爆破设计的主要内容如下：

（1）爆破工程概况。包括工程目的、要求、工程进度、规模及预计效果。

（2）地形及地质情况。包括爆破区和堆积区的地形、地貌、工程地质及水文地质有关内容，这些条件与爆破的关系以及爆破影响区域内的特殊地质构造，如滑坡、危坡、大断裂等。

（3）爆破方案。包括爆破范围和规模，爆破性质，药室形式，起爆方式。

（4）技术设计。包括药包布置，药量计算，爆破漏斗参数计算，堆积参数计算和设计成果（各种计算图表）。

（5）导硐、药室设计。包括导硐和药室位置布置，导硐断面设计，药室断面设计。

（6）装药、填塞设计。包括装药设计，装药结构设计，填塞设计。

（7）起爆网路设计。包括延期时间设计，起爆体设计，起爆网路计算和设计，起爆站设计。

（8）安全设计。包括个别飞石距离的计算，振动强度的计算和校核，空气冲击波强度和飞石的估算，涌浪的估算，安全防护措施及安全防护设计。

（9）施工组织设计。包括施工场地布置，导硐和药室的开挖，炸药运输和保管，装药、填塞组织，起爆网路及起爆站工作，安全警戒措施，预防事故措施，爆破指挥部的组织与职责。

（10） 主要材料、设备和劳动组织。

（11） 主要技术经济指标。

D 设计文件

设计文件包括爆破设计说明书和附图。

（1） 设计说明书。设计阶段的文件内容要符合《爆破安全规程》的相关规定。

（2） 主要附图，其中包括：1） 爆区地址平面和剖面图；2） 药包布置平面和剖面图；3） 爆破漏斗及爆堆计算剖面图；4） 导硐、药室开挖施工图；5） 起爆网路图；6） 预计爆堆及底板平面图；7） 装药、填塞施工图；8） 爆破警戒范围及警戒点分布图；9） 科研观测点布置图。

7.4.2.3 硐室爆破药包布置

A 药包布置原则

药包布置原则包括：

（1） 在可以布置条形药包的地方，宜布置条形药包；在可以布置双向作用药包的地方，宜布置双向作用药包，对减少硐挖量、填塞量，充分利用炸药能量有利。

（2） 保证底板平整，周边不留硬坎；边缘药包最小抵抗线控制在 6.0 ~ 10.0m 为宜，易爆岩石取最大值。

（3） 当遇有大断层、大破碎带或大软弱夹层时，药包应对称布置在构造两侧。

（4） 当最小抵抗线 $W$ 与埋深 $H$ 比值 $W/H$ 小于 0.6 时，一般应考虑布置两层或多层药包。

（5） 开沟爆破、全挖路堑爆破、大面积上向爆破，不宜布置两层或多层药包。

B 药包布置方法

药包布置方法及对边坡影响因素有：

（1） 路堑爆破药包布置方法。路堑土石方开挖，药包的布置应根据地形和路堑形状，尽量使设计断面内的岩体松动或大量抛掷，同时减轻爆破作用对路基面的损伤和确保边坡的稳定性。

（2） 多面临空山头的开挖爆破药包布置。多面临空有利于爆破，通常在山头主体下方布置主药包后，再在其周围布置辅助药包。但此类山体多地质构造，药包布置时应注意避开其不利影响。

（3） 药包布置对边坡的影响。主要包括：1） 由药室向外延伸的径向裂缝和环向裂缝，破坏了边坡岩体的整体性；2） 部分岩体爆破之后，破坏了边坡的稳定平衡条件；3） 爆破漏斗上向和侧向出现的环状裂隙向深部延伸，影响边坡稳定；4） 爆破振动波在小断层或裂隙面反射，造成裂隙张开或振动附加力，使部分岩体失稳而下滑；5） 爆破振动促使旧滑体活动。

7.4.2.4 集中药包设计计算

A 集中药包药量计算

集中药包的药量主要与爆破体的岩性，最小抵抗线的大小和药包作用性质有关。通常根据不同的爆破作用特征（如抛掷爆破、加强松动爆破、标准抛掷爆破、松动爆破、内部作用爆破等），采用相关公式进行计算。

B 爆破参数计算

爆破参数计算的内容包括：

（1）标准抛掷爆破单位炸药消耗量：标准抛掷爆破时，爆破单位体积岩石消耗的2号岩石炸药量，称为标准抛掷爆破单位炸药消耗量，用 $K$ 表示，单位为 $kg/m^3$。$K$ 值的确定有计算法、爆破漏斗试验法、查表法以及类比法等几种方法。

（2）松动爆破的单位炸药消耗量。一般将松动爆破的单位炸药消耗量用 $K'$ 表示，$K'$ 与 $K$ 表示值之间的关系为 $K' = f(n)K$。此外，可根据不同爆破条件（如平坦地形、多面临空地形、大型山体完整岩体等），采用相关公式计算。

（3）爆破作用指数 $n$ 值：根据地形条件和不同爆破目的与要求，选取适宜 $n$ 值。

（4）最小抵抗线 $W$：选择药包的最小抵抗线，是硐室爆破中药包布置的核心问题。最小抵抗线应根据爆区地形、周围环境和爆破要求而定，一般控制在15~25m 范围内。

（5）药包间距 $a$：根据岩性或爆破要求，采用相关公式计算。

（6）不逸出半径：根据地形条件，采用相关公式计算。

（7）$W/H$（称为抗高比）：在抛掷爆破中，较佳的抗高比为 $W/H=0.6\sim0.8$；在崩塌爆破和抛坍爆破中，可以采用上式下限或小于0.5的抗高比；对破碎要求较高的硐室爆破，一般取 $W/H=0.7\sim0.9$。岩石完整时 $W/H$ 应控制在0.8~0.9的范围内；岩石结构面发育、可爆性较好时可以放宽到0.65以上。如果 $W/H$ 达不到要求，就应布置分层药包。

（8）实际炸药单耗：爆破设计完成后设计总装药量与设计爆落方量之比即为该爆区的总体炸药单耗。这是衡量爆破效果的一个重要参数。

C 爆破漏斗作用计算

爆破漏斗作用计算的内容包括：

（1）压缩圈半径：根据装药量、介质压缩系数以及装药密度等，采用相关公式计算。

（2）预留保护层：为保护边坡脚不受爆破破坏范围的影响，布置药包时药包中心至边坡的距离应大于压缩圈的半径，即应留有边坡保护层。一般以药室的最大半径来考虑边坡保护层的厚度。

（3）爆破漏斗下破裂半径、爆破漏斗上破裂半径、可见漏斗半径、可见漏斗深度：根据地形地质条件、爆破要求等，采用相关公式计算。

D 爆破方量、残留方量及抛出方量计算

计算顺序为：

（1）剖面面积计算：先用求积仪或方格尺求出一系列平行剖面的爆破漏斗面积 $S_1$，求出残方所占的虚方面积 $S_2'$，再求残留实方面积 $S_2$、抛出石方面积 $S_3$（$S_3=S_1-S_2$）以及抛出虚方面积。

（2）土石方量计算：采用平方剖面法计算。

#### 7.4.2.5 条形药包设计计算

条形药包设计计算包括：

（1）条形药包布置。

1）条形药包布置原则：主要考虑地质勘察、药包平面布置、平面布置形状、药包布置高程、排数、层数、端部药包以及施工要求等。

2）条形药包布置方法：首先按一定距离作出垂直于地形等高线的断面图，并在断面图上按设定的最小抵抗线和高程标出头排药包的位置；其次绘出药包的上破裂线，再由后排药包的最小抵抗线和高程要求找出后排药包断面位置。断面药包位置确定后将其绘制于平面图上，由断面线上的药包位置点连线初步确定药包的平面布置，然后再根据药室形式、堆积方向、均匀布药等要求进行调整，控制同一药包的最小抵抗线偏差在 ±7% 以内，由此确定条形药包的设计位置。

（2）条形药包参数选择。主要包括：最小抵抗线 $W$、药包层距、条形药包端间距等。

（3）装药量计算。主要包括：标准单位炸药消耗量 $K$ 值、条形药包标准抛掷爆破单位长度装药量、爆破作用指数 $n$、爆破作用指数函数 $f(n)$、药量计算、端部药包的药量处理、条形药包施工线装药密度等。

（4）爆破漏斗参数计算。主要包括：条形药包压缩圈半径 $R_1$ 计算、条形药包破裂半径。

（5）堆积参数计算。主要包括：药包径向堆积体边缘到药包的水平距离；药包轴向堆积体边缘到药包端部的水平距离；条形药包松动爆破前沿堆积距离。

（6）药室、导硐开挖设计。

1）主导硐断面的确定：条形药包的主导硐是连通药室与外界的通道，既要满足药室开挖和炸药装填的作业需要，在装药、起爆网路工作完成后，还要充填填塞以免使爆破能量泄漏。因此，导硐的断面尺寸既要满足方便施工、保持硐体稳定和有利炮烟排放的要求，又要尽量减少掘进工作量，降低爆破成本。

2）药室断面尺寸的确定：通常药室断面的大小根据药室的装药量来决定。

（7）装药、填塞设计。

1）装药设计：条形药包按设计的每米实际装药量从里端向外依顺序整齐码放，码放要密实，减少缝隙，有主、副起爆体的，装药断面中央压上两根导爆索，在设计的副起爆体位置装乳化炸药（或硝铵炸药），导爆索放在乳化炸药（或硝铵炸药）中间，导爆索结与主导爆索顺向连接，主起爆体放在药室靠近填塞料一端 3m 处。

2）填塞设计：填塞是保证爆破成功的重要环节之一，在药室、导硐设计中，应考虑填塞自锁作用，即药室尽可能放置在主导硐，与条形药室的夹角应尽可能等于或接近直角。填塞长度的计算方法主要有经验布置法计算法。

（8）起爆网路设计。

起爆网路可采用电爆网路、非电导爆管网路或混合起爆网路。为了改善爆破效果和降低爆破振动，起爆网路宜用毫秒延时爆破。

#### 7.4.2.6 硐室爆破施工组织

硐室爆破施工组织工作包括：

（1）施工组织机构。硐室爆破工程进点开工，应成立施工项目指挥机构，负责导硐开挖的施工、技术、安全保卫及材料后勤等工作。一般项目指挥部（或经理部）由总指挥（经理）、副指挥（副总经理）和总工程师组成，下设施工组、技术组、安全保卫组和后勤材料组。

（2）施工组织设计。施工组织设计是施工单位根据工程的工期及环境要求，结合本单位的技术及管理水平，参照有关规章和标准编制而成，其主要内容包括：施工工艺、施工进度、劳力组织安排、施工机械设备、爆破器材准备及性能检验、网路试验、指挥机构以及安全警戒及防范措施等。它对开工前的准备工作逐一作出安排，对各施工阶段应完成的任务及进度作出具体规定，在安全方面提出具体措施。

7.4.2.7 硐室加预裂一次成型爆破技术

A 基本概念

（1）定义。硐室加预裂一次成形爆破技术，是在路堑主体石方爆破部位采用集中或条形药包硐室爆破，路堑边坡采用预裂爆破；在硐室药包作用比较薄弱的部位根据具体情况可适当布置深孔药包，以改善破碎质量。在此基础上发展起来的高边坡多台阶路堑硐室加预裂一次成型爆破技术，则是通过合理分层，自上而下逐层采用硐室加预裂进行爆破开挖的施工方法。

（2）硐室加预裂一次成型爆破适用条件。硐室加预裂适用于开挖宽度大于15m、挖深大于20m的半路堑。当路堑边坡高、陡时，可按线路设计要求分台阶开挖。同时也适用于有边坡要求的大量石方爆破工程。

B 硐室加预裂一次成型爆破关键技术

（1）台阶高度的确定。台阶高度是硐室加预裂一次成型爆破技术最重要参数，直接影响边坡稳定和爆破效果。其主要影响因素为：1）地形地质条件；2）钻孔机械的钻孔能力；3）台阶与硐室最小抵抗线的关系。

（2）上下台阶的相互影响及处理方法。上下台阶的相互影响，包括上层台阶爆破对下层台阶的影响和下层台阶爆破对上层边坡的影响。为此，必须采取有效措施减少这种有害影响。

（3）药包布置及爆破参数的选择。主要包括药包布置、硐室加预裂爆破相关参数选择。

（4）硐室与预裂一次起爆间隔时间。预裂孔起爆先于硐室药包起爆，其时间应确保预裂缝的形成和全面贯通，一般有两种方法：预裂孔在硐室装药前起爆；硐室加预裂同次分段起爆。

C 硐室加预裂一次成型爆破的效果分析

衡量硐室加预裂一次成型爆破效果有两条标准：一是岩石得到充分破坏；二是达到一次成型的目的。预裂缝宽度对一次爆破成型的影响，在硐室加预裂一次爆破成型综合技术中，预裂面是作为人造断层面加以利用的，当顶部裂缝小于1cm时，底部应当是闭合面，将影响边坡质量。随着裂缝宽度的缩小，反射波能量极有可能破坏边坡面上的岩体，造成爆破失败。当裂缝宽度尤其是边坡底部宽度大于1cm时，预裂面才能形成张开式人造断层面，预裂缝一般大于10cm。硐室药包爆破后，边坡面效果很好。

## 7.5 高温爆破

### 7.5.1 本节知识点及要求

本节知识点及要求包括：

（1）了解部分：高温爆破定义；高温孔的测温方法；高温爆破操作规程。

（2）掌握部分：高温爆破的特点；高温爆破的降温方法；高温爆破使用器材要求。

### 7.5.2　本节知识点表述

7.5.2.1　高温爆破定义及特点

定义：高温爆破是指炮孔温度在40～80℃的爆破作业，80℃以上严禁爆破。

特点：（1）火区温度高，个别火区的岩石温度超过500℃；（2）火区中的岩体受到高温煅烧，有的岩石结构受到破坏，岩体比较破碎。高温会导致金属性能改变。在高温岩石中钻孔容易损坏钻具，容易塌孔，打孔难，成孔难；（3）高温会改变爆破器材的使用性能，易出意外；（4）高温作业容易出现烫伤等其他安全事故。

7.5.2.2　高温爆破的降温方法

高温爆破的降温方法主要有：采挖阻断法；压覆窒息法；注水灭火技术等。

7.5.2.3　高温孔的测温方法

高温孔的测温需采用至少两种型号的测温仪同时进行，高温爆破采用的测温仪主要有接触式和非接触式两大类。高温爆破测温中，用得较多的是红外测温。

7.5.2.4　高温爆破器材

一般爆破器材的耐高温性能没有国家标准，可以参考相关典型工程经验。

7.5.2.5　高温（火区）爆破操作

主要包括装药前的准备工作，装药、填塞、起爆以及其他相关规定等。高温（火区）爆破作业不同于一般土岩爆破，应采取相关控制措施实施爆破。

## 7.6　冻土爆破

### 7.6.1　本节知识点及要求

本节知识点及要求包括：

（1）了解部分：冻土的强度特征；钻孔机具选择；一般冻土爆破技术。

（2）掌握部分：爆破器材选择；高原冻土爆破技术。

### 7.6.2　本节知识点表述

7.6.2.1　冻土的强度特征

主要包括冻土的抗压强度、抗拉强度、抗剪强度。

7.6.2.2　钻孔机具与爆破器材选择

（1）钻孔机具。冻土的性质介于土壤与岩石之间。在冻土中钻孔时，易产生热融现象影响钻进效率。因此，宜因地制宜选择操作简单易行的钻孔方法。冻土爆破的炮孔直径一般为50～100mm，冻土厚度不大、炮孔直径小时，可用土壤钻孔器、风镐、灼热长杆和风钻等机具钻孔。冻土厚度较大、炮孔直径大时，宜用大型机械钻孔。

（2）爆破器材。季节性冻土，冻结温度尚可时，可采用常规炸药进行爆破，但要做好药包的防水措施。永冻土，冻结温度较低时，宜选择防水抗冻性能良好的炸药。目前，主要采用水胶炸药和岩石乳化炸药。起爆器材与常规爆破相同，主要采用电雷管和非电导爆管雷管系列。在高原冻土地区，使用电爆网路时要注意防雷电措施。最好选用非电导爆管起爆系统，但其导爆管应适应低温状态的要求。

#### 7.6.2.3 冻土爆破技术

(1) 一般冻土爆破技术。一般冻土指平原、丘陵地区非永冻层的多年冻土，含冰量不大、冻结深度较浅。根据冻结深度不同，可采用冻土层下装药和冻土层中装药两种爆破工艺。

冻土开挖方量较小、地形较复杂的工地，可采用浅孔爆破；冻土方量比较集中、台阶开挖高度大于5m的工地，宜采用深孔爆破。对具体某一地层的冻土爆破，建议进行标准爆破漏斗试验以确定最佳单位炸药消耗量。

(2) 高原冻土爆破技术。在高原地区，例如青藏高原进行冻土爆破不同于一般地区的冻土爆破，具体表现为：1）生态环境原始、独特、脆弱、敏感，一经破坏难以恢复，甚至是不可逆的。2）多为富冰冻土和饱冰冻土，表层少有植被。冻结期从每年9月至次年4月，年平均气温 -4℃，最低为 -45℃。冻土层厚度达4.0~80.0m，冻结上限很浅，一般为1.5~2.5m。3）高原地区气压低、严寒缺氧，无论是人工和机械效率都很低。所以，高原冻土的钻孔爆破难度极大。

# 8　地下爆破

## 8.1　非煤矿山地下采矿爆破

### 8.1.1　本节知识点及要求

本节知识点及要求包括：

（1）了解部分：非煤矿山地下采矿的主要方法及其工艺；大直径深孔爆破主要技术。

（2）掌握部分：掌握地下采矿爆破的特点，熟悉浅孔爆破、深孔爆破布孔特点及参数确定，地下爆破基本规定和VCR爆破方法、特点及其施工工艺。

### 8.1.2　本节知识点表述

8.1.2.1　地下采矿爆破特点

地下采矿爆破按孔径和孔深的不同可分为浅孔和深孔爆破。

地下采矿爆破与露天爆破相比其明显的特点是：（1）工作空间比较狭小，爆破规模小，爆破频繁；（2）地质条件对地下工程影响更大，在施工过程中，岩体的性质和构造是选择开挖方式、开挖程序、爆破方式与支护手段的基本依据；（3）地下采矿爆破所采用的凿岩、采掘机械由于受作业空间的限制，与露天矿山相比，其生产能力小，自动化程度低。

地下采矿爆破与井巷掘进爆破相比，具有以下特点：（1）具有两个以上的自由面；（2）炮孔数量多，崩矿面积和爆破量都比较大；（3）爆破方案的选择和起爆网路的设计比较复杂，所以爆破时的组织工作显得更为重要。

8.1.2.2　地下采矿浅孔爆破

地下采矿浅孔爆破主要用于留矿法、分层充填法、分层崩落法以及某些房柱法等采矿作业中。

A　炮孔布置

地下采矿浅孔爆破按炮孔方向不同，可分为上向炮孔和水平炮孔两种，其中上向炮孔应用较多。矿石比较稳固时，采用上向炮孔；矿石稳固性较差时，一般采用水平炮孔，工作面可以是水平单层，也可以是梯段形，梯段长3～5m，高度1.5～3.0m。

爆破工作面以台阶形式向前推进，炮眼在工作面的布置有方形或矩形排列和三角形排列。方形或矩形排列一般用于矿石比较坚硬、矿岩不易分离以及采幅较宽的矿体。三角形排列时，炸药在矿体中的分布比较均匀，一般破碎程度较好，而不需要二次破碎，故采用较多。

B　爆破参数

应了解地下爆破参数的内容包括：

（1）炮孔直径。我国矿山浅孔爆破崩矿广泛采用32mm药卷直径，其相应的炮孔直径为38~42mm。国内一些有色金属矿山使用了25~28mm的小直径药卷进行爆破，其相应的炮孔直径为30~40mm，在控制采幅宽度和降低贫化损失等方面取得了比较显著的效果。当开采薄矿脉、稀有金属矿脉或贵重金属矿脉时，特别适宜使用小直径炮孔爆破。

（2）炮孔深度。炮孔深度与矿体、围岩性质、矿体厚度及边界形状等因素有关。它不仅决定着采矿场每循环的进尺和采高、回采强度，而且影响爆破效果和材料消耗。采用浅孔爆破留矿采矿法时，当矿体厚度大于1.5~2.0m，矿岩稳固时，眼深常为2m左右，个别矿山开采厚矿体时眼深达到3~4m；当矿体厚度小于1.5m时，随着矿体厚度不同，孔深变化于1.0~1.5m之间。当矿体较小且不规则、矿岩不稳固时，应选用较小值以便控制采幅，降低矿石的损失和贫化。

（3）最小抵抗线和炮孔间距。最小抵抗线（$W$）和炮孔间距（$a$）按经验公式选取。

（4）单位炸药消耗量。地下采矿浅孔爆破的炸药单耗与矿石性质、炸药性能、孔径、孔深以及采幅宽度等因素有关。一般采幅愈窄，孔深愈大，岩石坚固性系数愈大，则其炸药单耗量愈大，可参见《教材》表8-1所示。

#### 8.1.2.3　地下采矿深孔爆破

深孔崩落矿石的特点是效率高、速度快、作业条件安全，广泛地应用于厚矿床的崩矿。在冶金矿山，深孔爆破常用于阶段崩矿法、分段崩矿法、阶段矿房法、深孔留矿法等采矿法和矿柱回采。

深孔爆破与浅孔爆破法比较，具有每米炮孔的崩矿量大、一次爆破规模大，劳动生产率高，矿块回采速度快，开采强度高，作业条件和爆破工作安全，成本低等优点，但是大块较多。所以，深孔爆破在冶金矿山广泛用于地下矿的中厚矿床回采、矿柱回采和空区处理等工作。

##### A　炮孔布置

深孔布置方式有两种：平行布孔和扇形布孔。平行布孔是在同一排面内，深孔互相平行，深孔间距在孔的全长上均相等。扇形布孔是在同一排面内，深孔排列成放射状，深孔间距自孔口到孔底逐渐增大。平行布孔与扇形布孔相比，其优点是：（1）炸药分布合理，爆落矿石块度比较均匀；（2）每米深孔崩矿量大。它的缺点是：（1）凿岩巷道掘进工作量大；（2）每钻凿一个炮孔就需移动一次钻机，辅助时间长；（3）在不规则矿体布置深孔比较困难；（4）作业安全性差。

扇形排列的优缺点与平行排列的优缺点相反。从比较中可以看出，平行排列虽然比扇形排列有一些优点，但其缺点比较严重，特别是凿岩巷道掘进工作量大是其致命的弱点。因此，只是在开采坚硬的矿体时才采用。

##### B　爆破参数

（1）炮孔直径。影响孔径的因素主要是使用的凿岩设备和工具、炸药的威力、岩石特征。

采用接杆凿岩时，主要决定于连接套直径和必需的装药体积，孔径一般为50~75mm，以55~65mm较多。采用潜孔凿岩时，因受冲击器的限制，孔径较大，为90~120mm，以90~110mm较多。当矿石节理裂隙发育，炮孔容易变形等情况下，采用大直径深孔则是比较合理的。

（2）炮孔深度。选择炮孔深度时主要考虑凿岩机类型、矿体赋存条件、矿岩性质、采矿方法和装药方式等因素。目前，使用 YG-80、YGZ-90 和 BBC-120F 凿岩机时，孔深一般为 10～15m，最大不超过 18m；使用 BA-100 和 YQ-100 潜孔钻机时，一般为 10～20m，最大不超过 25～30m。

（3）最小抵抗线、炮孔间距及密集系数。确定最小抵抗线、炮孔间距及密集系数的方法，可参见《教材》第 304～305 页内容。但应注意以下情况：

炮孔间距：平行排列深孔的孔间距，是指相邻两孔间的轴线距，扇形深孔排列时，孔间距分为孔底距和孔口距。孔底距是指由装药长度较短的深孔孔底至相邻深孔的垂直距离；孔口距是指由填塞较长的深孔装药端至相邻深孔的垂直距离。

在设计和布置扇形深孔排面时，为使炸药在矿石中分布均匀一些，用孔底距 $a$ 来控制孔底深度的密集程度，用孔口距 $b$ 来控制孔口部分的炸药分布，以避免炸药分布过多，爆后造成粉矿过多。

通常平行孔的密集系数为 0.8～1.1，以 0.9～1.1 较多。扇形孔时，孔底密集系数为 0.9～1.5，以 1.0～1.3 较多；孔口密集系数为 0.4～0.7。选取密集系数时，当矿石愈坚固，要求的块度愈小，应取较小值；否则，应取较大值。

（4）单位炸药消耗量。单位炸药消耗量的大小直接影响岩石的爆破效果，其值大小与岩石的可爆性、炸药性能和最小抵抗线有关。通常可参考《教材》表 8-3 选取，也可根据爆破漏斗试验确定。

平行深孔每孔装药量 $Q$ 根据体积公式计算。

扇形深孔每孔装药量因其孔深、孔距均不相同，通常按体积公式先求出每排孔的装药量，然后按每排长度和总填塞长度，求出每 1m 孔的装药量，然后分别确定每孔装药量。

我国冶金、有色金属矿山的一次炸药单耗，一般为 0.25～0.6kg/m$^3$；二次炸药单耗为 0.1～0.3kg/m$^3$，二次炸药单耗较高的矿山反映其大块产出率较高，个别矿山甚至超过一次炸药单耗，属于不正常现象。

C　施工工艺

施工工艺流程是：

验孔→作业地点、安全状况检查→爆破器材准备→装药→填塞→起爆。

#### 8.1.2.4　地下采矿大直径深孔爆破

##### A　VCR 爆破

（1）VCR 的定义、特点和应用。

VCR（Vertical Crater Retreat Mining）是垂直深孔球状药包后退式崩矿方法的简称，它是在利文斯顿爆破漏斗理论基础上研究创造的、以球状药包爆破方式为特征的新的采矿方法。它的实质和特点是，在上切割巷道内按一定孔距和排距钻凿大直径深孔到下部切割巷道，崩矿时自顶部平台装入长度不大于直径 6 倍的药包，然后沿采场全长和全宽按分层自下而上崩落一定厚度矿石，逐层将整个采高采完，下部切割巷道成为出矿巷道，其典型矿块回采，可参见《教材》图 8-6 及图 8-7 所示。

VCR 法爆破的主要特点是炮孔两端是敞开的，要求采用堵孔，将药包停留在预定的位置上，所以装药是这种爆破方法非常关键的作业。当球状药包埋置在采场顶底板之间向下部自由空间爆破，即倒置漏斗爆破，就成为 VCR 法球状药包爆破技术的主要特点。

VCR 法主要用于中厚以上的垂直矿体、倾角大于60°的急倾斜矿体和倾角大于60°的小矿块等的回采。VCR 法深孔排列采用平行排列，一般垂直向下，如《教材》图 8-7 所示，也可钻大于60°的倾斜孔，但是在同一排面内的深孔应互相平行，深孔间距在孔的全长上相等。

（2）爆破参数：

爆破参数包括：

1）炮孔直径。炮孔直径一般采用160～165mm，个别为110～150mm。

2）炮孔深度。炮孔深度为一个台阶的高度，一般为20～50m，有的达到70m；钻孔偏差必须控制在1%左右。

3）孔网参数。排距一般采用2～4m；孔距2～3m。

4）最小抵抗线和崩落高度。最小抵抗线即药包最佳埋深，一般为1.8～2.8m，崩落高度2.4～4.2m。

5）单药包重量。要求药包长径比不超过6（认为是集中药包），重20～37kg，一般要求用高密度、高爆速、高爆热的三高炸药。

6）爆破分层。每次爆破分层的高度一般为3～4m。爆破时为装药方便，提高装药效率可采用单分层或多分层爆破，最后一组爆破高度为一般分层的2～3倍，采用自下而上的起爆顺序。

7）单位炸药消耗量。在中硬矿石条件下，即$f=8\sim12$，一般平均为0.34～0.5kg/t。

（3）施工工艺：

施工工艺的内容：

1）在矿块中钻凿一个或多个大直径炮孔；

2）在每个炮孔中装入一个大球状药包或近似球体的药包并填塞；

3）药包爆炸时，借助于气体压力破碎岩石，在矿体中形成倒置漏斗；

4）从矿房运出漏斗中的破碎矿石。

B　阶段深孔台阶爆破

阶段深孔台阶爆破崩矿实质是露天矿的台阶崩矿技术在地下开采中的应用，即采用大直径阶段深孔装药向采场中事先形成的竖向切割槽实行全段高或台阶状崩矿，崩落的矿石由采场下部的出矿系统运出。阶段深孔台阶爆破崩矿及采场装药结构图，可参见《教材》图 8-8 及图 8-9。

（1）爆破参数。

阶段深孔台阶爆破参数包括：

1）炮孔直径：一般为160～165mm，个别为110～150mm；

2）炮孔深度：为一个台阶的高度，一般为20～50m，有的达到70～100m；

3）孔网参数：一般排距为2.8～3.2m，孔距2.5～3.5m；

4）炸药单耗：一般为0.35～0.45kg/t。

（2）施工工艺。

施工工艺内容包括：

1）布孔及阶段深孔凿岩；

2）采场切割天井及切割槽爆破；

3）顶盘侧矿体部分阶段崩矿；

4）切割坡顶爆破及阶段深孔崩矿；

5）采场出矿。

C 束状深孔爆破

大直径束状深孔爆破技术具有作业效率高、改善作业环境、采场结构简单、便于地压控制等显著优点，是开采稳固性较差的地下厚大矿体的有效的落矿技术，在挤压爆破条件下，可以获得更好的爆破效果。

束状孔是指一组相互平行的密集炮孔，其特点是：（1）炮孔在空间位置是相互平行的；（2）束状孔束内各炮孔的孔间距较小，一般为4～6倍孔径；（3）每束炮孔数2～10个，炮孔的平面布置有多种形式，通常是圆形、半圆形、平行直线形及各种组合；（4）进行布孔和爆破设计时，一般将每束炮孔作为一个等效单孔考虑。

## 8.2 煤矿井下爆破

### 8.2.1 本节知识点及要求

本节知识点及要求包括：

（1）了解部分：在熟悉煤矿井下生产工艺的基础上，了解煤巷爆破、半煤岩巷爆破、炮采工作面落煤爆破、急倾斜采煤爆破以及综采放顶煤硬煤爆破弱化的基本方法；

（2）掌握部分：煤矿井下爆破特点、煤矿许用爆破器材使用规定以及爆破作业特殊要求。

### 8.2.2 本节知识点表述

#### 8.2.2.1 煤矿井下爆破特点及煤矿许用爆破器材

A 煤矿井下爆破特点

煤矿井下爆破特点的表述内容包括：

（1）爆破作业现场是在有瓦斯或有煤尘爆炸危险的采掘工作面，个别是在有煤（岩）与瓦斯突出危险的采掘工作面，对爆破器材、爆破作业安全要求高；

（2）井下作业空间狭窄，有毒、有害气体不易快速扩散，作业环境恶劣；

（3）煤矿井下巷道断面尺寸相对较小，多在4～14m$^2$之间，巷道断面形状和支护形式多样，岩性变化大，有岩巷、半（煤）岩巷、煤巷等。

B 煤矿许用爆破器材

矿井下爆破必须使用煤矿许用爆破器材，不同瓦斯等级的矿井应使用不同安全等级的煤矿许用爆破器材，具体规定为：

（1）煤矿井下爆破使用电雷管时，应遵守下列规定：

1）使用煤矿许用瞬发电雷管或煤矿许用毫秒延期电雷管；

2）使用煤矿许用毫秒电雷管时，从起爆到最后一段的延期时间不应超过130ms；

3）不应使用导爆管或普通导爆索；

4）不同厂家生产的或不同品种的电雷管，不得掺混使用。

（2）煤矿许用炸药的选用应遵守下列规定：

1）低瓦斯矿井的岩石掘进工作面，必须使用安全等级不低于一级的煤矿许用炸药。

2）低瓦斯矿井的煤层采掘工作面、半煤岩掘进工作面，必须使用安全等级不低于二级的煤矿许用炸药。

3）高瓦斯矿井、低瓦斯矿井的高瓦斯区域，必须使用安全等级不低于三级的煤矿许用炸药。有煤（岩）与瓦斯突出危险的工作面，必须使用安全等级不低于三级的煤矿许用含水炸药。

4）同一工作面不得使用两种不同品种的炸药。

C 爆破网路

煤矿井下爆破在爆破网路与起爆方面应注意以下规定：

（1）在有瓦斯或有煤尘爆炸危险的采掘工作面，应采用毫秒爆破。严禁在1个采煤工作面使用2台发爆器同时进行爆破。

（2）在高瓦斯矿井、低瓦斯矿井的高瓦斯区域的采掘工作面采用毫秒爆破时，若采用反向起爆，必须制定安全技术措施。

（3）井下爆破必须使用发爆器。开凿或延深通达地面的井筒时，无瓦斯的井底工作面中可使用其他电源起爆，但电压不得超过380V，并必须有电力起爆接线盒。发爆器或电力起爆接线盒必须采用矿用防爆型（矿用增安型除外）。

（4）爆破作业必须执行“一炮三检”和“三人连锁爆破”制度。

#### 8.2.2.2 半煤岩巷掘进爆破

半煤岩巷道是指沿着薄煤层掘进的巷道，根据煤层在工作面的位置不同有多种情况，在巷道断面上既有煤层，又有岩层。当岩层占掘进工作面面积的1/5～4/5时，即称为半煤岩巷道。

应了解半煤岩巷掘进爆破炮孔布置、钻机选型及施工组织特点。

#### 8.2.2.3 煤巷掘进爆破

沿煤层掘进的巷道，如果煤层占巷道断面的4/5及以上者，均可称为煤巷。近年来，国有大型煤矿80%以上的煤巷掘进均采用煤巷联合掘进机进行施工，但大量的地方小煤矿仍采用钻爆法进行煤巷的掘进施工，甚至直接采用煤巷掘进出煤。

应了解煤巷掏槽、周边眼布置特点。

#### 8.2.2.4 采煤工作面爆破

随着煤矿向大型机械化发展，炮采工作面逐渐减少。本节应了解炮采工作面炮孔布置、参数确定及起爆顺序的基本特点。

#### 8.2.2.5 急倾斜煤层采煤爆破

急倾斜煤层多为不稳定的复杂煤层，常给开采工作带来很大困难。中深孔爆破采煤法是急倾斜煤层开采的最常用的采煤方法，包括薄及中厚煤层中深孔爆破技术和巷道放顶煤。

本节应了解急倾斜薄及中厚煤层中深孔爆破采煤法巷道布置、炮孔布置特点。

#### 8.2.2.6 放顶煤松动爆破

放顶煤开采方法是厚及特厚煤层的主要采煤方法之一，开采工艺是在厚煤层中先采煤层底部2～4m厚的一个分层，利用矿山压力的作用或辅以人工松动的方法，使支架上方的顶煤破碎，依靠重力通过支架放煤口回收顶煤，常见的放顶煤开采方法有综采放顶煤（简称综放）、型钢梁放顶煤（简称 π 放）、滑移支架放顶煤（简称滑放）等。当煤层顶部煤体在支承压力的作用下冒落和放出困难时，需要采取顶煤弱化措施，采用松动爆破是有效措施之一。放顶煤松动爆破有超前工作面深孔爆破和支架间向上钻孔爆破两种方式。

超前工作面深孔爆破需要在掏顶煤中布置一条专用预爆破工艺巷，在工艺巷内钻预爆破炮孔，炮孔直径一般选用 60 ~ 100mm，药量根据顶煤及夹石的硬度和对爆破质量的要求试验确定，装药可以人工装药，也可以使用装药器来完成。在顶煤深孔预爆破中多采用风动装药器装药，装药深度可达 50 ~ 70m。采用连续装药结构，矿用导爆索和电雷管正向起爆。炮孔封堵长度一般为孔深的 25% ~ 40%。

## 8.3　水电地下洞室群爆破

### 8.3.1　本节知识点及要求

本节知识点及要求包括：

（1）了解部分：三大洞室顶层、岩锚梁层、直立边墙区层的开挖爆破；

（2）掌握部分：地下大跨度洞群开挖爆破的基本规定、地下水电站洞室布置及其施工特点。

### 8.3.2　本节知识点表述

#### 8.3.2.1　洞室布置

地下水电站是一个立体交错的复杂的地下洞室群，由主厂房、主变压室、尾水调压室等三大洞室和数条引水隧洞及尾水洞、母线洞、出线竖井、通风洞、排水洞、交通洞等附属洞室组成。

地下厂房系统的地下洞室群可以分成三个相对独立的区域施工。第一区域为引水系统，包括引水上平洞、引水斜井（或竖井）和引水下平洞，它们由相互平行的数条引水隧洞组成；第二区域为三大洞室，包括主厂房、主变压室和尾水调压室及与其相关联的洞室如母线洞、出线洞、通风洞、交通洞等；第三区域由数条尾水洞组成。三区虽相对独立，但又相互有机的联系。

引水部分开挖与普通洞挖或斜井、竖井开挖没有差异，但在开挖程序上须先开挖引水上平洞与引水下平洞，待引水上平洞与引水下平洞开挖到其斜井（或竖井）两端时斜井（或竖井）才能开挖。

三大洞室都是采用自上而下分层开挖法。在开挖上大体分四种类型，即顶层城门洞型的开挖、岩锚梁所在层面的开挖、大断面直高边墙区段的开挖和底层开挖。地下洞室间岩墙薄，开挖爆破对相邻洞室的围岩稳定有严重影响，在洞室群中任一部位的开挖都会引起应力多次重分布。因此，必须要求开挖后的支护及时跟进，而且相邻洞室间要错开距离开挖。特别是三大洞室分多层开挖，分层厚度的确定及支护的及时性都是极为重要的，否则会引起围岩（顶拱和边墙）的较大变形。

#### 8.3.2.2　洞室群施工特点

洞室群施工特点的表述内容包括：

（1）主厂房跨度大，边墙高，工程量大；

（2）洞室布置集中，各洞室平行或互相交叉，洞室间距较近，岩柱薄，围岩稳定问题突出；

（3）地下主厂房的顶部、中部、底部均有永久隧洞，为分层施工提供了交通条件；

（4）地下厂房开挖、支护、混凝土浇筑等工序多，交叉进行，施工干扰大。

对于大型洞库施工，20 世纪 70 年代前主要采取多导洞分层施工，以保持洞室稳定。80 年代后采用分层梯段爆破、光面爆破等配以凿岩台车钻孔、挖掘机配自卸汽车的施工工艺。从而使地下工程进入加快破岩速度、保护边墙尽量减少破坏及适时进行喷锚支护的现代化地下工程开挖方法。

#### 8.3.2.3 三大洞室顶层的开挖爆破

地下主厂房和尾水调压室规模都比较大（大型地下厂房的尾水调压室高度往往超过主厂房），三大洞室的体形大都为长廊式方圆形断面（也有尾调为圆筒形），开挖爆破方法大体相同，一般都要分 9～12 层进行开挖，如《教材》图 8-21 所示。

三大洞室的弧形顶拱层的开挖方法基本相同，一般分左、中、右三区进行开挖。不同的开挖方法，仅仅是掏槽的位置布置的不同而已。其掏槽爆破、光面爆破和崩落爆破参数与巷道和隧道爆破相同。

#### 8.3.2.4 岩锚梁层的开挖爆破

岩锚梁岩台一般位于地下厂房开挖的第二层或第三层中，岩台开挖一般分多区进行（参见《教材》图 8-23）。首先是中部槽挖，并在两侧预留 3～4m 的保护层。挖槽时为保护层岩体不受破坏，同样要进行开挖边线预裂。

岩锚梁岩台开挖的关键部位是保护层内的开挖，一般采用下列两种方法：

（1）沿地下厂房主轴线方向进行的逐步前进法。其钻孔方向与厂房主轴线方向一致，将保护层由表及里层层剥离，最后达到岩台设计规格线。岩台开挖采用短进尺、低药量、弱爆破及隔孔装药方式，且严格控制装药量。

该方法的缺点是施工速度慢，它必须一个循环一个循环地进行，而光爆孔太深也容易引起两茬炮孔间的错台加大。

（2）钻孔与地下厂房主轴线成大角度相交法爆破。它将保护层又分几次开挖，最后留下岩台以上的梯形区，布置垂直于主厂房轴线方向的周边孔进行光面爆破。

该方法施工速度快，爆破效果好。为了让岩台开挖质量得到保证，常常使用钻孔样架，根据岩台周边孔的角度设计并制作，将钻机置于样架上进行操作，使其钻孔角度、深度都不发生偏离，从而使钻孔质量得到极好的保证。

#### 8.3.2.5 直立边墙区层的开挖爆破

主厂房中部为大断面直立高边墙区，它离岩锚梁有一定距离，主变压室、长廊型尾水调压室的中部都是这种形式。开挖时采用中厚层开挖为主，一般开挖厚度为 4～8m（最大可达 10m，与施工通道布置有关）。先沿直边墙周边进行预裂爆破，再按台阶爆破法进行开挖。主爆孔孔径 76～90mm，排距为 20～25$d$，地下洞室开挖中，以取小值为好，一般为 1.8m，孔间距取排距的 1～1.5 倍。装药系数与围岩类别有关，单个炮孔的装药量用体积公式计算。

## 8.4　放射性矿床开采爆破

### 8.4.1　本节知识点及要求

本节知识点及要求包括：

（1）了解部分：铀矿开采方法；

（2）掌握部分：铀矿开采爆破的技术要求。

### 8.4.2　本节知识点表述

8.4.2.1　铀矿开采爆破技术要求

放射性矿床是指含有天然放射性元素铀、镭、钍并具有工业利用价值的矿床。铀矿床开采与其他金属矿床开采的工艺技术基本相同，但铀矿石具有放射性，其采掘工艺技术必须密切与放射性物探相结合，必须十分注重安全防护与环境保护，爆破技术应适应铀矿资源特点采掘工艺技术的要求，具体如下：

（1）铀矿爆破与放射性物探相结合；

（2）分爆分采、控制爆破块度，确保放矿工艺和铀矿特殊工艺的技术要求，降低损失和贫化；

（3）加强矿井通风，尽可能降低爆破过程中放射性对人身危害与对环境影响。

8.4.2.2　铀矿原地爆破浸出开采

（1）开采方法。原地爆破浸出开采是融采、冶于一体的一种新型铀矿开采方法，此工艺技术适合低品位铀矿体开采，其主要工艺途径是：以阶段或中段划分采场，在脉内布置井巷采切工程（用于凿岩和爆破时的补偿空间），将较高品位矿石切采出窿（25%左右矿量），低品位矿石爆破筑堆就地浸出（75%左右矿量），利用溶浸剂有选择性地浸出矿石中的有价金属，将浸出含铀金属溶液收集送水冶厂处理。

（2）原地爆破浸铀深孔爆破筑堆典型方案。根据原地浸出爆破时补偿空间的大小、形式及爆破方向不同，可采用多种爆破筑堆方法，爆破筑堆方法的名称和特点，参见《教材》表8-14所示。

8.4.2.3　爆破参数

爆破主要参数确定与其他金属矿相同，注意矿石块度对浸出效果的影响。

## 8.5　高温硫化矿爆破

### 8.5.1　本节知识点及要求

本节知识点及要求包括：

（1）了解部分：高温硫化矿爆破的一般要点；

（2）掌握部分：高温硫化矿爆破特点、常用的隔热措施及高温爆破作业主要技术措施。

### 8.5.2　本节知识点表述

由于硫化矿氧化、自燃、地下火区、地热等引起矿体和岩层发热，其温度高于50℃者称为高温硫化矿岩。在这种矿岩中进行的爆破称为高温硫化矿爆破。

8.5.2.1 高温硫化矿爆破的特点

高温硫化矿爆破有以下特点：

（1）矿石含硫量高。一般采场的矿山含硫量达到27%，富集带高达70%～90%。含硫量越高，越容易和硝铵类炸药反应，从而使温度升高引起炸药自爆。

（2）黄铁矿氧化严重。有的采场处于接触破碎带中，黄铁矿在渗透水和空气作用下预氧化，在采场掘进回采时，黄铁矿石暴露在井下潮湿空气中加速氧化，而黄铁矿在氧化过程中会放出大量的热量。

（3）采场孔温偏高有发火倾向。高温硫化矿床、矿石具有自燃发火倾向，在开采期间出现不同程度的高温或自燃现象。

8.5.2.2 自爆机理

硫化矿矿石与硝铵或乳化炸药接触之所以能够引起炸药自爆，其中一个重要的原因是当硫化矿与硝铵类炸药直接接触时发生了化学反应。随着反应不断加速，热量积累，温度升高，最终导致炸药的爆燃或爆炸。另一个原因是炸药在高温环境下发生热分解反应。

8.5.2.3 硫化矿用安全炸药

在硫化矿用安全炸药的研究中，常利用尿素等来改性铵油炸药。北京矿冶研究总院研制的BMH型硫化矿用散装安全炸药、BDS系列安全乳化炸药，解决了硫化矿井下的高温爆破安全问题。

8.5.2.4 高温硫化矿爆破隔热措施

采用如下措施对高温硫化矿爆破进行隔热：

（1）隔离包装防止炸药自爆。采取良好的隔离包装可以防止炸药在高硫高温炮孔内产生自燃、自爆。常用的隔离包装材料参见《教材》表8-17所示。

（2）高温隔热包装材料。常用的保温隔热材料有石棉绳、膨胀珍珠岩、细玻璃棉和海泡石等几种。

8.5.2.5 高温爆破作业技术措施

高温爆破作业时可采取的措施有以下4项：

（1）改善作业条件。井下爆破作业面空气温度高于28℃时，应采取降温措施。降温方法可选用下述4项：加强通风，从低温区引入新鲜风流，降低作业面气温；用喷雾器喷射冷水和通风联合降温；往工作面喷射冰水降温；将通过制冷系统的冷空气送入工作面降温。

（2）测定炮孔温度。爆破前必须多次测定高温区各个炮孔的温度，掌握爆区温度分布及孔温随孔深和时间的变化规律，测温方法有：普通水银温度计测温；留点温度计测温；半导体点温计测温；热电偶和电位差计测温；数字温度仪测温。测温时送入炮孔内的温度计或测温探头需用金属套管保护，测温器材应经常标定。必须测得孔温的稳定值和最高值，以保证测温结果的可靠性。

（3）加强安全监测。通常炸药装入炮孔后，药温上升至孔温为止，若超过孔温，意味着炸药产生了明显的热分解，或者包装破裂，炸药与硫化矿石产生了化学反应，有自燃、自爆危险。为及时掌握装药中炸药的温升情况，必须进行安全监测。其方法是将热电偶置于炮孔的炸药内，通过补偿导线连接在安全地点的测温仪器观察，记录装药过程中的炸药温度变化情况。监测自燃硫化矿炮孔中装药时，热电偶放置在有隔离包装的炸药内，并保证包装的密封性。

（4）采取防止自爆措施。有效地防止自爆措施包括：1）采用耐热爆破器材；2）缩短装药时间；3）孔温高于所选用炸药的允许使用温度时，需改用其他合适的炸药或采取降温措施，可以往孔内压送冷水或冰水，进行孔内降温；4）装药地点有专人监视，发现炮孔冒黄烟和其他异常现象应立即组织撤离；5）硫化矿火区爆破严禁用硫化矿粉作炮孔填塞物；6）填塞、连线并检查无误后，应立即起爆。

# 9　井巷掘进爆破

井巷工程系指为进行采矿和其他工程目的，在地下开凿的各类通道和硐室的总称。井巷掘进爆破包括平巷掘进爆破、井筒掘进爆破、隧道掘进爆破和硐库开挖爆破。它们广泛地应用于矿山、交通、水利水电、大型油库等工程。在地下矿山，开凿在岩体或矿层中不直通地表的水平通道，称为平巷（水平巷道）。在地层中开凿的直通地面的水平巷道称为平硐。

## 9.1　平巷掘进爆破

### 9.1.1　本节知识点及要求

本节知识点及要求包括：

（1）了解部分：平巷掘进爆破的特点；炮孔按其位置和作用的分类；爆破说明书与爆破图表的内容。

（2）掌握部分：各类炮孔的作用；掏槽孔的布置形式；辅助孔和周边孔布置原则；平巷掘进爆破参数的确定。

### 9.1.2　本节知识点表述

9.1.2.1　平巷掘进爆破特点

平巷掘进爆破的特点为，只有一个自由面，炮孔深度受到限制，一般只有1.5～3.0m。

9.1.2.2　工作面炮孔布置

应掌握工作面炮孔布置的内容包括：

（1）炮孔分类。平巷掘进中的炮孔，按其位置和作用的不同，分为掏槽孔，辅助孔和周边孔。周边孔又可分为顶孔、底孔和帮孔。

（2）各类炮孔的作用。平巷掘进爆破时，由于只有一个自由面，四周岩石夹制力很大，爆破条件困难。因此，掏槽孔的布置极为重要。掏槽孔的作用就是在工作面上首先造成一个槽腔作为第二个自由面，为其他炮孔爆破创造有利条件；辅助孔的作用是扩大和延伸掏槽的范围；周边孔的作用是控制平巷断面规格形状。为了提高其他炮孔的爆破效果，掏槽孔应比其他炮孔加深0.15～0.25m。

（3）掏槽孔的布置形式。根据巷道断面、岩石性质和地质构造等条件，掏槽孔的排列形式归纳起来有三种：倾斜孔掏槽（通常分为单向掏槽、锥形掏槽、楔形掏槽），平行空孔直线掏槽（通常分为龟裂掏槽，桶形掏槽和螺旋形掏槽），混合式掏槽。

（4）辅助孔和周边孔布置原则：

1）布孔均匀，既要充分利用炸药能量，又要保证岩石按设计轮廓线崩落。其间距根据岩石性质而定，一般辅助孔取0.4～0.8m，周边孔取0.5～1.0m，周边孔距巷道轮廓线取0.1～0.2m。

2）底孔布置较为困难，有积水时易产生盲炮，因此：① 底孔间距一般为0.4～0.7m。抛渣爆破时，底孔采用较小间距。② 底孔孔口应比巷道底板高出0.1～0.2m，但其孔底应低于底板0.1～0.2m。抛渣爆破时，应将炮孔深度加深0.2m左右。③ 底孔装药量介于掏槽孔和辅助孔之间，装药高度为孔深的0.5～0.7倍，抛渣爆破时，每孔增加1～2个药卷。

#### 9.1.2.3　爆破参数确定

平巷掘进爆破要确定的参数包括：

（1）炮孔直径。炮孔直径的大小直接影响钻孔速度、工作面的炮孔数目、单位炸药消耗量、爆落岩石的块度和巷道轮廓的平整性。炮孔直径增加，意味着药卷直径也增加，有利于爆炸稳定性的提高，爆速增大。但是，炮孔直径过大，不仅钻速降低，而且因炮孔数目减少影响药量均匀分布，使岩石破碎质量变差。目前国内平巷掘进多采用手持式凿岩机和气腿式凿岩机钻孔，孔径有两种类型：普通型和小直径型。采用重型凿岩机和凿岩台车钻孔时，炮孔直径为45～55mm，采用40～45mm直径的药卷进行深孔掘进爆破。

（2）炮孔深度。炮孔深度简称孔深，是指孔底到工作面的垂直距离。孔深的大小，不仅影响掘进工序的工作量和完成各工序的时间，而且影响爆破效果和掘进速度。它是决定每班掘进循环次数的主要因素。为了实现快速掘进，在提高机械化程度、改善循环技术和改进工作组织的前提下，应力求加大孔深并增多循环次数。若采用小直径（34～35mm）时，以浅孔为宜。试验表明：孔深在1.5m时，炮孔利用率达90%以上；孔深在1.8m以上时，炮孔利用率仅80%左右。

（3）炮孔数目。炮孔数目与掘进断面、岩石性质、炮孔直径、炮孔深度和炸药性能等因素有关。确定炮孔数目的基本原则是在保证爆破效果的前提下，尽可能地减少炮孔数目。通常可按下式估算：

$$N = 3.3\sqrt[3]{fS^2}$$

式中　$f$——岩石坚固性系数；

　　$S$——巷道掘进断面，$m^2$。

（4）单位炸药消耗量。单位炸药消耗量的大小取决于炸药性能、岩石性质、巷道断面、炮孔直径和炮孔深度等因素。在实际工程中，多采用经验公式和参考定额标准来确定。

#### 9.1.2.4　爆破说明书与爆破图表

爆破说明书是巷道施工组织设计的一个重要组成部分，是指导检查和总结爆破工作的技术文件。爆破说明书的主要内容包括：

（1）爆破工程的原始资料。包括掘进巷道的名称、用途、位置、断面形状和尺寸、穿过岩层的性质、地质条件以及瓦斯情况、涌水量等。

（2）选用的爆破器材与钻孔机具。包括炸药，雷管品种，凿岩机具型号、性能，起爆电源等。

（3）爆破参数的计算选择。包括掏槽方法，炮孔直径、深度、数目，单位炸药消耗量，每个炮孔的装药量、填塞长度等。

（4）爆破网路的设计和计算。

（5）爆破采取的各项安全技术措施。

根据爆破说明书绘出爆破图表，包括炮孔布置图、装药结构图、炮孔布置参数、装药参数的表格、预期的爆破效果和经济指标。

## 9.2　立（竖）井掘进爆破

### 9.2.1　本节知识点及要求

本节知识点及要求包括：

（1）了解部分：立（竖）井工作面炮孔布置特点；斜井掘进爆破特点。

（2）掌握部分：掏槽孔的布置形式；辅助孔（崩落孔）和周边孔布置原则；立（竖）井爆破参数的确定；立（竖）井起爆网路。

### 9.2.2　本节知识点表述

9.2.2.1　立（竖）井定义

所谓立（竖）井，就是服务于各种工程在地层中开凿的直通地面的竖直通道。

9.2.2.2　立（竖）井工作面炮孔布置

立（竖）井一般均采用圆形断面，炮孔呈同心圆布置。同心圆数目一般为 3 ~5 圈，其中最靠近开挖中心的 1 ~2 圈为掏槽孔，最外一圈为周边孔，其余为辅助孔（崩落孔）。

（1）掏槽孔的形式：

掏槽孔最常用的有两种形式：1）圆锥形掏槽；2）直孔桶形掏槽。为改善岩石破碎和抛掷效果，也可在井筒中心钻凿 1 ~3 个空孔，空孔深度较其他炮孔深 0.5m 以上，并在孔底装入少量炸药，最后起爆。

（2）辅助孔和周边孔布置原则：

辅助孔介于掏槽孔和周边孔之间，可布置多圈，其最大圈与周边孔距离应满足光爆层要求，以 0.5 ~0.7m 为宜，其余辅助孔的圈距取 0.6 ~1.0m，按同心圈布置，孔距 0.8 ~1.2m 左右。

周边孔布置有两种方式：1）采用深孔光面爆破，周边孔布置在井筒轮廓线上，孔距取 0.4 ~0.6m。为便于钻孔，炮孔略向外倾斜，孔底偏出轮廓线 0.05 ~0.1m。2）采用非光面爆破时，则将炮孔布置在距井帮 0.15 ~0.3m 的圆周上，孔距 0.6 ~0.8m。炮孔向外倾斜，使孔底落在掘进面轮廓线上。与深孔光面爆破相比，井帮易出现凸凹不平，岩壁破碎，稳定性差。

9.2.2.3　立（竖）井爆破参数确定

确定立（竖）井爆破参数有：

（1）炮孔直径。采用手持式凿岩机，在软岩和中硬岩石中孔径为 39 ~46mm，孔深 2m。随着钻机机械化程度的提高，孔径和孔深都有增大的趋势，如采用伞形钻架，钻头直径为 35 ~50mm，孔深 3.5 ~4.0m。

（2）炮孔深度。影响炮孔深度的因素主要有：1）钻孔机具。手持式凿岩机孔深以 2m

为宜，伞式钻架孔深 3.5 ~4.0m 效果最佳。2）掏槽形式。目前我国多采用直孔掏槽，最大孔深是 4.4m，国外也在 5m 左右，当孔深超过 6m 以后，钻速显著下降，孔底岩石破碎不充分，岩块大小不均，岩帮也难以平整。3）炸药性能。对于药卷直径为 32mm 的岩石硝铵炸药，一个雷管只能引爆 6 ~7 个药卷，最大传爆长度 1.5 ~2.0m。若药卷过长，必然引起爆轰不稳定，甚至拒爆。因此，进行中深孔和深孔爆破时，应改善炸药的爆炸性能或采用电力起爆和导爆索起爆的复式起爆网路。

炮孔深度的确定，可在充分考虑上述影响因素的同时，按照月进度计划要求，依据相关公式计算。

（3）炮孔数目。炮孔数目（$N$）的确定通常先根据单位炸药消耗量进行初算，再根据实际统计资料用工程类比法初步确定炮孔数目，作为布置炮孔时的依据，然后再依炮孔布置情况，适当加以调整，最后确定之。也可以根据单位炸药消耗量进行估算。

（4）单位炸药消耗量。影响单位炸药消耗量的主要因素有：岩石坚固性；岩石结构构造特性；炸药威力等。由于井筒断面较大，单位炸药消耗量与断面大小关系不大。单位炸药消耗量的确定方法：1）参照国家颁布的预算定额选定；2）试算法；3）工程类比法。

（5）辅助孔（崩落孔）参数。崩落孔的参数包括圈距、孔距、装药系数和崩落孔炮孔数目。

（6）周边孔参数。采用普通爆破法时，周边孔的参数可以参照崩落孔参数布置，一般 $E=560\sim940$mm，$W=600\sim700$mm，其装药系数与崩落孔的相近或略低于崩落孔。

9.2.2.4 立（竖）井起爆网路

立（竖）井掘进爆破，多采用电雷管和导爆管雷管起爆网路。

（1）电雷管起爆网路。在电雷管起爆网路中，广泛采用并联网路和串并联网路，而串联网路由于工作条件差易发生拒爆现象，在竖井掘进中极少采用。并联网路又分为闭合反向并联、闭合正向并联和反向并联。

起爆电源多采用地面的 220V 或 380V 的交流电流。在并联网路中，随着雷管并联组数目的增加，起爆总电流也增大，必须采用高能量的起爆电源。

（2）导爆管雷管起爆网路。导爆管雷管起爆网路多采用接力式簇联网路，用一发或两发电雷管引爆若干发捆绑导爆管雷管，再由捆绑导爆管雷管引爆炮孔中的雷管，用普通起爆器起爆。由于导爆管雷管具有良好的抗杂散电流性能，因此在捆绑电雷管之前的连线工作，可以不切断井筒工作面的电源，改善了井筒内连线时的照明度，有利于提高装药质量，改善爆破效果。

9.2.2.5 斜井掘进爆破

斜井掘进爆破应掌握的内容包括：

（1）定义：顾名思义斜井是一种倾斜的井筒。当斜井坡度小于 8° ~10°时，其钻孔爆破方法与水平巷道基本相同；当坡度大于 35°时，其钻孔爆破方法则与立（竖）井基本相同。

（2）斜井掘进爆破特点：

1）钻孔爆破所使用的机具钻爆工序等与平巷相同。但由于爆破介质在破碎过程中受重力影响，通常采用抛渣爆破，单位炸药消耗量一般较平巷爆破大。

2）斜井工作面上的炮孔排列类似于平巷，在平巷中所采用的各种掏槽方式同样适用于斜井掏槽爆破，只是斜井工作面为一倾斜面，各个炮孔均要有一定角度。

3）底孔倾角比斜井倾角大5°～10°，孔深加大200～300mm，并使孔底低于井筒底板200mm，加大底孔装药量。

4）井筒工作面常有积水，需使用防水炸药和爆破器材。

5）斜井掘进与下山掘进相同，瓦斯沿井筒上升，通风比较容易，但运输和排水较为复杂，需要设置防跑车装置。

6）斜井施工大多数采用耙斗装岩机、气腿式凿岩机，斜井施工机械化水平的提高受到一定限制。

7）大断面斜井爆破常在地面设动力起爆电源，但斜巷等仍可以采用放炮器在躲避硐内起爆。

## 9.3　隧道掘进爆破

### 9.3.1　本节知识点及要求

本节知识点及要求包括：

（1）了解部分：隧道爆破施工特点；软岩隧道爆破；浅埋隧道爆破；小净距隧道爆破；地铁隧道施工特点。

（2）掌握部分：隧道开挖方法；掏槽孔的布置形式；隧道爆破设计程序与内容。

### 9.3.2　本节知识点表述

#### 9.3.2.1　隧道掘进爆破特点

铁路、公路交通等隧道爆破与矿山巷道掘进爆破同属于只有一个临空面的单自由面条件下的爆破，二者的开挖原则基本相同，但也具有以下特点：断面尺寸大；地质条件复杂；服务年限长，造价昂贵；隧道爆破钻孔质量和精度要求高。

因此，隧道爆破除了要求循环进尺、炮孔利用率、炸药消耗等指标外，对岩石破碎块度、爆堆形状、抛掷距离、隧道围岩稳定性影响、周边成形和爆破振动控制等均有更高的要求。

#### 9.3.2.2　隧道开挖方法

隧道开挖的三种主要方法是：

（1）全断面开挖方法。全断面开挖法系在地质条件较好隧道施工中，以凿岩台车钻孔、装药、填塞、起爆网路连接，一次完成整个断面开挖，并以装渣、运输机械完成出渣作业的方法。

全断面法施工场地宽敞，工作面空间大，能充分发挥机械的效能，便于大型机械作业。只有一道开挖工序，干扰少，工序集中，开挖工效高，施工进度快，且最大限度地减少了开挖过程中对隧道围岩的扰动。开挖断面大，受岩石夹制作用小，有利于较大规模爆破作业，能充分发挥隧道深孔钻爆的作用。管理方便，通风排水及管线布置简单，运输方便，如《教材》图9-19所示。

（2）半断面开挖方法。半断面法是以上半断面或弧形导坑快速贯通或掘进到一定里程停止前进，然后用大型机械一次扩大为全断面的开挖方法。半断面和弧形导坑法可以实现快速掘进，从而起到提早探明地质、提早处理特殊地质、提早贯通以利通风排水的作用；将全断面分两次爆破，可以达到降低振动影响，创造临空面，减少正洞钻眼数量，改善爆破效果，提高掘进速度等作用。半断面法在工期紧，地质复杂中短长隧道施工广泛应用，如《教材》图 9-20 所示。

（3）分部开挖方法。在隧道断面上，先以小型断面进行导坑掘进，然后分多部，逐步刷大到设计断面数的开挖方法，分部开挖各部的位置，尺寸顺序及开挖间距需根据围岩情况，机械配备，施工习惯等灵活掌握。

9.3.2.3　掏槽形式

掏槽形式有以下 3 种形式：

（1）楔形掏槽。楔形掏槽是隧道掏槽爆破中的主要形式，有单级楔形掏槽和多级复式楔形掏槽之分。循环进尺较大时宜采用多级复式楔形掏槽，如二级复式楔形掏槽（见《教材》图 9-21）、三级复式楔形掏槽（见《教材》图 9-22）和多级复式楔形掏槽（见《教材》图 9-23）。楔形掏槽形式的选取与隧道断面、循环进尺和岩石硬度及炸药有关，根据经验和工程类比确定。

（2）小直径中空直孔掏槽。直孔掏槽是由彼此距离很近、垂直于开挖面且相互平行的若干炮孔组成。其中布设一个或几个不装药的空孔作为装药孔的临空面，当空孔直径与装药孔相同时称为小直径中空直孔掏槽，或简称直孔掏槽，其形式和参数同巷道爆破。巷道中常用的几种形式，参见《教材》表 9-21 所示。

（3）大直径中空直孔掏槽。大直径中空直孔掏槽的中心中空直孔直径 75 ~ 120mm，一般是 1 个空孔，根据条件有时也采用 2 ~ 4 个空孔。深孔大直径中空直孔掏槽基本类型有菱形掏槽、对称掏槽及螺旋掏槽，其典型形式为双螺旋掏槽布置，如《教材》表 9-22 和表 9-23 所示。

9.3.2.4　隧道爆破设计

隧道爆破设计应重点掌握：

（1）隧道爆破设计程序。一个好的隧道爆破设计，可分为准备阶段和设计阶段。准备阶段是了解工程基本情况，在现场做些小型试验，为设计做准备；设计阶段包括初设、试炮、调整参数、推广应用。

（2）隧道设计内容包括：炮孔布置图及装药参数表、综合技术经济指标表、编制说明等。

9.3.2.5　特殊条件隧道爆破

A　软岩隧道爆破

国际岩石力学讨论会建议，把强度低、风化、破碎的岩层统称为软弱围岩。在这一类岩层中开挖的隧道，称为软岩隧道。

在软弱围岩隧道施工时，为了采用凿岩台车等高效的施工机械，提高隧道施工速度，更重要的是为了能应用新奥法施工技术开挖和支护隧道，区别于传统的施工概念，常常要求尽量采用大断面方法施工。总的设计思想是，拱部采用光面爆破，边墙采用预裂爆破，核心采用控制爆破，减少爆破振动的影响和对围岩扰动，目的是尽可能减轻对围岩的扰动，维护围岩自身的稳定性，达到良好的轮廓成形。

B 浅埋隧道爆破

(1) 浅埋隧道爆破开挖特点：1) 由于洞顶覆盖岩土层薄，一般基岩较破碎，工程地质条件较差，爆破开挖必须确保隧道围岩稳定；2) 隧道一般处于城镇地区，隧道上方往往建有厂房、民房等建筑物，爆破开挖必须确保隧道上方建筑物的安全；3) 浅埋段施工周边环境一般比较复杂，爆破振动对施工区域影响大，容易引起“扰民”和“民扰”，必须认真重视爆破施工对人员的影响。

(2) 浅埋隧道爆破技术：1) 以爆破施工全过程的安全实时监测为依托，全面、超前掌握围岩和应保护建筑物的安全动态，指导施工安全；2) 以降低爆破振动为重点，制定科学、合理的施工方案，采取有效的综合措施，确保隧道上方建筑物的安全，保证工程的顺利进展；3) 以实施信息化施工为手段，加快反馈速度，及时调整爆破参数，优化设计，实现爆破对环境影响的有效控制。

(3) 对浅埋隧道，“短进尺、弱爆破、多循环、强支护”是爆破开挖施工的基本原则，采用轮廓光面爆破和先进的掏槽减振技术是前提；实施毫秒延时爆破是关键；控制爆破规模，即控制单响药量和一次起爆药量是降低爆破振动的保证，还可以采取选用低爆速炸药，或采用小直径炸药，布置减振干扰孔等辅助技术措施。

C 小净距隧道爆破

在铁路、公路建设中，经常会出现两条平行隧道并行开挖或者在既有隧道附近新建一条隧道的情况。我国隧道设计规范规定：在Ⅳ、Ⅴ类围岩中，两隧道的净距应大于2.0～2.5$B$；Ⅲ类围岩中，应大于2.5～3.0$B$($B$为隧道开挖宽度)。有时由于隧道布置方向的限制或工程的需要，两条隧道之间的间距较小，若净距缩小，则将影响隧道的稳定性。

双线平行隧道间的距离直接影响隧道的稳定和安全，施工隧道的爆破开挖对既有隧道的安全，受爆源、介质和隧道自身三大条件的影响，可能会引起邻近既有隧道围岩的损伤和稳定。施工关键是控制爆破对围岩的破坏、保证爆破施工对中隔墙的稳定性、保持邻近既有隧道的动力稳定。

小间距隧道施工采用分区开挖、循环施工的方案，可减小爆破振动、显著地降低爆破炸药单耗，施工中需要处理好爆破开挖与支护的关系，严格控制钻爆施工工艺，配以现场生产试验和仪器观测，提高施工管理水平。

9.3.2.6 地铁隧道施工

地铁隧道施工类似于一般隧道施工，但地铁隧道工程的地质条件及地面环境条件更复杂，钻爆开挖存在以下难点：

(1) 隧道埋深浅，钻爆开挖时，防止爆破振动引起上方软弱地层的坍塌危及施工安全，甚至塌至地面影响地面安全；

(2) 由于某些隧道线先于在建隧道线完成，或者是两条隧道线同时在建，但由于两条隧道间距较小，先行开挖隧道支护易受后开挖隧道爆破振动影响甚至破坏；

(3) 地铁隧道从城区下方穿过，地面有大量的建筑和市政设施，钻爆施工易对地面及地中建（构）筑物产生振动影响，严重的还会危及生命财产安全；

(4) 工期紧、降振与开挖进度矛盾突出，安全条件下快速开挖方法，钻爆是关键。

地铁隧道爆破多采用CRD法，亦称交叉中隔壁法施工，采用控制爆破技术和控制炸药单耗实现降低爆破振动强度，减少对爆破施工区段建筑物的影响，尽可能减轻对围岩扰动，充分利用围岩自有强度维持隧道的稳定性，有效地控制地表沉降，控制隧道围岩的超欠挖，达到良好的轮廓成型。

## 9.4 平巷（隧道）周边孔光面和预裂爆破

### 9.4.1 本节知识点及要求

本节知识点及要求包括：

（1）了解部分：光面和预裂爆破效果评价；

（2）掌握部分：光面和预裂爆破参数的确定。

### 9.4.2 本节知识点表述

本节重点掌握并表述的内容为：

9.4.2.1 光面和预裂爆破参数

光面爆破主要参数有：炮孔直径 $d$、炮孔间距 $E$、光爆层厚度 $W_{光}$、周边孔的密集系数 $m$、不耦合系数 $D$ 和线装药密度 $q$。

预裂爆破主要参数有：炮孔直径 $d_{孔}$、炮孔间距 $E$、不耦合系数 $D$ 和线装药密度 $q$。

光面、预裂爆破参数通常根据工程具体条件，利用类似工程数据，对照综合考虑确定，通过现场试爆，不断调整和完善，以获得较好爆破效果。影响周边孔爆破参数的因素有：地质条件；炸药种类；开挖断面大小及形状；钻孔机具设备；开挖方法等。

9.4.2.2 光面和预裂爆破效果评价

评定光面、预裂爆破质量，目前国内尚无统一标准。应根据不同用途（水下隧道，地下铁道，公路、铁路交通隧道等）、不同技术要求，合理拟定质量评定标准。

# 10　水下爆破

在水中、水底或水下固体介质内进行的爆破作业称为水下爆破。

在国家建设与国防工程中，水下爆破广泛应用于港口码头、船坞建设、航道疏浚、水利水电、道路桥梁、水下管道埋设、水下挤淤筑堤、水下爆夯等工程领域。

水下爆破按照工程目的、药室形状和位置的不同主要有如下几种类型：水下裸露爆破、水下钻孔爆破、水下硐室爆破、水下软基处理爆破、水下岩塞爆破等。

水下爆破的主要特点：

（1）爆破同一种介质，水下爆破比陆地爆破的炸药单耗要大；（2）药包在水中爆炸后，产生的冲击波传播速度比空气中快，传播得更远，爆破在水中的影响范围比陆上大；（3）必须使用抗水或经防水处理的爆破器材，在深水区域爆炸时，还应选择有抗压性能的爆破器材。由于水的浮力，水下爆破应该选择密度高、比重比水大的炸药；（4）水的能见度较差，受到水流、潮汐、风浪等影响，装药、药包定位、起爆网路连接等都比陆上复杂和困难得多。

## 10.1　水下爆破基础理论

### 10.1.1　本节知识点及要求

本节知识点及要求包括：

（1）了解部分：水下爆破分类、应用条件；

（2）掌握部分：水下爆破概念、特点、水中冲击波参数计算。

### 10.1.2　本节知识点表述

#### 10.1.2.1　水中爆炸的物理现象

水中爆炸作用场特征主要受水中冲击波、脉动压力和滞后流运动等因素影响。爆生气体产物膨胀后的比重低于水的比重，气泡在脉动过程中不断向水面浮升，体积亦不断做周期性的压缩、膨胀的变化，直至到达水面与大气连通时冲出散逸而产生水羽喷发。

药包在深水中爆炸时，大约有一半的炸药化学能转化为水中冲击波；另有1/3或更多能量以热能形式消耗于水体之中；气泡脉动压力所占的能量较少，约为水中冲击波能量的1/3或更少。所以，水中冲击波是水中爆炸主要影响因素。气泡第一次脉动压力一般约为冲击波峰值压力的10%～20%，但其振动频率低，压力作用时间远超过冲击波压力作用的持续时间。气泡脉动过程中，大部分初始能量消耗于气泡迅速地作横向和纵向位移而产生的紊流运动。

药包在浅水中爆炸时，浅水爆炸作用特性与药包的比例埋置深度有关。除产生水中冲击波和脉动压力外，还将产生复杂的水面现象。包括：气泡浮升至水面突入大气时产生的水喷现象；水中冲击波在自由水面上反射造成快速飞浅的羽状水柱；爆炸对水面作用和水柱回落产生一连串的波浪向四面传播；与水面障碍物撞击产生破碎浪压力和涌浪爬高现象等；近水底爆炸还会形成水底爆坑，并引起强烈的衰减很慢的地震波。

水下及临水工程爆破的作用过程具有以下特点：

（1）水中冲击波超压峰值高，随距离衰减慢，波及范围广。因而，对邻近的水中建筑物、码头、舰船以及水中生物等会产生较严重的破坏效应。

（2）爆生高压气体的胀缩运动形成多次脉动压力，作用频率低，动能大，易激发水中结构物共振。

（3）水下岩土介质处于水饱和状态，爆炸地震效应格外强烈，且衰减慢；有些场合，爆破振动还可能引起土质的液化。

（4）浅水爆炸气体冲出水面形成强烈的空气冲击波，伴生的水喷和水面波浪效应，动压大，拖拽力强，对水上和岸边设施如河岸堤坝及港口码头等冲刷破坏力强。

（5）临水爆破向水中抛掷大量土石，可能引起涌浪，造成水中和临岸设施的破坏。

#### 10.1.2.2 水中爆炸冲击波压力

对于水中爆炸产生的冲击波，影响安全的主要参数有压力、冲量和作用时间等。由于受到水深及不同界面的反射、折射影响，水中爆炸产生的冲击波波形和压力参数等会有所不同。

（1）在无限和有限水域中爆炸冲击波参数。

炸药在无限水域中爆炸产生的冲击波参数，通过实验可以得到水中裸露药包爆炸产生冲击波阵面的最大压力、冲击波随着时间的压力衰减规律、冲击波的冲量、冲击波阵面的能量密度等。

炸药在有限水域中爆炸的冲击波参数，通过工程实践，可以得到水中冲击波压力（包括钻孔爆破、水底裸露药包爆破和多个裸露药包爆破）、冲击波单位冲量、冲击波时间常数等。试验证明，水下爆炸气泡第一次脉动压力约为冲击波压力的10%～15%。

对于水下钻孔爆破，由于炸药装在岩石钻孔内部，爆炸时部分能量从孔口释放为水中冲击波所携带，由于水深条件和孔口填塞情况的不同，其水中冲击波的压力大致为深水爆炸时压力的10%～40%。

由于水域静动态的差异、水深的不同、药包位置的差别、爆破岩石性质等不同，水中冲击波压力计算经验公式差别较大，在使用时必须根据当地水域特点、使用的爆破方式以及岩石的具体情况来选用，必要时应进行试验观测。

（2）围堰拆除爆破与岩塞爆破的水中冲击波。

围堰拆除爆破和岩塞爆破都会产生水中冲击波。围堰爆破中爆炸部分能量在自由面释放，转化为水中冲击波的能量较少，因此冲击波的压力幅值低，频率也较低。

岩塞爆破的爆破部位处于较深的水面以下，水中冲击波的传播条件好，一般岩塞爆破产生的冲击波强度大约是标准水中爆炸冲击波压力的8%～25%。

（3）挤淤爆破和爆夯的水中冲击波。

采用挤淤爆破和爆夯方法处理软基，会在周围海域产生水中冲击波。

## 10.2　水下钻孔爆破

### 10.2.1　本节知识点及要求

本节知识点及要求包括：

（1）了解部分：水下钻孔爆破施工装备；典型工程实例。

（2）掌握部分：水下钻孔爆破概念、特点和应用条件；水下钻孔爆破设计与施工。

### 10.2.2　本节知识点表述

10.2.2.1　水下钻孔爆破的特点和使用条件

通过作业船或水上作业平台，利用钻具穿过水层对水下岩石进行钻孔，并实现爆破的作业，称为水下钻孔爆破。

水下钻孔爆破的主要特点和使用条件：

（1）水下钻孔爆破生产效率高、安全性好、有利于控制爆破产生的有害效应。

（2）一般要使用特定的水上作业船或作业平台，才能进行施工。

（3）对清挖、运输爆渣的设备要求较高，需要挖掘能力强的船机进行清挖。

（4）对爆破质量要求高。

10.2.2.2　水下钻孔爆破设计

A　炮孔布置

炮孔布置重点表述的内容：

（1）孔径。水下钻孔爆破的孔径主要取决于钻机型号，同时要考虑导管、钻具的重量，以便于操作，一般尽量采用较大孔径，以减少钻孔数量。目前普遍采用风动钻孔，钻孔直径为90～150mm。

（2）水下炮孔布置形式与孔网参数。首先要与采用的作业方式相适应，一般采用一字形、方形、矩形、三角形或梅花形的布孔形式。

（3）水下钻孔的超深值。一般应略大于陆地爆破，国内水下钻孔超深值一般采用1.0～1.5m。国外水下钻孔的超深一般达到2.0m，在水域较深钻孔时，超钻深度甚至达到3.0m以上。

B　装药量计算

水下钻孔爆破的每孔装药量可按体积公式计算。水下爆破的炸药单耗较陆地爆破大，通常情况下水下钻孔爆破单耗比陆域台阶爆破需增加30%～50%。

10.2.2.3　水下钻孔爆破施工装备

A　钻孔爆破作业船与水上作业平台

水下钻孔爆破的船机按类型分，主要有以下几种：

（1）简易支架式水上作业平台。包括水中固定支架平台及岸边固定支架平台等，是一种在近岸搭建支架，在支架上进行钻孔爆破的作业方式。它适宜于浅水、近岸的作业。

（2）漂浮式钻孔爆破作业船与作业平台。漂浮式钻爆船一般适用于50m水深以内，流速小于1.5m/s，浪高小于1m的水域。具有作业方便、移船位快的优点，目前使用最多、运用也最广。漂浮式钻爆船主要有以下几种分类方式：按动力分为自航和非自航两类；按船体结构形式分为双体船和单体船；按驻位形式分为有定位桩和无定位桩两类。

（3）支腿升降式水上钻孔作业平台。支腿升降式水上钻孔作业平台是一种可将船体升离海面的作业船舶，工作时不受海浪、潮流和潮差的影响。与漂浮式钻爆船相比较，钻孔时定位快、精度高、节省定位时间。一般适用于 30m 水深以内，流速小于 3.0m/s，浪高小于 3m 的水域。

B　钻孔配套机具

水下钻孔爆破应用最多的钻孔设备是潜孔钻机，另外还有岩心钻机、风动钻车。

通过施工船或平台由水面向水下钻孔主要有以下方法：

（1）单套管作业法。根据施工区孔位和水深情况，装配好套管长度，距套管底部 5m 左右处开几个椭圆形的卸渣孔，以便钻孔时石渣和水从卸渣孔内流出，不冲向操作平台。

（2）双套管作业法。双套管钻进法能通过水下深厚覆盖层，在水下岩层内钻孔。

水下钻孔与陆地钻孔的不同点是，水下钻孔与护孔同时进行，有时护孔提前进行。护孔的方法有：1）炮孔处无覆盖层，且岩石表面坚硬完整，钻完孔后立即用上下均开口的铁皮管插入孔内 1m 左右，在炮孔口部位将铁皮管用绳索缠绕几圈，使其不再下沉；2）炮孔处有少量覆盖层，或孔口岩石不完整，钻孔前应在孔口位置立一钢管，然后在钢管内钻孔，以使钢管能够起到护孔的作用。覆盖层较厚时，不宜采用这种方法；3）钻孔后应留有标记，以利于装药作业能够顺利进行。

水下钻孔爆破应按开挖断面和船位有序地进行。一般是由下游向上游，由外边向内侧，由深处向浅处分段进行。

10.2.2.4　水下钻孔爆破施工

水下钻孔爆破施工的内容包括：

（1）主要施工程序详见《教材》图 10-7。

（2）钻孔前的准备。钻孔前的施工准备包括搭建钻孔平台、测量与钻孔平台定位。

钻爆船移位布孔时应遵循以下原则：

1）要考虑爆破对船体的影响，留足安全空间，使船体不易受到爆破的破坏；

2）要结合水流方向、风浪方向及潮汐大小合理布置，尽量减少上述因素带来的不利影响；

3）移位时，船体不得越过已装药的炮孔；

4）钻孔时应按深水到浅水顺序进行。

定位则主要有以下几种方法：1）后方交会法；2）前方交会法；3）GPS 定位法。

（3）钻孔作业。钻孔作业包括钻孔定位、下套管和钻孔。

（4）装药及填塞。水下炮孔装药包括药包加工、起爆体加工、钻孔检测、装药和填塞。装药时应严格按照有关规定进行操作，同时要注意以下事项：

1）沿海或海港的风浪超过 6 级、浪高大于 0.8m 时，禁止水下钻孔装药；

2）应采取隔绝电源和防止错位等安全措施，才准许边钻孔边装药；遇水流较大或杂物较多的水域，应选用高强度导爆管并绑扎在尼龙绳上，防止拉断；

3）装药时要注意校核孔位，孔位有变化时应调整药量；水下深孔采取分段装药时，各段均应装入起爆药包，并要在导线上标记清楚，防止错接；

4）提升套管（含护孔管）应注意保护药包引出线，移船时应注意保护起爆网路，在急流区，对孔口段的导线应加以保护。为保护导爆管或导线不受损，填塞宜采用粗砂或粒径小于10mm的碎石。

（5）爆破作业实施。爆破作业实施包括：起爆网路连接、起爆和爆后安全检查。

水下爆破工程通常采用电爆网路和导爆管雷管网路两种，如起爆环境复杂或为了增加准爆可靠性，可以采用复式网路。

起爆网路在连接时应注意以下几点：

1）包裹电起爆网路接头的胶布质量要好，包扎要紧密，防止起爆时产生漏电现象；

2）导爆管雷管网路要注意防止雷管的碎片破坏网路，避免造成拒爆现象；

3）各炮孔的引出炮线连接在一起时，要注意均匀受力，防止起爆前因个别炮线受力集中而造成断线的情况。

起爆时应注意以下4点：

1）做好警戒工作及起爆准备工作后，再进行移船；

2）移船时要注意爆破网路的保护，防止网路被拉断；

3）要保证有足够的安全距离；

4）起爆前必须再次对网路进行检测，并检查周围环境。

## 10.3　水下裸露爆破

### 10.3.1　本节知识点及要求

本节知识点及要求包括：

（1）了解部分：水下裸露爆破炸礁施工工艺。

（2）掌握部分：水下裸露爆破的概念；水下裸露爆破炸礁的特点和应用条件；水下裸露爆破炸礁设计与施工；水下裸露爆破施工安全。

### 10.3.2　本节知识点表述

#### 10.3.2.1　水下裸露爆破的特点和使用条件

水下裸露爆破，是将药包放在水下被炸物体的表面而进行爆破的。它具有操作简便、机动灵活，并能在较大的流速和复杂的地形条件下施工等优点。

在航道整治中，水下裸露爆破主要用于以下几种情况：

（1）爆炸水下孤礁或面积不大、炸层不厚、近旁有深槽的基岩。硐室爆破或钻孔爆破后，进行大石块的重复破碎，或清炸不够水深的浅点。

（2）受水流、地形、设备等影响，不能采用钻孔法或硐室法爆破时。

（3）配合挖泥船疏浚，松动紧密的砂卵石。

（4）若砂卵石浅滩的浅段不长，下游紧接深槽，且流速较大，则可用裸露爆破代替疏浚。

（5）施炸临时出现的碍航障碍物，如沉船、砂卵石浅包、块石等。

#### 10.3.2.2　水下裸露爆破设计

水下裸露爆破炸礁设计主要包括药量计算和药包布置。药量计算是指单个药包重量的计算，主要依据试验或经验确定。

10.3.2.3　水下裸露爆破施工工艺

水下裸露爆破炸礁施工工艺指药包加工和施工方法。施工方法有潜水员敷设法、沉排法、船投法和吊缆投递法。

10.3.2.4　水下裸露爆破施工安全

水下裸露药包爆破施工应遵守以下安全事项：

(1) 水下裸露药包（含加重物）应有足够的重量能顺利自沉，药包表面应包裹良好，防止与礁石（或被爆破物）碰撞、摩擦；

(2) 捆扎药包和连接加重物，应在平整的地面或木质的船舱板上进行，并应捆扎牢实；

(3) 在施工现场，已加工好的裸露药包，允许临时存放在爆破危险区外的专用船上或陆地上，并派专人看守，但不应存放过夜；

(4) 投药船应用稳定性和质量好的船只，工作舱内和船壳外表不应有尖锐的突出物；

(5) 在投药船的作业舱内，不应存放任何带电物品；

(6) 药包投放应使用绳、缆、杆牵引，不应直接牵引起爆网路；

(7) 在急流河段爆破时，投药船应由定位船或有固定端的绳缆牵引，定位船的位置应设标控制，不应走锚移位；

(8) 投药船离开投放药包的地点后，应反复检查船底和船舵、推进器、装药设备等是否挂有药包或缠有网路线；

(9) 已投入水底的裸露药包，不应拖拽和撞击，并采取防止漂移措施，若有药包漂出水面不准起爆。

## 10.4　软基处理水下爆破

### 10.4.1　本节知识点及要求

本节知识点及要求内容：

(1) 了解部分：爆破夯实药量计算与施工工艺；

(2) 掌握部分：爆破夯实、软基处理水下爆破和爆破填石排淤筑堤概念；爆破填石、挤淤筑堤药量计算和施工工艺。

### 10.4.2　本节知识点表述

软基处理水下爆破是指利用炸药的爆炸能量，在软土中实现置换、固结及夯实目的的爆破作业，是软土地基处理的新技术。常用的软基处理方法主要有置换法、排水固结法、强夯法、深层搅拌法等，根据土体性质、材料来源、工期和费用等因素综合分析比较选定。

10.4.2.1　爆破填石挤淤筑堤

A　施工方法

爆破填石挤淤是“爆炸法处理水下淤泥质软基”的简称。它以淤泥、混合石料为对象，以炸药爆炸为主要手段，达到改良软土地基的目的。广泛应用于重力式防浪堤、护岸、围堰、滑道等水工工程的基础处理，是一项既成熟又不断发展完善的技术。根据作用原理不同，施工工艺及机具不同以及炸药单耗的不同，主要分为“爆炸排淤填石法”、“控制加载爆炸挤淤法”和“爆炸定向滑移处理法”等。

（1）采用爆炸排淤填石法。即在抛石堤头前沿淤泥层内布置药包，利用爆炸产生的高压气体，在淤泥内形成空腔，空腔气体膨胀作推动周围的淤泥介质运动；同时堆石体在爆炸振动荷载作用下，向淤泥空腔内下滑，填充空腔，实现泥石的瞬态置换。

（2）控制加载爆炸挤淤法。即最大限度地利用抛石体在自重作用下的自沉量，根据尚需挤除的淤泥量确定爆破参数，施工中抛填及补抛通常需多次重复进行。该方法能够显著减少炸药单耗，在经济、安全以及环保等方面具有优点。

（3）爆炸定向滑移处理法。即将土力学中承载力和有效应力等概念引入爆炸力学中，将爆炸产生的冲击和振动载荷与淤泥强度的丧失与恢复建立关系。炸药在泥下爆炸，淤泥被抛石体置换，主要是利用了炸药与淤泥间的“加载”和“响应”过程，强烈载荷扰动的淤泥会在瞬间丧失强度和承载能力，上部的抛石体在重力作用下失稳并产生滑动，控制和利用抛石体的滑动可以加速其下沉和落底。

B 药量计算

爆破填石挤淤筑堤药量计算采用挤淤的体积计算药量。根据爆破填石挤淤筑堤所采取的具体方法不同，炸药单耗选取差别较大。目前一般根据《水运工程爆破技术规范》（JTS 204—2008），计算爆破排淤填石的装药量。

C 施工工艺

爆破填石挤淤筑堤施工主要包括堤头爆填、侧爆及爆夯三个步骤，施工工艺流程包括石料抛填、堤头爆破挤淤、爆后补填、侧爆与爆夯、检测、竣工。

D 质量控制

爆破挤淤是一种多循环的施工工艺，在抛石挤淤爆破施工过程中应进行每循环的施工质量检测，并根据检测结果及时修正爆破及抛填参数，确保工程质量。质量控制在技术方面通常包括上堤石料质量控制（块度，抗压强度，含泥沙量等）、爆破挤淤施工过程质量控制（测量，定位，装药，起爆等）以及检验与检测（钻孔，物探，体积平衡验算，沉降位移观测等）。

10.4.2.2 爆炸夯实

爆炸夯实是在水下块石或砾石地基和基础表面布置裸露或悬浮药包，利用水下爆破产生的地基和基础振动使地基和基础得到密实的方法。

A 基本原理

药包爆炸时将产生高温、高压、气体膨胀，在水中产生冲击波和气泡脉动，这些强烈压力作用在抛石体时，造成抛石体棱角变形断裂，随之石块之间发生位移，相对位置发生变化，空隙体积减小，基床抛石体被压实。同时，药包爆炸的一部分能量转化为地震波，地震波使抛石基床出现颠簸和摇晃，抛石基床在这种垂直和水平方向震动的作用下，使原有的松散稳定结构遭到破坏，石块产生滑动、转动、错位，小石块充填到大石块之间的缝隙中，抛石体重新排列组合，密度增大，达到抛填体在更高荷载下的稳定平衡。由于膨胀气体产生的高压作用将使抛填体受到“锤击”效应，从而使抛填体进一步密实。水下爆破夯实抛石体实际上是爆炸引起的冲击波、高压气体脉动、地震波及流体运动与抛石体相互作用的结果。

B　应用范围

爆炸夯实的适用范围应同时符合下列条件：

（1）地基和基础应为块石或砾石。

（2）起爆时药包中心至水面的垂直距离应满足一定要求。

（3）爆炸分层夯实厚度不宜大于12m，当药包在水面下的深度大于8m时，分层夯实厚度不应超过15m；当石层过厚或小于上式的计算值时，应分层抛填，分层爆破。

C　药量计算与药包布置

（1）爆炸夯实药量计算包括单药包药量、一次同时起爆药量计算。

（2）药包布置要求为：1）药包平面布置宜取正方形网格布置。间、排距可取2～5m，当压密层厚度大时取大值，反之取小值。分遍爆破时，各遍间药包应采用插挡布置或在平面上尽量均匀布置的其他形式。2）药包悬高应满足高度要求。3）在平面上分区段爆破夯实时，相邻区段布药应搭接一排药包。

D　施工工艺

爆夯施工工艺包括：施工准备、药包制作、布药与网路和起爆以及质量验收。

## 10.5　水下岩塞爆破

### 10.5.1　本节知识点及要求

本节知识点及要求包括：

（1）了解部分：岩塞爆破设计与施工要点；

（2）掌握部分：岩塞爆破的概念、药包布置计算。

### 10.5.2　本节知识点表述

在从已有水库、湖泊进行引水发电、灌溉、泄洪或降低水库水位时，将引水或泄洪隧洞打至库底或湖底后，预留的一块岩体（又称岩塞）用爆破法炸除的工程称为岩塞爆破。

10.5.2.1　岩塞爆破设计

A　岩塞位置与尺寸确定

（1）岩塞位置确定。岩塞爆破后作为水工建筑物的进水口，过水条件好与运行期岩体稳定是工程取得成功的必要条件。其次，塞口岩石覆盖层薄、便于施工、岩石地质构造较为简单、节理裂隙不甚发育以及爆破时不影响其他水工建筑物的安全等是其选取的重要条件。

（2）岩塞尺寸确定。岩塞尺寸应满足过水最大流量要求，使水的流速不大于塞口岩体抗冲刷流速。当需要泄渣时，应尽量使石渣下泄时的水流流态平缓，减轻石渣的冲刷力。

岩塞厚度应根据采取硐室与排孔爆破的情况而定。在保证施工期岩塞稳定情况下，尽量减少厚度。岩塞厚度小于10m时，不应采用硐室爆破法。

岩塞形状一般采取倒圆锥体，即迎水面的尺寸大于洞内塞口直径。

B　药包布置与计算

目前国内外岩塞爆破方案主要有硐室爆破与钻孔爆破两种方式。

（1）硐室爆破方案。硐室布置在岩塞中部，应保证爆破后岩塞被拉通。成型及边坡处理一般采用预裂爆破法。药量计算一般采用地面硐室爆破或钻孔爆破的药量计算公式。集中装药量在水深小于 20m 时，单耗增加 30% ~40%；水深在 20 ~40m 时单耗增加 50% ~150%；当水深大于 40m 时，单耗应增加 150% 以上，并应进行验证性试验。预裂孔装药量与陆地爆破基本相同。

（2）钻孔爆破方案。视岩塞地质状况而定，必要时应进行锚固灌浆处理，亦可将上述部位延至保留区内。钻孔爆破炸药单耗值可取 1.0 ~1.8kg/m$^3$。

C 起爆网路

岩塞爆破应采用复式导爆管雷管起爆网路、电雷管起爆或数码电子雷管起爆网路；爆破器材应按设计要求进行防水试验，起爆网路应有可靠的保护措施。

10.5.2.2 *岩塞爆破施工要点*

为防止岩塞施工中漏水和保持围岩稳定，通常采用灌浆及锚固方法，也可采用引水的方法。炸药及起爆器材应采用防水炸药或对其做必需的防水处理。

岩塞爆破的安全控制爆破分两部分：其一为施工期的安全问题，与一般地面爆破相同；其二为爆破有害效应控制：

（1）爆破振动效应，与地面爆破相同。

（2）水中冲击波效应。岩塞爆破由于一面临水，水下冲击波是不容忽视的有害效应。

（3）地震波与水下冲击波的联合作用。

# 11　拆除爆破

## 11.1　拆除爆破基本知识

### 11.1.1　本节知识点及要求

本节知识点及要求包括：

（1）了解部分：被拆除建（构）筑物的分类；拆除爆破的技术特点；拆除爆破的技术原理。

（2）掌握部分：拆除爆破的总体方案设计；技术设计，包括爆破参数设计、药量计算、起爆网路设计和安全设计等；施工组织设计。

### 11.1.2　本节知识点表述

11.1.2.1　概述

拆除爆破技术是指拆除废弃的旧建（构）筑物的控制爆破技术。拆除爆破是利用少量炸药把需要拆除的建筑物或构筑物按所要求的破碎度进行爆破，使其塌落解体或破碎，同时由于进行这种爆破作业的环境约束，要严格控制爆破可能产生的负作用，如振动、飞石、粉尘、噪声的影响，保护周围建筑物和设备的安全。

（1）拆除爆破的技术特点：

1）要按工程要求确定的拆除范围、破碎程度，这就要求只破坏需要拆除的部分，需要保留的部分不应该受到损坏；

2）要控制建（构）筑物爆破后的倒塌方向和堆积范围；

3）要控制爆破时产生的冲击波、飞石、爆破振动和建筑物塌落振动的影响范围。

（2）拆除爆破的技术内容：根据工程要求的目的和爆破点周围的环境特点和要求，考虑建（构）筑物的结构特点，确定拆除爆破的总体方案。通过精心设计、施工，采取有效的防护措施，严格控制炸药爆炸作用范围、建（构）筑物的倒塌运动过程和介质的破碎程度，达到预期的爆破效果，同时要将爆破的影响范围和危害作用控制在允许的限度内。

（3）被拆除建（构）筑物的分类。根据爆破拆除设计方案的基本特点，可以把要拆除的建（构）筑物或设施分成两大类：一类是有一定高度的建（构）筑物，如办公或住宅楼房，厂房，桥梁，烟囱和水塔类结构物；一类是基础类结构物、构筑物，包括各种设备基础和建筑基础，地坪，桩基或孤石。另外还有采用水压爆破拆除的可充水容器类的结构物。

按爆破对象的材质来分类，有钢筋混凝土、素混凝土、砖砌体、浆砌片石、钢结构物、钢锭、钢炉渣等。

11.1.2.2 拆除爆破的技术原理

拆除爆破的技术原理应掌握以下内容。

A 爆破破碎

拆除爆破是利用多个小药包的控制爆破完成的拆除作业。对于每一个药包的爆破作用，和一般矿山岩石开挖爆破作用机理一样，拆除爆破应用的是爆破破碎作用原理。

B 结构失稳

建（构）筑物拆除特别是高耸建（构）筑物的拆除，其基本原理就是用爆破破坏建（构）筑物的部分或全部承重构件，如梁、柱、墙体，使整个建（构）筑物失稳、倒塌、解体。常见的爆破后建（构）筑物失稳塌落有两种方式，即定向倾倒、原地塌落（逐段塌落），这两种方式都离不开将立柱和墙体爆出一定的高度和宽度，从而破坏结构原有的平衡，使其坍塌解体。

C 剪切破碎

对于现浇楼板或大体量楼房的拆除爆破，应充分利用延期起爆技术，设计和布置一些承重立柱先炸，利用爆破的“时间差”解除局部支撑点，从而改变结构原有的受力状态，使楼板和梁受弯矩和剪切力的多重作用，在这种反复弯剪的状态下破坏而自然解体。

D 挤压冲击

由于钢筋混凝土结构的自重和塌落过程中重力加速度的作用，在解除了节点约束，改变了受力平衡之后，建筑结构在倾倒和剪切过程中，由于“高度差”使上部结构在重力作用下冲击下部梁、板、墙、柱，其挤压冲击力度可使未爆钢筋混凝土构件破碎，并产生反复的挤压、冲击破坏而使结构充分解体。

E 失稳塌落解体

对于建筑物的爆破拆除，其设计原理在于破坏建筑物的稳定性，通过爆破手段破坏它的刚度，使结构物失去平衡的条件，在自重作用下变形破坏塌落，达到解体拆除的目的。

钢筋混凝土框架结构建筑物解体破坏主要是弯曲破坏，立柱失稳，要把立柱炸毁一段高度，施加于梁上的弯曲荷载超过梁的极限抗弯强度。

梁弯曲时，拉力由梁断面受拉区的钢筋承担，相比，混凝土的受拉能力可以不计；压力则由受压区的混凝土和钢筋承担（见《教材》图 11-1）。根据平衡条件有：

$$n_1A_1\sigma_1 = n_2A_2\sigma_y + BX\sigma_r \tag{11-1}$$

式中 $n_1$，$n_2$——分别为拉伸和压缩区钢筋的数目；

$A_1$，$A_2$——分别为拉伸和压缩区每根钢筋的截面积，$cm^2$；

$\sigma_1$，$\sigma_y$——分别为钢筋的抗拉强度极限和抗压屈服极限，MPa；

$B$——梁的宽度，cm；

$X$——梁底面至截面弯曲中性面的距离，cm；

$\sigma_r$——混凝土的极限抗压强度，MPa。

由式（11-1）可得：

$$X = \frac{n_1A_1\sigma_1 - n_2A_2\sigma_y}{B\sigma_r} \tag{11-2}$$

若把弯曲中性面取在受压区的钢筋位置，则截面承受的弯矩为

$$M = n_1 A_1 \sigma_1 h' + B\sigma_r X\left(\frac{X}{2} - a\right) \tag{11-3}$$

式中　$h'$——受拉区钢筋中心到受压区钢筋中心的距离，cm；

$a$——保护层厚度，cm。

若 $n_1 A_1 \sigma_1 \leqslant n_2 A_2 \sigma_y$，则都有 $X=0$，这时的弯矩强度为：

$$M = n_2 A_2 \sigma_y h' \tag{11-4}$$

爆破设计时，要分析梁上载荷形成的弯矩，若大于其能承受的极限抗弯强度，则在其上重力荷载作用下解体。这是采用逐段解体爆破设计的依据。

11.1.2.3　拆除爆破工程设计

拆除爆破工程设计的内容和步骤，一般包括设计总体方案的制订、技术设计和施工组织设计 3 个步骤。

（1）爆破拆除总体设计方案。是指对要拆除的建（构）筑物选择确定采用的最基本的爆破方案、设计思想。爆破设计总体方案要在多种设计方案的比较后确定，比较设计方案的安全可靠性，爆破后建筑构件解体是否充分，爆破施工作业量和经济上是否节省。

（2）拆除爆破技术设计。拆除爆破技术设计是在总体爆破设计方案确定后编制具体的爆破设计方案，设计文件包括的具体内容有工程概况、爆破设计方案、爆破设计参数选择、爆破网路设计、爆破安全设计及防护措施等。

（3）拆除爆破参数选择。正确选择爆破设计参数是一个非常重要的问题，爆破参数的选择是否恰当，将直接影响爆破效果和爆破安全。

建筑物拆除爆破的对象是建筑结构的构件，一般采用钻孔方法实施爆破。其主要的爆破设计参数包括：最小抵抗线 $W$、炮孔间距 $a$、排距 $b$ 及炮孔布置、孔径 $d$ 及炮孔深度 $l$、爆破炸药消耗量 $q$、装药结构以及单孔装药量 $Q_i$，具体起爆延时间隔等。爆破设计的几何参数主要根据结构的尺寸来确定。

11.1.2.4　拆除爆破的药量计算

拆除爆破的药量计算重点掌握内容如下：

（1）爆破破碎的药量计算。爆破破碎的药量计算是基于几何相似理论的经验公式，而爆破的破碎程度和材料强度的影响都包含在单位炸药消耗量 $q$ 内。考虑临空面条件、爆破器材的品种和性能，以及填塞质量要选择合适的单位炸药消耗量 $q$ 值。

$$Q_i = qabH \tag{11-5}$$

$$Q_i = qW^2 l \tag{11-6}$$

式中　$Q_i$——单个炮孔装药量，kg；

$W$——最小抵抗线，m；

$a$——炮孔间距，m；

$b$——炮孔排距，m；

$B$——爆破体的宽度或厚度，m，$B=2W$；

$H$——爆破体的高度，m；

$l$——炮孔深度，m；

$q$——单位炸药消耗量，$kg/m^3$。

（2）爆破切割的药量计算。爆破切割的药量计算，对混凝土结构物要进行部分切除，可以布置一排密孔，炮孔间距小于最小抵抗线，考虑切割厚度确定装药量，也可根据预裂爆破方式先进行切割分离，采取预裂面单位面积用药量计算方法。

（3）水压爆破拆除的药量计算。水压爆破拆除的药量计算，圆筒形薄壁结构物采用水压爆破拆除时的药量计算公式：

$$Q = CR^{1.41}\delta^{1.59} \tag{11-7}$$

式中 $\delta$——壁厚，m；

$R$——圆筒形薄壁结构的半径（$\delta/R \leqslant 0.1$），m；

$C$——考虑材料强度和破坏程度的系数。

11.1.2.5 拆除爆破的起爆网路设计

拆除爆破起爆网路设计一般采用电起爆网路和导爆管雷管起爆网路。

导爆管起爆网路起爆量大，网路连接施工方便，目前在拆除爆破工程中用得最多。导爆管起爆网路连接多采用束（簇）接和四通连接的方法，大型起爆网路都要设计采用复式交叉的起爆网路。导爆管起爆网路的起爆点火可以采用电力起爆或导爆管击发点火方法，两种方法都可以实现准时起爆，准时起爆是城市拆除爆破工程管理必须做到的。

大型起爆网路设计若采用孔内外延时技术，第一段的雷管不宜采用瞬发雷管，应采用延时雷管，起爆的时间应大于孔外延时的累计时间。

11.1.2.6 拆除爆破的安全设计

拆除爆破安全设计包括的内容主要是指爆破实施过程中由于爆破作用产生的危害因素的控制和防护设计。内容包括炸药爆破造成的振动和由于建（构）筑物解体构件下落撞击地面的振动、爆破飞石、空气冲击波与噪声、爆破时的粉尘污染等。

## 11.2 建（构）筑物爆破拆除

### 11.2.1 本节知识点及要求

本节知识点及要求包括：

（1）了解部分：楼房拆除爆破的总体方案；不同建（构）筑物拆除爆破的特点与方法。

（2）掌握部分：拆除爆破设计施工中应注意的问题；建（构）筑物（基础除外）拆除爆破部位与爆破切口的确定；拆除爆破施工要点、参数选择、药量计算、网路设计和安全设计及安全措施。

### 11.2.2 本节知识点表述

11.2.2.1 建（构）筑物爆破拆除的倒塌方式

建（构）筑物爆破拆除的倒塌方式重点表述内容包括：

（1）定向倒塌。当楼房一侧有较为空旷的场地时，可以采用定向倾倒方案。定向倾倒方案，一般是利用“爆高差”和“时间差”来实现的，即对设计倒塌方向一侧的承重构件（墙、柱）实施爆破，炮孔布置高度从外向里逐排减小，形成“爆高差”，最后一排墙柱的支撑结构不爆破或减弱爆破，起爆后楼房将在重力矩作用下转动塌落，同时起爆顺序也是由外向里逐段延迟，形成“时间差”，控制楼房按设计的方向倒塌。其倾倒方向场地的水平距离不宜小于2/3的楼房高度。定向倒塌拆除方案的优点是爆破工作量小，拆除效率高。实现定向倒塌拆除爆破方案的关键是要使不爆破或弱爆破的承重构件有足够的支撑强度，形成一个转动铰支点，才能让建（构）筑物按预定的方向准确倾倒。

（2）原地坍塌。若楼房周边场地有限，或不允许楼房往侧向倾倒的情况下，可选择采用“原地坍塌”方案。爆破前，需要将楼房最下一层，或二层内的隔断墙进行拆除，并清运腾空；对其所有承重柱墙体实施爆破。同时对其上面的部分楼层的梁柱需要进行局部爆破松动减弱强度；爆破后整座楼房将在自重作用下塌落，达到“原地坍塌”拆除的目的。相邻柱体的爆破部位的高度有差别，可以使上层结构物下落时承受不均匀的反作用力，有利于上层结构受剪破坏。“原地坍塌”方案要注意清空下层空间，减少堆积杂物的缓冲作用。

（3）逐跨坍塌。如果场地条件有限，同时对坍落振动又有一定要求，则可以采取“逐跨坍塌”方案，逐跨坍塌运用了剪切破坏原理，通过跨与跨之间的起爆时间差使跨间产生剪切。逐跨起爆的结果不仅使楼板、梁受到剪切破坏，也使上部未经处理的楼层在下部楼层垮坍的过程中不断受到剪切、挤压、冲击而良好解体，同时，逐跨坍塌的最大优点在于触地振动可以减到最小。这是由于先爆跨部分在坍落过程中，受到未爆跨的牵扯，减小了触地冲击能量，同样由于牵扯作用，减缓了上部建筑下落的速度，而下部楼层的碎渣又成了上部楼层的减振垫渣。

（4）折叠倒塌。当受场地限制或因减振、解体要求对高层建（构）筑物实施分层“定向倒塌”爆破的拆除方法，称为折叠倒塌。折叠爆破根据内向折叠形式的不同，可分单向折叠、双向折叠、异向折叠和内向（向内）折叠几种。

#### 11.2.2.2　砖混结构拆除爆破

砖混结构楼房的拆除爆破大多采用逐跨坍落，也有采用原地坍塌的。当条件限制而必须采用向一侧倾倒时，应注意保留部分的砖柱和墙要有足够的支撑强度，特别是层数较多、较高的楼房，必须仔细验算，否则会发生严重后坐现象。

（1）砖混结构爆破方式。砖墙拆除爆破一般采用水平钻孔，最小抵抗线 $W$ 为砖墙厚度 $\delta$ 的一半，即 $W=\delta/2$。炮孔水平方向间距 $a$ 随墙体厚度及其浆砌强度而变化，可取 $a=(1.2\sim2)W$。炮孔排距 $b=(0.8\sim0.9)a$，因为垂直方向的砖缝错位，间距要小。砖墙拆除爆破参数见表11-1。

**表11-1　砖墙拆除爆破参数**

| 墙厚/cm | 最小抵抗线/cm | 孔距/cm | 排距/cm | 孔深/cm | 炸药单耗/g·m$^{-3}$ | 单孔药量/g |
|---|---|---|---|---|---|---|
| 24 | 12 | 25 | 25 | 15 | 1000 | 15 |
| 37 | 18.5 | 30 | 30 | 23 | 750 | 25 |
| 50 | 25 | 40 | 36 | 35 | 650 | 45 |

（2）砖混结构拆除爆破施工要点：

1）为使楼房顺利坍塌，影响楼房坍塌的原承重墙和隔断墙应预先拆除；

2）楼梯间和现浇楼梯往往会影响楼房的倒向和解体，爆前应将楼梯逐段切断，并在相关墙体上布孔装药，与楼房一起爆破；

3）砖混结构住宅，要注意卫生间、厨房的具体位置，因其墙多、开间小、整体性较好，爆前应先作弱化处理。否则，若这些结构再倒向前方，则会造成倾倒不彻底；若再倒向后方，则会造成解体不充分。

11.2.2.3 大板楼结构拆除爆破

（1）大板楼拆除爆破特点。大板结构（俗称大板楼）是指由厚145～150mm的多孔预制板作为墙体拼装而成的老式居民楼。对于空心墙板板楼结构可采用微型水压爆破法拆除，即在空心预制板的空孔内放置聚氯乙烯袋，袋内装满水，水中放置炸药包，利用水压爆破的原理来破坏预制板从而达到房屋倾倒或坍塌的目的。该法与传统的钻爆法相比较，具有操作简便、劳动强度小、施工速度快、工作环境好、施工成本低的特点。

（2）大板楼拆除爆破方法。大板楼拆除爆破一般有定向倒塌和原地坍塌两种方案。这两种方案基本是在1～2层布置爆破缺口，定向倒塌方案缺口形状为三角形或梯形。倾倒一侧爆高大一些，然后依次降低，后部要形成铰链，即可满足倒塌要求。原地坍塌方案实现的方式较多，1～2层采用由中间按纵向向两侧爆高逐步降低也可达到目的。

11.2.2.4 框架结构拆除爆破

框架结构楼房的承重构件是钢筋混凝土立柱，它们和梁连接构成框架，有的还和楼板浇注为一体。框架结构楼房拆除爆破时必须将立柱一段高度的混凝土进行充分爆破破碎，使它们和钢筋骨架脱离，使柱体上部失去支撑。爆破部位以上的建筑结构物在重力作用下失稳，在重力和重力弯矩作用下，爆破柱体以上的构件将受剪切力破坏，同时将向爆破一侧倾斜塌落。

框架结构拆除爆破设计与施工应注意的问题：框架结构拆除爆破容易发生后坐，应引起足够重视。如后排承重立柱不处理，前排立柱爆后，楼房在重力弯矩作用下，将使立柱在一楼和二楼之间折断造成一楼立柱后仰，产生很大后坐；反之，如后排立柱处理过高，则不能形成很好支撑，会造成楼旁整体下坐，而失去“爆高差”，影响定向倾倒，许多爆而不倒的事故就是由此而造成的，因此框架结构的楼房爆破一定要注意后排转动铰点的处理，必要时应进行受力验算分析，才能保证这一方法的成功。

11.2.2.5 框-剪结构拆除爆破

随着建筑结构抗震要求的提高，框架结构逐渐向框-剪结构过渡，特别是10层以上的建筑，一般均使用剪力墙以增加结构的抗震性能。正是由于剪力墙的存在，既增加了结构的坚固程度，也增加了拆除爆破的难度。

框-剪结构拆除爆破除设计与施工中应注意的问题：框-剪结构拆除爆破除可以采用上述各种爆破方法之外，还应注意对剪力墙的预处理和对剪力墙的钻孔爆破作业。一般剪力墙厚度都在20～25cm左右，仍属于薄板范畴，当剪力墙厚度达到30～40cm时，则需采用钻爆方法处理。对于厚度25cm以上的剪力墙，如果条件允许也可以从侧面沿墙钻水平孔，这不仅可以减小钻孔工作量，而且可以采用分节装药，大大提高爆破效果。定向倾倒主缺口内的剪力墙最好在爆前用人工、机械或爆破法进行预处理，以化墙为柱。

11.2.2.6 框-筒结构拆除爆破

对于框-筒结构的建筑物，核心筒自成一体，整体性好，不预处理，爆后不会充分解体。设计与施工中应注意的问题：（1）核心筒的预处理要比框架部分的处理高出一层到二层，以使其倾倒触地时能充分解体；（2）当核心筒体位置在建筑物中间时，筒体重量大，若仅以后部框架立柱作为支点，则很容易造成后坐。因此应预留筒体后墙体作为支撑，确保支点具有足够支撑力；（3）如果核心筒在建筑物的外侧，且周边环境对触地振动要求较高，对筒体的爆破解体应予充分重视。

11.2.2.7 全剪力墙结构拆除爆破

全部由钢筋混凝土剪力墙承重的结构称为全剪力墙结构（称为板式结构）。设计与施工中应注意的问题：（1）钻孔量大，钻孔不到位造成爆而不倒或解体不充分的不利效果；（2）爆破面积大，爆破缺口位置高，必须采取特别安全防护措施；（3）剪力墙结构一般体量较大，如采用定向倾倒方法，应采取有效措施防止过大的触地振动对周边环境造成不利影响。

11.2.2.8 高耸构筑物拆除爆破

A 烟囱、水塔拆除爆破

高耸构筑物包括烟囱、水塔、跳水塔等构筑物，高耸构筑物控制爆破倒塌机理为：采用控制爆破在高耸筒式建（构）筑物底部某一高度处爆破形成一定尺寸大小的缺口，上部筒体在重力与支座反力形成的倾覆力矩作用下失稳，沿设计方向偏转并最终倒塌。

烟囱拆除爆破法是应用炸药爆炸破坏烟囱的局部结构，造成失稳，使其倾倒或塌落。烟囱的拆除爆破可分为定向倾倒、折叠式倒塌和原地坍塌三种方法：

（1）定向倒塌。主要原理是在烟囱倾倒一侧的底部，将筒体炸开一个大于1/2周长的爆破缺口，从而破坏结构的稳定性，导致整体结构失稳和重心位移，于是在上部筒体自重作用下形成倾覆力矩，迫使烟囱按预定方向倒塌，并使倒塌限制在一定范围内。烟囱的定向倾倒要求有一定宽度和长度的场地，以供其坍塌着地。场地的长度一般不小于烟囱高度的1.0～1.2倍（从烟囱中心算起），对于钢筋混凝土烟囱或刚度大的砖砌烟囱，要求的场地长度更大一些。场地的横向宽度不小于爆破部位直径的3.0～4.0倍。该方法由于施工相对简单而得到了广泛应用。

（2）折叠式倒塌。可分为单向折叠倒塌和双向交替折叠倒塌两种方式，其基本原理是根据周围场地的大小，除在底部炸开一个缺口外，还需要在烟囱中部的适当部位炸开一个或一个以上的缺口，使其朝两个或两个以上的同向或反向分段折叠倒塌。起爆顺序是先爆破上缺口，后爆破下缺口，通常是上缺口起爆后，当倾斜到20°～25°时，再起爆下缺口。

（3）原地坍塌。主要是在烟囱的底部，将其支撑筒壁整个炸开一个足够高的缺口，然后在其本身自重作用和重心下移过程中借助重力加速度以及在下落触地时的冲击力自行解体，致使烟囱在原地破坏。该方法仅适用于砖结构烟囱的拆除爆破，且周围场地应有大于其高度的1/6开阔的场地。原地坍塌方法技术难度大，在选用时一定要慎重。

a 烟囱定向倾倒爆破拆除

烟囱爆破部位一般位于其底部筒壁，不考虑烟道口和出灰口的位置时，爆破范围是筒壁的周长的1/2～2/3。即：

$$\frac{1}{2}\pi D \leqslant L \leqslant \frac{2}{3}\pi D \tag{11-8}$$

式中，$L$ 为爆破部位长度；$D$ 为爆破部位筒壁的外直径。其相对应圆心角 $\alpha$ 为180°～240°。

为了控制烟囱的倒塌方位，爆破部位（爆破缺口）不是全部采用爆破完成，而是在设计的爆破缺口两端预先开定向窗口，只对余下的一段弧长的筒壁实施爆破。

烟囱拆除爆破要求爆破部位的筒壁瞬间要离开原来的位置，使烟囱失稳。因此设计要求爆破部位的高度 $h$：

$$h \geqslant (3.0 \sim 5.0)\delta \tag{11-9}$$

式中，$\delta$ 为爆破缺口部位的烟囱的壁厚。砖烟囱的筒壁较厚时取小值；钢筋混凝土烟囱壁较薄时取大值。

b 烟囱的折叠爆破

折叠倾倒方案的力学原理是在烟囱体上炸开 2 个或 2 个以上的缺口，使各段筒体在重力所形成的弯矩和各段筒体相互作用下失稳，坍塌在较小的范围内。

缺口位置及其起爆顺序的确定：上下缺口之间的起爆时差主要由两个方面决定：一是避免上段筒体塌落时后坐，保证初始阶段的倾倒方向；二是两段筒体折叠及落地状态满足要求。由此可知，确定上下缺口合理起爆时差时：

（1）应使上缺口先形成，并保证下缺口起爆时上部筒体已有定向倾倒的趋势，在上下缺口时差选择过程中可以考虑允许上部筒体已偏转 1°～2°。

（2）在支撑断面整体发生屈服破坏以前，下部缺口必须起爆。

B 联体筒仓拆除爆破

技术特点：拆除筒形构筑物同样是以失稳原理为基础，在承重结构的关键部位布置药包，爆炸后使之失去承载能力，造成结构的整体失稳和定向倒塌。

对于上下均质的混凝土筒体，经常采用在筒体下部筒壁处预先挖洞留柱，最后爆破筒间柱子的方法进行拆除。

对于底部有钢筋混凝土框架，上部布置筒体的单排连体筒仓，在框架的高度满足倒塌要求的情况下，可只采用爆破框架的方法，将筒体定向倾倒；当框架高度还满足不了倾倒要求时，也需在筒体底部挖洞留柱，最后同时或顺序爆破底部框架和预留柱。

当多个筒仓紧密连接在一起，形成多排整体结构时，为了确保爆破效果，宜将联排筒体分离，形成单排或者单个筒体，然后再按上述方法进行拆除爆破。

C 冷却塔拆除爆破

冷却塔爆破失稳倾倒机理：双曲线钢筋混凝土结构冷却塔具有高大壁薄、高宽比较小（1.2～1.4）、重心偏低、圆筒直径上大下小、底部直径较大（30～70m）等特点，拆除爆破时易发生后坐或坐而不倒现象。为此，进行爆破设计时，应首先对比优选爆破方案，并在分析冷却塔爆破失稳倒塌机理的前提下，通过力学计算确定缺口参数，确保施工质量和爆破安全。有关冷却塔爆破失稳倾倒的机理与烟囱定向拆除爆破的机理基本相同，可参考烟囱拆除爆破的参数和方法。

爆破缺口参数设计：目前国内已拆除冷却塔采用的爆破缺口可分为“正梯形”、“倒梯形”和由此发展而来的“复合型”。

（1）缺口形状与爆破效果。缺口形状和大小直接影响着冷却塔拆除爆破的质量、效果和安全，是爆破设计的核心。冷却塔采用控制爆破方法拆除，缺口形状和大小可用以下理论分析的方法确定。

（2）缺口长度计算一般采用材料抗弯曲强度法和应力分析检验法。

（3）缺口高度计算。缺口高度的取值原则：1）缺口范围内的混凝土被炸离钢筋骨架后，塔身在自重作用下能保证失稳；2）塔身倾倒至缺口边缘闭合时，冷却塔重心偏距大于外半径；3）缺口闭合时，塔身在自重作用下对新支点形成的倾覆力矩应大于余留截面的极限抗弯力矩。

冷却塔的爆破缺口高度多采用重心偏出原理计算，其基本原理是塔体在倾覆力矩和重力的叠加应力共同作用下，促使缺口闭合并确保重心偏移距离大于冷却塔外半径。

#### 11.2.2.9 基础工程拆除爆破

##### A 基础拆除爆破

（1）布孔参数。基础拆除一般均采用小孔径、浅孔爆破方式。孔径一般为 $\phi38\sim44$mm，切割爆破孔径可小至 $\phi32$mm。孔深 $L$ 一般不大于 2 ~ 3m，条件许可时，亦可增大至 4 ~ 5m。炮孔分为垂直孔、水平孔和倾斜孔三种，考虑到钻孔方便，尽量采取垂直孔。一般钢筋混凝土的最小抵抗线 $W$ 取 0.3 ~ 0.5m，砌石取 0.5 ~ 0.8m。炮孔应尽量均匀分布，达到爆破块度均匀的目的。炮孔间距 $a$ 常取 1.0 ~ 1.5$W$。炮孔可布置成井字形或梅花形。排距 $b$ 取（0.8 ~ 1.0）$W$。若为一次齐发起爆，$b$ 取小值。

（2）药量计算。基础爆破拆除可按体积公式计算。

当炮孔深度 $L>2W$ 时，为达到破碎均匀，减少飞石的目的，宜采取分层装药。分层以两层为宜，上层装药 0.4$Q$，下层装药 0.6$Q$，相邻两层装药间距应大于 20cm；当两层尚不能满足均匀破坏要求时，可采取相邻炮孔层间错开装药方法。单位炸药消耗量 $q$ 按《教材》表 11-12 选取。

（3）切割爆破设计。基础切割爆破常用于部分拆除、部分保留的场合及分割大块。其原理同预裂爆破。

钢筋混凝土由于钢筋牵连作用，预裂效果不明显。对于素混凝土，预留切割爆破单孔药量可按下式计算：

$$Q = \lambda aH \tag{11-10}$$

式中 $a$——炮孔间距，cm；

$H$——基础预裂部位的厚度，cm；

$\lambda$——单位面积炸药消耗量，g/m$^2$。

##### B 地坪拆除爆破

地坪爆破的主要特点：地坪厚度小、面积大。因而炮孔深度浅，孔间距小，布孔密，增加了钻孔工作量和炸药消耗量；材质和厚度难以把握，给设计和钻孔带了较大困难，影响爆破效果；一般只有一个自由面，钻孔方向与最小抵抗线方向一致，再加上孔浅，容易发生冲炮，造成安全事故。

##### C 基坑支撑拆除爆破

支撑拆除爆破有如下特点：

（1）支撑从浇筑到拆除时间短，其强度、完整性很好；

（2）需爆破的支撑均有完整的图纸，浇筑时可现场实地观察，对混凝土强度、布筋等做到心中有数；

（3）支撑大部分位于市区，周边环境对爆破要求很高，爆破设计、施工应精确无误，安全控制把握度高；有的还对爆破噪声、扬尘等控制提出很高要求；支撑拆除工期很紧，一次爆破量可能很大。支撑爆破与楼房施工交叉进行。

基坑支撑拆除爆破起爆网路，因支撑拆除爆破多在市区，且一次爆破量、雷管用量均较大，一般采用半秒孔内延期与毫秒孔外延期相结合的非电毫秒延期起爆网路。

11.2.2.10　围堰拆除爆破

围堰拆除爆破要掌握的内容：

（1）围堰是指在工程建设中，为建造永久性工程设施修建的临时性围护结构。一般用于水工建筑、船坞、港口工程以及桥梁基础等施工中。

（2）围堰拆除爆破的特点：围堰由于具有挡水作用，至少有一面处于有水状态；要求一次成功，满足泄水、进水等要求；要确保爆区附近各种已建成的永久建筑物的安全；满足爆破块度、堆积形状、过流条件及清渣要求等。

（3）围堰拆除爆破设计原则：

1）要因地制宜地制定合理的爆破总体方案。在无需清渣的条件下，可以考虑采用整体倾覆爆破；当需要清渣时，既要考虑充分破碎，也要有合理的爆堆形状；采用冲渣方案时，要考虑水动力学与爆破块度之间的关系，以保证石渣能被水流带走，同时减轻混凝土的磨损。

2）应确保爆破一次成功，必须考虑爆破器材的抗水性，以及施工过程的安全、可靠及简易性，起爆网路的安全可靠性等。

3）应充分论证爆破地震波、水中冲击波、涌浪及动水压力、个别飞石等爆破有害效应对邻近建筑物的影响，制定恰当的爆破安全控制标准，采取必要的防护措施，将爆破有害效应控制在允许范围内。

4）根据我国围堰爆破拆除的经验，建议采用“高单耗、低单段”的设计原则，即单位炸药消耗量要高，单段起爆药量要低。

11.2.2.11　桥梁拆除爆破

桥梁形式很多，根据其受力情况分为：梁桥、拱桥、刚架桥、悬索壳、组合体系桥等。

桥梁拆除爆破应遵循的原则是：根据其结构的受力情况结合环境条件确定拆除爆破总体方案，并根据结构及用料特征确定施工工艺。

（1）拱桥拆除爆破的设计要点。拱桥的静力特点是，在竖直荷载作用下，拱的两端不仅有竖直反力，而且还有水平反力。设计合理的拱轴，主要承受压力，弯矩、剪力均较小。因此，拆除爆破的要点是破坏拱轴，解除支撑。

（2）梁桥拆除爆破的设计要点。梁桥拆除设计要点：以完全破坏桥墩支撑系为主，以梁体解体为辅。通常梁桥在竖向荷载作用下，只产生竖向反力。例如，简支梁桥，只需将桥墩采取拆除爆破，梁体则可根据环境要求采用爆破解体或机械破碎。对于梁与墩刚性连接的连续刚构桥，则应根据具体情况，对梁和墩同时实施拆除爆破，以便于爆后清捞作业的便捷。

（3）斜拉桥与悬索桥拆除爆破设计要点。斜拉桥与悬索桥的特点是依靠固定于索塔的斜拉索或主缆支承梁跨，梁似多跨弹性支承梁，梁内弯矩与桥梁的跨度基本无关，而与拉索或吊索的间距有关。由于索塔通常为高耸构筑物，拆除爆破时希望其能够有明确的定向效果，以利于爆后清捞。因此，拆除的要点是以定向爆破索塔为主，兼顾梁体的粉碎性爆破。

11.2.2.12　水压爆破

水压爆破须重点表述的内容包括：

A　水压爆破的技术特点

水压爆破主要用于拆除能够充水的薄壁结构的构筑物，如水槽、水罐、蓄水池、管桩、料斗、水塔、碉堡等。有些构筑物在经过封堵施工使其能充水的也可以采用水压爆破方法拆除。

水压爆破的特点是：

(1) 不需要钻孔，节省作业费用和作业时间，加快施工进度；

(2) 药包数量少，起爆网路简单；

(3) 炸药能量利用率高，炸药消耗量小而且介质破碎均匀；

(4) 安全性好，能有效地控制爆破冲击波、噪声和飞石，可显著降低爆破粉尘和有害气体，对环境污染小；

(5) 需要消耗大量的水，对爆破的结构物的防漏要求高，使用的爆破器材要有较高的抗水性能，爆破后需要及时排水。

B　水压爆破机理

在水压爆破中，水作为炸药与介质之间的媒介，主要起到一个传播能量的作用，即炸药爆炸能量通过水均匀地传递给介质。由于水是一种微压缩性介质，当外界压力增至100MPa，其密度仅增加5%左右，即在压缩波传播过程中，水本身消耗的变形能很小，因而在水中能量传播效率极高。炸药在水中爆炸后气体产物的膨胀速度比空气中慢得多，水中爆炸压力能均匀和平缓地作用在周围介质上，介质只产生破裂，而不产生塑性流动和过粉碎，由于水的渗流速度低，又阻碍了爆轰气体的渗流，因此不仅提高了能量利用率，而且可以降低噪声，抑制飞石的产生，起到缓冲作用。水中冲击波在围绕孔壁的介质中产生径向裂隙和环状裂隙，随后水和爆炸气体进入到裂隙中，对裂隙起到扩展和延伸的作用。

水压爆破对周围介质的破坏作用形式：

(1) 冲击波的作用。炸药引爆后，结构物的内壁首先受到由水介质传递的几百至几千个大气压的爆炸冲击波压力的作用，并且在外壁面反射成拉伸波。结构物四壁在冲击波作用下开始变形和位移，入射波强度大于边壁的抗压和抗拉极限强度时，结构物周壁会产生破裂；当外壁面的反射拉伸应力超过其抗拉极限强度时，在外层将出现龟裂并脱落破坏。

(2) 爆炸气体的膨胀功和由其形成的高速水流作用。在爆炸气体作用下所形成的水球迅速向外加速膨胀，追贴上一部分被拉断的水，并且吸附它们成为自己的一部分，水球继续膨胀使空化区消失，并将能量传递给结构物四壁，进行一次突跃式的加载，加剧结构物的破坏。此后，具有残压的水流，从被破坏的结构物的裂缝中冲出，对结构物进一步进行破坏，并可能形成飞石。

C　水压爆破设计

(1) 药包布置。水压爆破拆除设计原理是基于圆柱形容器在其中心一个集中药包爆炸，通过水把炸药能量传给待拆除的结构，使其破坏。对于直径高度相当的圆柱形容器的爆破体，一般是在容器中心线下方一定高度设置一个药包，如果直径大于高度，也可采用对称布置多个集中药包的爆破方案；对于长宽比或高宽比大于1.2倍的结构物，可设置两个或多个药包，以使容器的四壁在长度方向上受到均匀的破坏作用，药包间距按下式计算。

$$a \leqslant (1.3 \sim 1.4)R \tag{11-11}$$

式中　$a$——药包间距，m；

$R$——药包中心至容器壁的最短距离，m。

拟进行爆破拆除的容器，原则上应充满水。容器不能充满水时，应保证水深不小于药包中心至容器壁的最短距离 $R$。这时应降低药包在水中的位置，直至置于容器底部。爆破后，容器状结构物的底面亦将受到程度不同的破坏。实践表明，当药包入水深度 $h$ 达到某一临界值后，$h$ 再增大，对爆破效果影响很小。通常药包的入水深度 $h$ 采用下式计算：

$$h = (0.6 \sim 0.7)H \tag{11-12}$$

式中　$H$——注水深度，注水深度应不低于结构物净高的0.9倍。

药包入水深度最小值 $h_{min}$ 按下式验算：

$$h_{min} \geqslant 3\sqrt{Q} \tag{11-13}$$

或

$$h_{min} \geqslant (0.35 \sim 0.5)B \tag{11-14}$$

式中　$Q$——单个药包质量，kg；

$B$——容器直径或内短边长度，m。当 $h_{min}$ 计算值小于0.4m时，一律取0.4m。

采用水压爆破拆除的容器结构物的外侧是临空面，对半埋式的构筑物，应对周边覆盖物进行开挖。对方形断面的容器结构物，参见《教材》图11-42所示。两侧壁厚不同，可以采用偏炸的药包设计方案。

（2）水下爆破药量计算，参阅《教材》第458~461页内容。

11.2.2.13　水下构筑物爆破拆除

（1）水下构筑物拆除爆破的特点：

1）水下拆除爆破的目标物结构不同。主要是桥墩、桥台、码头、大坝、围堰、岩坎、沉船、水下钻井平台桩脚、废弃石油井管和水下障碍等。

2）水下拆除爆破的施工环境不同。在江河里有水流，在海里还有风浪和潮汐影响，水中能见度又差，因此水中施工环境非常困难。尤其是钻孔作业，不仅困难而且效率低，所以水中拆除爆破除像围堰之类，预先预留炮孔或装药硐室外，则很少用钻孔爆破，多用水中接触爆破或非接触爆破。

3）水下爆破装药要进行严密防水处理。因水有溶解性，能导电，因此水下爆破装药要进行严密的防水处理，或采用防水性炸药，起爆网路要严格绝缘防水，且要用绳索加强，以防水流、风浪将其拉断。

4）水下爆破装药量受界面影响较大。由于装药在水中爆炸受界面影响比较大，因此在水中接触爆炸时，装药与目标相对位置不同，装药有很大差别。

5）水下拆除爆破要注意对水中冲击波的防护。由于水是不可压缩流体，因此水中冲击波衰减慢，传播较远，水下爆破时要注意水中冲击波的防护。

（2）水下拆除爆破设计，参见《教材》第461~463页内容。

（3）水下拆除爆破施工，参见《教材》第464~468页内容。

## 11.3　静态破裂技术

### 11.3.1　本节知识点及要求

本节知识点及要求包括：

（1）了解部分：静态破碎剂作用原理、破裂机理；影响破碎效果的因素；普通型破碎剂性能。

（2）掌握部分：静态破裂剂破裂设计；施工中应注意的问题。

### 11.3.2　本节知识点表述

11.3.2.1　静态破裂剂作用原理

静态破裂剂最主要的膨胀力来源于生石灰水化，即：

$$CaO + H_2O \longrightarrow Ca(OH)_2 + 62.8\text{kJ}$$

CaO 水化生成 $Ca(OH)_2$，固相体积显著增大，随之空隙体积也相应增大，从而产生对外的膨胀力。

按 1kg 静态破裂剂所含 CaO 的比例换算，其理论计算发热量约为 837.2 ~ 1172.0kJ/kg，可将其自身加热到近 300℃。

11.3.2.2　静态破裂剂破裂机理

岩石的抗拉强度约为 $50\times10^5 \sim 100\times10^5$Pa，混凝土的抗拉强度约为 $20\times10^5 \sim 60\times10^5$Pa，而通常静态破碎剂的膨胀压力可达 $300\times10^5$Pa 以上。因此，在合理的破裂参数设计条件下，能够使炮孔周围的介质得到充分破坏。

11.3.2.3　影响静态破碎效果的因素

静态破裂剂的破碎效果与介质的性质、破裂剂在炮孔中水化以后所产生的膨胀压力的大小和选取的破裂参数是否合理有关，而膨胀压力的大小又与下列因素有关。

（1）时间。静态胀裂剂膨胀压力初期是随着时间的增加而迅速增大，稍后膨胀压力随时间的增长而逐渐变得缓慢。

（2）温度。静态破碎剂的水化反应的速度与温度有密切关系。普通型破碎剂在不同温度条件下使用时，在同一时间上所产生的膨胀压力相差达 1.0 倍或更多。因此，要根据季度的气温来正确选用破碎剂的型号。

（3）水灰比。水灰比是指水与破碎剂拌和时，所用水的重量与破碎剂重量之比。如果水灰比是在合理范围内，则膨胀压力随着水灰比的减小而增大。普通型破碎剂的浆体的水灰比一般采用 0.28 ~ 0.33。

（4）孔径。孔径增大，膨胀压力也增长。但是孔径太大以后，因水化热积聚较多，容易发生喷孔，一般宜采用 34 ~ 45mm 的孔径。

11.3.2.4　普通型破碎剂性能及应用

（1）普通型破碎剂性能，参见《教材》第 469 页内容。

（2）破裂设计参数：

1）炮孔排列。炮孔的排列形式主要取决于被破碎体情况和对破碎的要求。当多排孔破碎时，炮孔的排列形式主要是矩形排列和梅花形排列。

2）孔距。孔距越小，开裂越容易，破碎所需时间也随之缩短。但孔距过小，孔数增多，必然会增加钻孔工作量和静态破碎剂的消耗量。因此，对于不同的破碎对象，必须确定出可行的最大孔距，以达到最好的技术经济效果。

孔距的大小可用式（11-15）来求得：

$$a = Kd \tag{11-15}$$

式中 $a$——孔距，cm；

$d$——孔径，cm。

3）排距和最小抵抗线。排距的选择原则与孔距基本相同，但一般小于孔距。

最小抵抗线的大小应根据介质的强度、形态大小、孔径、节理以及要求破碎的块度等因素来确定。

4）孔深。孔深可用式（11-16）确定：

$$L = \lambda H \tag{11-16}$$

式中 $L$——孔深，m；

$H$——被破碎体的高度或破碎高度，m；

$\lambda$——孔深系数，与约束条件有关。对于混凝土块或孤石，$\lambda = 2/3 \sim 3/4$；对于原岩，$\lambda = 1.05$；对于钢筋混凝土体，$\lambda = 0.95 \sim 1.0$。

## 11.4 拆除爆破施工

### 11.4.1 本节知识点及要求

本节知识点及要求包括：

（1）了解部分：拆除爆破作业流程、施工组织设计的编制依据；拆除爆破降尘措施；静态破碎剂作用原理、破碎机理；影响破碎效果的因素；普通型破碎机的性能。

（2）掌握部分：施工组织设计内容；拆除爆破施工；建（构）筑物的防护设计、危房拆除中应注意的问题。

### 11.4.2 本节知识点表述

#### 11.4.2.1 拆除爆破作业流程

工程爆破的作业程序可以分为以下三个阶段：

（1）工程准备及爆破设计阶段；

（2）施工阶段；

（3）施爆阶段，详见《教材》第471～472页内容。

#### 11.4.2.2 拆除爆破施工组织设计

爆破施工应根据施工组织设计确定的施工方法、施工顺序和施工进度进行。施工组织设计的编制依据一般是：

（1）工程招投标的有关文件及补充说明；

（2）施工合同；

（3）爆破技术设计；

(4) 有关规程规范；

(5) 施工现场的实际情况。

规范性的施工组织设计包括下列内容：

(1) 工程概况及施工方法、设备、机具概述；

(2) 施工准备；

(3) 钻孔工程的设计及施工组织；

(4) 装药及填塞组织；

(5) 起爆网路敷设及起爆站；

(6) 安全警戒与撤离区域及信号标志；

(7) 主要设施与设备的安全防护；

(8) 预防事故的措施；

(9) 爆破指挥部的组织；

(10) 爆破器材购买、运输、贮存、加工、使用的安全制度；

(11) 工程进度表。

#### 11.4.2.3 拆除爆破的施工和防护

##### A 预拆除

为减少爆破工作量即减少钻孔，降低炸药用量，简化起爆网路，降低爆堆高度和堆积范围，对建筑物的部分结构可先行预拆除。预拆除工作应在工程技术人员的指导下进行，必须确保建筑物的整体稳定。要详细了解建筑物的结构特性，是砖混结构还是剪力墙，是否承重结构部位，在预处理工程中和处理后都应保证结构的稳定，有足够的安全度。预处理一般采用人工与机械方式完成，对电梯井、坚固的剪力墙可采用爆破方式处理，对结构复杂而又倒塌方式不同的建筑物必须切缝处理时，一般用机械自上而下切割。预处理应在装炸药之前全部完成，不允许预处理与装药同时进行。

##### B 试爆

在拆除爆破中，有时因建筑物年代久远、图纸缺失，对建筑材料的破坏强度、配筋率不了解，或由于建筑材料老化，钢筋锈蚀，对药量如何控制没有把握，此时必须对待拆除建筑物进行试爆。试爆应选在不影响建筑物整体稳定的部位进行。

##### C 钻孔、装药和填塞

在拆除爆破中，最小抵抗线 $W$ 比较小，所以对钻孔的质量要求较高，在钻孔过程中，要随时掌握其方向及深度，使之符合设计要求。拆除爆破的每个药包，应按爆破设计要求计量准确，并按药包重量、雷管段别、药包个数分类编组放置。药包装入炮孔后应进行填塞，填塞料要选用带有一定湿度（含水率 15% ~20%）的黄土或砂子与黏土混合物，其中不能夹有碎石。用木棍分层填塞捣实，每层厚度不宜超过 10cm。填塞过程中应注意保护好雷管脚线、导爆管或导爆索不受到损坏或擦破。

##### D 防护和覆盖

防护和覆盖是拆除爆破施工的重要环节，也是控制爆破危害的重要措施内容。拆除爆破应按爆破安全规程进行爆区周围设施、建（构）筑物的防护设计。

##### E 拆除爆破的降尘措施

(1) 清除钻孔和预拆除施工中堆积的碎块渣土以及待拆除建筑物上的积尘；

（2）楼顶、地面蓄水在建筑物倒塌过程中会扩散覆盖在坍塌体上，能有效地防止灰尘的扩散；

（3）消防车高压喷水，多台消防车在爆后立即进入现场，从不同方向向爆堆高压喷水，阻止污染扩散、泡沫降尘。

11.4.2.4 *危房拆除中应注意的问题*

危房拆除中应注意以下11个问题：

（1）进行危房拆除爆破前需要组织建筑专家，特别是对房屋的结构安全性进行预评估，同时对房屋进行安全监测，以确定危房的危险状态是否正在恶化。

（2）在对危房进行安全监测和安全状况预评的基础上，再进行结构详勘，推算残缺结构的残留抗力，确定必要的结构加固方案，确定是否具备进人进机施工条件。

（3）在上述工作的基础上确定对危房实施爆破的地点、实施爆破的部位和爆破方式。应该尽量选择施工难度小、工作量小、施工过程中对危险房屋影响小的爆破方式。

（4）若必须在危房内进行作业，应该严格控制进入危房内工作的人员数，应尽量避免在危房内使用重量大、振动大的设备工作。

（5）进入危房内作业前，应该派少量有经验的人员进入危楼内进行踏勘，规划出进人进机线路和快速撤离通道。撤离通道应满足“直、短、宽”条件，以缩短逃生时间，且应有较为充足的光亮。

（6）进入危楼内施工前，应在危楼上设置观测点，对危险进程进行24h实时监控，并做好记录。

（7）多数灾后危楼（特别是火烧楼）的底层，堆积着从各层垮塌和清理下的大量垃圾，为了以最短时间抢险，减少施工工作量，拆除爆破可从2层以上施工。

（8）由于危楼的结构已经遭到严重的破坏，危楼拆除爆破前一般无法进行试炮，因此，危楼拆除爆破时的炸药单耗一般较正常爆破高出许多，安全防护需要加强，人员的撤离范围需要相应加大。

（9）在确定危楼的拆除爆破方案时，由于危楼已经处于不稳定状态，因而需要对危楼拆除爆破后的危楼倒塌状态进行慎重分析和研究，以防危楼倒塌后危及危楼周围建筑的安全，产生次生灾害。

（10）危楼的拆除爆破方案应包括危楼安全监控方案，房屋加固方案，逃生方案和其他应急预案。

（11）危楼施工时应该做好危楼进出人员登记，随时掌握危楼内的人员状态和数量。

## 11.5 拆除爆破理论模型及数值模拟

### 11.5.1 本节知识点及要求

本节知识点及要求包括：

（1）了解部分：拆除爆破过程数值模拟的意义；拆除爆破数值模拟步骤。

（2）掌握部分：拆除爆破数值模拟材料模型选择；拆除爆破理论模型；典型爆破模拟应用软件。

## 11.5.2 本节知识点表述

### 11.5.2.1 建筑物的拆除爆破过程数值模拟的意义

随着我国建筑物拆除爆破技术的发展，拆除难度及规模不断增加，安全环保方面的要求也愈加严格，致使以经验公式为主的传统设计方法难以应对。而计算机模拟技术的广泛应用，促使用数值模拟的方法研究拆除爆破倒塌及破坏过程逐渐成为必要研究手段乃至爆破施工设计依据。拆除爆破数值模拟研究实践表明，利用数值模拟在爆前对设计方案进行检验，准确预测结构的倒塌姿态和倒塌范围，有利于提高拆除爆破设计水平；通过分析爆破倒塌过程力学效应，探讨研究结构各种倾倒规律，及时修正和优化拆除爆破方案，提高拆除爆破设计与施工的可靠性和安全性。

### 11.5.2.2 拆除爆破数值模拟步骤

拆除爆破数值模拟过程包括如下步骤：

（1）明确模拟对象及系统功能。明确被拆除爆破的建（构）筑物的工程概况和预期的爆破效果，以及明确模拟要实现拆除爆破过程的哪几个部分和系统软件的功能。

（2）建立数学模型。将拆除对象模型化，利用绘图工具软件建立建（构）筑物模型，并体现拆除爆破设计意图。

（3）选择或设计模拟程序。选择合适的拆除爆破商业软件，或利用数学公式、逻辑公式或算法等来表示拆除爆破的模拟模型，编制计算程序。把数学模型转换成计算机系统或所用商业软件可以接受的形式，并输入计算机。

（4）模型实验。利用计算机对拆除爆破模型进行各种参数和过程状态的实验，考察其输出结果。利用理论分析、经验分析和实测数据定量分析来检验和优化爆破模型。

（5）实验结果的评价和分析。对各次拆除爆破的模拟数据进行分析、整理，从多种方案中选出最优方案，列出模拟报告并输出。

### 11.5.2.3 拆除爆破模拟的建（构）筑物材料模型选择

对于由钢筋混凝土材料建造的大多数建（构）筑物，用有限元等连续型软件程序模拟钢筋混凝土材料可选择的模型：

（1）整体式模型。将钢筋的材料性能分散到混凝土当中，将两者看做一种材料进行分析。其优点是建模方便，分析率高，但缺点是不适用于钢筋分布较不均匀的区域，且得到钢筋内力状态比较困难。主要适用于有大量钢筋且钢筋分布较均匀的构件中。

（2）分离式模型。利用空间梁单元 beam161 建立钢筋模型，和混凝土单元共用节点。其优点是建模方便，可以任意布置钢筋并可以直观获得钢筋的内力。缺点是建模比整体式模型要复杂，需要考虑共用节点的位置及位移协调，且容易出现应力集中问题。

### 11.5.2.4 建筑物拆除爆破力学模型

对于利用爆破炸毁结构关键部位致使在其自重作用下倒塌解体的大多数拆除工程来说，结构倒塌过程大致可以分为失稳、下坐、倾覆、触地、解体等 5 个阶段，其中失稳过程最为关键，而结构倾覆破坏力学模型和支柱失稳力学模型是拆除爆破力学模型的核心。

在建筑结构关键部位爆破缺口形成后，缺口立柱的炸毁高度（炸高）以及支撑部分结构立柱的破坏程度，直接关系到结构能否实现顺利倒塌以及倒塌方向的准确性。结构倾覆破坏力学模型如下。

A　细长压杆失稳模型

根据压杆稳定原理，爆破将立柱一定高度范围内的混凝土充分破碎，当孤立的钢筋骨架顶部承受的静压荷载超过其抗压强度极限或达到压杆失稳的临界荷载时，钢筋失稳，立柱随之失稳坍塌，满足上述条件的最小立柱破坏高度可称为最小爆破高度。

主筋压杆的失稳模型，压杆下端视为固定端约束，压杆上端的约束条件有固定端和自由端（如《教材》图 11-51 所示）两种，爆破缺口高度计算公式分别为：

当采用固定端时，

$$H \geqslant 2\pi \sqrt{\frac{EI}{P}} \tag{11-17}$$

当采用自由端时，

$$H \geqslant \frac{\pi}{2} \sqrt{\frac{EI}{P}} \tag{11-18}$$

式中　$H$——缺口高度，m；

$E$——钢筋弹性模量，MPa；

$I$——钢筋截面惯性矩，$m^4$；

$P$——钢筋骨架的压力荷载，N。

在实际应用中普遍采用的是第二种模型，即将压杆下端看作固定端，将上端看作自由端。

B　裸露钢筋骨架的失稳模型

裸露钢筋骨架的失稳模型，如《教材》图 11-52 所示。

该模型认为，在拆除爆破中框架承重立柱的裸露钢筋骨架失稳，并非单根主筋压杆失稳的简单数学叠加，其实质是有侧向弹性约束的小型刚架的失稳。刚架的稳定计算采用杆系有限元法：

$$\{[K_e] - P[K_G]\}\{\delta\} = \{F\} \tag{11-19}$$

式中　$[K_e]$——集成后的钢架整体刚度矩阵；

$[K_G]$——集成后的钢架的整体几何刚度矩阵；

$\{\delta\}$——节点位移列阵；

$\{F\}$——节点力载荷列阵；

$P$——钢架所受的轴向力。

C　重心偏移失稳模型

重心偏移失稳模型，如《教材》图 11-53 所示，为了保证主体部分结构彻底失稳倾覆，根据刚性结构爆破后结构重心偏离底部支撑位置则结构失稳倾覆原则，可按下式设计缺口倾倒一侧的炸高 $h$：

$$h \geqslant \frac{H_0}{2}\left[1 - \sqrt{1 - 2\left(\frac{D}{H_0}\right)^2}\right] \tag{11-20}$$

式中　$D$——倒塌方向的底边长，m；

$H_0$——楼房重心高度，m。

# 12　爆破施工机械

## 12.1　钻孔机械及配套机具

### 12.1.1　本节知识点及要求

本节知识点及要求包括：

（1）了解部分：钻孔机械的发展趋势；各类钻机工作原理及其配套机具；熟悉常用钻机主要钻孔技术及其故障维修。

（2）掌握部分：不同爆破工程常用的钻孔机械；熟练掌握钻孔机械分类及其适用范围。

### 12.1.2　本节知识点表述

12.1.2.1　钻孔机械分类

（1）按凿岩原理分类。爆破工程常用钻孔机械按照凿岩原理可分为冲击回转式、旋转碾压式、回转切削式三大类。

1）冲击回转式。利用冲击机构对钻钎频繁加压冲击，使钎杆在孔内往复、回转运动，切削岩石，形成钻孔。按照冲击机构所在的位置不同，又可分为凿岩机和潜孔钻。冲击机构在孔外的为凿岩机，冲击机构在孔内的为潜孔钻机。

2）旋转碾压式钻机。利用钻具在轴压力作用下旋转切削岩石，同时钻头又绕本身的轴线旋转对岩石进行碾压破碎，将产生的岩屑排出孔外，在岩石中形成钻孔，常用的有牙轮钻机。

3）回转切削式钻机。其原理是钻头在一定的轴压力作用下压入岩石，在回转力矩的作用下，连续回转切削岩石，将产生的岩屑排出孔外，形成炮孔。此类钻机一般适用于软岩。

（2）按原始驱动动力分类。工程爆破常用钻孔机械按原始驱动动力可分为气（风）动、液压、电动、内燃机、水压和气液联动 6 种类型。

（3）按工程用途分类。工程爆破常用钻孔机械按工程用途，可分为露天钻孔机械、地下钻孔机械和水下钻孔机械。露天钻孔机械主要有凿岩机、牙轮钻机、潜孔钻机和凿岩钻车。地下钻孔机械主要有凿岩机、潜孔钻机、牙轮钻机、隧道掘进钻车和采矿凿岩钻车。水下钻孔机械主要有固定支架水上作业平台、漂浮式钻孔爆破作业船与作业平台、支腿升降式水上钻孔作业平台。

凿岩机既是露天钻孔机械，又是地下钻孔机械。其中应用最为广泛的是气动凿岩机。

12.1.2.2　气动凿岩机及钻具

A　气动凿岩机械

气动凿岩机通常以凿岩机的支撑方式进行分类，主要有手持式凿岩机、气腿式凿岩机、向上式凿岩机和导轨式凿岩机。其中手持式凿岩机、气腿式凿岩机、向上式凿岩机属于浅孔凿岩机，而导轨式凿岩机属于中深孔凿岩机。

（1）手持式凿岩机。手持式凿岩机冲击功和扭矩都较小，凿岩速度低，劳动强度大。钻孔直径以40mm以下为宜，最大钻孔直径可达56mm；钻孔深度以2～3m为宜，最大可达7m。适宜钻凿垂直或向下的斜孔。一般用于小台阶和小型地下硐室爆破钻孔。

（2）气腿式凿岩机。气腿式凿岩机劳动强度比手持式凿岩机低，钻孔参数与手持式凿岩机相类似，但凿岩速度比手持式凿岩机要高。该机的最大特点是凿岩过程中的定向支撑和施加推力均依靠气腿完成。钻孔直径34～42mm，钻孔深度最大可达5m，工作气压0.63MPa。适宜于钻水平或小倾角的炮孔。

（3）向上式凿岩机。向上式凿岩机适宜于打向上60°～90°角的炮孔。一般用于采场和天井（竖井）中凿岩作业。钻孔深度2～5m，孔径以36～48mm为宜。

（4）导轨式凿岩机。导轨式凿岩机有两个特点，一是钻孔直径一般为40～80mm，钻孔深度一般为5～8m，最大达30m。二是凿岩过程中对凿岩机的支撑和施加推力，依靠导轨和凿岩机上的单独动力机构完成。理论上讲，导轨式凿岩机可钻各个方向的炮孔，要视凿岩台车或支架的性能而定。

B　气动凿岩机钻具

浅孔凿岩机的钻具包括钎头和钎杆；中深孔的钎具除钎头和钎杆以外，还有连接套和钎尾。

#### 12.1.2.3　液压凿岩机及钻具

液压凿岩机具有输出功率大、钻孔速度快、能量消耗低、零件和钎具寿命长、钻孔精度高、液压控制完善等优点。液压凿岩机与全液压钻车配套使用，有效地提高了凿岩钻孔的机械化水平，为实现快速、高效、优质、安全的凿岩作业开创了一条新路。

#### 12.1.2.4　凿岩钻车

凿岩钻车是将凿岩机机构、推进装置、定位装置等安装在机械底盘或钻架上进行凿岩作业的设备。露天凿岩钻车一般安装一台凿岩设备，地下凿岩钻车可安装一台或多台凿岩设备，实现快速、高效凿岩。

A　露天凿岩钻车

（1）露天凿岩钻车的分类。按行走方式分，露天钻车分为履带式、轮胎式和轨轮式。按驱动动力分，露天钻车分为气动凿岩钻车、全液压凿岩钻车、气液联合式露天凿岩钻车。

（2）主要特点及适用范围。露天凿岩钻车（架）与牙轮钻机、潜孔钻机相比，具有以下特点：

1）整机重量轻，装机功率小，机动性强；

2）能够钻凿多种方位的钻孔，调整钻机（架）位置迅速准确；

3）爬坡能力强，国产钻车最大爬坡能力可达25°，进口钻车可达30°；

4）液压凿岩钻车的能耗仅为潜孔钻车的1/4，钻速却为潜孔钻车的2.3～3倍。

（3）露天凿岩钻车（架）的适用范围：

1）在采石场、水电、交通等工程及小型露天矿山开挖（采）中，凿岩钻车（架）可作为主要的钻孔设备。在二次破碎、边坡处理、清除根底中作为辅助钻孔设备。在中小型露天矿，液压凿岩钻车可取代气动潜孔钻机；

2）凿岩钻车钻孔方位多，最小的横向方位角为左右各45°，纵向0°～105°，钻车可用于钻凿各种方位的预裂爆破孔、修理边坡和锚索孔及灌浆孔等；

3）凿岩钻车爬坡能力强，机动灵活，可在复杂地形上进行钻孔作业；

4）露天凿岩钻车主要用于硬或中硬岩的钻孔作业，钻孔直径一般为40～100mm，最大孔径可达150mm；

5）气动露天凿岩钻车与气液联合式露天凿岩钻车，一般适用于钻孔孔径小于80mm，孔深小于20m的炮孔；

6）全液压露天凿岩钻车，钻孔孔径可以达到150mm，孔深可达30m，最深可达50m。

B 地下凿岩钻车

（1）地下凿岩钻车的分类。地下凿岩钻车按照用途可分为掘进钻车、采矿钻车、锚杆钻车等。

（2）主要特点及适用范围。采用凿岩钻车既能够比较精确地钻凿出一定角度、孔深和孔位的钻孔，又可以钻凿较大直径的中深孔、深孔，而且还能提供最优的轴推力。操作人员可远离工作面，1人可操纵多台凿岩机，不仅可明显改善作业条件，而且钻孔质量高，显著提高凿岩效率。液压凿岩机与钻臂配套使用可实现凿岩机械化和自动化。在平巷掘进中，采用凿岩钻车比手持或气腿式单机作业掘进工效提高1～4倍。在采矿钻孔中，采用全液压机械化凿岩钻车的钻孔效率是手持气腿式单机凿岩的4～12倍。缺点是设备投入大，维护保养和操作要求高。

凡达到一定断面面积的隧道和地下硐室均可采用凿岩钻车钻孔。掘进钻车主要用于矿山巷道和硐室的掘进以及铁路、公路、水工隧洞等工程开挖的钻孔作业，有的掘进钻车还可用于钻凿采矿炮孔、锚杆孔等。采矿钻车是回采落矿进行钻凿炮孔的设备。一般为轮胎式和履带式，国内多为双机或单机作业，配套的是重型、中型导轨式凿岩机，一般钻孔直径不大于115mm。当钻孔深度超过20m时，由于接杆凿岩能量损失大，效率会显著降低。

#### 12.1.2.5 潜孔钻机及钻具

潜孔钻机是冲击器潜入孔内提供冲击凿岩的一种钻孔设备。潜孔钻机通常是把潜孔式凿岩机构、推进装置、定位装置等安装在机械底盘或钻架上进行钻孔作业。

潜孔钻机是一种大孔径深孔钻孔设备。潜孔钻机的钻杆不传递冲击能，故冲击能量损失很少，可钻凿更深的炮孔。同时，冲击器潜入孔内，噪声低，钻孔偏差小、精度高。国产潜孔钻机的最大钻孔直径达到180mm，最大钻孔深度达到80m，并形成了履带式、轮胎式、柱架式、胶轮式等类型，品种齐全，广泛使用于地下采矿和地面石方开挖爆破工程中。

#### 12.1.2.6 牙轮钻机及钻具

牙轮钻机是适用于各类坚固性岩石技术先进的钻孔设备，多用于大型矿山。

A 牙轮钻机优点

（1）钻孔速度快，生产效率高。钻孔速度与钻具压力成比例增长，而增加钻具轴压并非困难，因此牙轮钻机的钻孔速度获得相当大的提高，比冲击式钻机高5倍多，比潜孔钻机高2倍。

（2）钻孔直径大，钻凿的炮孔深。它可钻凿孔径达 250～455mm 范围内的大型炮孔；其孔深通常为 17～50m。是高效大型采掘工程的主要配套设备。

（3）适应范围广泛，应用前景好。牙轮钻机可以钻凿软岩和硬岩各类岩石，有适用于地下和露天矿山专用的系列化产品。

（4）噪声低，对环境污染少，自动化程度高，作业条件好。

B 牙轮钻机类型

（1）按工作地点分类：

1）井下牙轮钻机。由于受作业空间的限制，其钻孔规格不能太大，直径变动在 118～170mm 之间。因为孔径加大，要求轴压增高，使设备笨重，搬运困难；同时受牙轮钻轴承尺寸的限制，小于 200mm 直径的牙轮钻头寿命低。

2）露天牙轮钻机。主要用于露天作业，根据高轴压的性能要求，增加设备自重，有利于钻速和增加稳定性。按其孔径大小，又可分为轻型牙轮钻机、中型牙轮钻机、重型牙轮钻机。

（2）按钻机结构分类。牙轮钻机核心结构是回转机构和加压机构。根据回转和加压的方式不同，可分为 3 种类型：底部回转间断加压、底部回转连续加压和顶部回转连续加压。顶部回转连续加压钻机的特点是：在钻杆的上部安装一个能沿钻架上下滑动的回转加压小车，以实现钻具的回转和连续加压。这种类型钻机又称为滑架式牙轮钻机。当前国内外大型矿山，大多采用此类型钻机。

C 牙轮钻机技术性能参数

国产牙轮钻机在 20 世纪末形成了比较完整的两大系列产品：KY 系列和 YZ 系列。其中 KY 系列牙轮钻机机型有 KY-150、KY-200、KY-250、KY-310 型，钻孔直径 120～310mm；YZ 系列牙轮钻机机型有 YZ-12、YZ-35、YZ-55、YZ-55A 型，钻孔直径 95～380mm。部分牙轮钻机的性能参数，如《教材》表 13-11 所示。

#### 12.1.2.7 水下爆破钻孔设备

水下钻孔爆破时，钻机主要安装在固定支架水上作业平台（包括水中固定和岸边固定支架平台）、漂浮式钻孔爆破作业船与作业平台、支腿升降式水上钻孔作业平台上进行钻孔作业。其中，钻孔爆破作业船又可按下述 4 种形式进行分类：

（1）按照有无动力分为自航式和非自航式两种。目前以非自航式为主，自航式的船较少。即便是自航式的船，由于航行动力有限，远途调遣时仍需拖轮拖带，但有向大马力发展的趋势。

（2）按照船体结构形式分为双体船和单体船。目前以单体船为主，但要充分考虑钻孔作业时船体的稳定性。

（3）按照定位形式分为有定位桩和无定位桩两种。目前以无定位桩的占多数，有定位桩的船主要使用在水流较急或交通繁忙、水域狭窄的地区，定位桩起到辅助稳船或少占用水域面积的目的。

（4）按照作业时船体是否与水面接触，可分为漂浮式钻孔爆破作业船和支腿升降式水上钻孔作业平台船。漂浮式钻孔爆破作业船作业时漂浮于水面，受海浪、潮流和潮差影响较大，一般适用于水深小于 30m、流速小于 0.5m/s、浪高小于 1m 的水域。支腿升降式水上钻孔作业平台船工作时平台升离水面，不受海浪、潮流和潮差的影响。

12.1.2.8　空压机

空气压缩机（简称空压机）是许多石方开挖和矿山开采的凿岩钻孔机械的配套设备。使用压缩空气动力与使用电力相比较，故障少、易于操作和维修，但费用要贵得多。因此，合理地使用压气设备就显得非常必要。

A　空压机的分类

（1）按工作原理分类。空压机按工作原理可分为速度式和容积式两大类：1）速度式是靠气体在高速旋转叶轮的作用，得到较大的动能，随后在扩压装置中急剧降速，使气体的动能转变成势能，从而提高气体压力。速度式空压机主要有离心式和轴流式两种基本形式。2）容积式是通过直接压缩气体，使气体容积缩小而达到提高气体压力的目的。容积式根据气缸活塞的特点又分为回转式和往复式两类。回转式包括转子式、螺杆式、滑片式等；往复式有活塞式和膜式两种。

（2）按排气压力高低分类。按排气压力高低，空压机分为低压、中压、高压和超高压空压机。

（3）按气缸中心线与地面相对位置分类。空压机按气缸中心线与地面相对位置分为立式、角度式和卧式空压机。

（4）按原始驱动动力分类。空压机按照原始驱动动力分为电动式和内燃机式。电动式空压机使用成本较低，内燃机式空压机使用成本较高。

目前与钻孔机械配套的常用空压机，主要是往复式中的活塞式和回转式中的螺杆式空压机。

活塞式空压机由于其比功率最小，所以耗电量少，且易于调节供气量。但该类机组的重量大、外形尺寸大、易损件多、维修工作量大。

螺杆式压缩机与活塞式相比，具有结构简单、零件少、外形紧凑，重量轻、维修量小，没有惯性力，基础小，运转可靠等优点，且高原地区容积效率下降比往复活塞式空压机要小；螺杆式空压机的缺点是运转时噪声大，并随排气量的增加而增加，且属中高频声级，对人体的危害性较大，必须采用隔声罩、消声器等装置。此外，螺杆式压缩机的转子材质要求高，加工难度大。与牙轮钻机、潜孔钻机配套使用的主要是螺杆式空压机。

B　主要性能参数

两种主要的空压机类型是 L 系列活塞式空压机和 LUY 系列电机驱动移动式螺杆式空压机，查阅《教材》表 13-13 和表 13-14 可查到相应的性能参数。

C　空压机的选择

（1）选型原则：

1）空压机的排气压力要满足凿岩设备的要求，当管路较长时，要考虑管路的压力损失，保证工作面的压力满足凿岩设备的压力要求，提高凿岩设备的效率；

2）工期长、用气比较集中的工程，宜选用固定式的空压机，便于运行、维修和管理；工期短、用气较分散的工程宜选用移动式空压机；

3）电动式空压机运行成本相对较低，供电条件好的工程宜优先选用电动式空压机；

4）用风量较大的工程，空压机应大小搭配，便于灵活调度；

5）根据工程特点和设备性能，选用不同结构形式的空压机。

（2）凿岩设备耗气量计算。学习《教材》应掌握和了解凿岩设备空压站最大耗气量计算方法。

空压机站内的空压机台数宜为 3～6 台，备用量应大于计算供气量的 20%，备用量不应少于 1 台；移动式空压机备用量也不应少于 1 台。

（3）管网布置。管网是压缩空气的输送通道，管网的布置原则应使压缩空气的能量损失最小。基本要求是：

1）管网应沿最短的线路布置，管内径应满足管内压缩空气流速达到 5～10m/s；

2）管道应尽量平顺布置，少拐弯，尤其要避免有急弯；

3）管道上应尽量少装设闸阀等附件，管道变径时，应采用渐变接头，不允许突然改变管径；

4）管道要安全可靠，一般采用无缝钢管或焊接钢管；

5）不允许管道内有局部积水现象。

12.1.2.9　钻孔施工技术

钻孔施工技术应掌握及表述的内容包括：

（1）气动凿岩机选型及施工技术。了解气动凿岩机配套机具、操作要领及故障维修，掌握各类凿岩机的应用范围。

各种风动凿岩机，依据其技术特征，选型时应考虑以下 3 个方面：充分重视作业场所（平巷、天井、竖井和采矿场等）；充分依据凿岩参数（钻凿的炮孔方向、孔径和深度）；钻凿岩石的岩性（坚固性程度、完整性、磨蚀性）。

（2）液压凿岩机选型及使用维护。了解液压凿岩机的选型及配套钎具，熟悉液压凿岩机的使用和维修。

（3）潜孔钻机钻孔施工技术。了解潜孔钻机主要钻孔技术及故障排除。

（4）牙轮钻机选型及使用维护。了解牙轮钻机钻具选型、钻孔故障及其排除方法，掌握各类牙轮机的应用范围。

在选择牙轮钻机和类型时，应考虑 4 个因素：1）钻机作业场地、空间及地理环境；2）爆破设计的孔向、孔径和孔深等参数；3）钻凿岩石的岩性、坚硬程度；4）对钻凿炮孔效率的要求。

## 12.2　现场装药机械

### 12.2.1　本节知识点及要求

本节知识点及要求包括：

（1）了解部分：现场装药机械的发展方向，熟悉地面站分类与特点。

（2）掌握部分：装药机械分类。

### 12.2.2　本节知识点表述

12.2.2.1　现场装药机械分类

爆破装药机械按用途，可分为地下爆破装药机械和露天爆破装药机械。按装药车生产的炸药种类，可分为现场混装重铵油炸药车、现场混装粒状铵油炸药车和现场混装乳化炸药车等。

露天爆破装药机械，包括现场混装重铵油炸药车、现场混装粒状铵油炸药车和现场混装乳化炸药车三大类。

地下爆破装药机械，包括装药器和装药车两类。装药器又分为传统装填黏性粒状炸药（还有少数矿山装填粉状炸药）的压气装药器和新型现场混装乳化炸药装药器。装药车也分地下压气装药台车和地下现场混装乳化炸药车。压气装药器、压气装药台车的工作动力均为压缩空气。地下现场混装乳化炸药装药器、装药车则为电-液工作系统。

地面站是为现场混装炸药车进行原材料储存、半成品加工等而设置的地面辅助配套设施，有固定式地面站和移动式地面站两种形式。

12.2.2.2 露天爆破装药机械

A 现场混装重铵油炸药车

现场混装重铵油炸药车可按不同比例将乳胶基质与多孔粒状铵油混掺在一起，制备成不同能量密度的重铵油炸药，也可混制乳化炸药和粒状铵油炸药，兼具乳化炸药的高体积威力和铵油炸药的低成本优点。这种装药车水孔和干孔都适用，可满足不同爆破工程要求。

混装重铵油炸药车输药效率：采用螺旋送药时为450kg/min，采用MONO泵送药时为200～280kg/min。目前有8t、12t、15t、20t、25t等多种规格。现场混装重铵油炸药车具有自动计量功能。

B 现场混装粒状铵油炸药车

现场混装粒状铵油炸药车工作前先在地面站装入柴油和多孔粒状硝酸铵。装药车驶到作业现场，由车载系统将多孔粒状硝酸铵与柴油按配比均匀掺混，并装入炮孔。现场混装粒状铵油炸药工艺简单、成本低，但炸药体积威力相对较低，适用于大直径（一般80mm以上）干孔装药。

粒状铵油炸药现场混装车输药效率为200～450kg/min，目前有4t、6t、8t、12t、15t、20t、25t等多个规格可供选择。现场混装粒状铵油炸药车具有自动计量功能。

C 现场混装乳化炸药车

现场混装乳化炸药车广泛适用于冶金、煤炭、化工、建材、水电、交通等工程的爆破作业，特别适合在金属矿等岩石硬度较高或炮孔内含水的条件下使用。炮孔的直径在100mm以上。

现场混装乳化炸药车在爆破现场将车载乳胶基质装填进入炮孔，敏化后形成具有起爆感度的乳化炸药。

乳化炸药车装药效率为200～280kg/min。目前有8t、12t、15t、20t、25t等多种规格。现场混装乳化炸药车具有自动计量功能。

12.2.2.3 地下爆破装药机械

（1）地下爆破装药机械类别：

1）压气装药器。在地下爆破工程作业，特别是地下矿山向上的中深孔生产爆破中，采用装药器装药，可节省人力、提高装药效率、改善爆破质量、减轻劳动强度。

2）压气装药台车。将压气装药器系统安装在自行式地下矿山通用底盘上的专用爆破装药作业台车。适用于无轨运输的大型地下矿山和其他地下大型硐库开挖爆破工程。

3）现场混装乳化炸药装药器。适用于井巷掘进、分段法采矿等空间狭窄的地下工程爆破装药作业。无自行行走底盘，需借助于其他辅助机械实现不同爆破作业点之间的移动。

4）现场混装乳化炸药装药车。由现场混装乳化炸药上盘系统和地下低矮汽车或铰接式台车底盘组成，是一种正在发展兴起的地下矿山等爆破装药机械，安全性好、作业效率高。

（2）地下现场混装炸药车、装药器主要技术参数。了解国内几种地下现场混装炸药车、装药器的主要技术参数。

12.2.2.4 现场装药地面站

地面站应掌握和表述的内容包括：

（1）地面站类别有：

1）固定式地面站。固定式地面站是现场混装车的地面配套设施，用于原材料储存、半成品加工等。露天矿山开采等作业面相对固定、工期较长的爆破工程，适宜建固定式地面站。当乳胶基质在车上制作时，地面站由水相硝酸铵制备系统、油相制备系统和敏化剂制备系统组成，当乳胶基质在地面站制作时，在上述3个系统的基础上，再增加一套乳化装置。

2）移动式地面站。公路、铁路、大中型水利水电工程等，由于爆破作业面分散、工期短，为装药车提供半成品及原料，适宜设置移动式地面站。移动式地面站移动方便，建设用地少、投资小，能适应流动性大、环境复杂的爆破作业，经济效益显著。移动式地面站由制备车、动力车、运输车组成。制备车设有水相制备输送系统、油相输送系统、发泡剂输送系统、乳胶输送系统。动力车设有配电屏、发电机、蒸汽锅炉、地表水处理装置、化验室、乳化剂储存保温室等。

（2）地面站主要技术性能参数。了解地面站主要技术性能参数。

12.2.2.5 装药机械应用工程实例

了解现场混装车应用的典型工程实例，进一步理解其优越性。

## 12.3 爆破后续作业施工机械

### 12.3.1 本节知识点及要求

本节知识点及要求包括：

（1）了解部分：露天矿山、大型地下矿山、硐室群施工中常用的二次破碎机械、装载机、挖掘机、载重自卸汽车、推土机分类及适用条件。

（2）掌握部分：露天矿山、大型地下矿山所使用的后续作业施工机械的分类及适用条件。

### 12.3.2 本节知识点表述

12.3.2.1 破碎机械

破碎机械有以下3种：

（1）移动式液压破碎机。移动式液压破碎机俗称油炮或油锤，一般均由液压挖掘机的反铲改造而成。当现场需要时，只需将液压铲的铲斗卸下，换上破碎冲击器即组成了一台移动式液压破碎机；不用破碎机时，将破碎冲击器换成铲斗，则又可恢复成液压挖掘机。

移动式液压破碎机比传统的二次爆破要安全、灵活、快捷，成本也不高，已在不少较大的石方工地（要有足够量的大块需要二次破碎）广泛应用。移动式液压破碎机的破碎冲击器有许多定型产品，它除了用于二次破碎外，还可以更换不同形式的钎头，用于开沟、破路面、建筑物拆除等。

（2）手持式破碎机。手持式破碎机是以压缩空气或液体传递压力为动力的手持式冲击破碎工具。主要用于混凝土基础、混凝土构件、炉衬、软岩石及各种路面的破碎，也可用于破碎冻土层和破冰等。它机动灵活，对破碎场地要求不高，但工人劳动强度大。

（3）气镐。气镐是以压缩空气为动力的手持式冲击破碎工具。气镐装有镐钎，以冲击方式破碎煤层、混凝土、路面及修整巷道等。

12.3.2.2 装载机械

装载机是一种以铲斗为工作装置进行循环作业的土方工程机械，可用于对散装物料进行铲装、搬运、平整及轻度铲掘，也可更换其他工作装置，进行推土、起重和牵引等作业。

（1）按发动机功率分类：小型装载机、大型装载机、特大型装载机；

（2）按机架结构形式分类：整体式装载机、铰接式装载机；

（3）按行走机构形式分类：履带式装载机、轮胎铰接式装载机。

12.3.2.3 挖掘机

单斗挖掘机是一种以铲斗为工作装置进行间隙循环作业的挖掘、装载施工机械。优点是：挖掘能力强，结构通用性好，可适应多种作业要求；缺点是机动性差。主要用途是：开挖路堑、沟渠、挖装矿石、剥土、装载松散物料等。

按工作装置形式分为正铲、反铲、拉铲、抓斗4类。

单斗挖掘机的大多数作业都需与运输车辆配合，运输车辆的车厢容积以挖机斗容的3～5倍为宜。

12.3.2.4 运输机械

当前露天矿山和土石方爆破工程大都采用自卸汽车运输，重要的是作业场区内的运输道路修整问题，它直接影响到运输效率和工程成本。

运输道路分为固定线路、半固定线路和移动线路，移动线路又称临时线路，随着工作面的推进而逐段消失。不同使用年限和行车密度的道路要求按不同等级修筑，以求运输畅通且降低运输成本。

12.3.2.5 推土机

推土机是一种既能铲挖物料、又能推运和排弃物料的土石方工程机械，在石方工程中是必不可少的辅助设备，用于道路维护、钻孔机作业场地平整、在挖掘机工作面推运矿岩、排土场平整和局部土方弃运等。

按行走方式推土机分为履带式和轮胎式；按作业场地分为地面式、水下式和两栖式；按传动方式分为机械传动式、液压机械式、全液压式及电传动式；按发动机功率分为大型（发动机功率大于74kW）、中型（发动机功率在37～74kW之间）和小型（发动机功率小于37kW）。在土石方推移、平整直铲作业时，应考虑经济运距；对履带式推土机，小型的运距不宜超过50m；中型的运距在50～100m之间，最大运距不宜超过120m；大型的运距不宜超过150m。

## 12.4 爆破施工机械选型与配套

### 12.4.1 本节知识点及要求

本节知识点及要求包括：

（1）了解部分：爆破后序施工机械的选型、效率与数量计算方法。

（2）掌握部分：重点掌握选型配套原则与方法，熟练掌握常用钻孔机械选型、效率与数量计算的方法。

### 12.4.2 本节知识点表述

12.4.2.1 选型配套原则与方法

施工机械的配置应根据爆破施工场地、工程规模、作业环境、施工方式和工艺流程、工期等等因素综合确定。

（1）露天土石方爆破开挖的工艺流程和机械配置，参见《教材》第13.4.1.1小节内容；

（2）选型配套原则，参见《教材》第13.4.1.2小节内容。

12.4.2.2 主要施工机械生产效率及数量计算

A 手持（气腿）凿岩机效率及数量计算

（1）手持凿岩机的钻孔效率。常用7655型手持凿岩机的钻孔效率（以台班工作时间330min计），可参考《教材》表13-57中列出的数据，其他类型亦可参考这些数据略作调整。

（2）手持凿岩机数量：

1）浅孔台阶爆破所需凿岩机台数：

$$N_1 = Q/GV_b \tag{12-1}$$

式中 $N_1$——每班工作的凿岩机台数，台；

$Q$——每班平均爆破量，$m^3$；

$V_b$——凿岩机台班钻孔米数，m；

$G$——延米孔的爆破量，$m^3/m$，按设计参数计算，一般 $G=1.0\sim1.5m^3/m$。

2）二次破碎所需凿岩机台数：

$$N_2 = 0.5n/V_b \tag{12-2}$$

式中 $N_2$——二次破碎需要的凿岩机台数，台；

$n$——每班平均需要钻爆的大块数量，块；

$V_b$——凿岩机台班钻孔米数，m。

3）其他爆破工程所需凿岩机数量：

$$N_3 = L/V_b \tag{12-3}$$

式中 $N_3$——所需凿岩机台数，台；

$L$——每班需完成的钻孔长度，m；

$V_b$——凿岩机台班钻孔米数，m。

凿岩机总台数按下式确定：

$$N = \sum_{1}^{n} N_i \tag{12-4}$$

式中　$N$——凿岩机总台数，台；

$N_i$——各种用场凿岩机数量，台。

B　深孔爆破钻孔机械效率与数量计算

深孔爆破使用的钻机有牙轮钻、潜孔钻及各种露天凿岩台车。在选择钻机时，首先要确定钻孔直径，然后根据设计的每日矿岩总量、边坡处理钻孔数量来选择钻机型号和数量。

（1）钻机效率。了解影响钻机效率的主要因素，掌握常用钻机在不同孔径、岩石条件下的台班效率。

（2）钻机选型和台数的确定：

1）钻机选型。选择钻机应根据生产规模、岩石可钻性及可爆性、大块标准、管理水平等综合分析钻爆成本，在满足产量及质量要求的前提下，选择综合钻爆成本最低的钻机和钻孔直径。一个工地不宜选用多型号钻机，一般是矿山生产选用一种钻机，边坡处理选用一种钻机，剥离选用一种钻机，钻机数量不宜过少。

2）钻机数量的确定。钻机数量按下式计算：

$$N = \frac{Q}{qp(1-e)} \quad 或 \quad N = \frac{L}{p_1(1-e)} \tag{12-5}$$

式中　$N$——所需钻机数量，台；

$Q$——设计规模，t/a；

$p$——钻机年钻孔效率，m/a；

$q$——每米钻孔爆破量，t/m；

$e$——废孔率，%，与钻孔直径、工人操作技能有关，一般为3%～6%；

$p_1$——钻机台班效率，m/(台·班)；

$L$——每班需钻孔米数，m。

（3）装载机的使用条件及生产效率。了解装载机使用条件、生产率计算方法。

（4）单斗挖掘机的生产效率。了解挖掘机生产率确定方法及提高生产率的措施。

（5）汽车运输效率及数量计算。了解汽车台班运输能力、配置数量计算方法。

（6）推土机生产效率及数量计算。了解推移岩土时推土机台班生产能力、配置数量计算方法。

12.4.2.3　爆破施工机械配套实例

了解典型爆破工程施工机械配套方案，积累施工机械配套经验。

# 13 爆破安全技术和环境保护

## 13.1 爆破振动

### 13.1.1 本节知识点及要求

本节知识点及要求包括：

（1）了解部分：爆破振动波的产生与传播及衰减规律；地形条件对爆破振动波传播的影响。

（2）掌握部分：爆破振动波分类；爆破振动波衰减计算；爆破振动破坏判据与安全允许标准；爆破振动测量；降低爆破振动的技术措施。

### 13.1.2 本节知识点表述

13.1.2.1 爆破振动的产生及危害

（1）爆破振动的产生。炸药在岩土介质中爆炸时，大部分能量将岩体破碎、移动或抛掷，另一部分能量对周围的介质引起扰动，并以波动形式向外传播。

（2）爆破振动的危害。在工程爆破中，由爆破地震波引起的现象及后果称为爆破地震效应。工程爆破引起建（构）筑物的振动影响，主要表现在以下方面：

1）硐室爆破或深孔爆破对地面和地下建（构）筑物、保留岩体、设备等的影响；

2）城市、人口等稠密区进行的明挖、地下工程爆破以及拆除爆破对工业及民用建筑物、重要精密设施等的危害；

3）坝肩、深基坑、船闸、渠道等高边坡开挖爆破对边坡稳定及喷层、锚杆、锚索等的影响；

4）地下洞室群爆破对相邻隧道、廊道、厂房等稳定的影响。

13.1.2.2 爆破振动的传播规律

爆破地震波幅值通常用于表述振动强度，振动幅值指标有质点振动位移、振动速度、振动加速度，但主要以点振动速度计算爆破地震波的传播规律。

（1）爆破地震波的衰减规律。关于爆破振动衰减规律，很多国家都有计算公式，我国普遍采用的是萨道夫斯基公式。

$$v = K\left(\frac{\sqrt[3]{Q}}{R}\right)^{\alpha} \tag{13-1}$$

式（13-1）中的各符号意义，详见《教材》式（14-1）的式中符号说明。

（2）地形条件对爆破地震波传播的影响。当爆源处于低位时，如在高边坡底部爆破，爆破地震波的振动强度随着离地面垂直高差的增加而呈放大趋势；反之，则呈现缩小趋势。

#### 13.1.2.3　爆破振动安全允许标准和评价方法

爆破振动安全允许标准和评价方法表述如下。

A　爆破地震破坏判据的工程参数

选择作为爆破地震动破坏判据的最佳的物理量有3条标准：(1) 它是决定爆破地震破坏力的主要因素，与宏观烈度有着良好的相关性；(2) 它与药量和爆心距应有较好的相关性；(3) 它能用简单的仪器来测定。

可以作为爆破地震动的参数，有地面振动峰值（加速度峰值、速度峰值、位移峰值），地震反应谱的某种特征值如谱烈度，与爆破能量有关的函数等。目前，国内外在考虑爆破地震的破坏判据时，有的采用地面垂直最大振动速度、加速度、位移，有的采用能量比，这些物理量都能反映爆破振动对工程结构的破坏作用。但许多国家采用质点振动速度作为衡量爆破地震效应的标准。

B　爆破地震动对岩土及结构物的破坏判据

(1) 地面质点振动速度与岩土破坏状况的关系。我国科研单位通过试验或工程实践，得到了地面质点振动速度与岩土及地面结构物破坏状况的关系。

(2) 地面振动速度与地面建筑物破坏的关系，请参阅《教材》图4-1及表14-3、表14-4。

C　爆破振动安全允许标准

我国爆破安全规程规定，地面建筑物的爆破振动判据，采用保护对象所在地质点峰值振动速度和主振频率；水工隧道、交通隧道、矿山巷道、电站（厂房）中心控制室设备、新浇大体积混凝土的爆破振动判据，采用保护对象所在地质点峰值振动速度。

选定安全允许质点振速时，应结合具体建（构）筑物并认真分析其影响因素。

D　爆破振动测量

爆破振动监测系统一般包括三级，即传感器、中间适配放大器和记录存储分析处理仪器设备。为保证振动测试结果的可靠性和满足规定的精度要求，必须对传感器和测试系统在合格的计量设备上进行校准（或称标定）。

爆破振动测量包括爆破振动测试仪器的正确选用、测试方案及测点布置、爆破振动数据的处理。

(1) 爆破振动测试仪器的正确选用。应特别注意：仪器的频率响应、仪器的动态范围和爆破测振的特殊要求。

(2) 测试方案及测点布置。测试方案应依据爆破地震效应监测目的和要求来设计；测点布置要根据测试目的和要求进行。

(3) 爆破振动数据的处理。爆破地震波和结构爆破振动效应的测试结果是反映各种振动信息的曲线，即振动波形图。爆破地震波和结构动力响应信号都属于随机信号，在记录到的波形图上，它的频率、幅值都是随时间不规则变化的，信号分析和数据处理就是去伪存真的过程。

E　降低爆破振动的技术措施

降低爆破振动的5项技术措施包括：

(1) 采用毫秒延期爆破，限制一次爆破的最大用药量；

（2）采用预裂爆破或开挖减振沟槽；

（3）在爆破设计中可采取的技术措施：选择最小抵抗线方向，增加布药的分散性和临空面；

（4）采用低爆速、低密度的炸药或选择合理的装药结构；

（5）进行爆破振动监测。

## 13.2 塌落振动

### 13.2.1 本节知识点及要求

本节知识点及要求包括：

（1）了解部分：塌落振动产生的原因、危害，塌落振动传播规律；

（2）掌握部分：塌落振动速度计算、塌落振动安全允许标准和评价方法、降低塌落振动的技术措施。

### 13.2.2 本节知识点表述

A 建筑物塌落振动的产生及危害

拆除爆破工程实践表明，建筑物拆除时塌落振动往往比爆破振动大。如何控制塌落振动，特别是高大建筑物拆除的塌落振动，是实现爆破安全的一个重要问题。

B 塌落振动的传播规律及振动速度计算

建筑物爆破拆除塌落造成地面的振动的物理过程是：建筑物所在高度具有的重力势能转变成构件的下落运动或是转动，下落冲击地面造成构件和地面破坏，转变成破坏能；剩余能量在地面传播造成了周围地面的振动。塌落造成的地面振动的大小与其具有的重力势能相关，即与下落构件的质量和所在的高度有关，随传播的距离增加而衰减。

C 塌落振动的安全控制标准和评价方法

国家标准《爆破安全规程》明确规定了不同类型建（构）筑物和其他保护对象的振动控制标准。建（构）筑物拆除时，爆破振动频率较高，塌落振动波频率较低。因此，应针对不同保护对象的安全允许标准，进行安全控制和安全评价。

D 拆除爆破降低塌落振动的技术措施

拆除爆破降低塌落振动的技术措施有：（1）分段分层折叠爆破；（2）地面开挖沟槽或铺垫缓冲材料；（3）开挖隔震沟。

## 13.3 爆破空气冲击波及噪声

### 13.3.1 本节知识点及要求

本节知识点及要求包括：

（1）了解部分：空气冲击波及噪声的产生原因、空气冲击波及噪声的测量；

（2）掌握部分：空气冲击波及噪声的危害、空气冲击波及噪声的评价标准、降低爆破空气冲击波及噪声的技术措施。

## 13.3.2　本节知识点表述

### 13.3.2.1　爆破空气冲击波的产生和传播

A　爆破空气冲击波产生的原因

工程爆破产生空气冲击波的主要原因有：

（1）裸露在地面上的炸药、导爆索等的爆炸；

（2）炮孔填塞长度不够，填塞质量不好，炸药爆炸高温高压气体从孔口冲出；

（3）局部抵抗线太小，沿该方向冲出高温高压气体；

（4）多孔起爆时，由于起爆顺序控制不合理，导致部分炮孔的抵抗线变小；

（5）在断层、夹层、破碎带等弱面部位高温高压气体冲出；

（6）大型硐室抛掷爆破时，鼓包破裂后冲出的气浪，以及在河谷地区大爆破气浪形成"活塞状"压缩空气。

装药量、炸药性质、岩体性质及构造、炸药与介质匹配关系、填塞状态、爆破方式、起爆方法等是影响空气冲击波强度的主要因素。另外气候条件，如风向、风速等也会影响爆破空气冲击波的强度。

B　爆破空气冲击波的危害

一般而言，当保护物与爆心有一定距离时，冲击波对其破坏的程度，由保护物本身的自振周期 $T$ 与正压区作用时间 $t$ 来确定。当 $t \ll T$ 时，对保护物的破坏作用主要取决于冲量 $I$；反之，当 $t \gg T$ 时，保护物的破坏则主要取决于冲击波超压峰值 $\Delta P_m$。

C　爆破噪声产生的原因

爆破噪声是炸药在岩土介质中爆炸后在一定体积内瞬间产生大量高温高压的气体产物并以超声速向周围膨胀，在离爆源较近的地方，空气中产生的波动表现为冲击波；在离爆源较远的某一距离的地方，就衰减成以声波形式传播。国外学者认为空气冲击波压力降至180dB以下时才可以称为爆破噪声。

D　爆破噪声的危害

爆破噪声会危害人体健康，使人产生不愉快的感觉，并使听力减弱；频繁的噪声更使人的交感神经紧张，心脏跳动加快，血压升高，并引起大脑皮层负面变化，影响睡眠和激素分泌；当爆破脉冲噪声峰压级较高时，会使耳膜破裂，使常人造成爆振性耳聋。

### 13.3.2.2　爆破空气冲击波及噪声的测量

（1）空气冲击波的测量。空气冲击波是以毫巴为单位的一种超压，对建筑物及人体有较大的危害。爆炸冲击压力的测量，一般多采用爆压测量仪。

（2）爆破噪声的计量与测量。测量爆破噪声常用的是扩音器与噪声计组合测量，测量结果用电子示波器记录，或先用磁带录音机和数据记录器录音然后重新播放录音进行测定。

### 13.3.2.3　爆破空气冲击波及噪声的评价标准

（1）爆破空气冲击波的评价标准。空气冲击波达到一定值后，会对周围人员、建筑物或设备造成破坏。工程爆破中，一般都是根据爆心与建筑物或设备的距离及它们的抗冲击波性能确定一次爆破的最大药量。一次爆破药量不能减少时，则需要设法降低冲击波的超压值，或对保护对象采取防护措施。

空气冲击波对人和建筑物的危害程度与冲击波超压、比冲量、作用时间和建筑物固有周期有关。

(2) 噪声的爆破安全评价标准。在工程爆破作业中，目前国际上尚无统一的爆破噪声规范，我国针对不同保护对象，制订了爆破作业噪声的控制标准。

13.3.2.4 降低爆破空气冲击波及噪声的技术措施

具体技术措施如下：

(1) 空气冲击波的防护措施：

1) 采用毫秒延期爆破技术；

2) 严格按设计抵抗线施工；

3) 裸露地面的导爆索用砂、土掩盖；

4) 对岩体的地质弱面给以补强来扼制冲击波的产生渠道；

5) 控制爆破方向及合理选择爆破时间；

6) 注意爆破作业时的气候、天气条件；

7) 预设阻波墙。

(2) 爆破噪声的控制方法：

爆破噪声可以从声源、传播途径和接受者 3 个基本环节进行控制。

## 13.4 爆破水中冲击波

### 13.4.1 本节知识点及要求

本节知识点及要求包括：

(1) 了解部分：水中冲击波的产生与危害、水中冲击波的测试；

(2) 掌握部分：水中空气冲击波的安全允许标准和评价方法。

### 13.4.2 本节知识点表述

13.4.2.1 爆破水中冲击波的产生和危害

A 爆破水中冲击波的产生

装药在无限和静止的水中爆炸时，爆炸产物高速向外膨胀，首先在水中形成冲击波。水中初始冲击波压力比空气中的初始冲击波压力要大得多，随着水中冲击波的传播，其波阵面压力和速度下降很快，且波形不断拉宽。此外，水中冲击波的正压作用时间随着距离加大而逐渐增加，但比同距离同药量空气冲击波的正压作用时间要小许多。

当冲击波在水面发生反射时，根据水面处入射波与反射波相互作用之后压力接近于零的边界条件，反射波应为拉伸波。由于水几乎没有抗拉能力，因此在拉伸波的作用下，表面处水的质点向上飞溅，形成一个特有的飞溅水冢。此后，当爆炸产物形成的水泡到达水面时，又出现了与爆炸产物混在一起的飞溅水柱。但当装药在足够深的水中爆炸时，气泡到达水面以前就因脉动而被分散和溶解，爆炸产物的能量已耗尽，这时水面上就没有喷泉出现。

在有水底存在时，水中爆炸如同装药在地面爆炸一样，将使水中冲击波的压力增高。对于绝对刚性的水底，相当于两倍装药量的爆炸作用。实际上水底不可能完全是绝对刚体，它也要吸收一部分能量。实验表明，对于砂质黏土的水底，冲击波压力增加约 10%，冲量增加23%。

B　爆破水中冲击波对环境的影响

炸药在水中爆炸时，对水中建筑物和船只的破坏作用以及对水中生物的损伤作用，主要是由爆炸后形成的冲击波、气泡脉动和二次压力波的作用造成的。对于各种猛炸药在水中爆炸时，大约有一半以上的能量转化为水中冲击波。因此在多数情况下，冲击波的破坏作用起着决定性的作用。如果药包放在水底（水中接触爆炸），此时除了爆炸的直接作用外，还有水中冲击波，气泡脉动和二次压力波对目标物的破坏作用。

如果炸药悬挂于水中（水中非接触爆炸），按其对目标物的破坏作用，大致可以分为两种情况：一种是近距离，即装药与目标物的距离小于气泡的最大半径，冲击波、气泡和二次压力波三者都作用于目标；另一种是较远距离，即装药与目标物的距离大于气泡的最大半径，目标物主要是受到水中冲击波的破坏作用。

13.4.2.2　爆破水中冲击波的测试系统

通常，水下爆破冲击波测试系统一般应具备以下技术指标：

（1）测试系统的频响不仅要在冲击波压力的频率成分所确定的频带内，频幅特性是平坦的，而且其相频特性也须在该频带内不发生相畸变，即相位滞后为零或随频率而呈线性变化；

（2）必须能线性地传递很大的冲击信号，并有一个较宽的动态范围；

（3）输出的零点飘移要小，受冲击振动环境影响很小，而且便于将记录信号作数学处理。

13.4.2.3　爆破水中冲击波的安全允许标准和评价方法

国家标准《爆破安全规程》（GB 6722—2014）中，规定了水下爆破产生冲击波的安全距离允许标准。

13.4.2.4　爆破水中冲击波的控制与防护

为了控制水下冲击波及超压，应尽可能减少每次爆破的装药量，并采用延时爆破以保证爆破效果。在爆源以外的任意地点控制水下冲击波及超压的方法即采用气泡帷幕。

## 13.5　爆破个别飞散物

### 13.5.1　本节知识点及要求

本节知识点及要求包括：

（1）了解部分：个别飞散物产生的原因；

（2）掌握部分：个别飞散物的概念、个别飞散物的飞散距离与安全允许距离、个别飞散物的防护措施。

### 13.5.2　本节知识点表述

13.5.2.1　爆破个别飞散物产生的原因

爆破个别飞散物是指爆破时个别或少量脱离爆堆、飞得较远的石块或碎块（混凝土块、砖块等）。爆破个别飞散物往往是造成人员伤亡、建筑物和仪器设备等损坏的主要原因。爆破个别飞散物产生的原因有：

（1）地下岩石结构复杂，既有整体性较好的脆性岩石，也有风化程度各异的岩石，还有夹土岩层；

（2）在装药过程中，装入过多炸药，势必使得该孔的最小抵抗线相对减小，必然在该方向出现飞石；

（3）由于单位炸药消耗量偏大，当岩石破碎后剩余的爆炸能量就会使破碎的介质获得动能产生抛掷，出现飞石；

（4）填塞长度偏小、填塞质量不好或填塞材料中夹有硬物，易沿炮孔方向产生飞石；

（5）设计的孔网参数与具体条件不吻合，不按要求施工，炮孔偏斜等人为因素造成；

（6）防护措施不当，在拆除爆破、城镇石方爆破或重要建筑物附近爆破时，因防护力度不够或措施不当，就难以避免个别石块的飞出；

（7）炮孔起爆延期不合理，先爆药包改变后爆药包抵抗线大小而造成飞石。

13.5.2.2　爆破个别飞散物安全允许距离及防护措施

（1）爆破个别飞散物的安全允许距离。国家标准《爆破安全规程》中规定了对人员的安全允许距离，通过工程实践，总结了爆破个别飞石的安全距离经验计算公式。

（2）爆破个别飞散物的防护措施。爆破个别飞散物的主要防护措施：

1）合理确定临空面，合理选定抵抗线方向，使被保护对象避开飞石主方向；

2）合理的装药结构、爆破参数和排间起爆时间；

3）做好特殊地形地质条件的处理；

4）确保填塞质量；

5）覆盖防飞石。

## 13.6　爆破粉尘

### 13.6.1　本节知识点及要求

本节知识点及要求包括：

（1）了解部分：爆破粉尘的产生、特点及测量；

（2）掌握部分：降低露天爆破粉尘的主要技术措施。

### 13.6.2　本节知识点表述

13.6.2.1　爆破粉尘的产生与特点

（1）爆破粉尘的产生：露天爆破的粉尘主要来源于穿孔爆破、装运和已沉降在爆区地面的粉尘。

（2）爆破粉尘的特点：1）浓度高；2）扩散速度快、分布范围广；3）滞留时间长；4）爆破粉尘具有颗粒小、质量轻的特点；5）吸湿性一般较好。

13.6.2.2　爆破粉尘的测量

常用的粉尘测量仪有：（1）FCC-25 型防爆粉尘采样器；（2）光散射法测尘仪器；（3）其他仪器等。

13.6.2.3　降低露天爆破粉尘的主要技术措施

降低露天爆破粉尘的主要技术措施为：

（1）均匀布孔，控制单耗药量、单孔药量与一次起爆药量，提高炸药能量有效利用率；

（2）用毫秒延期爆破技术；
（3）选择与岩石波阻抗相匹配的炸药；
（4）采用水封爆破进行填塞；
（5）爆前喷雾洒水。

## 13.7 爆破有害气体

### 13.7.1 本节知识点及要求

本节知识点及要求包括：
（1）了解部分：爆破有害气体的产生与测量方法；
（2）掌握部分：爆破有害气体的危害、降低爆破有害气体的技术措施。

### 13.7.2 本节知识点表述

A 爆破有害气体的产生及危害

炸药爆炸时产生的有害气体主要与炸药的氧平衡有关，还与药包加工质量、使用条件、作业环境有关。常见的有害气体为：一氧化碳（CO）、氮的氧化物（$N_nO_m$）、硫化物等。

B 爆破有害气体的测量方法

（1）仪器法；（2）气体传感器法；（3）化学检测法。

C 降低爆破有害气体的技术措施

降低有害气体的危害程度的措施：（1）选定炸药合理配方；（2）增大起爆能；（3）选定合理装药形式；（4）加强通风与洒水。

## 13.8 爆破对生态环境的保护

### 13.8.1 本节知识点及要求

本节知识点及要求包括：
（1）了解部分：爆破对生态环境的影响、爆破对岩体破坏范围的划分与观测；
（2）掌握部分：水中爆破对鱼类影响，爆破对岩体破坏范围的计算，爆破对岩体破坏范围的措施。

### 13.8.2 本节知识点表述

为减少爆破对生态和环境的破坏和影响，在进行爆破施工时，应考虑以下几个方面的问题：
（1）爆破与水土保持；
（2）水中爆破对生态的保护；
（3）爆破对岩体的破坏等（详见《教材》第721~722页内容）。

## 13.9 爆破事故的预防和处理

### 13.9.1 本节知识点及要求

本节知识点及要求包括：

（1）了解部分：工程设计中应注意的问题、如何预防爆破事故；

（2）掌握部分：工程施工中应注意的问题、如何加强安全管理、产生拒爆的原因与拒爆的处理、早爆及预防。

### 13.9.2　本节知识点表述

A　工程设计中应注意的问题

预防爆破事故的措施可以概括为：“精心设计是基础，严谨施工是关键，安全管理是保证”。进行爆破工程设计时应注意以下几个问题：

（1）调查掌握实施爆破的客观条件；

（2）周密设计，合理布药，优化爆破方案和爆破参数；

（3）确定保护对象安全判据，限定一次齐爆药量；

（4）分散释放全部能量，实施分段延期起爆，确保准爆；

（5）预估可能出现的爆破事故，提出处理预案。

B　工程施工中应注意的问题

工程施工中应注意的问题是：

（1）设计人员到现场；

（2）建立、健全各项规章制度；

（3）检查验收，确保关键工序的施工质量；

（4）保障合格器材，留有备用；

（5）防护措施；

（6）布设警戒，严禁无关人员进入现场；

（7）爆后安全检查，消除隐患。

C　加强安全管理

加强安全管理主要包括：（1）加强人员的管理；（2）加强物的管理；（3）建立质量保证体系。

D　拒爆及处理

拒爆、半爆、爆轰不完全，不仅影响爆破效果，而且会造成不安全因素。对此，对拒爆和半爆药包应及时妥善处理。

产生拒爆的原因：（1）由于炸药因素造成的拒爆；（2）由于起爆网路和方法操作不当引起的拒爆。

拒爆的处理详见《教材》第721～722页内容。

E　早爆及预防

在电爆网路的设计和施工中，既要保证网路安全准爆，又必须防止在正式起爆前网路的早爆。引起早爆的原因很多，在电爆网路敷设过程中，引起电爆网路早爆的主要因素是爆区周围的外来电场、不正确的使用电爆网路的测试仪表与起爆电源及雷管的质量问题等，详见《教材》第722～727页内容。

# 14　爆破工程安全管理

## 14.1　爆破工程分级管理

### 14.1.1　本节知识点及要求

本节知识点及要求包括：

（1）了解部分：爆破工程分级的目的；

（2）掌握部分：爆破作业分级管理原则、爆破作业单位分类及条件。

### 14.1.2　本节知识点表述

14.1.2.1　爆破工程分级管理的必要性

近十几年来，我国露天爆破向大型机械化、智能化方向发展，拆除爆破环境复杂程度加大，拆除结构多变，特种爆破产业化进程加快，爆炸复合技术不断提高。为了加强对爆破作业的安全管理，规范爆破作业许可行为，应进一步完善爆破作业分级管理办法。

14.1.2.2　爆破工程分级

（1）爆破作业范围。分成岩土爆破、拆除爆破、特种爆破3类。爆破工程按工程类别、一次爆破总药量、爆破环境复杂程度和爆破物特征，分A、B、C、D四个级别，实行分级管理。

（2）B级、C级、D级一般岩土爆破工程，遇下列情况应相应提高一个工程级别：

1）距爆区1000m范围内，有国家一、二级文物或特别重要的建（构）筑物、设施；

2）距爆区500m范围内，有国家三级文物、风景名胜区、重要的建（构）筑物、设施；

3）距爆区300m范围内，有省级文物、医院、学校、居民楼、办公楼等重要保护对象。

（3）B级、C级、D级拆除爆破及城镇浅孔爆破工程，遇下列情况应相应提高一个工程级别：

1）距爆破拆除物或爆区5m范围内，有相邻建（构）筑物或需重点保护的地表、地下管线；

2）爆破拆除物倒塌方向安全长度不够，需用折叠爆破时；

3）爆破拆除物或爆区处于闹市区、风景名胜区时。

（4）矿山内部且对外部环境无安全危害的爆破工程不实行分级管理。

14.1.2.3　爆破作业单位管理

（1）爆破作业单位分类。爆破作业单位分为非营业性爆破作业单位和营业性爆破作业单位两类。

非营业性爆破作业单位是指仅为本单位合法的生产活动需要在固定区域内自行实施爆破作业的单位。

营业性爆破作业单位是指具有独立法人资格，承接爆破作业设计施工、安全评估、安全监理项目的单位。

（2）爆破作业单位基本要求：

1）从事的爆破作业属于合法的生产活动；

2）有健全的安全管理制度和岗位安全责任制度；

3）设置技术负责人、项目技术负责人、爆破员、安全员和保管员等岗位，并配备相应人员。

（3）特别要求。有关非营业性爆破作业单位和营业性爆破作业单位应当具备的条件，可参见《爆破作业单位资质条件和管理要求》（GA 990—2012）的规定。

（4）营业性爆破作业单位的分级。按照申请单位的注册资本、净资产、爆破施工机械、检测及测量设备的净值；承担过爆破作业项目的级别和数量；具有理学、工学学科范围技术职称的技术负责人从业经历和业绩；具有理学、工学学科范围技术职称的工程技术人员数量、爆破作业人员数量等条件。营业性爆破作业单位资质等级分为：一级、二级、三级和四级。详细条件可参见《爆破作业单位资质条件和管理要求》（GA 990—2012）的规定。

## 14.2 爆破工程设计文件

### 14.2.1 本节知识点及要求

本节知识点及要求包括：

（1）了解部分：爆破工程设计文件的种类；

（2）掌握部分：爆破技术设计文件的基本要求，爆破技术设计依据、基本内容。

### 14.2.2 本节知识点表述

#### 14.2.2.1 爆破工程设计文件

爆破工程均应编制爆破技术设计文件，爆破技术设计分说明书和图纸两部分。矿山深孔爆破和其他重复性爆破设计，允许采用标准技术设计。

合格的爆破设计应符合下列条件：

（1）设计单位的资质符合规定；

（2）承担设计和安全评估的主要爆破工程技术人员的资格及数量符合规定；

（3）设计文件通过安全评估或设计审查认为爆破设计在技术上可行、安全上可靠。

复杂环境爆破技术设计应制定应对复杂环境的方法、措施及应急预案。

设计施工由同一爆破作业单位承担的爆破工程，允许将施工组织设计与爆破技术设计合并。

#### 14.2.2.2 爆破技术设计依据和内容

A 设计依据

爆破技术设计依据包括：

（1）国家有关法律法规；

（2）工程项目审批文件，单位上级部门的批准文件；

（3）合同书、招投标文件及业主提出的其他书面要求文件；

（4）与工程项目有关的技术资料，包括：地形图、环境图、地质报告，建筑物的设计图及说明书，试验资料等；

（5）预算定额；

（6）现场调研报告。

B　勘测任务书应当包括的内容

（1）爆破对象的形态，包括爆区地形图，建（构）筑物的设计文件、图纸及现场实测、复核资料；

（2）爆破对象的结构与性质，包括爆区地质图，建（构）筑物配筋图；

（3）影响爆破效果的爆体缺陷，包括大型地质构造和建（构）筑物受损状况；

（4）爆破有害效应影响区域内保护物的分布图；

（5）设计人员现场踏勘调查后形成的报告书，试验工程总结报告，当地类似工程的总结报告以及现场试验、检测报告。

C　技术设计内容

爆破技术设计分说明书和图纸两部分，应包括以下内容：

（1）工程概况，即爆破对象、爆破环境概述及相关图纸，爆破工程的质量、工期、安全要求；

（2）爆破技术方案，即方案比较、选定方案的钻爆参数及相关图纸；

（3）起爆网路设计及起爆网路图；

（4）安全设计及防护、警戒图。

## 14.3　爆破工程安全评估和审批

### 14.3.1　本节知识点及要求

本节知识点及要求包括：

（1）了解部分：爆破安全评估的目的及其实施步骤；

（2）掌握部分：爆破安全评估内容、评估单位及人员资质要求。

### 14.3.2　本节知识点表述

14.3.2.1　爆破安全评估的目的

安全评估工作是审查爆破作业单位和人员的资质条件，评审和优化爆破设计方案，为审批部门把好技术关和安全关，其目的是为了提高爆破工程安全的可靠性。

14.3.2.2　需要进行安全评估的工程

（1）在城市、名胜风景区和重要工程设施附近实施的爆破作业；

（2）需经公安机关审批的爆破作业项目。

14.3.2.3　爆破安全评估的单位与评估人员资质

（1）评估单位从业资格：

1）一级资质的营业性爆破作业单位，可以承接各等级爆破作业项目的安全评估；

2）二级资质的营业性爆破作业单位，可以承接B级及以下爆破作业项目的安全评估。

（2）评估人员从业资格：

1）评估人员必须是持有《爆破工程技术人员安全作业证》的爆破工程技术人员；

2）A、B级爆破工程的安全评估，应至少有两名具有相应作业级别和作业范围的持证爆破工程技术人员参加；环境十分复杂的重大爆破工程应邀请专家咨询，并在专家组咨询意见的基础上，编写爆破安全评估报告。

#### 14.3.2.4　爆破安全评估的内容

爆破安全评估应掌握和表述的内容如下：

（1）爆破作业单位的资质是否符合规定；

（2）爆破作业项目的等级是否符合规定；

（3）设计所依据的资料是否完整；

（4）设计方法、设计参数是否合理；

（5）起爆网路是否可靠；

（6）设计选择方案是否可行；

（7）存在的有害效应及可能影响的范围是否全面；

（8）保证工程环境安全的措施是否可行；

（9）制定的应急预案是否适当。

#### 14.3.2.5　爆破安全评估的依据

爆破安全评估的依据包括：

（1）国家、地方及行业相关法规和设计标准；

（2）安全评估单位与委托单位签订的安全评估合同；

（3）设计文件及设计施工单位主要人员资格材料；

（4）安全评估人员现场踏勘收集的资料。

#### 14.3.2.6　爆破安全评估的实施

爆破安全评估的实施步骤为：

受理→材料初审→实地考察→审核确认→出具报告

（1）安全评估报告的内容。爆破安全评估报告内容应该翔实，结论应当明确。

（2）安全评估的法律责任。从事安全评估的爆破作业单位，应当按照有关法律、法规和标准规定实施爆破安全评估，并承担相应的法律责任。可参见《民用爆炸物品安全管理条例》。

（3）安全评估的权威性：

1）需经公安机关审批的爆破作业项目，提交申请前，应由具有相应资质的爆破作业单位进行安全评估；

2）经安全评估通过的爆破设计，施工时不得任意更改。经安全评估否定的爆破技术设计文件，应重新编写，重新评估。施工中如发现实际情况与评估时提交的资料不符，需修改原设计文件时，对重大修改部分应重新上报评估。

#### 14.3.2.7　爆破工程审批

（1）报审材料。

报审材料的具体内容包括：

1）设计施工、安全评估、安全监理单位持有的《爆破作业单位许可证》、工商营业执照及其复印件；

2）设计施工单位与委托单位签订的爆破作业合同；

3）安全评估单位与委托单位签订的安全评估合同；

4）安全监理单位与委托单位签订的安全监理合同；

5）安全评估单位出具的爆破设计、施工方案的安全评估报告。

（2）审批权限。根据《民用爆炸物品安全管理条例》第三十五条的规定：在城市、风景名胜区和重要工程设施附近实施爆破作业的，应当向爆破作业所在地设区的市级人民政府公安机关提出申请，提交《爆破作业单位许可证》和具有相应资质的安全评估企业出具的爆破设计、施工方案评估报告。受理申请的公安机关应当自受理申请之日起 20 日内对提交的有关材料进行审查，对符合条件的，作出批准的决定；对不符合条件的，作出不予批准的决定，并书面向申请人说明理由。

14.3.2.8　设计修改

（1）按安全评估意见修改。

（2）按现场变化的实际情况修改。

## 14.4　爆破施工方案与施工环境

### 14.4.1　本节知识点及要求

本节知识点及要求包括：

（1）了解部分：爆破施工组织设计、爆破施工环境及爆破现场管理的重要性；

（2）掌握部分：掌握爆破施工组织设计内容、爆破警戒与信号的基本规定，熟练掌握爆破作业环境的一般规定。

### 14.4.2　本节知识点表述

14.4.2.1　施工方案的编制

施工组织设计由施工单位编写，编写负责人所持爆破工程技术人员安全作业证的等级和作业范围应与施工工程相符合。设计施工由同一爆破作业单位承担的爆破工程，允许将施工组织设计与爆破技术设计合并。爆破工程施工组织设计内容：

（1）施工组织机构及职责；

（2）施工准备工作及施工平面布置图；

（3）施工人、材、机的安排及安全、进度、质量保证措施；

（4）爆破器材管理、使用安全保障；

（5）文明施工、环境保护、预防事故的措施及应急预案。

施工方案是施工组织设计中最重要的内容，它包括施工方法的确定、施工机具的选择、施工顺序的安排。

14.4.2.2　施工进度计划的编制

施工进度计划是控制各项施工活动的依据，是施工管理的重要指标。应了解施工进度计划编制的依据与步骤。

14.4.2.3 施工平面图的设计

施工平面图是对施工道路、设备维修、仓库、生产设施等的科学规划与设计表达。爆破工程的施工场地规划除了应考虑自然灾害（水流、塌方、泥石流等）防范外，还应考虑爆破产生的个别飞石、烟尘、振动对周围环境的影响，避免可能造成的危害。应了解施工平面图设计的依据、原则、步骤与内容。

14.4.2.4 爆破作业的环境要求

A 爆破作业环境及分类

（1）定义：爆破作业环境泛指爆破区及爆破区周围的自然条件、环境状况，以及它们对爆破安全的影响。

爆破区的自然条件指爆破区所处的自然状态。如土石方爆破中爆破区的地形地质特点、岩体稳定情况等；地下爆破中爆破区的有害气体浓度、温度、湿度及亮度、通风、水流等情况。

爆破区周围的自然条件指爆破作业时的天气条件、水文条件及爆破区周围的地形、地质状况。包括爆破区周围地质构造、边坡、滑坡体、滚石以及水文地质、溶洞、采空区的情况等。

爆破区和爆破区周围的环境状况指爆破区和邻近区域的水、电、气和通讯管线路的位置、埋深、材质和重要程度；邻近爆破区的建（构）筑物（如居民楼、办公楼、厂房、堤坝等）、交通道路、设备仪表或其他设施的位置、重要程度和对爆破的安全要求。

爆破作业环境还包括爆破区附近有无危及爆破安全的电磁波发射源、射频电源及其他产生杂散电流等不安全因素。

因为爆破作业要在爆破区中进行，爆破器材要在爆破区中使用，在不安全的环境中进行作业，将直接危及施工作业人员和周围人员的安全。在爆破设计和施工作业中，根据爆破区和爆破区周围的自然条件和环境状况，利用对爆破有利的条件，规避或改善对爆破不利的条件，对危及爆破安全和爆破可能危及他们的安全的自然条件和环境状况采取必要的安全防范措施，是保证爆破作业顺利实施所必须认真考虑的。

（2）爆破作业环境的分类。爆破作业环境包括3种情况：

1）环境十分复杂。指爆破可能危及国家一、二级文物、极重要设施、极精密贵重仪器及重要建（构）筑物等保护对象的安全；在城镇闹市区进行拆除爆破或岩土爆破，周围商铺密布、人口稠密、交通繁忙，而且爆破产生的社会影响大，通常也称为环境十分复杂。

2）环境复杂。指爆破可能危及国家三级文物、省级文物、居民楼、办公楼、厂房等保护对象的安全。

3）环境不复杂。指爆破仅可能危及个别房屋、设施等保护对象的安全。

爆破前应对爆破区周围的自然条件和环境状况进行调查，认定爆破作业环境的等级，并根据不同等级的作业环境，采取与该等级相符的安全防范措施。

B 爆破作业环境的基本规定

（1）爆破作业环境的一般规定：

1）爆破前应对爆区周围的自然条件和环境状况进行调查，了解危及安全的不利环境因素，并采取必要的安全防范措施。

2）爆破作业场所有下列情形之一时，不应进行爆破作业：

①距工作面20m以内的风流中瓦斯含量达到1%或有瓦斯突出征兆的；

②爆破会造成巷道涌水、堤坝漏水、河床严重阻塞、泉水变迁的；

③岩体有冒顶或边坡滑落危险的；

④硐室、炮孔温度异常的；

⑤地下爆破作业区的有害气体浓度超过《爆破安全规程》（GB 6722—2014）规定的；

⑥爆破可能危及建（构）筑物、公共设施或人员的安全而无有效防护措施的；

⑦作业通道不安全或堵塞的；

⑧支护规格与支护说明书的规定不符或工作面支护损坏的；

⑨危险区边界未设警戒的；

⑩光线不足且无照明或照明不符合规定的；

⑪未按本标准的要求做好准备工作的。

3）露天和水下爆破装药前，应与当地气象、水文部门联系，及时掌握气象、水文资料，遇以下恶劣气候和水文情况时，应停止爆破作业，所有人员应立即撤到安全地点：

①热带风暴或台风即将来临时；

②雷电、暴雨雪来临时；

③大雾天或沙尘暴，能见度不超过100m时；

④现场风力超过8级、浪高大于1.0m时或水位暴涨暴落时。

4）应急抢险爆破可以不受本标准的限制，但应采取安全保障措施并经应急抢险领导人批准。

5）在有关法规不允许进行常规爆破作业的场合，但又必须进行爆破时，应先与有关部门协调一致，作好安全防护，制订应急预案。

6）采用电爆网路时，应对高压电、射频电等进行调查，对杂散电流进行测试；发现存在危险，应立即采取预防或排除措施。

7）浅孔爆破应采用湿式凿岩，深孔爆破凿岩机应配收尘设备；在残孔附近钻孔时应避免凿穿残留炮孔，在任何情况下均不许钻残孔。

（2）在高温环境中进行爆破作业的一般规定：

1）高温爆破作业人员应经过专门培训，且形成固定搭配。

2）高温爆破温度低于80℃时，应选用耐高温爆破器材或隔热防护措施，温度超过80℃时，必须对爆破器材采取隔热防护措施。

3）装药前应测定工作面与孔内温度，掌握孔温变化规律；温度计应进行标定，确保测温准确。

4）高温爆破作业面附近的非爆破工作人员，应在装药前全部撤离。

5）装药时，应按从低温孔到高温孔的顺序装药；在既有高温孔又有常温孔的爆区，应先把常温孔装填好之后，再实施高温孔装药。

6）装药时，应根据孔温限定装药至起爆的时间，并做好人员应急撤离方案，在限定时间内所有人员撤离到安全地点。

7）装药时，应安排专人监督，发现炮孔逸出棕色浓烟等异常现象时，应迅速组织撤离。

对高温岩石爆破、高温高硫矿山爆破、热凝结物爆破的规定，可参见《爆破安全规程》（GB 6722—2014）的相关规定。

#### 14.4.2.5　爆破施工现场管理

在爆破工程中，装药、填塞和起爆网路连接是施爆阶段中的关键作业，直接影响施爆阶段的安全和整个爆破工程能否取得预期的安全和质量效果。在进行装药作业前，应由爆破技术人员进行技术交底；参加作业的爆破员应清楚和熟悉装药方式、装药结构和装药量，由有同类爆破施工经验的爆破员或爆破技术人员制作起爆体或起爆药包，同时安排人员做好装药的原始记录。在进行装药作业时，爆破技术人员必须在现场负责指导和监督。

A　装药

装药的一般规定以及人工装药、机械化装药、压气装药孔底起爆、现场混装炸药车装药、大量深孔爆破中的预装药规定可参见《爆破安全规程》（GB 6722—2014）的相关规定。

B　填塞

填塞是保证爆破成功的重要环节之一，有关填塞的规定可参见《爆破安全规程》的相关规定。

C　爆破警戒与信号

为确保爆破安全，在实施爆破前，必须制定安全警戒方案，做好安全警戒工作。有关警戒的规定可参见《爆破安全规程》的相关规定。警戒信号有：

（1）预警信号。该信号发出后爆破警戒范围内开始清场工作。

（2）起爆信号。起爆信号应在确认人员全部撤离爆破警戒区，所有警戒人员到位，具备安全起爆条件时发出。起爆信号发出后现场指挥应再次确认达到安全起爆条件，然后下令起爆。

（3）解除信号。安全等待时间过后，检查人员进入爆破警戒范围内检查、确认安全后，报请现场指挥同意，方可发出解除警戒信号。在此之前，岗哨不得撤离，不允许非检查人员进入爆破警戒范围。

各类信号均应使爆破警戒区域及附近人员能清楚地听到或看到。

D　爆后检查

（1）爆后检查等待时间。

1）露天浅孔、深孔、特种爆破，爆后应超过5min方准许检查人员进入爆破作业地点；如不能确认有无盲炮，应经15min后才能进入爆区检查；

2）露天爆破经检查确认爆破点安全后，经当班爆破班长同意，方准许作业人员进入爆区；

3）地下工程爆破后，经通风除尘排烟确认井下空气合格、等待时间超过15min后，方准许检查人员进入爆破作业地点；

4）拆除爆破，应等待倒塌建（构）筑物和保留建筑物稳定之后，方准许人员进入现场检查；

5）硐室爆破、水下深孔爆破及本标准未规定的其他爆破作业，爆后检查的等待时间由设计确定。

（2）爆后检查内容。

1）确认有无盲炮；

2）露天爆破爆堆是否稳定，有无危坡、危石、危墙、危房及未炸倒建（构）筑物；

3）地下爆破有无瓦斯及地下水突出、有无冒顶、危岩，支撑是否破坏，有害气体是否排除；

4）在爆破警戒区内公用设施及重点保护建（构）筑物安全情况。

（3）检查人员。

1）A、B 级及复杂环境的爆破工程，爆后检查工作应由现场技术负责人、起爆组长和有经验的爆破员、安全员组成检查小组实施；

2）其他爆破工程的爆后检查工作由安全员、爆破员共同实施。

（4）检查发现问题的处置。

1）检查人员发现盲炮或怀疑盲炮，应向爆破负责人报告后组织进一步检查和处理；发现其他不安全因素应及时排查处理；在上述情况下，不得发出解除警戒信号，经现场指挥同意，可缩小警戒范围。

2）发现残余爆破器材应收集上缴，集中销毁。

3）发现爆破作业对周边建（构）筑物、公用设施造成安全威胁时，应及时组织抢险、治理，排除安全隐患。

4）对影响范围不大的险情，可以进行局部封锁处理，解除爆破警戒。

14.4.2.6　爆破器材的安全管理

各类炸药、雷管、导爆索、导爆管系统、起爆药和爆破剂等爆破器材，在生产、贮存、销售、购买、运输和使用中必须实行严格的安全管理。相关内容参见《爆破安全规程》（GB 6722—2014）、《民用爆破物品安全管理条例》。

14.4.2.7　爆破工程效果的评价

爆破工程效果的评价应包括如下内容：

（1）评价爆破工程效果的标准。评价爆破工程效果的标准有安全标准、质量标准和经济标准。

（2）工程爆破的主要技术经济指标。评价工程爆破作业技术经济效果的常用指标有：炸药单耗、延米爆破量、炮孔利用率、大块率、爆破成本等。除此之外，还广泛采用岩石松动、抛掷堆积效果、保留边坡、围岩的稳定性、爆破对周围环境的安全影响等来评价爆破的技术效果。

## 14.5　爆破工程预算和招投标

### 14.5.1　本节知识点及要求

本节基本知识点及要求包括：

（1）了解部分：爆破工程预算方法、招投标程序、爆破工程风险管理方法；

（2）掌握部分：预算定额的种类及其应用方法。

### 14.5.2　本节知识点表述

14.5.2.1　预算定额和工程概预算

为规范市场行为，合理确定工程造价，建设部委托中国工程爆破协会编制了《爆破工程消耗量定额》。一般预算定额还同时编制了配套使用的费用定额，规定了利润标准、纳税标准及建设工程各种费用的收取办法。

14.5.2.2　概预算体系

根据我国的设计和概预算文件编制以及管理办法，为了对爆破项目进行全面有效的工程管理，在项目建设的各阶段都必须编制有关的经济文件，这些不同经济文件的投资额则要根据其主要内容要求，由不同测算工作来完成。投资额随建设程序可分为以下几种：投资估算、概算、预算、竣工决算。

一般要求决算不能超过预算，预算不能超过概算，概算则不能超过估算所允许的幅度范围；结算不能突破合同价的允许范围；合同价不能偏离报价与标底太多；而报价（中标价）则不能超出标底的规定幅度范围，并且标底不允许超概算。各种测算环环相扣，紧密联系，共同对投资额进行有效控制。

14.5.2.3　预算定额

我国现行的有关爆破工程的预算定额包括如下文件。

（1）《爆破工程消耗量定额》。《爆破工程消耗量定额》按《爆破工程工程量清单项目及计算规则》的要求，编制规定了一定爆破工程计量单位所需的人工、材料、施工机械台班的消耗量。《计算规则》是编制爆破工程的工程量综合单价的基础，是招标工程标底、施工图预算、确定工程造价和编制爆破工程概算指标的主要依据，是指导企业编制投标报价的依据。

建设部批准的《爆破工程消耗量定额》（GYD-102—2008），其中包括露天爆破、地下爆破、硐室爆破、拆除爆破、水下爆破、特种爆破和爆破措施工程。适用于新建、扩建和改建等各类爆破工程。该定额是按爆破工程量清单的项目特征、工作内容规定计量单位爆破工程所需的人工、材料、施工机械台班消耗量的计量标准，是编制工程量综合单价、确定爆破工程造价的依据。

（2）《爆破工程综合单价》。新的《爆破工程消耗量定额》实行量价分离，为配合《爆破工程消耗量定额》的实行，中国工程爆破协会编制了《爆破工程综合单价》作为行业指导价。

（3）《爆破措施工程》。《爆破工程消耗量定额》第七章根据爆破工程的特殊性，明确提出在编制爆破工程总费用时，应包括爆破措施费：爆破工程设计与评审费、爆破安全评估费。

（4）各部、委和总公司的专业定额。

（5）各省、市、自治区发布的建筑工程定额、基建定额中，亦都有开挖爆破的内容。

14.5.2.4　预算定额的使用

使用定额的前提是把现实工程与定额上所列的项目对号，然后要根据工程实际情况，提出符合实际的单价，计算工程造价。

14.5.2.5　预算费用

爆破工程的工程费由直接工程费、间接费、计划利润、税金4部分组成。

（1）直接工程费。直接工程费由定额直接费、其他直接费、现场经费组成。

（2）间接费。间接费由企业管理费用、财务费用和其他费用组成。

（3）计划利润。计划利润是指按规定应计入工程造价的利润。依据不同投资来源或工程类别实施差别利率。

（4）税金：

1）可变费用。定额直接费为不可变费用。其他直接费、现场经费、间接费的费用内容和开支水平，因工程规模、技术难易、施工场地、工期长短及企业资质等级等条件而异，应作为可变费用由企业根据工程情况自行确定报价。

2）计划利润。按国家发展改革委、财政部、中国人民建设银行规定，利润率计取标准是：甲类（二级以上）施工企业为7%（其中包括3.5%为技术装备基金）；乙类企业为2.5%。

3）税金。税金包括营业税、城市建设维护费、基础设施费及教育费附加，其计算基础为：直接费+间接费+计划利润-专用基金。专用基金指临时设施费、劳动保险基金、施工队伍调遣费，税金取费标准是：市级城市3.38%，县城、镇3.32%，其他地方3.19%。

#### 14.5.2.6　招标与招标程序

爆破工程，往往属于一个总体设计中主体工程的附属工程或配套工程，但由于其在技术上的特殊性和在经济上的独立核算，往往作为独立的项目管理和单独进行招、投标。但应了解重大爆破工程招标的一般程序、招标文件与标底文件的基本内容。

#### 14.5.2.7　投标与投标程序

参加爆破工程设计、施工投标的企业，应具备与工程相应的允许的作业范围和等级的资质，并接受招标单位的审查。

爆破工程的投标文件应满足招标文件的要求，并在规定的时间内报送，一般来讲，投标文件由两部分组成：

第一部分是投标申请书，并附企业状况说明，包括企业简介，营业执照和有关资质证书，企业相关的拆除爆破业绩资料等；

第二部分是爆破工程的技术方案，一般应包括工程概况、爆破总体方案、施工方法、爆破安全措施、施工组织管理、施工机械与设备、施工进度与工期、爆破效果预测、工程造价与预算等，并应附有必要的图表。

#### 14.5.2.8　爆破工程风险管理

（1）爆破工程的风险处理。爆破工程项目可能有的风险以及风险处理对策（风险控制、风险转移、风险自负等）。

（2）爆破工程项目投购保险的几种方式。爆破工程按建筑工程投保目前尚无参考保险费率，一般应由保险双方协商确定。对爆破企业，以下几种投保的方式是可以参考借鉴的：

1）爆破施工作业人员由企业团体投保意外伤害保险；

2）爆破工程保险的第三者责任附加险；

3）与业主共同分担风险与付赔。

## 14.6　爆破工程安全监理

### 14.6.1　本节知识点及要求

本节知识点及要求包括：

(1) 了解部分：爆破安全监理的目的、基本要求及主要控制措施；

(2) 掌握部分：安全爆破安全监理依据、监理单位资质要求；爆破安全监理内容。

### 14.6.2 本节知识点表述

#### 14.6.2.1 爆破安全监理的目的

爆破安全监理是以施工阶段爆破安全为主要目标的单目标监理。

公安部门对爆破工程的安全监督与管理，具有政府监理的特征。爆破安全监理具有社会监理的特征。其必要条件是需有人委托，针对某具体爆破工程，爆破安全监理单位以专业技术知识和设计、施工经验，以及经济、管理和法律方面的知识，依据国家的建设法规、规范和标准、批准的设计文件，以及依法成立的监理委托合同，在爆破工程施工阶段，通过对爆破作业程序、爆破作业人员资格、爆破器材使用及爆破施工过程有效的控制，为业主提供专业技术服务。

#### 14.6.2.2 爆破安全监理的主要依据

爆破安全监理的主要依据文件应表述如下：

(1) 工程建设文件；

(2) 有关的法律、法规、规章和标准规范；

(3) 爆破设计施工、安全评估单位相关资料，经安全评估的《爆破设计方案》，《爆破安全评估报告》；

(4) 爆破工程委托监理合同和有关的建设工程合同。

#### 14.6.2.3 承担安全监理工作的资质

监理单位应具备从业资格：

(1) 一级资质的营业性爆破作业单位，可以承接各等级爆破作业项目的安全监理；

(2) 二级资质的营业性爆破作业单位，可以承接B级以下爆破作业项目的安全监理；

(3) 三级资质的营业性爆破作业单位，可以承接C级以下爆破作业项目的安全监理。

#### 14.6.2.4 爆破安全监理的控制措施

爆破安全监理主要是施工阶段的监理，主要控制措施有：

(1) 审核。对爆破作业单位提交的有关文件、报告和报表等进行审核。

(2) 指令文件。运用监理工程师指令控制的具体形式，用以向爆破作业单位指出施工中存在的问题，提请爆破作业单位注意，以及向爆破作业单位提出要求或指示其做什么或不做什么等。

(3) 现场监督和检查，包括旁站、巡视和平行检验。旁站：在关键部位或关键工序施工过程中由监理人员在现场进行旁站监督活动。旁站监理范围：试爆、最小抵抗线的复核、装药、填塞、网路连接、爆破危害控制措施等；巡视：监理人员对正在施工的部位或工序进行定时或不定时的监督检查活动。根据工程施工现场实际情况进行；平行检验：监理工程师利用一定的检查或检测手段在爆破作业单位自检的基础上，按照一定的比例独立进行检查或检测的活动。

#### 14.6.2.5 爆破安全监理的基本要求

A 爆破安全监理范围

《民用爆炸物品安全管理条例》（国务院令第466号）第三十五条规定："在城市、风景名胜区和重要工程设施附近实施爆破作业的，应当向爆破作业所在地设区的市级人民政府公安机关提出申请，提交《爆破作业单位许可证》和具有相应资质的安全评估企业出具的爆破设计、施工方案评估报告。”

实施前款规定的爆破作业，应当由具有相应资质的安全监理企业进行监理，由爆破作业所在地县级人民政府公安机关负责组织实施安全警戒。

《爆破安全规程》（GB 6722—2003）规定：“各类A级爆破、B级硐室爆破以及有关部门认定的重要或重点爆破工程应由工程监理单位实施爆破安全监理，承担爆破安全监理的人员应持有相应安全作业证。”即：监理对象是A级爆破、B级硐室爆破以及有关部门认定的重要或重点爆破工程；监理工作应由有相应资质的监理单位承担，非监理单位或个人均不得承担爆破安全监理工作。

爆破安全监理人员，应持有由公安部门核发的爆破工程技术人员安全作业证。

B 爆破监理工程师职业道德守则和岗位职责

爆破安全监理作为一个专门的行业，监理工程师应严格遵守如下职业道德守则：(1) 以“守法、诚信、公正、科学”为执业准则，维护国家的荣誉和利益。(2) 执行有关的法律、法规、标准、规范、规程和制度，履行监理合同规定的义务和职责。(3) 努力学习爆破专业技术和监理知识，不断提高业务能力和监理水平。(4) 不以个人名义承揽监理业务。(5) 坚持独立自主地开展工作。要公正的维护建设单位和爆破作业单位的合法权益，保守因工作关系而获得的任何机密，不得向建设单位和爆破作业单位提出任何个人要求。不得在爆破作业单位兼职。(6) 牢记爆破监理工作方针，深刻理解其内涵，恪尽职守，热爱本职工作。

爆破安全监理工程师应严格履行如下通用岗位职责：

(1) 总监理工程师职责：

1) 确定项目监理机构人员的分工和岗位职责；

2) 主持编写爆破工程监理规划，审批爆破工程监理实施细则，并负责管理项目监理机构的日常工作；

3) 检查和监督监理人员的工作，根据工程项目的进展情况进行人员调配，对不称职的人员调换其工作；

4) 主持工地例会，签发项目监理机构的文件和指令；

5) 审核爆破作业单位提交的开工报告及爆破设计方案；

6) 审查和处理工程变更；

7) 参与工程安全事故调查；

8) 组织编写并签发监理周月报、监理工作报告和监理工作总结；

9) 主持整理工程项目的监理资料。

(2) 总监代表职责：

1) 在总监理工程师领导下，按总监理工程师的授权，行使总监理工程师的部分职责和权利，对于重要的决策应先向总监理工程师请示后执行；

2) 作为总监理工程师的助手，除认真做好本职工作外，还应协助总监理工程师完成各项日常管理工作；

3) 向总监理工程师汇报项目监理部工作情况；

4）每日填写个人监理日记或工程项目监理日志。

（3）监理工程师职责：

1）负责编制爆破工程监理实施细则；

2）负责爆破监理工作的具体实施；

3）组织、指导、检查和监督监理员的工作，当人员需要调整时，向总监理工程师提出建议；

4）审查爆破作业单位提交的工作计划、方案、申请、变更，并向总监理工程师提出报告；

5）负责对各工序的质量验收；

6）定期向总监理工程师提交监理工作实施情况报告，对重大问题及时向总监理工程师汇报和请示；

7）根据监理工作实施情况记好监理日记；

8）负责监理资料的收集、汇总及整理，参与编写监理月报。

（4）监理员职责：

1）在监理工程师的指导下开展现场监理工作；

2）检查爆破作业单位投入工程项目的人力、材料、主要设备及其使用、运行状况，并做好检查记录；

3）设计图纸及有关标准，对爆破作业单位的工艺过程或施工工序进行检查和记录；

4）担任旁站监理工作，发现问题及时指出并向监理工程师报告；

5）记好监理日记和有关的监理记录。

C　爆破安全监理基本要求

爆破安全监理基本要求包括：

（1）经公安机关审批的爆破作业项目，实施爆破作业时，应由具有相应资质的爆破作业单位进行安全监理。爆破安全监理单位应设立与爆破规模相适应的监理组织机构，配备监理人员；项目总监理工程师应持有相应作业范围的爆破工程技术人员安全作业证和监理证。

（2）爆破安全监理单位应在详细了解安全技术规定、应急预案后认真编制监理规划和实施细则，并制定监理人员岗位职责。

（3）爆破安全监理人员应在爆破器材领用、清退、爆破作业、爆后安全检查及盲炮处理的各环节上实行旁站监理，并作出监理记录。

（4）每次爆破的技术设计均应经监理机构签认后，再组织实施。爆破工作的组织实施应与监理签认的爆破技术设计相一致。

（5）发生下列情况之一时，监理机构应当签发爆破作业暂停令：1）爆破作业严重违规经制止无效时；2）施工中出现重大安全隐患，须停止爆破作业以消除隐患时。

（6）爆破安全监理单位应定期向委托单位提交安全监理报告，工程结束时提交安全监理总结和相关监理资料。

D　爆破监理工程师职业道德守则和岗位职责

监理工程师应严格遵守职业道德守则，严格履行通用岗位职责。

E　监理单位的法律责任

从事安全监理的爆破作业单位应当按照有关法律、法规和标准规定实施爆破安全监理，并承担相应的法律责任。可参见《民用爆炸物品安全管理条例》。

F　爆破安全监理的工作流程

爆破安全监理的工作流程可参见《教材》图 15-1 所示。

14.6.2.6　爆破安全监理工作的内容

爆破安全监理工作的内容包括：

（1）爆破作业单位是否按照设计方案施工；

（2）爆破有害效应是否控制在设计范围内；

（3）审验爆破作业人员的资格，制止无资格人员从事爆破作业；

（4）监督民用爆炸物品领取、清退制度的落实情况；

（5）监督爆破作业单位遵守国家有关标准和规范的落实情况，发现违章指挥和违章作业，有权停止其爆破作业，并向委托单位和公安机关报告。

14.6.2.7　爆破安全监理记录与表格

（1）爆破安全监理记录。爆破安全监理应建立和保存完整的监理记录。监理记录是监理工程师工作的各项活动、决定、问题以及环境条件等的全面记录，可以用来作为工程评估判断的重要依据，是监理工作的重要基础工作，标志着工程监理的深度和质量。因此，要力求做到记录客观、准确、全面。

（2）爆破安全监理表格：施工单位用表；监理单位用表：爆破安全监理工程师通知单；爆破安全监理工作联系单；监理日记；旁站监理记录。

14.6.2.8　爆破安全监理资料总结

爆破安全监理资料总结包括如下内容：

（1）爆破安全监理总结。爆破安全监理总结在监理工作全部结束后编写，总监理工程师审核签字，提交委托单位存档。监理总结内容应包括：

1）工程概况；

2）监理组织机构、监理人员、投入的监理设施；

3）监理合同履行情况；

4）监理工作成效；

5）施工过程中曾出现的问题及其处理情况和建议；

6）工程照片。

（2）爆破安全监理资料整理。监理工程师在爆破安全监理过程中，要贯彻“一切以事实和数据说话”的原则，重视监理过程中的各种记录、函件、工地会议记录、监理报表等监理资料的收集和保管，并要分类整理，有签认、核实、日期，做到事实清楚确凿，数据真实可靠。

鉴于监理资料的重要性，监理资料的管理应由总监理工程师负责，并指定专人具体实施。

## 14.7　民用爆炸物品信息管理系统

### 14.7.1　本节知识点及要求

本节知识点及要求包括：

（1）了解部分：民用爆炸物品信息管理系统的一般知识；

（2）掌握部分：公安机关业务系统的功能；公安机关业务系统的操作。

### 14.7.2　本节知识点表述

《民用爆炸物品信息管理系统》是以民用爆炸物品信息为基本管理对象，以计算机全程跟踪登记标识和民用爆炸物品编码信息为重点，利用公安专网、互联网、内外网交换技术、IC 卡交换技术实时动态管理涉爆单位、人员和物品信息的系统。

A　民用爆炸物品信息管理系统主要分公安机关业务系统、流向领域系统和民爆网络服务平台等部分

（1）公安机关业务系统。按照授权和职责分为部级系统、省级系统、地市级系统和县级系统，主要区别是根据《民用爆炸物品安全管理条例》赋予各级公安机关的许可实现的不同，对各公安机关的系统权限做了相应的限制。

（2）流通领域系统。流通领域系统主要包括生产企业数据采集系统、销售企业数据采集系统和使用单位数据采集系统，以及上述几类单位实时采集物品流转及责任单位和责任人的信息，写入单位 IC 卡，直接到公安机关或通过民爆网络服务平台上报信息。

（3）民爆网络服务平台。民爆网络服务平台主要为民用爆炸物品从业单位提供服务。单位可以登录系统开展爆破作业单位资质、爆破作业人员资格申请，民用爆炸物品购买、运输许可，流向信息报送，爆破作业项目申请和相关事项的备案。

B　公安机关业务系统的功能

（1）单位管理。单位信息管理是所有管理工作的基础，人员、物品管理都是建立在单位管理的基础上，单位、人员、物品之间存在着关联绑定关系。单位管理的基本功能包括信息录入、信息修改、信息查询、许可证管理、异地爆破作业单位备案、异地爆破作业单位查寻、许可证申请查询、许可证变更申请查询和信息备案等。

（2）人员管理。系统中的涉爆作业人员主要包括工程技术人员和爆破作业人员。其中，爆破工程技术人员信息通过内外网交换技术与爆破工程技术人员管理系统关联共享，爆破作业人员信息通过内外网交换技术与爆破作业人员培训考核信息系统关联，有民用爆炸物品信息管理系统制证。对人员的管理主要是对证件的管理，包括人员信息录入、更改、注销和证件挂失备案、补办、吊销等内容。

（3）两证管理。两证，是指民用爆炸物品购买许可证和运输许可证。县级人民政府公安机关通过系统开具两证，实现对民用爆炸物品流向、流量的跟踪、预警和管控。两证管理主要包括审批、打印、回交、注销等内容。

（4）IC 卡管理。IC 卡是载有单位和人员信息的智能卡。IC 卡管理主要包括 IC 卡注册、IC 卡查询、数据接收、数据接收反馈、读卡信息、修改密码、整理 IC 卡、IC 卡同步、IC 卡异常修复、IC 卡有效期设置等内容。

（5）安全监管。安全监管主要通过对涉及民用爆炸物品管理相关事件、实现的信息进行登记、管理，为信息查询和其他管理工作提供信息支持。安全监管主要包括捡拾上交物品管理、涉爆案件管理、涉爆事故管理、日常检查管理、违章登记管理、期限整改管理、停产停业管理、异常出入库管理等内容。

（6）物品管理。物品管理主要通过采集、录入登记标识和雷管编码机器相关责任单位

和责任人，实现对物品流向、流量的监控。物品管理主要包括物品查询、物品异常查询以及库存管理等。物品查询包括出库物品信息查询、入库物品信息查询、拆箱物品信息查询、箱盒物品信息查询、补码物品信息查询、领用发放物品信息查询、超量领用物品信息查询、物品轨迹查询等。库存管理包括库存统计、物品添加、物品修改、物品删除、明细表查看等。物品异常查询包括未及时上报销售出库数据的单位查询、微机室上报购买入库数据的单位查询、领用发放异常查询等。

（7）统计报表。统计报表可以通过各种组合条件进行统计，包括两证总量、生产物品总量、销售物品总量、外省销往本省物品数量、使用物品总量、发卡总量和日常作业信息统计等。

（8）项目管理。主要对爆破作业项目实时管理，根据各地公安机关职责设定不同的管理内容。县级公安机关有爆破作业合同备案、查询功能；省级公安机关有爆破作业项目备案、查询功能。

C　公安机关业务系统的操作

公安机关业务系统管理人员使用读卡器、公安管理卡登录信息系统，进入不同的功能模块，根据工作需要开展信息录入、许可、查询、统计等业务。

## 14.8　流向登记监督管理

### 14.8.1　本节知识点及要求

本节知识点及要求包括：

（1）了解部分：流向登记监督管理的一般知识。

（2）掌握部分：纸质台账检查；信息系统巡查；法律责任。

### 14.8.2　本节知识点表述

A　纸质台账检查

公安机关对民用爆炸物品单位进行检查时，核对纸质台账信息是重点检查内容之一。检查的主要内容包括台账登记信息是否完整、规范，购买、运输、领用、发放等原始单据是否保存完整。

B　信息系统巡查

公安机关通过系统查询统计，可以监控发现异常或违法违规信息，在实地核查属实后依法实施处罚。例如，系统统计发现某地民用爆炸物品使用量突然大幅度上升或下降，就需要实地核查具体原因；根据系统统计的物品流向轨迹与台账比对，及时发现涉爆从业单位是否如实录入相关信息。

C　法律责任

根据《民用爆炸物品安全管理条例》，违法流向登记管理制度的行为主要有两类：

（1）民用爆炸物品从业单位有下列情形之一的，由公安机关责令限期改正，处5万元以上20万元以下的罚款；逾期不改正的，责令停产停业整顿：

1）未按照规定对民用爆炸物品做出警示标识、登记标识或者未对雷管编码打号的；

2）超出购买许可的品种、数量购买民用爆炸物品的；

3）使用现金或者实物进行民用爆炸物品交易的；

4）未按照规定保存购买单位的许可证、银行账户转账凭证、经办人的身份证明复印件的；

5）销售、购买、进出口民用爆炸物品，未按照规定向公安机关备案的；

6）未按照规定建立民用爆炸物品登记制度，如实将本单位生产、销售、购买、运输、储存、使用民用爆炸物品的品种、数量、流向信息输入计算机系统的；

7）未按照规定将《民用爆炸物品运输许可证》交汇发证机关核销的。

（2）民用爆炸物品从业单位有下列情形之一的，由公安机关处 2 万元以上 10 万元以下的罚款；情节严重的，吊销其许可证；有违法治安管理行为的，依法给予治安管理处罚：

1）违法安全管理制度，只是民用爆炸物品丢失、被盗、被抢的；

2）民用爆炸物品丢失、被盗、被抢，未按照规定向当地公安机关报告或者故意隐瞒不报的；

3）转让、出借、转借、抵押、赠送民用爆炸物品的。

# 15 特种爆破

## 15.1 爆炸加工

### 15.1.1 本节知识点及要求

本节知识点及要求包括：

（1）了解部分：了解爆炸焊接、爆炸成形、爆炸压实、爆炸合成、爆炸消除应力、爆炸硬化的方法与原理；爆炸驱动复板速度计算方法；爆炸驱动复板速度实验有哪些；爆炸成型包含哪些成形方法；爆炸焊接包含哪些布置方法；金属爆炸复合用炸药特点。

（2）掌握部分：爆炸焊接参数窗口的内容及其含义；爆炸焊接参数窗口的实验方法。导爆索起爆法的连接方法；一维爆轰驱动飞片终速计算；各种形式平板爆炸焊接方法；金属爆炸复合板生产工艺流程与要点；典型的金属爆炸复合板热处理要点；金属爆炸复合板机械性能与探伤检测要点。

### 15.1.2 本节知识点表述

A 爆炸加工技术内容

爆炸焊接、爆炸成形、爆炸压实、爆炸合成、爆炸消除应力、爆炸硬化、爆炸变形强化、爆炸导线压接等。

B 各种爆炸焊接形式

平板爆炸焊接、线爆炸焊接与对接爆炸焊接、圆管爆炸焊接等。

C 爆炸焊接参数窗口理论

爆炸焊接理论窗口可用《教材》图12-20中的四条边界线圈定，即：

（1）焊接下限：图中 *ad* 线。基复板间的碰撞速度 $v_p$ 必须大于一个最小速度值 $v_{pmin}$，以形成焊接微射流；

（2）流动限：图中 *ab* 线。碰撞点速度 $v_c$ 必须达到一定大小，否则也不会产生微射流；

（3）声速限：图中 *cd* 线。即必须保证焊接碰撞流动是亚声速的，才能形成焊接射流；

（4）焊接上限：图中 *bc* 线，是对焊接界面最大能量的限制。当碰撞动能过大时，焊接界面处沉积的热量过高，冲击压力卸载后，界面仍处于热软化或熔化状态，会造成焊接“过熔”失效。上限与板厚有关，复板越厚 *bc* 线下降，爆炸焊接窗口越小。

D 金属爆炸复合用炸药及特点

通常金属爆炸焊接采用粉状硝铵或粒状硝铵炸药，爆速在1500～3500m/s之间，需要稳定地控制爆速。此外，还需要根据所复合材料不同临时调整炸药参数，所以普通爆破用炸药不能完全满足其技术要求。爆炸焊接所使用的炸药厚度一般远低于极限药厚，爆速受铺垫层和炸药厚度的影响很大（参阅《教材》图12-17）。同时，季节、仓储时间、温湿度等因素对硝铵类炸药的爆轰性能也有较大影响，所以每批炸药在使用前都必须重新检查爆速，并进行适当的参数调整。现场对炸药的调整方法是加入木粉、食盐、膨胀珍珠岩等简单的稀释剂，有时也加入少量猛炸药，以提高炸药爆速。

E　金属爆炸复合板的生产流程

爆炸复合板的主要工序可分为前处理工序、爆炸焊接工序、热处理与检验和后处理4个主要工序，参阅《教材》图12-23。

（1）前处理工序中包括对基、复板材料进行探伤，材质与机械性能复验，下料、拼焊，校平和表面清理，以保证后道工序的顺利进行。

（2）爆炸焊接工序含准备、现场作业和爆后检查。准备工序含：爆炸焊接参数设计、炸药调制、炸药爆速测量；现场作业含：基础处理；基板、复板组装；布药；起爆点安放；警戒与起爆。爆后检查含：爆破安全检查，金属复合板外观检查和重点部位现场超声波探伤。

（3）热处理与检验工序包含复合板热处理工艺参数制定、表面清理、热处理、探伤和材料性能检验。

（4）后处理工序中有：复合板压力校平和滚平、超声探伤检验、成品切割、表面抛光与钝化、成品包装。

F　金属爆炸复合板热处理的目的与特点

金属爆炸复合板热处理的目的：（1）消除爆炸焊接结合界面及其附近的残余应力和变形组织；（2）使复材和基材获得特定的理化性能。

金属爆炸复合板热处理的特点：必须要同时兼顾基复层金属各自理化性能、高温下异种金属的相互作用，才能正确地设计出复合板的热处理工艺，保证对复合板结合区、基复板各自组织及性能的优化调整。

G　爆炸成形

爆炸成形常使用水作为传压介质，水下爆炸的冲击碾压作用拉伸金属工件使其达到设计要求。爆炸成形可分为：爆炸拉深、爆炸胀形、爆炸冲孔、板状零件爆炸成形、球形容器无模爆炸成形等。

H　爆炸压接

爆炸压接是利用炸药爆炸使金属压接管通过塑性变形，将管中金属件压合、包裹并接合在一起的工艺，金属组织没有冶金结合。爆炸压接常用于电力工业中高压输电线间的连接，就是将两根输电线的线头，插入压接管中，然后利用外敷在压接管表面的炸药层的爆炸所产生的强大冲击载荷，使压接管壁产生压缩塑性变形，紧密地将压接管与输电线头压接为一体，并使其具有足够的连接强度。

I　爆炸消除焊接残余应力

爆炸消除应力的基本方法是在焊缝上放置炸药条对焊缝实施爆炸的脉冲冲击，使熔化焊接的残余应力得到匀化与消除。常用的布药形式有：蛇型布药、平面布药和多条布药。爆炸现场的残余应力的检测方法常采用盲孔法。

J　爆炸合成分类

爆炸合成分成两大类：（1）用炸药本身在爆炸中进行合成，合成物产生于爆轰波气体中，被称为气相爆轰合成。常用的气相爆轰合成纳米金刚石和纳米氧化物，在密封罐中进行爆炸。(2) 采用爆炸压实相同的方法向粉末体施压，通过粉末中的冲击波诱发相变或化学反应进行合成，包括冲击相变合成和冲击化学合成。常用的是冲击相变合成，为物理相变过程，如利用石墨冲击相变成金刚石、低密相氮化硼合成立方和纤锌矿型氮化硼，以及高密相 $C_3N_3$ 和柯石英等。

## 15.2 油气井燃烧爆破技术

我国自 1959 年发现大庆油田以来，随后又建成了胜利、华北、中原、渤海和南海等数十个油田，油气井高达数万个。但不少油气井经多年开采，因地应力变化、地层和井内微生物腐蚀、井中套管在高温高压下疲劳受载等因素作用下，会出现输油地层油路不畅或堵塞、套管变形、破损、错断等病害，严重影响了石油和天然气的正常开采。为此，可采用聚能爆破射孔、聚能爆破切割、套管爆炸整形、高能气体燃烧压裂、油井清蜡和燃气动力补贴等燃烧爆破技术进行相应的整治，达到油气井恢复正常生产的目的。

### 15.2.1 本节知识点及要求

本节知识点及要求包括：

(1) 了解部分：油气井基本结构、爆破技术分类、产品装药及性能、起爆传爆技术、施工方法及操作要点；

(2) 掌握部分：油气井爆破特点、各类产品作用原理、基本结构及产品设计要点等。

### 15.2.2 本节知识点表述

15.2.2.1 *油层的聚能爆破射孔技术*

A 油温计算

在爆破施工前，应利用该油气井的钻探资料查明各油层的岩性和埋置深度；采用测温、测压传感器实测此深度的井温、井压；确认技术套管的直径等，为聚能爆破射孔与压裂工艺提供设计施工依据。

其中，井温也可按下式估算：

$$t = t_1 + \varepsilon h \qquad (15\text{-}1)$$

式中 $t_1$——地面温度,℃；

$\varepsilon$——温升系数,℃/100m，可取 $\varepsilon \approx 4$℃/100m；

$h$——井深，m。

B 聚能射孔弹设计要点

构成射孔弹的各个部件将直接影响射流质量和穿孔效果。考虑油气井爆破技术的特殊性，设计射孔弹时应充分考虑如下几点：

(1) 炸药。炸药是聚能射流的能源，试验表明：孔道容积、射孔深度与爆轰压力相关，参阅《教材》图 12-108。同时，还应考虑炸药的耐热能力和温度-时间曲线。为了提高射孔弹的射孔性能和井下耐温性能，通常采用聚黑-16 (R852) 炸药、聚黑-14 (R791) 炸药、聚奥-6 (JO-6) 炸药和耐高温 S992 炸药、Y971 炸药。

(2) 装药形状。油气井聚能射孔弹的装药直径受井下条件限制，不可能做的太大，设计时应该考虑在较小的装药直径和较轻的弹重条件下，选择合适的长径比，通常为2.0～2.5，以确保射孔弹的威力。

（3）药形罩。油气井射孔弹的药型罩材料应选用在射流形成过程中不易被气化且射孔后不会形成杵体堵塞孔道的材料，如粉末冶金药型罩。药型罩锥角一般取45°～60°，壁厚取1.0～2.5mm。

C　射孔弹主要技术指标

（1）穿透率。射孔器进行模拟井射孔实验后，套管上穿孔率不小于95%，按下式计算。

$$穿透率 = \frac{有效弹数}{试验弹数} \times 100\% \tag{15-2}$$

（2）杵堵率。粉末冶金药型罩射孔弹杵堵率不大于10%，紫铜药型罩杵堵率不大于50%，按下式计算：

$$G = (M/N) \times 100\% \tag{15-3}$$

式中　$G$——杵堵率,%；

$M$——靶上被堵孔数；

$N$——靶上穿透数。

（3）穿孔直径。射孔器进行混凝土靶或模拟井射孔实验的平均穿孔孔径，参阅《教材》表12-24。

（4）穿孔深度。射孔器在混凝土靶射孔实验时的平均穿孔深度，参阅《教材》表12-25。

D　电缆布弹盲炮处理

（1）电缆布弹到井下预定位置后，如果引爆不成功，首先检查线路通断情况，如基本完好或经处理恢复后可进行第二次引爆；第二次引爆再不成功，经检查确认线路无法再用时，应立即关闭引爆开关，上提弹体，上提速度应小于3000m/h。

（2）提升弹体到接近井口时，要关闭井场所有电源、对讲机和手机；剪断引爆线，将弹体提出井口，拆除引爆体与弹体。

（3）检查引爆体线路是否畅通，分析盲炮产生原因；若引爆体确为盲弹，将其运到空矿安全处，采用爆炸法销毁。

（4）检查弹体是否完好，有否漏水现象；若弹体漏水，可将弹内废药运到安全区域，采用燃烧法或爆炸法销毁。

E　撞击引爆盲炮处理

（1）按计算撞击棒投下后落到弹体的时间$T$。当在规定时间没有击发井下弹体时，检查撞击棒是否被卡住，测量遇卡的位置。

（2）当投棒1h后仍未引爆，可用水泥车（泵）加压，冲洗投送管柱，使投棒解卡，然后将其提升至井口。

（3）当经泵压冲洗仍不能解卡时，可用投棒打捞器下放至井内将投棒打捞上来，然后将井洗净再行投棒；严禁采用追加投棒处理法。

（4）当撞击起爆器失灵，不能引爆时，应平稳提升管柱；当弹体提升到距井口有两根管柱长度时，由现场技术人员指挥操作拆卸弹体，并运到安全地点进行销毁。

#### 15.2.2.2 增效射孔技术

A 增效射孔原理

增效射孔弹的结构参阅《教材》图 12-111，弹中的聚能射孔弹与火药药柱呈蝶形组合，它是利用炸药爆炸与火药燃烧两种能量以微秒和毫秒级的时程先后作用的原理进行设计的。当点火系统点火之后，导爆索引爆射孔弹，射孔弹以微秒级的速度先行完成射孔过程，聚能射流射穿套管及水泥环，并在地层中形成一定长度的孔道。同时被同步点燃的火药药柱，以毫秒级的速度形成一定高温、高压和加载速率的脉冲气流，沿已经射开的孔道继续冲击加载，使射孔孔道以裂缝的形式延伸扩展，同时还解除了射孔污染，增大了井眼至油层沟通的范围，从而大大提高了射孔效率。

实际应用中，将多个增效射孔弹（单元弹）按不同射孔相位顺序排列，装在增效射孔枪中使用。增效射孔枪的装药结构见《教材》图 12-112 所示。

B 火药装药燃气峰值压力的设计计算

据各油田地质资料统计，砂岩、砾岩等储层岩石的破裂压力大部分在 50MPa 左右。考虑到井内套管的极限承载压力为 100MPa 左右，设定增效射孔器应用中的峰值压力 $P_{max} \leqslant$ 90MPa。火药在定容、绝热条件下，燃烧产生峰值压力的关系式为：

$$P_{max} = F \cdot \Delta / 1 - \alpha \cdot \Delta \tag{15-4}$$

式中 $P_{max}$——峰值压力，MPa；

$F$——火药力，J/kg；

$\Delta$——火药装填密度，$kg/m^3$；

$\alpha$——火药余容，$m^3/kg$。

根据该峰压值，结合增效射孔器在井中应用的实际情况，即产生的气体压力可随射孔孔眼泄入地层。考虑到存在部分泄气的情况，井中实际存在的峰值压力可按下式近似计算：

$$P_{max} = c(F \cdot \Delta / 1 - \alpha \cdot \Delta) \tag{15-5}$$

设定的火药装药量用导爆索点火，经火箭发动机比冲测试，当喷孔直径为 $\phi$3mm 时，得到的峰值压力为 65 ~70MPa。六次井内施工，用铜柱测压器测出的实际峰值压力范围在 75 ~83MPa 之间。三百多口井的应用效果表明。增效射孔器设定并达到的峰值压力有效地增加了射孔延缝的深度，破解了射孔压实带的污染，并达到了保护枪体和套管在施工中安全的要求。

C 增效射孔器的应用特点

（1）穿透深度高、沟通面积大。在符合检验标准的混凝土靶中，常规 YD-89 射孔器的穿孔深度通常为 450mm 左右，增效射孔器的射孔延缝深度为 1930mm。由《教材》图 12-113 表示的增效射孔在井筒周围形成多条裂缝，增大了沟通面积并有与天然裂缝交接的可能。

（2）无射孔污染。常规聚能射孔弹射孔中，高速金属射流侵彻岩石时会在孔道周围挤压形成压实带（或称压实罩），降低岩石的固有渗透率，造成射孔污染。据有关资料介绍，某 89 – A 型射孔弹射孔后压实带厚度平均为 14mm，射孔后形成的压实带见《教材》图 12-114 所示。增效射孔弹的射孔过程同样也会形成压实，但压实带会被紧接着到来的高速振荡气流加载破除，在压实带上形成多条微裂纹保持或提高了岩层的固有渗透率，从而消除了射孔污染，增效射孔后压实带被破除。

（3）增效射孔器可用于油气井新井完井，老井补射解堵增产。探井射孔后可真实反映产能等地质参数。近井地带产生的多裂缝体系可给油气井的后续作业（压裂或酸化）打下有利基础。

（4）地层完善程度高。普通 YD-89 射孔器射孔后，地层表皮系数一般不低于 -1.7，增效射孔器射孔后，地层表皮系数达到 -3.56，从而提高了地表完善程度。

#### 15.2.2.3 多脉冲复合射孔压裂技术

##### A 技术结构

多脉冲复合射孔枪的结构，如《教材》图 12-115 所示。图中枪头 9、枪尾 10 的作用是密封、绝缘射孔枪体，同时也可将多支射孔枪连接成枪串，确保射孔枪在井下正常作业。导爆索 1 串联在射孔弹 2 的端部，它的作用是起爆射孔弹，传爆并逐一引爆装在弹架 5 上的射孔弹进行射孔。6 是枪体。泄压孔 7 对准射孔弹射流的方向，以减少射流在枪体上的能量损耗，同时在爆炸瞬间突发形成高压时，可通过泄压孔泄压，保护枪体的安全。弹架 5 是用来装配射孔弹的。图中 3 是 $J_2$ 火药，呈固体状，它可以是单一品种的火药，也可以是两种不同品种的 $J_2$ 火药。$J_1$ 火药 4 也是固体的，形状似圆柱形。

##### B 工作原理

多脉冲复合射孔技术（以下简称 DSQ），是一项射孔和压裂相结合的技术。它是在射孔弹架内、外充填多级复合固体推进剂（$J_1$ 和 $J_2$），把带有射孔弹和复合推进剂的弹架装入射孔枪内，采用管柱传送或电缆传输工艺把射孔器传输到油气井的目的层位。点火起爆射孔弹，射孔弹穿透枪体、目的层套管及岩层，在油层部位形成射孔孔眼。射孔枪内依次燃烧的多级复合固体推进剂（$J_1$ 和 $J_2$）产生高温高压气体，以冲击加载的形式沿射孔孔道挤压冲击地层，使射孔孔道以裂缝的形式延伸扩展，并反复加载冲刷地层，使射孔孔道与天然裂缝沟通。对于新井可以增加原油产量，对于污染严重的老井可以解除近井地带的污染，以提高油井产量。DSQ 造缝机理示意图，参阅《教材》图 12-116 所示。

##### C 技术特点

技术特点包括：

（1）采用贴壁浇注工艺，实现了两级装药，突破了一体式复合装药量偏低的瓶颈；

（2）运用延时点火技术，使多级火药分段燃烧，对地层反复加载，造缝效果大幅提高；

（3）采用燃烧控制技术，能保证射孔器和套管不受意外伤害；

（4）有效加载时间超过 1000ms，显著提高了压裂效果；

（5）燃气顺射孔孔道直接冲刷射孔孔眼行程短、能量利用率高；

（6）不影响射孔弹的射流和穿深；

（7）多级复合装药耐温 150℃/24h，能满足国内大多数油田需求。

#### 15.2.2.4 井下聚能切割技术

##### A 环形聚能切割器及其设计要点

（1）炸药选择。由于在油气井中恶劣的环境中使用，故对炸药耐温耐压性能有特殊要求。对于内切割聚能药包通常采用 JH-16、JH-14 等炸药；外切割弹则选用 TNT、RHT-1、RHT-2 等炸药；缺乏装药手段时，也可采用塑-5 炸药或黏性炸药。

（2）装药形状及药型罩设计。聚能切割装药的基本形状呈“环 V 形”。药型罩的顶角小时，切割深，但射流穿透弹体、泥浆和切割套管的抗干扰能力降低；顶角太大时，则切割深度受到影响，故顶角一般取 50°～70°。紫铜制成的药型罩具有最理想的切割性能，但在实际工程中，特别是在大量制作大型内切割弹（海上固定平台桩脚切割弹）和外切割弹时，为了节约成本选用钢材做药型罩也能取得预想的效果。至于药型罩的壁厚 $\delta$ 则与药型罩材料、顶角、直径及外壳有关，通常采用数值模拟计算或通过试验确定。

（3）装药直径设计。装药直径的设计是根据切割目标的结构而确定的。对于内切割弹的外径主要取决于套管的内径。切割弹装药外径越大，切割效果越好。但油气井管体经长年使用，管内往往有腐蚀及沥青、蜡等污染物，使套管内径变小，弹体设计时必须考虑这一因素。内切割弹在弹体外径和套管内壁空间中应留有 4～8mm 的间隙，使之能够发挥切割弹威力，同时便于布弹作业。根据同样原则，外切割弹内径和套管外径之间的环状空隙应留有 6～12mm 为宜。

（4）弹体强度设计。无论是内切割弹还是外切割弹，在海底或井下施工时，均要受到水压作用，这种压力随井深的深度而变化，弹体下放越深，所承受的压力越大。所以切割弹主要承受海水和井液的外压力，也就说弹体要承受一定的抗压强度。在设计中用下式核算其抗压强度：

$$P = 0.75 \times 2 \times \sigma_2[(D/\delta - 1)/(D/\delta)^2] \tag{15-6}$$

式中　$P$——弹外压力，MPa；

$\sigma_2$——材料屈服强度，MPa；

$D$——弹体外径，cm；

$\delta$——弹体壁厚，cm。

B　切割弹品种及性能

油井切割弹系列产品按使用性能分为：

（1）油管切割弹。它包括：2 英寸油管、$2\frac{7}{8}$英寸油管，3 英寸油管、$3\frac{1}{2}$英寸油管等型号的切割弹。

（2）钻杆切割弹。它包括：$2\frac{7}{8}$英寸钻杆、5 英寸钻杆等型号的切割弹。

（3）钻铤切割弹。它包括：6、7、8、9 英寸钻铤等型号的切割弹。

（4）套管切割弹。它包括：$5\frac{1}{2}$英寸套管、7 英寸套管、$9\frac{1}{2}$英寸油管，以及海洋遗留井口 $13\frac{3}{8}$英寸套管、20 英寸套管、30 英寸套管等型号的切割弹。

（5）海洋油田用的各种桩腿、导管架等型号的切割弹。

15.2.2.5　爆炸整形技术

A　套管损坏原因

随着油田开发时间的不断增长，油、气井井身结构也逐渐发生变化。由于油井长期注水开发，地质条件变得极其复杂，地下深层部位地质活动加剧，地层滑移，频繁的井下作业施工以及套管材质与腐蚀等诸多原因，使油、气井套管技术状况变得越来越差。最终出现了套管内凹型变形，孔洞破裂型漏失、错断等套管损坏，会给油气井正常生产和必要的检测等工艺带来极大麻烦和困难，也使油、气田的高产、稳产开发方案受到严重威胁。

B　套管损坏的类型

（1）径向凹陷变形型。由于套管本身某局部位置质量差或强度不够，在固井质量差及长期采注压差作用下，套管局部产生缩径，而某处扩径使套管在横截面上呈内凹型椭圆形变形，见《教材》图12-117。$A$—$A$ 截面上已不再是基本圆形，长轴 $D>d$，据资料统计，一般其相差在14mm左右，当此值大于20mm以上时，套管可能发生破裂。

如果地层滑移，迫使套管受多向水平剪切力，致使套管径向内凹形多点变形，称为多点变形型。这种径向内凹陷型变形是套损井中基本变形形式，也是最常见的变形形式，大约占套变井的15%左右。

（2）弯曲变形。由于泥岩、页岩在长期水浸作用下，岩体发生膨胀，产生巨大地应力变化，岩层相对滑移剪切套管，使套管按水平应力方向弯曲，并在径向上出现变形和严重变形，具体参阅《教材》图12-118和图12-119所示。

严重弯曲变形的套管，内径已不规则，基本呈椭圆变形，长短轴差太大，但两点或三点变形间距小，近距离点一般在3m以内，若两点距离过小则形成硬性急弯（即小于150°），2m的通井规不能通过。这是较多见的复杂套损井况，也是较难修复的高难井况。

（3）套管错断型。油水井的泥岩、页岩层由于长期受注入水浸入形成浸水域，泥岩、页岩经长期水浸，膨胀而发生岩体滑移。当这种地壳升降、滑移速度超过30mm/a时，将导致套管被剪断，发生横向（水平）错位。由于套管在固井时受拉伸载荷及钢材自身收缩力作用，在套管产生横向错断后，便向上、向下即各自轴向方向收缩。错断位移情况，参阅《教材》图12-120。

C　爆炸整形原理

爆炸整形基本实施过程为：将爆炸整形弹用管柱或电缆输送到井下预定整形复位（扩径）井段，经校深无误后投撞击棒或电缆车接通电源，引爆雷管和炸药，炸药爆炸产生的高温高压气体及强大的冲击波在套管的介质中（修井液、水或油水混合液等）传播。当冲击波和高温高压气体达到套损部位套管内表面时，则产生径向向外的压力波，这种压力波使套损井段的套管向外扩张，从而达到整形复位的目的。

D　药性选择与药量计算

（1）药性选择。药性选择关系到爆炸后的整形复位扩径效果，所以应以炸药的爆速为主要选择参数，以套管变形错断口的通径为基点，参考管外水泥环地层的约束力大小，套管材质的弹性应变，井内介质等情况综合选择炸药药性。参数选择，可参阅《教材》表12-27。

（2）药量计算。药性选择确定之后，药量的多少则是非常重要的。药量过多会使套管受损严重，引起管外水泥环、岩壁大量脱落、堆积，使错断口处更难处理。药量过小，达不到整形复位、扩径的要求，下步加固则无法实施。式（15-7）~式（15-9）给出整形复位、扩径所需的基本药量公式和变形井整形药量公式及错断井扩径的药量计算公式，以便根据整形复位、扩径的不同需要，准确选择药量。

基本药量计算公式：

$$W_{st}=5.372K\sigma\varepsilon\delta_{ca}(d_{cin}+\delta_{ca})\sqrt{L_Y^2+\frac{d_{cin}^2}{4}} \tag{15-7}$$

整形复位药量计算公式：

$$W_{st} = 13.4\sigma\varepsilon\delta_{ca}(d_{cin} + \delta_{ca})\sqrt{L_Y^2 + \frac{d_{cin}^2}{4}} \tag{15-8}$$

错断井复位扩径药量计算公式：

$$W_{st} = 15.1\sigma\varepsilon\delta_{ca}(d_{cin}^2 + \delta_{ca})\sqrt{L_Y^2 + \frac{d_{cin}^2}{4}} \tag{15-9}$$

式中　$W_{st}$——炸药量（TNT）当量，kg；

$K$——能量修井系数，一般 $K=2.4\sim3.0$；

$\sigma$——套管材料静态屈服极限，MPa；

$\varepsilon$——应变率：$\varepsilon=\dfrac{\text{扩径量}-d_{cin}}{d_{cin}}$；

$\delta_{ca}$——套管壁厚，m；

$d_{cin}$——套管原内径，m；

$L_Y$——药盒、药柱、装药长度的二分之一，m。

#### 15.2.2.6　高能气体压裂技术

A　高能气体压裂作用原理

高能气体压裂是利用特殊装药结构的发射药或火箭推进剂装药在油井中按一定规律燃烧，产生大量的高温高压的燃烧气体产物，燃气以脉冲加载的方式压裂油气层使油气层产生多方位的辐射状的裂缝。这些裂缝又和天然裂缝相沟通，形成裂缝网络，从而有效地改善了油气层的渗透性和导流能力，降低油流阻力，使油、气井得到大幅度的增产。《教材》图 12-126 所示是俄罗斯喀山国立工艺大学所研制的压裂弹在井内的作用图。

B　压裂弹反应历程

压裂弹产生的高温高压燃烧气体产物在油气井中压裂油气层的过程，大致可分成 5 个阶段。

（1）压力上升段。压裂弹中的火药被引燃之后，迅速燃烧并释放出大量气体。当弹壳内压力达到临界压力时，弹壳被打开，气体释放出来，井筒压力从初始的液柱压力 $P_L$ 迅速上升至大约 60MPa，井壁周围地层被压裂。其压力增长速率决定着所形成的裂缝的几何形态，是裂缝生成的重要过程。

（2）压力降低段。地层的破裂，增加了气体所占有的自由容积，压力曲线突然下降，形成了一个压力台阶。从压力上升到地层破裂，压力回落这段时间相当短，大约只有 0.25ms。

（3）压力复升段。火药继续燃烧，释放气体。由于气体释放速率比裂纹的扩张速率快得多，气体膨胀体积增加远远大于裂纹扩张自由容积的增加，因而压力继续上升，直到火药燃烧结束，达到峰值压力（约 100MPa）。

（4）压力下降段。峰值压力过后，压力迅速下降。约降到 30MPa 时，裂缝快速延伸，其方位不一定与最小主应力方向垂直，这一阶段体现了高能气体压裂的动态特征。

（5）压力平衡段。压力-时间变化过程从不稳定状态过渡到稳定状态，此时，压力降低到最低值，裂缝停止延伸。

# 第二部分

# 爆破设计

## 16 爆破设计内容与要求

根据《爆破安全规程》（GB 6722—2014）规定，爆破工程均应编制爆破技术设计文件，并明确规范了技术设计和施工组织设计内容。由于爆破工程的类别繁多，要求不一，不同作业范围的爆破工程在具体内容上有所差异也是必然的。因此，对有些作业范围的爆破工程的设计内容本书作了必要补充。

### 16.1 技术设计内容与要求

#### 16.1.1 技术设计内容

技术设计分为说明书和图纸两部分，应包括以下内容：

（1）工程概况，即爆破对象、爆破环境概述及相关图纸，爆破工程的质量、工期、安全要求；

（2）爆破技术方案，即方案比较、选定方案的钻爆参数及相关图纸；

（3）起爆网路设计及起爆网路图；

（4）安全设计及防护、警戒图；

（5）复杂环境下的爆破技术设计应制定应对复杂环境的方法、措施及应急预案。

#### 16.1.2 技术设计要求

合格的爆破设计应符合下列条件：

（1）设计单位的资质符合规定；

（2）承担设计的主要爆破工程技术人员的资质及数量符合规定；

（3）设计文件通过安全评估或设计审查认为爆破设计在技术上可行、安全尚可靠。

### 16.2 施工组织设计内容与要求

#### 16.2.1 施工组织设计内容

施工组织设计应包括如下内容：

（1）施工组织机构及职责；

（2）施工准备工作及施工平面布置图；

（3）施工人、材、机的安排及安全、进度、质量保证措施；

（4）爆破器材管理、使用安全保证；

（5）文明施工、环境保护、预防事故的措施及应急预案。

### 16.2.2　施工组织设计要求

施工组织设计应符合下列条件：

（1）施工组织设计由施工单位编写，编写负责人所持爆破工程技术人员安全作业证的等级和作业范围应与施工工程相符合；

（2）施工组织设计应依据爆破技术设计、招标文件、施工单位现场调查报告、业主委托书、招标答疑文件等进行编制；

（3）设计施工由同一爆破作业单位承担的爆破工程，允许将施工组织设计与爆破技术设计合并。

### 16.2.3　拆除爆破与城镇浅孔爆破要求

拆除爆破及城镇浅孔爆破若无特别要求，宜将技术设计及施工组织设计合并编写。

拆除爆破和城镇浅孔爆破应按下列规定进行爆区周围设施、建（构）筑物的保护和安全防护设计：

（1）根据被保护建（构）筑物或设备允许的地面质点振动速度，限制最大一段起爆药量及一次爆破用药量，或采取减振措施；

（2）拆除高耸建（构）筑物，应考虑塌落振动、后坐、残体滚动、落地飞溅和前冲等发生事故的可能性，并采取相应的防护措施，提出必要的监测方案；

（3）对爆破体表面进行有效覆盖；

（4）对保护物作重点覆盖或设防护屏障；

（5）采取防尘、减尘措施。

# 17 岩土爆破设计

## 17.1 露天爆破设计

露天爆破尤其是露天台阶爆破，爆破规模比较大，应编制爆破设计说明书，而对于矿山深孔爆破和其他重复性爆破，允许采用标准技术设计。深孔台阶露天爆破技术设计的内容包括设计基础资料和设计工作内容两部分，前者是设计依据，后者是具体参数确定。

### 17.1.1 设计基础资料

露天爆破设计必须准备的基础资料包括：

（1）工程任务资料。包括工程目的、任务、技术要求和与工程相关的合同、文件等。

（2）地形地质资料。包括爆区地形图、周边环境图（爆破影响范围内建筑物、村庄、高压线路、铁路、公路等），爆区基本地质资料、岩石基本物理力学性质等。

（3）试验资料。包括爆破器材种类、合格证及检测结果；起爆网路试验和爆破漏斗试验等。

### 17.1.2 技术设计内容

露天爆破技术设计内容包括：

（1）爆破方案确定（方案比较、选择与确定）。

（2）确定合理的台阶要素。

（3）选择钻孔形式，钻机类型，布孔方式。

（4）爆破参数设计，包括：孔径与孔深、超深、底盘抵抗线、填塞长度；孔网参数（孔距、排距、炮孔密集系数）；装药结构；单位炸药消耗量，单孔装药量及总装药量计算；起爆网路设计等。

（5）爆破安全计算和校核。

（6）安全警戒范围确定。

（7）施工组织设计。

（8）技术经济分析。

（9）主要附图，包括台阶投影图、爆区周围环境平面图、起爆网路图、安全警戒范围图等。

### 17.1.3 露天爆破的分类设计与实例

#### 17.1.3.1 露天台阶爆破设计

A 概述

露天台阶爆破是在地面上以台阶形式推进的石方爆破方法。台阶爆破按照孔径、孔深不同，分为深孔台阶爆破和浅孔台阶爆破。通常将炮孔直径大于50mm、炮孔深度大于5m的台阶爆破统称为露天深孔台阶爆破。

B　露天台阶爆破的设计案例——白云岩露天开采技术及施工设计

a　方案编制的主要依据

(1)《安全生产法》(JGJ 98—2000);

(2)《民用爆炸物品安全管理条例》(国务院令第466号);

(3) 国家标准《爆破安全规程》(GB 6722—2014);

(4)《金属非金属矿山安全规程》(GB 16423—2006);

(5)《爆破施工合同书》和委托书;

(6) 爆破施工现场有关技术资料。

b　工程情况简介

(1) 工程概况。该工程为白云岩露天开采爆破工程。施工爆破区的标高为10m至90m，分层开采以台阶形式开采。

(2) 地质情况。采区石质为白云石。岩石坚固性系数$f$值约为10至12，岩石的平均容重为2700kg/m$^3$。

(3) 爆破区周围的环境比较简单，东、西、南面均为荒山，只是北面300m处有民房。

c　爆破方案的确定

根据《中华人民共和国矿山安全法实施条例》的规定，露天矿山开采的台阶高度、平台宽度和边坡角度必须满足安全作业及边坡稳定的要求。另据《小型露天开采场安全生产暂行规定》明确要求：应当采用台阶式开采不能采用台阶式开采的，应当自上而下分层顺序开采，严禁采用扩壶爆破、掏底崩落等开采方式。结合该工程现场石质及周围环境情况以及对该工程的要求和实际开挖能力，采用深孔台阶爆破法是最佳的选择。

施工顺序为：修整台阶—布置炮孔—钻孔—装药—填塞—网路连接—检测网路—警戒—起爆—爆后检查。

d　中深孔台阶的基本要求

(1) 台阶的高度：对于该工程深孔爆破的台阶高度可取8～12m。

(2) 台阶的宽度：每层的宽度可根据实际排数的情况进行调整，如一排孔时取4m；如为两排孔时，为7～8m。

(3) 每层岩体开采后所形成的边坡角应当能保证岩体的基本稳定，最大的边坡角应当小于60°，最小不小于75°。

e　钻、布孔形式

钻孔形式为倾斜钻孔；布孔方式为矩形布孔。

f　深孔台阶爆破参数

深孔台阶爆破参数的选择包括：

(1) 孔径：$D=90$mm；

(2) 台阶高度：$H=8\sim12$m；

(3) 超深：$h=1.0\sim1.2$m；

（4）炮孔倾角：$\alpha=60°$；

（5）孔深：$L=(H+h)/\sin60°=10.4\sim15.24\text{m}$；

（6）底盘抵抗线：$W_1=3.0\sim3.5\text{m}$；

（7）炮孔密集系数：$m=1\sim1.5$；

（8）孔距：$a=mW_1=3.0\sim4.2\text{m}$（前排）；

（9）排距：$b=a\sin60°=3.1\sim3.6\text{m}$；

（10）填塞长度：$l_2=(0.7\sim1.0)W_1=3.0\sim3.5\text{m}$；

（11）单位炸药消耗量：$q=0.3\sim0.8\text{kg/m}^3$，可由实际情况调整，暂取 $0.4\text{kg/m}^3$；

（12）单孔装药量：$Q=qaW_1H=0.4\times3.6\times3\times12=51.84\text{kg}$。

g　装药结构

采用连续柱状装药和局部的空气分段装药。

h　起爆网路

起爆网路采用逐孔起爆技术，为了减少爆破规模，每次只爆破 3 排炮孔，孔内采用 11 段高段位雷管，排间采用 5 段雷管延期，孔间采用低段位 3 段雷管。将各炮孔内的导爆管以逐孔起爆形式，用胶带捆牢在起爆电雷管的周围，雷管底部与传爆方向相反；然后，使用两发起爆电雷管，以确保导爆管顺利的传爆（图 17-1）。

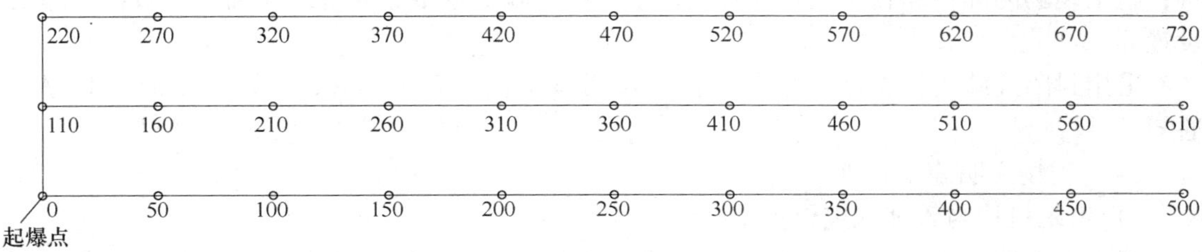


图 17-1　逐孔起爆网路图

i　爆破安全允许距离

（1）爆破振动安全允许距离的计算。根据国家标准《爆破安全规程》（GB 6722—2014）的规定，爆破振动安全允许距离用下式计算：

$$v=K\left(\frac{\sqrt[3]{Q}}{R}\right)^{\alpha} \tag{17-1}$$

式中　$v$——地面质点峰值振动速度，cm/s；

$Q$——炸药量，kg，齐发爆破取总药量，延时爆破取最大一段药量；

$R$——观测点至爆源的距离，m；

$K$，$\alpha$——与爆破点地形、地质等条件有关的系数和衰减指数。

此次深孔台阶爆破最大单响药量为 $Q=51.84\text{kg}$；$R=300\text{m}$；取 $K=150$，$\alpha=1.5$ 代入式（17-1）中，得出 $v=0.08\text{cm/s}$，远小于《爆破安全规程》（GB 6722—2014）规定的爆破振动安全允许标准（对于一般民用建筑物为 $1.5\sim3.0\text{cm/s}$）。

（2）爆破个别飞散物对人员的安全允许距离的确定。根据《爆破安全规程》（GB 6722—2014）的规定，深孔台阶爆破个别飞散物对人员的安全允许距离按设计确定，但不小于 200m。

j　爆破施工组织设计

（1）施工组织机构和职责：设立项目指挥部，全面指挥和安排爆破作业的各项工作。项目指挥部设项目经理、副经理和若干作业组。

项目经理统一安排、部署全面工作。副经理分管施工、协调、爆破警戒工作。

爆破技术组负责网路试验、布孔、炮孔验收、装药、网路连接和起爆等指导工作；负责将设计好的平台、爆区边界、炮孔深度、剖面图复核及其他测量工作。

爆破器材供应组负责爆破器材的预定、购买、检验、爆破器材的分发登记工作。

爆破施工组负责钻孔、炮孔装药、填塞、网路连接等工作。

安全保卫组负责各种保护措施的落实、爆破警戒和人员的撤离疏散和应急措施的落实工作。

（2）机具：空压机按工程施工进度配置；钻机或风钻及其配套器材，直径 90 ~ 115mm 潜孔钻机械配套进场。

（3）施工准备：在进行爆破技术设计的同时，开始着手进行施工准备工作。施工准备工作包括：施工组织的建立；爆破作业人员的培训、考核、资质审查；有关证件的申领和爆破手续的办理；施工现场操作规程和相应制度的建立；机械设备的调配和施工器材的准备；施工现场的准备和临时建筑的修建；水、电、施工道路的准备以及临时爆破器材库的设置等。

采用封闭式施工，将施工地段围挡，在明显位置设立施工牌；张贴施工通告和爆破通知。

（4）现场文明施工管理：

1）组织机构与管理规定包括：

①成立以项目经理为组长的施工现场文明施工领导小组，负责工程文明施工管理工作，并结合实际情况制定文明施工管理细则。

②加强宣传教育工作，提高管理人员及各施工班组文明施工的意识和自觉性，并定期对现场文明施工情况进行检查评比，找出不足，重点改进。

③做好施工现场总平面设计，报请监理工程师审批，施工中，严格按总平面图布置，不得随意改变，同时根据工程进度，适时对施工现场进行整理和整改。

④推行现代管理方法，科学组织施工，加强现场文明施工管理，提高文明施工水平，创建文明工地；维护市容整洁和城市卫生，使文明施工规范化、标准化、制度化。

2）文明施工实施措施包括：

①施工现场设置明显的标牌，即：工程概况牌、安全标志牌、爆破施工公告牌。

②施工现场的主要管理人员在现场佩戴证明其身份的证卡，施工人员配戴安全帽。

③做好施工现场设施的安装和使用管理工作，保证施工安全。

④各种施工机械进场须进行安全检查。

⑤做好施工现场的安全保卫工作，采取必要的防盗措施，施工场地按有关规定建立安全保卫制度，非施工人员不得进入施工现场。

⑥认真执行国家有关安全生产和劳动保护法规，建立安全生产责任制，进行安全教育宣传，落实安全防护各项工作，设置符合要求的各项安全设施并保持完好状态。

（5）爆破安全保障措施。

1）按国家标准《爆破安全规程》（GB 6722—2014）的规定成立安全管理机构，由企业负责人全面负责本单位的爆破安全管理工作。

2）组织机构的建立。成立爆破指挥部，负责组织、指挥爆破工程中的全部工作。本工程项目经理任指挥长，承担法人应承担的责任。下设若干职能组，明确各自职能。

3）雷雨天不应当采用电爆网路。当用电起爆网路时，起爆器的开关钥匙只能由爆破员随身携带，不得挂于起爆器上或转交他人。同时，为防止杂散电流的意外引爆，在起爆前应对起爆线路进行短路处理。

4）不应一人同时携带炸药和雷管，炸药和雷管应分别放在专用的背包（木箱）内，不应放在衣袋里。

5）做好经常性的爆破安全宣传工作，在安全警戒点应当设置必要的警戒标志。

6）爆破警戒：深孔台阶爆破不小于200m，起爆前必须发出预警信号、起爆信号和解除信号，各类信号必须使爆破警戒区域和附近人员能清楚地听到或看到。

（6）应急预案。

1）施工安全方针和原则。突发事件和安全事故的应急救援工作坚持“预防为主，常备不懈”的方针；坚持贯彻“以人为本”，最大限度保证人员生命安全的原则；坚持保护人员生命优先，防止和控制事故蔓延优先，保护重要设施优先，保护环境优先的原则。

2）风险控制措施：

①风险控制的策划，将本工程风险控制分为3个部分实施：存在的一般危害，在施工组织设计中做出规定，进行全面控制；对存在重大风险的项目，建立针对性的管理方案进行重点控制；对于潜在事故和紧急事故情况，建立并实施专项应急预案的办法控制。

②项目部在项目管理中对以下五个方面实施严格控制；劳动强度和作业时间的控制，禁止员工疲劳作业；劳动防护用品的配备和使用控制；适宜的生活和休息环境的控制；员工健康的监测控制；劳动合同的管理与实施的控制。

③应急救援组织机构和人员及其职责；ⅰ机构设置。根据本项目工程特征和生产特点，项目部设置应急预案，成立应急反应组织机构，明确组成人员的职责；ⅱ现场应急救援准备，包括：应急设备、物资器材的准备，安全通道准备，外部支援的准备，教育与宣传。根据应急预案的要求，组织员工进行相关的培训，宣传应急准备与响应预案，使相关员工都了解应急准备与响应预案和明确各自职责，并具备响应的应急技能；ⅲ应急响应内容包括：

第一，紧急事故发生后，事故现场人员应当立即报告项目经理。项目经理应按国家有关规定，尽快将事故情况报告上级救援总指挥和当地政府主管部门。

第二，应急报告应包括以下内容：事故发生时间、详细地点、事故类别、简要经过、伤亡人数、直接经济损失、对环境破坏的初步估计、事故发生原因的初步判断、事故发生后采取的措施及事故控制情况、现场救援所需专业人员和抢险设备等。

第三，事故调查。根据时间的级别，由公司和项目部组成调查小组，及时准确的查清事故原因、责任，按照“四不放过”原则进行事故追查。

第四，记录与归档。应急响应预案的形成与实施都要有完善有效的记录并归档保存，应当包括以下：内容应急响应预案的制定、准备和启动情况，评审与修改等内容。

第五，记录和归档由质量安全部、项目部执行。

3）应急救援终止和事故后恢复程序在满足以下条件后，可终止应急救援和事故后恢复工作：

①现场所有受伤人员已得到有效救治；

②已完成事故现场调查取证工作，按照“四不放过”原则完成事故处理；

③事故隐患已有效排除，事故现场作业条件、设备物资已处于安全状态；

④已制定可行的事故后恢复工作计划或方案，并得到公司和其他有关管理部门批准；

⑤恢复工作申请已得到建设方、监管部门、安全生产行政主管部门的批准。

17.1.3.2　路堑开挖爆破设计

A　概述

（1）路堑的定义与作用。路堑是指全部在原地面开挖而成的路基或低于原地面的挖方路基，其作用是缓和道路纵坡或越岭线穿越岭口控制标高，但同时也破坏了原地层的天然平衡状态，不利于排水和通风。因此，开挖路堑时要注意保护边坡稳定性、需设置排水沟。

（2）开挖施工方法。路堑开挖方法分为：全断面开挖法、分层开挖法、分段纵挖法、分层纵挖法和通道纵挖法。但是，无论采用哪种方法，爆破技术都是路堑开挖唯一有效的手段。

B　设计案例——铜南宣高速公路路堑石方爆破技术设计

（1）概况。爆破工程位于安徽省铜陵县，系铜南宣高速公路路堑石方爆破。其横断面如图17-2所示，路基标高35.40m，路基宽26m，高边坡1∶0.75，低边坡1∶1.00，最大挖深8.48m。爆破岩石为卵砾石层，部分为灰岩，岩石坚固性系数$f=8\sim10$。

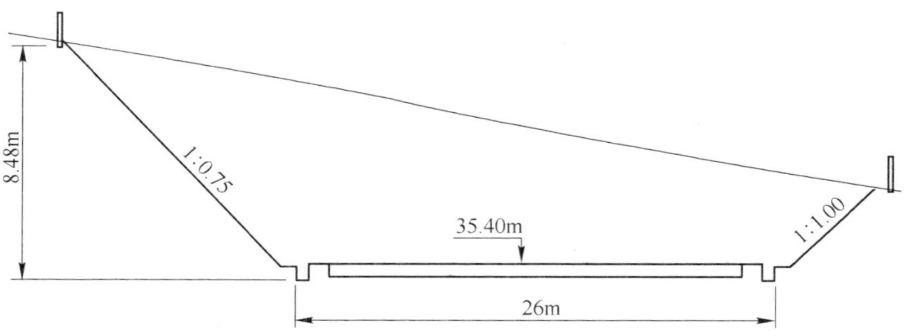


图17-2　路堑横断面图

（2）方案设计。采用深孔台阶延时爆破。台阶高度$H=8\sim10$m。

（3）爆破参数，包括：

孔径$\phi=90$mm；

孔距$a=3.0$m；

排距$b=2.5$m；

孔深$L=7\sim9.5$m；

填塞长度 $l_1=4.0\sim4.5\text{m}$；

装药长度 $l_2=5\sim6\text{m}$；

超深 $h=0.5\sim1.0\text{m}$；

最小抵抗线 $W_1=3.0\text{m}$；

单位炸药消耗量 $q=0.4\text{kg/m}^3$；

单孔装药量 $Q=22\text{kg}$ 左右。

（4）装药及装药结构：使用 M 型乳化炸药。

连续装药结构具有操作简单、装填速度快的优点，但在孔口部分容易产生大块。孔内间隔装药虽然能够改变上述缺点，但施工复杂、费时费力。为此，采用孔间交错改变填塞长度的方法，兼顾了二者的利弊（图 17-3）。装药前首先清洗炮孔，测量孔深。为确保装药可靠起爆，起爆药包放入 2 发导爆管雷管，起爆药包置于离药包顶面 1/3 处，起爆药包中雷管聚能穴指向主药包方向。装药结构如图 17-4 所示。

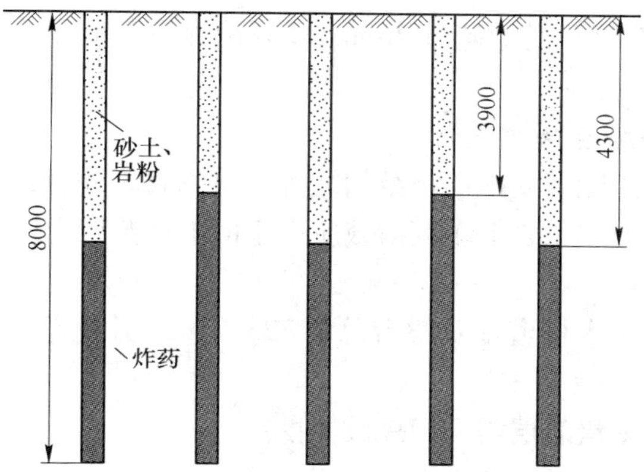


图 17-3　孔间交错改变填塞长度

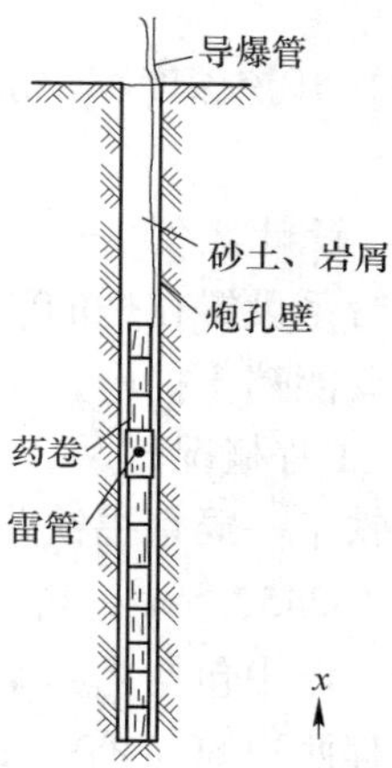


图 17-4　装药结构图

（5）起爆网路。为确保传爆的可靠性，炮孔内装 2 发雷管，从每个炮孔内各取 1 发雷管分别组成两套爆破网路。然后，用塑料导爆管将两套爆破网路组合在一起构成复式起爆网路，如图 17-5 所示。导爆管之间用四通连接，整个网路的末端用电雷管进行引爆。现场使用 1～10 段毫秒延时导爆管雷管进行延时起爆。

（6）爆破效果。爆破破碎效果良好，只产生少量大块，80% 的爆破碎石能够直接使用机械设备装运；底版平整；基本无飞石，极个别飞石也都控制在 20m 以内；爆破振动速度也在允许的范围之内。爆破是成功的。

#### 17.1.3.3　基坑开挖爆破设计

##### A　概述

（1）基坑的定义：在地面或地下开挖的地基工程。

例如：高层楼房基础、工厂厂房地基、重型设备安装基础、新建水库坝体基础、地下水池、桥梁桥墩及桥台等都需要开挖大量的基坑。

（2）基坑的材质：各种不同坚固性系数的岩石、沙土、黏土等。

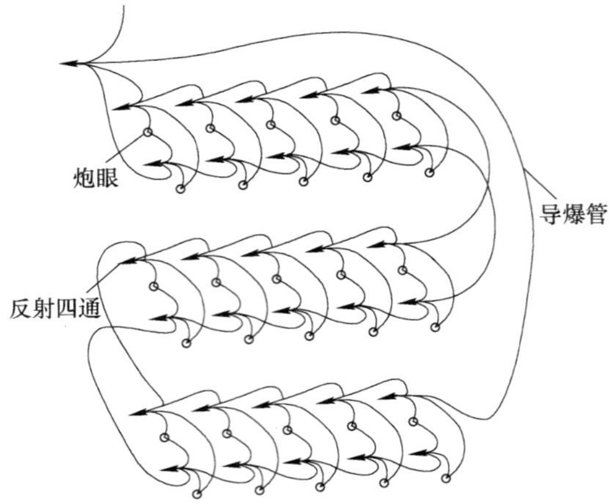


图 17-5 复式起爆网路

(3) 开挖深度：一般为几米至十几米不等，很少超过 30m。多数情况下只有一个自由面。

B 设计案例 1——山西省三清山大桥桥台爆破设计

桥台系设置在桥的两端的构筑物，其作用除了支撑桥跨结构之外，又衔接两岸接线路堤；既要能挡土护岸，又要能承受台背填土及填土之上车辆荷载所产生的附加侧压力。

a 工程概况

中铁十一局京福铁路客专闽赣Ⅰ标三清山大桥道基及桥台总长 723.73m，开挖总工程量道基 132452.5$m^3$，桥台 160$m^3$（23 个）。

开挖体中包括Ⅰ～Ⅴ岩土，其中Ⅳ级、Ⅴ级岩层需采用爆破开挖。

工程西边 80m 有一个养老院，其他三面是荒山，爆破环境十分复杂。

b 爆破设计的依据和原则

设计依据包括：

(1) 勘察单位提供的地质勘察资料；
(2) 中华人民共和国《民用爆炸物品安全管理条例》；
(3)《爆破安全规程》(GB 6722—2014)；
(4)《建设工程安全生产管理条例》；
(5)《爆破作业单位资质条件和管理要求》(GA 990—2012)；
(6)《爆破作业项目管理要求》(GA 991—2012)；
(7)《公路工程技术标准》(JTGB 01—2003)；
(8)《工程测量规范》(GB 50026—2002)；
(9)《施工现场临时用电安全技术规范》(JGJ 46—1988)；
(10)《中华人民共和国建筑施工场界噪声限值》(GB 12523—1990)；
(11)《爆破作业人员安全技术考核标准》(GA 53—1993)；
(12) 其他相关规程、规范。

设计原则包括：

（1）确保爆破开挖后的断面尺寸及轮廓面的平整度满足设计要求，超挖不大于15cm，欠挖不大于5cm。

（2）爆破开挖后的石渣块度均匀，渣堆集中，便于装渣运输。

（3）根据设计要求及地质条件，确定合理的爆破参数和起爆方式，尽量减少对周围岩体的扰动。

（4）在保证爆破效果的前提下，尽量减少爆破单位岩体所需的炮孔长度和爆破器材消耗量，降低爆破成本。

（5）在确保施工质量的前提下，加快工程施工进度。

（6）充分考虑施工环境保护、文明施工要求，采用先进合理、安全可靠、经济可行的爆破施工方案，确保工程施工顺利展开。

c　总体施工方案

根据本工程岩石类别，标段内Ⅰ、Ⅱ、Ⅲ类岩层采用挖掘机开挖，Ⅳ、Ⅴ类岩层采用爆破开挖方案。

桥台尺寸为4m×4m×10m，采用立井浅孔爆破施工方法，掏槽方式选用小直径中空直孔掏槽，为保证开挖轮廓面的平整，采用光面爆破。

为使掏槽孔达到更佳效果，中心空孔孔深要比周边掏槽孔深0.5m，装少量炸药。周边掏槽孔起爆后，再起爆空孔底部炸药，将槽内岩渣送出槽外以减少槽内压渣影响爆破效果。

由于工程西边80m有一个养老院，在紧邻养老院的爆区需要采用控制爆破技术。

d　桥台爆破参数设计

（1）桥台开挖深度取2.0m。

（2）单位炸药消耗量约为1.2kg/m$^3$。

（3）光面爆破线装药密度。根据类似工程经验，孔线装药密度取0.25kg/m。

（4）钻孔直径 $d$。采用轻型风动凿岩钻孔，移动式柴油压风机供风，钻孔直径 $D=42$mm。

（5）最小抵抗线 $W=20\sim30d$，取 $W=0.8$m。

（6）炮孔超深 $h=0.1\sim0.15H$，取 $h=0.2\sim0.5$m。

（7）孔深。中间空孔2.7m，掏槽孔2.2m，主爆孔和光面爆破孔2.1m。

（8）主爆孔炮孔间距和排距取0.8m；采用正方形布置。

（9）光面爆破孔孔距。根据类似工程经验，孔距取0.5m。

（10）堵塞长度。$l_t=20\sim30d=0.8$m。

所有炮孔均采用垂直孔，钻孔参数见表17-1，炮孔布置见图17-6。

**表17-1　桥台钻孔参数表**

| 炮孔种类 | 编号 | 数量/孔 | 炮孔深度/m | 炮孔斜角/(°) | 中心孔距/m | |
|---|---|---|---|---|---|---|
| | | | | | $a$ | $b$ |
| 空　孔 | 0 | 1 | 2.7 | 90 | | |
| 掏槽孔 | 1~8 | 8 | 2.2 | 90 | 0.15 | 0.25 |
| 辅助孔 | 9~32 | 24 | 2.1 | 90 | 0.8 | 0.8 |
| 光爆孔 | 33~50 | 28 | 2.1 | 90 | 0.5 | 0.5 |

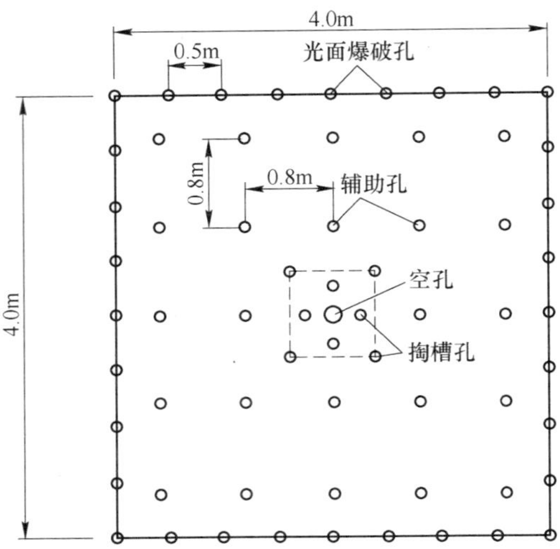


图 17-6　桥台炮孔布置图

e　装药结构设计

采用二号岩石乳化炸药，$\phi$32mm 药卷，长 20cm、每节重 0. 15kg。

（1）主爆孔采用连续装药，单孔装药量为 0. 75 ~ 1. 13kg，装药结构见图 17-7。

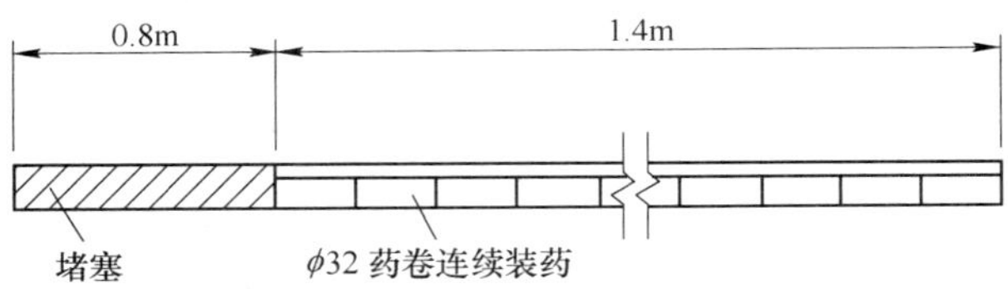


图 17-7　桥台主爆孔装药结构布置图

（2）光面爆破孔。采用间隔装药，装药结构见图 17-8。

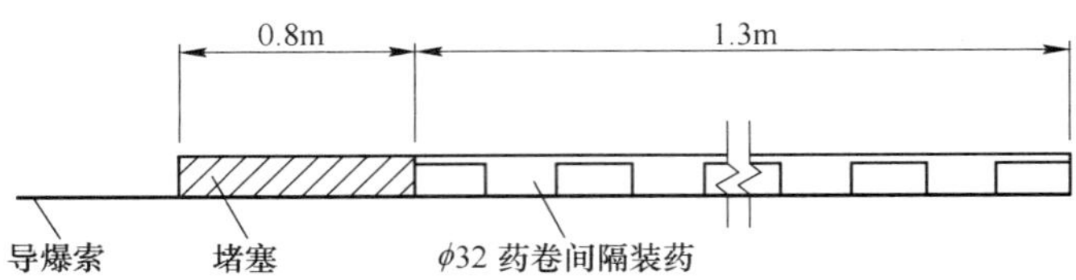


图 17-8　道台光面爆破孔装药结构布置图

f　起爆网路设计

采用导爆管孔外延期接力起爆网路，孔内装即发雷管各排依次顺序起爆。

网路各段延期间隔时间为 25ms，排间延期间隔时间 110ms 孔外导爆管用连接四通自远而近顺序连接。起爆网路由中间的掏槽孔向外起爆，最后是光面爆破孔，起爆网路见图 17-9。

g　爆破安全距离

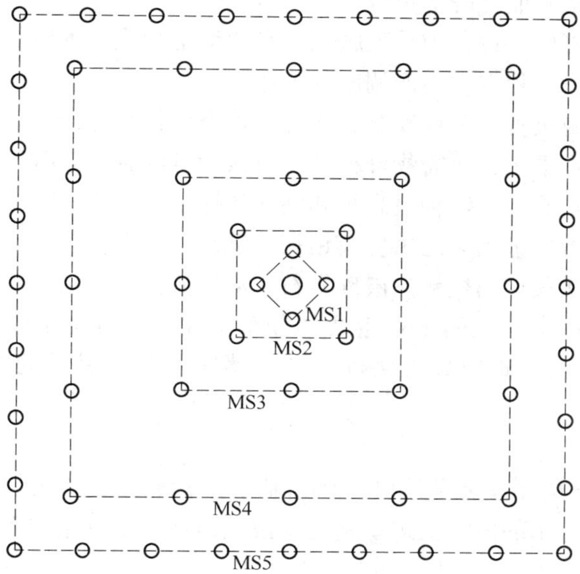


图 17-9 桥台起爆网路示意图

（1）爆破振动。爆破振动速度计算公式为

$$v = K\left(\frac{\sqrt[3]{Q_{max}}}{R}\right)^{\alpha}$$

式中，$K$ 取 200、$\alpha$ 取 1.85。

根据《爆破安全规程》（GB 6722—2014），一般民用建筑物的安全允许质点振动速度为 1.5～3.0cm/s。通过计算，养老院距爆区 80m 时，爆破引起的质点振动速度为 0.5cm/s，小于国标规定的允许值。

（2）个别飞散物安全允许距离。爆破飞石距离公式为 $R_K = 25\sqrt[3]{Q}$，本工程最大单响药量不会超过 40kg，其飞石距离为 60m，小于养老院与爆区的 80m 距离。

根据《爆破安全规程》（GB 6722—2014），露天浅孔爆破法破大块，个别飞散物对人员的最小安全允许距离为 300m，在复杂地质条件下和未形成台阶工作面时为 300m。本工程爆破安全警戒范围确定为不小于 300m。

加强炮孔堵塞，并做好孔口的覆盖，在爆区与保护对象之间设置屏障进行保护。

h 施工组织设计

（1）施工组织机构设置：

1）为实现安全、优质、高效和环境保护目标，同时为便于对外联系，加强科学管理。按项目应组建施工工程项目部，全权负责工程项目的组织、实施及管理。下设技术组及职能管理部门、测绘队、钻爆作业队和机械扒碴作业队等。

2）项目指挥部各部门职责。项目部负责人是该项目的全权委托代理人，是施工项目全工程中所有工作的总负责人。下分设技术组、四个专业作业队及其他职能管理部门，由项目负责人直接负责管理，各队由具备一定管理经验和技术的人员负责。施工过程中的安全质量工作由安全质量专业工程师负责。

①专家组主要负责施工过程中重大施工方案的审定和施工难题的攻关。

②工程技术组负责工程技术生产调度等工作。

③安全质量监察组负责本工程安全、质量的检查监督等工作。

④物质机械组负责本工程所需物资材料、机械设备的调运采购等工作。

⑤测量放样队负责测量，定轴线高程和钻孔放样工作。

⑥钻爆作业队负责掘进动力的供应、钻孔、爆破作业。

⑦机械扒碴作业队负责用机械法破碎岩石，清运渣土。

⑧项目经理部根据本工程的工程量及其分布情况管理各施工作业队。各队设作业队长、主管技术员各 1 名。做到分工明确、层层落实、保质保量的进行各项工程有序的施工。

（2）施工组织：

1）钻孔作业——按照爆破设计要求在路基上布置炮孔，并用红油漆标示，然后由人工利用凿岩机在指定标示的位置上进行钻孔，按照设计钻凿到指定深度，需严格控制钻孔的方向角度与深度。

2）爆破作业——包括：装药、填塞、爆破后的安全检查和盲炮处理。

3）爆破警戒：

①根据爆破点的实际地形情况和《爆破安全规程》（GB 6722—2014）的有关规定，爆区 300m 范围划定为警戒区域；

②树立爆破危险区警示牌；

③爆破前派专人在爆破警戒点警戒；

④建立爆破信号系统。将爆破信号挂牌，让全体施工人员及附近村民了解爆破信号，爆破信号采用移动式警报器发出，信号种类有：第一次信号为预警信号。第二次信号为起爆信号。爆破前 2min 发出半分钟长音，确认人员、车辆已撤离危险区，具备安全起爆条件，由总指挥下达起爆命令。第三次信号为解除警戒信号。

4）爆破安全施工措施。包括凿岩安全措施、爆破安全措施细则。

5）主要机械设备、火工材料及人员配置。

i 爆破安全应急救援预案

（1）总则。为了加强对项目爆破安全事故进行有效控制，认真贯彻“安全第一、预防为主”的总方针，做好“安全第一、积极预防、分级指挥、上下协同、减少损害”的应急处理制度。根据《中华人民共和国安全生产法》、《中华人民共和国矿山安全法》、《民用爆破物品管理条例》要求及时有效地处置突发事件，做好安全、医疗应急准备工作，最大限度地保护职工生命和减少国家财产的损失，预防或减少可能伴随的环境影响。结合项目实际情况，制定该方案。

（2）应急救援组织机构及职责有：

1）执行国家有关安全生产的法律、法规及省、局、公司有关安全生产的规程、规定。

2）组织制定项目应急响应计划，做好事故应急配合工作。

3）负责准备现场应急资源。

4）负责指挥现场安全事故的应急响应行动。

5）负责应急响应计划的演练。

6）组织支援事故应急行动。

7）及时向公司总部、项目部所在地政府有关部门通报事故情况，提出进入应急状态的措施与建议。

8）积极配合公司及地方公安部门、卫生部门、环境保护部门、安全生产监督管理部门做好应急响应计划的实施。

9）做好应急响应计划的培训与宣传教育工作。

（3）爆破事故应急与响应包括：

1）目的：及时有效地处置突发事件，最大限度地减少损失和影响，最大限度地保护人民生命财产的安全。

2）适用范围：本预案程序适用于项目部潜在的突发爆破事故的应急处理。

3）应急策划：爆破事故可能造成飞石对人体的伤害。盲炮处理可能引起爆破伤人；火工材料库的爆炸对人员及周边房屋财产的损失；氧气瓶、乙炔瓶引起的爆炸伤人。

（4）现场恢复：

1）救援工作结束后，总指挥、副总指挥、项目施工队长、安全员会同有关部门，立即对现场清查与评估。对事故现场进行最终安全评价。评价的主要内容主要为是否有盲炮，是否有余烬复燃的可能，岩石松散情况及恢复生产所采取的措施等现场恢复过程中的危险，制定现场恢复程序，防止其他事故的发生。

2）由事故善后处置小组对善后工作按有关规定进行善后处置。

3）由事故调查小组对事故进行调查，在查明原因的基础上，对该应急计划进行重新评审与纠正。

（5）应急人员安全。救援工作危险性大，必须给救援人员配备齐全防护设备，如安全帽、防毒（尘烟）面具，现场安全监测设备，一旦在抢险中有确定重大不安全因素，应立即撤离应急人员，保证应急人员免受事故的伤害。

### C 设计案例2——楼房基础开挖爆破技术设计

#### a 工程概况

某地欲建三幢27层楼房需开挖一深度9m，面积约8560m$^2$ 的基坑。上部5m为堆积土，采用机械开挖。下部3.0m为岩石层，爆破方量约2.6×10$^4$m$^3$。开挖区周围环境比较复杂，距基坑10m处有一所学校需保护。

#### b 方案选择

该工程地处繁华市区，经研究确定主爆区采用浅孔大、小孔径相结合的单（双）排爆破方式，开挖区周边开挖减振沟，打减振孔并最后采用光面爆破，以减少爆破振动对周围建筑物的影响。

#### c 爆破参数的选取

（1）钻孔直径 $d_1$ = 42mm；台阶高度 $H$=3.0m；底盘抵抗线 $W_1$ = (0.4 ~ 0.8)$H$，取 $W_1$ =1.5m、最小抵抗线 $W_{min}$ =1.2m；炮孔超深 $h$ = (0.1 ~ 0.15)$H$，取 $h$ =0.3m；炮孔深度 $L_1 = H + h$ =3.3m。

（2）炮孔间距 $a_1$ = (1.0 ~ 1.8)$W$，取 $a_1$ =1.3m；炮孔排距 $b_1$ = (0.8 ~ 0.9)$a_1$，取

$b_1=1.0$m；孔口填塞长度 $l_1>1.2W$；单孔装药量 $Q_1=qa_1b_1H$；炸药单耗 $q=0.35\sim0.40$kg/m$^3$，实际取 $Q_1=2.5$kg。

（3）减振孔孔网参数。

孔径 $d_2=42$cm，孔距 $a_2=50$cm，排距 $b_2=50$cm，孔深 $l_2=H+h=3.3$m。

（4）光面爆破参数。

为降低爆破振动的影响，在基坑周边设有一排减振孔。后期进入基坑边坡开挖时，将减振孔间隔作为光面爆破孔。

1）孔径为 $d_3=d_2$，孔距为 $a_3=2a_2=100$cm，孔深 $l_3=l_2=H+h=3.3$m，线装药密度 $\rho=120\sim150$g/m，填塞长度 $l_4=1.5$m。

2）底部加强线装药密度：为了克服孔底岩石的夹制力、确保光面贯通到台阶底，并使孔底不留炮埂，孔底设 0.5～0.8m 加强装药段，其线装药密度 $\rho_d=(1.5\sim3.0)\rho$，经试爆调整后取 $2.0\rho$；不耦合系数 $\eta=3.56$。各类炮孔布置如图 17-10 所示。

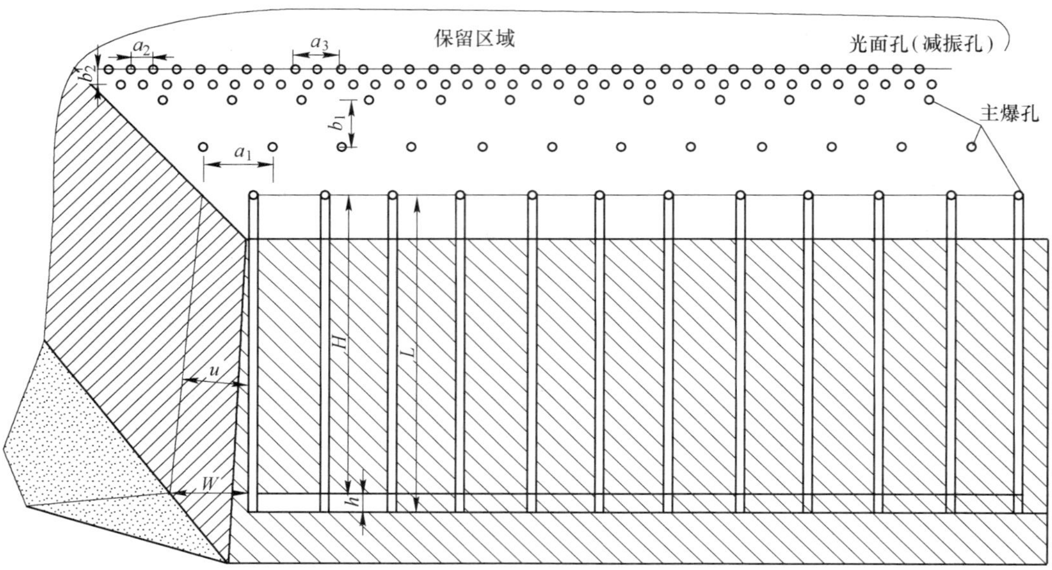


图 17-10　各类炮孔布置图

d　光面孔（减振孔）、浅孔大小孔装药结构

装药结构均采用不耦合装药形式。

（1）光面孔装药结构：采用 $\phi$25mm（单个药包重 100g，长度 30cm）岩石乳化炸药，孔底加强装药，均采用不耦合装药形式，按线装药密度把导爆索、装药绑紧在竹片上，装入炮孔，装药结构示于图 17-11。

（2）主爆孔装药结构：浅孔采用 $\phi$32 乳化炸药。不耦合间隔装药形式如图 17-12 所示。

（3）填塞：填塞采用钻孔排出的岩渣和沙土以及颗粒黄沙混合物。

e　起爆网路

（1）光面爆破起爆网路。光面孔采用防水导爆索引爆炸药的起爆网路（按设计的线

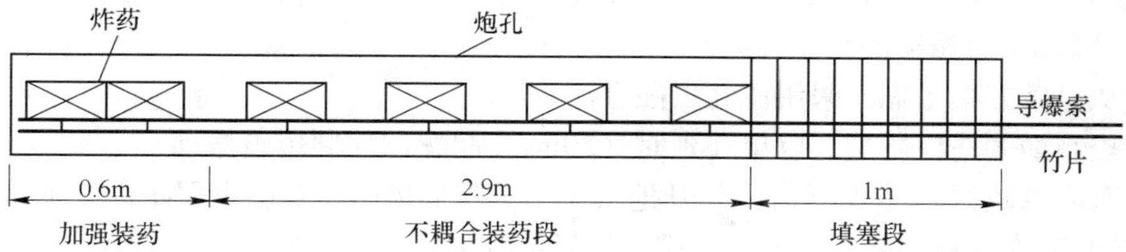


图 17-11　光面孔装药结构

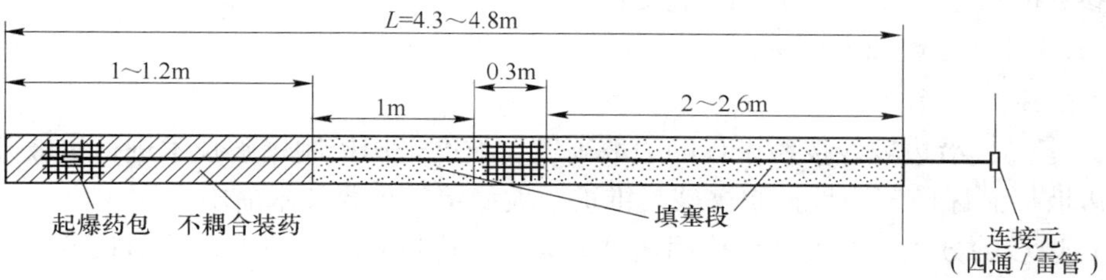


图 17-12　不耦合间隔装药结构

装药密度把导爆索和炸药固定在一根竹片上）。为控制最大段起爆药量、减小爆破振动对周边的危害，孔外采用一孔一段，用 MS3 段非电雷管连接，组成孔外接力起爆网路。为确保各孔准爆，孔外各段均采用双发非电毫秒雷管连接。

（2）主爆孔起爆网路。因该工程周边环境比较复杂，为减少爆破次数和增加一次爆破方量，故采用孔外延期起爆网路。孔内采用高段别（MS10），孔外采用低段别（MS3 和 MS5）毫秒导爆管雷管连接。

f　爆破振动

（1）爆破振动安全允许速度的计算为

$$v = K\left(\frac{\sqrt[3]{Q}}{R}\right)^{\alpha}$$

式中　$v$——地面质点峰值振动速度，cm/s；

$Q$——炸药量，kg。齐发爆破 $Q$ 取总药量，延时爆破取最大一段药量；

$R$——观测点至爆源的距离，m；

$K$，$\alpha$——与爆破点地形、地质等条件有关的系数和衰减指数。

通过现场前 7 次爆破监测取得的数据，进行 $K$、$\alpha$ 拟合得 $K=89.73$、$\alpha=1.49$。经计算，不同距离和 $v=2.3$m/s 时的 $Q$ 取值如表 17-2 所示。

**表 17-2　安全允许药量**

| $R$/m | 10 | 15 | 20 | 25 | 30 |
|---|---|---|---|---|---|
| $Q$/kg | 0.63 | 2.11 | 5.00 | 9.77 | 16.89 |
| $R$/m | 35 | 40 | 45 | 50 | |
| $Q$/kg | 26.82 | 40.03 | 57.00 | 78.16 | |

由表 17-2 看出，为保证距爆区仅 10m 的学校安全，一次爆破的药量不能大于 0.63kg。

（2）降低爆破振动的技术措施。

1）从爆破方案考虑，采用浅孔爆破方法；

2）控制最大一段爆量，以单孔延时（50ms）起爆以控制爆破振动；

3）采取打减振孔（光面孔）与开挖减振沟等防振措施，在临近保护区钻 1 排减振孔，尤其在靠近学校一侧减振孔增加至 4 排，最后一排采用光面爆破。

在施工过程中，全程跟踪振动监测及对比试验监测，为设计施工过程中 $K$、$\alpha$ 值拟合，试爆、参数的调整等提供了详尽的相关数据。

#### 17.1.3.4 边坡控制爆破

##### A 概述

（1）定义：沿边坡线按照设计的边坡高度、坡度采用控制爆破技术进行边坡开挖的方法，称边坡控制爆破，边坡控制爆破是维护边坡稳定的重要技术措施。

（2）边坡的分类：石方边坡按用途可分为永久边坡和临时边坡；按形状可分为垂直边坡和倾斜边坡；按边坡高低可分为高边坡和低边坡。对于矿山和交通部门，边坡高度大于 15m 称高边坡，边坡低于 5.0m 称低边坡，一般石方边坡为 5.0～15.0m。对于水利水电部门也存在有特高边坡。

##### B 设计案例——连云港市中云台山开挖工程的高边坡控制爆破技术设计

a 工程概况

中云台山路堑开挖工程是连云港东部疏港道路的分项工程，位于连云港市中云台山中段。开挖区岩石为二长浅粒岩，岩石致密坚硬，极限抗压强度平均为 198MPa。岩体完整性较好。山体基岩片理、层理面倾向为 SE，倾角为 20°～30°。

路堑开挖区总体走向为 SW，整个开挖区底长 1100m，底宽 46m，路堑顶宽约 400m，开挖标高 +192.5～+7.55m。边坡高度平均为 184m。将开采区分为 18 个台阶来开挖，每个台阶高度为 10m，路堑边坡倾角为 60°。

b 方案确定

边坡控制爆破的基本方法有光面爆破和预裂爆破。该工程采用预裂爆破技术。

c 预裂爆破的参数确定

（1）炮孔直径 $D$。炮孔直径的选择直接关系到爆破施工的效率与成本，是确定预裂爆破抵抗线和炮孔间距的重要依据。根据工程实践可知，梯段高度或开挖深度小于 6m 时，选用 38～45mm 直径的炮孔，当梯段高度或开挖深度小于 12m 时，采用 60～140mm 的炮孔直径效果较好。该路堑开挖梯段高度为 10m，选用炮孔直径 $D=115\text{mm}$。

（2）炮孔间距 $a$。由经验公式可知炮孔间距 $a=(8\sim12)D$，考虑到岩石硬度大，取 $a=1.2\text{m}$。

（3）不耦合系数 $\eta$。不耦合系数 $\eta=D/d$，式中 $d$ 为所用药卷的直径。该工程爆破采用 $\phi$32mm 的 2 号岩石乳化炸药，不耦合系数 $\eta=3.593$。

（4）线装药密度 $q_{线}$。

1）根据岩石的抗压强度来计算，

$$q_{线}=0.034[\sigma_{压}]^{0.63}a^{0.67}$$

式中 $q_{线}$——线装药密度，kg/m；

$\sigma_{压}$——岩石的极限抗压强度，MPa；

$a$——预裂孔间距，m，当 $\sigma_{压}=198\text{MPa}$ 时，$a=1.2\text{m}$，所以 $q_{线}=1.075\text{kg/m}$。

2）由炸药密度和不耦合系数来计算，

$$q_{线} = 0.785D^2\eta\rho$$

式中 $D$——预裂孔直径，mm，取 $D=115\text{mm}$；

$\eta$——不耦合系数，取 $\eta=3.593$；

$\rho$——炸药密度，取 $\rho=1.2\text{g/cm}^3$。

计算得出 $q_{线}=0.965\text{kg/m}$。取二者平均值作为该工程线装药密度，$q_{线}=1\text{kg/m}$。

该工程预裂爆破孔比较深，底部的夹制力比较大，孔底2～2.5m范围线装药密度应该增大。同时为了减少对孔口处围岩的破坏，孔口线装药密度应适当减少。

（5）孔深 $L$ 与超深 $h$

$$L = \frac{H}{\sin\alpha} + h$$

式中 $\alpha$——台阶坡面角，(°)；

$H$——台阶高度，m；

$h$——超深，m。

该工程设计时选取坡面角 $\alpha=60°$，台阶高度为 $H=10\text{m}$，依经验选取 $h=(10\sim20)D$，故取 $h=1.2\text{m}$。所以 $L$ 平均为13m。

d 炮孔布置

采用预裂孔、辅助孔、缓冲孔和主炮孔相结合的布孔方式，如图17-13所示。同时为了防止边坡滑坡对高速公路的影响，对于边坡进行锚喷支护。设计预裂孔时，孔倾角比边坡设计要求小5°，即55°。辅助孔、缓冲孔和主炮孔在55°的基础上依次增加5°这样可减少爆破后底根的产生。

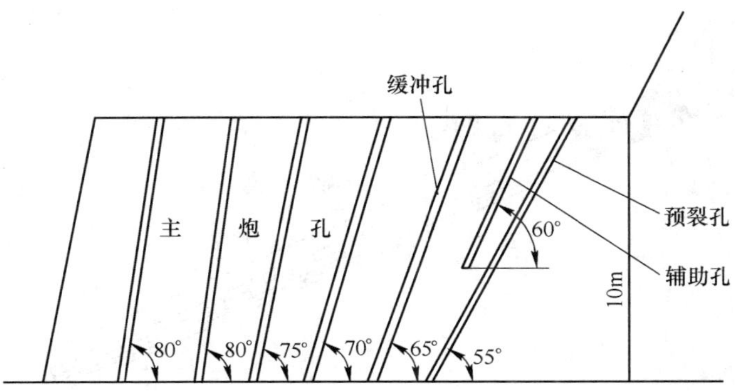


图17-13 炮孔布置

又由图17-14可知，$b_1$ 为预裂孔与辅助孔的排距，其值应大于爆破时裂缝朝辅助孔贯通的距离，所以 $b_1>a$，一般取（1.4～1.5）$a$，本工程取值为1.5m；$a_1$ 为辅助孔间距，取值为 2m；$b_2$ 为辅助孔与缓冲孔的间距，为 2.5m；$a_2$ 为缓冲孔的间距，为 3m；$b_3$ 和 $a_3$ 为主炮孔的排距与间距，其值分别为 3.5m 和 5m。

e 起爆顺序

起爆顺序为：预裂孔→主炮孔→缓冲孔→辅助孔。预裂孔的起爆时间至少提前最近的主炮孔 100ms，起爆顺序见图 17-14。预裂孔由导爆索连接，并由两发 MS1 导爆管雷管引爆。其余孔实行孔内延时起爆，其段别分别为 MS2、MS4、MS6、MS8、MS10。

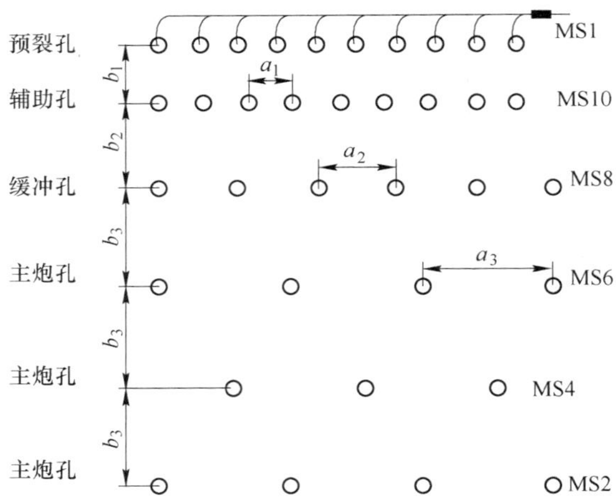


图 17-14 起爆顺序

f 装药方式与堵塞长度

将炸药和导爆索捆绑在竹片上，然后推进炮孔内，见图 17-15。为避免根底，在孔底 2～2.5m 范围内，取 $q_{底}=2.5q_{线}=2.5$kg/m，需要 $\phi$32mm 的乳化炸药 28 卷，每 4 卷 1 捆，每捆间隔 0.15m，用胶带将其与导爆索一起绑在竹片上。对于孔中间 4～5m 范围内，$q_{线}$ 为 1.0kg/m，需要 $\phi$32mm 炸药 20 卷，每 2 卷 1 捆，每捆间隔 0.3m，与导爆索一起捆绑在竹片上。孔口下 4～5m 处 $q_{口}=0.5$kg/m，需要 $\phi$32mm 炸药 10 卷，每 1 卷 1 捆，中间间隔 0.4m。

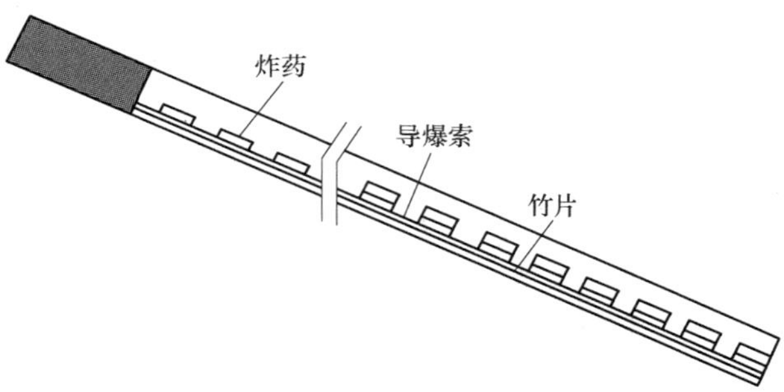


图 17-15 装药结构

堵塞长度为 13 倍的炮孔直径，即 1.5m。

g 爆破安全措施

靠路堑西边500m地方有云门市水库和村庄，同时山场上工作人员、车辆、钻机和挖机很多，针对这种情况，采取了以下措施：

（1）布孔时一定要选择好最小抵抗线，装药时抵抗线小的地方一定要控制好药量，防止飞石和爆破振动对水库和村庄的破坏。

（2）山场上配备专职的车辆管理人员，每人一部对讲机，协调好山上车辆运输，保证道路的畅通，爆破前1h，禁止车辆进入山场，爆破前0.5h，将未装料的车辆撤离到安全的区域。

（3）配备专职的调度人员，每人也配备对讲机，爆破前0.5h，通知工作人员将挖掘机和钻机等设备撤离到安全位置。

（4）爆破区域要做好爆破警示，禁止车辆和非工作人员进入爆区，爆破前0.5h，通知山场所有人员撤离，同时通知附近居民撤离到安全地方。

h 爆破效果

爆后经检查效果良好。炮孔残留率达到85%以上，坡面也较平整，为边坡的支护提供了良好的条件。

## 17.2 地下爆破设计

### 17.2.1 地下爆破的设计特点

地下爆破可分为两大类：一类是井巷、隧道掘进，溢洪道开挖，它广泛地用于采矿；公路、铁路交通，水利水电工程等。另一类是地下采矿爆破、水利水电工程中的大型硐室开挖、各种水下工程开挖等。前者具有一定的通用性，而后者则与各种工程类型密切相关。特别是金属和非金属地下采矿爆破，矿体赋存条件千变万化，矿石和围岩的物理性质各式各样，采用的采矿方法也多种多样，不同采矿方法的爆破设计都具有明显的个性。

### 17.2.2 地下爆破的分类设计与实例

#### 17.2.2.1 平巷掘进爆破设计

A 概述

a 爆破设计说明书的内容

（1）爆破工程的原始资料。包括掘进巷道的名称、用途、位置、断面形状和尺寸、穿过岩层的性质、地质条件以及瓦斯情况、涌水量等。

（2）选用的爆破器材与钻孔机具。包括炸药，雷管的品种，凿岩机具的型号、性能，起爆电源等。

（3）爆破参数的计算选择。包括掏槽方法，炮孔直径、深度、数目，单位炸药消耗量，每个炮孔的装药量、填塞长度等。

（4）爆破网路的设计和计算。

（5）爆破采取的各项安全技术措施。

根据爆破说明书绘出爆破图表，包括炮孔布置图、装药结构图、炮孔布置参数、装药参数的表格、预期的爆破效果和经济指标。

b 平巷掘进工作面炮孔布置的原则及方法

（1）工作面各类炮孔布置的顺序是：首先选择适当的掏槽方式和掏槽位置，其次是布置好周边孔，最后根据断面大小布置辅助孔。

（2）掏槽孔的位置会影响岩石的抛掷距离和破碎块度，通常布置在断面的中央偏下，并考虑辅助孔的布置较均匀。

（3）周边孔一般布置在断面轮廓线上，按光面爆破要求，各炮孔要互相平行，孔底落在同一平面上，孔底的最小抵抗线和炮孔间距通常与辅助孔相同。为保证爆破后巷道底板不留“根底”，底部炮孔孔底要超过底板轮廓线。

（4）布置好周边孔和掏槽孔后，再布置辅助孔。辅助孔是以槽腔为自由面层层布置，均匀地分布在被爆岩体上，并根据断面大小和形状调整好最小抵抗线和炮孔密集系数。

B 全断面光面爆破巷道掘进技术设计案例

a 工程概况

该巷道断面为直墙半圆拱形，全长1400m，净宽4m，净高5m，断面面积为18.28m$^2$。巷道的岩层主要为花岗岩、矽卡岩，局部地段为闪长岩。花岗岩的稳固性较好，岩石的可爆性较差，矽卡岩节理较发碎，稳固性差，可爆性较好。总体来说围岩较矿石稳固，岩石坚固性系数$f=10\sim12$。

b 爆破方案

爆破施工要求确保安全，减少对围岩的破坏。控制巷道超欠挖，保证巷道的质量和加快施工进度。根据现场爆破试验，通过普通爆破技术掘进与全断面光面爆破技术掘进两种方案进行对比，决定选用全断面光面爆破一次成型掘进法。巷道断面形状为半圆弧拱断面。

c 掏槽形式的选择

掏槽形式是影响爆破效率和爆破质量的重要因素之一，选用时应考虑地质条件施工的可行性、爆破效果和经济的合理性等因素。目前，国内外较坚硬岩石巷道掘进爆破，最常用的掏槽形式是直孔掏槽和垂直楔形掏槽。经过对复合掏槽（由垂直楔形掏槽和直孔掏槽两者相结合的方法）和单螺旋形掏槽的试验对比，该设计采用单螺旋形掏槽的布孔方式，如图17-16所示。

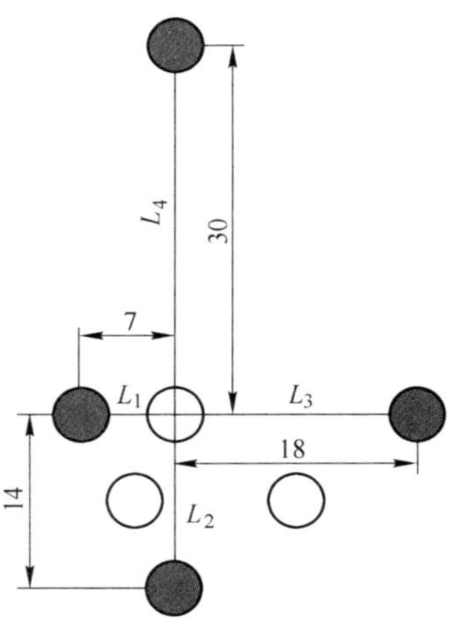

图17-16 单螺旋形掏槽炮孔布置示意图

单螺旋形掏槽的特点是以中心孔为空孔，各装药孔到空孔之间的距离依次递增，其装药孔呈螺旋线布置，并按由近及远的顺序依次起爆，形成了非对称的桶形，能充分利用自由面，扩大掏槽爆破效果在单螺旋形掏槽布置中，空孔与各装药孔之间的距离可由炮孔直径来确定。根据岩石的坚硬程度，中心空孔至周边装药孔之间的距离一般由下列公式确定：

$$L_1=(1.0\sim1.8)d;L_2=(2.0\sim3.5)d;L_3=(3.0\sim4.5)d;L_4=(4.0\sim5.5)d$$

岩石坚固性系数$f=10\sim12$，炮孔直径$d=40$mm，根据上述经验公式，结合巷道实际断面，选取$L_1=70$mm，$L_2=140$mm，$L_3=180$mm，$L_4=300$mm。同时，布置了3个空孔，深度为2.3m，4个装药孔，深度为2.2m。

d　光爆孔的参数确定

光面爆破参数的选择主要与地质条件、巷道开挖断面的形状与尺寸、炸药的品种与性能等有关。合理的爆破参数是确保光面爆破的关键。该巷道掘进工程采用2号岩石乳化炸药，药卷为32mm×200mm。凿岩设备为YT-28型气腿式风动凿岩机，直径38mm的球齿型钎头。

（1）炮孔直径$d$及炮孔深度$L$：

炮孔直径$d=40$mm。炮孔深度不宜过大，一般最大炮孔深度取断面宽度（或高度）的0.5～0.7倍，考虑到凿岩机的使用效率以及实际情况，除了掏槽孔和底孔深度为$L=2.2$m，其余周边孔辅助孔等炮孔深度均为$L=2.0$m。

（2）周边孔间距$a$和最小抵抗线$W$：

周边孔对围岩起到直接保护的作用，其参数应严格控制合适的炮孔间距并能使炮孔间形成贯穿裂缝，根据实践经验，周边孔间距取值为$a=(8\sim18)d$，式中：$a$为周边孔间距，mm；$d$为炮孔直径，mm。根据试验统计，$a$值取550mm。

（3）周边孔密集系数$m$：

周边孔密集系数是指孔距与最小抵抗线之比值，是光面爆破参数确定中的一个关键值。一般情况下，软岩可取$m=0.6\sim0.7$；硬岩可取$m=0.8\sim1.0$。

e　炮孔装药量

一个循环的总装药量

$$Q = qSL_b\eta \tag{17-2}$$

式中　$q$——单位炸药消耗量，kg/m$^3$；

$S$——巷道掘进断面面积，取$S=18.28$m$^2$；

$L_b$——炮孔平均深度，取$L_b=2.0$m；

$\eta$——炮孔利用率，取90%。

单位炸药消耗量可按修正的普氏公式计算得出：

$$q = 1.1k_0\sqrt{\frac{f}{S}}$$

式中　$f$——岩石坚固性系数，$f=10\sim12$；

$k_0$——考虑炸药爆力的校正系数，$k_0=525/P$，$P=260$mL；

其他符号同前。

经计算得$q=1.64\sim1.80$kg/m$^3$。

依据工程类比法，类似工程单位炸药消耗量取2.5kg/m$^3$。

综合分析，选取每循环岩体单位炸药消耗量为2.2kg/m$^3$。

按式（17-2）计算得出$Q=72.4$kg。

f　炮孔数目

炮孔的数目包括：周边孔数目$N_1$，掏槽孔、辅助孔和底孔的数目$N_2$。

（1）周边孔数目

$$N_1 = \frac{B_L - B}{a} + 1$$

式中　$B$——巷道掘进宽度，取4m；

$B_L$——巷道开挖断面周长，m；可按式 $B_L = c\sqrt{S}$ 近似计算，式中，$c$ 为巷道现状系数，对于拱形巷道，$c = 3.86$；

$a$——周边孔的平均间距，取0.50m。

经计算得：周边孔数目 $N_1 = 26$ 个。

（2）掏槽孔、辅助孔和底孔的数目 $N_2$，按一次爆破所需要的总装药量减去周边孔装药量，使剩余的药量平均分配到 $N_2$ 内来计算：

$$N_2 = \frac{Q - N_1 L_1 q_1}{Q_0}$$

式中　$Q$——每个循环的总装药量，kg；

$q_1$——周边孔每米装药量，kg/m，可参考表17-3选取，此处取 $q_1 = 0.3$kg/m；

$Q_0$——辅助孔和掏槽孔，每个炮孔内的平均装药量，kg；

$L_1$——周边孔的平均深度，取2.0m。

经计算：掏槽孔、辅助孔和底孔的数目 $N_2 = 44$。

计算的炮孔总数目为 $N = N_1 + N_2 = 70$，实际工程取72个。

**表17-3　巷道光面爆破采用参数**

| 岩石类别 | 周边孔间距 $a$ /cm | 周边孔最小抵抗线 $W$ /cm | 密集系数 $m$ ($m = a/W$) | 周边孔装药集中度 /kg·m$^{-3}$ |
|---|---|---|---|---|
| 硬　岩 | 50～70 | 70～85 | 0.8～1.0 | 0.30～0.35 |
| 中硬岩 | 45～60 | 60～75 | 0.8～1.0 | 0.20～0.30 |
| 软　岩 | 30～50 | 40～60 | 0.5～0.8 | 0.07～0.15 |

g　炮孔布置和炮孔数目

巷道断面炮孔布置如图17-17所示。爆破参数列于表17-4。

**表17-4　爆破参数表**

| 名　称 | 炮孔编号 | 孔深/m | 孔数 | 单孔装药量/kg | 总装药量/kg | 爆破顺序 | 装药结构 |
|---|---|---|---|---|---|---|---|
| 中空孔 | 1～3 | 2.3 | 3 | | | | |
| 掏槽孔 | 4～7 | 2.2 | 4 | 1.4 | 5.6 | Ⅰ（1段雷管） | 连续柱状 |
| 辅助孔 | 8～17 | 2.0 | 10 | 1.3 | 13.0 | Ⅲ（3段雷管） | 连续柱状 |
| 崩落孔① | 18 | 2.0 | 1 | 1.3 | 1.3 | Ⅴ（5段雷管） | 连续柱状 |
| 崩落孔② | 19～30 | 2.0 | 12 | 1.3 | 15.6 | Ⅵ（6段雷管） | 连续柱状 |
| 崩落孔③ | 31～39 | 2.0 | 9 | 1.3 | 11.7 | Ⅶ（7段雷管） | 连续柱状 |
| 边墙孔 | 40～49 | 2.0 | 10 | 0.6 | 6.0 | Ⅷ（8段雷管） | 间隔装药 |
| 拱顶孔 | 50～63 | 2.0 | 14 | 0.6 | 8.4 | Ⅸ（9段雷管） | 间隔装药 |
| 底板孔 | 64～72 | 2.2 | 9 | 1.4 | 12.6 | Ⅹ（10段雷管） | 连续柱状 |
| 合　计 | | | 72 | 74.2 | | | |

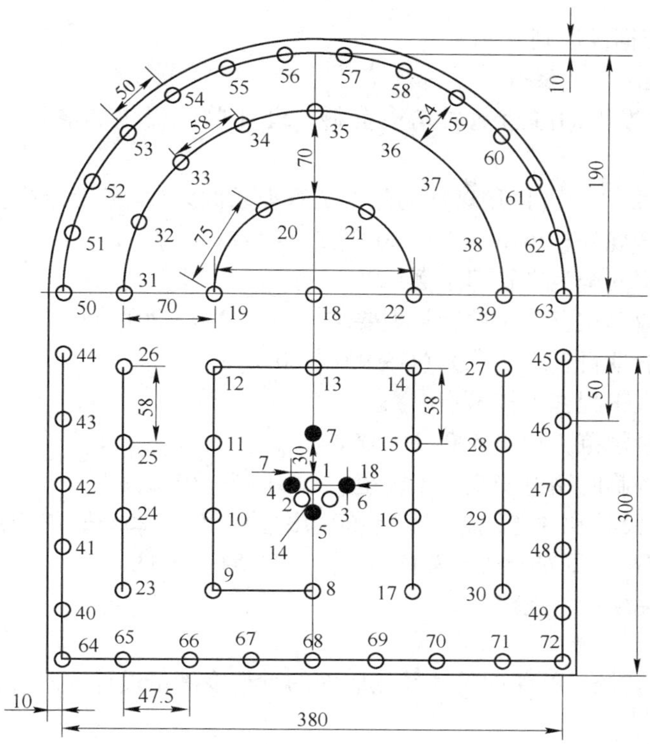

图 17-17　炮孔布置平面图

h　起爆网路

采用非电起爆网路，掏槽孔、辅助孔、两侧的边墙孔和底板孔均采用导爆管雷管；拱顶孔采用导爆索，入孔外接导爆管雷管，为保证快速掘进为了减少一次起爆的装药量以及降低爆破振动，采用毫秒延时起爆网路，具体雷管段别见表 17-4。

起爆的顺序是：先起爆掏槽孔；其次起爆辅助孔；第三次依次起爆崩落孔①、崩落孔②和崩落孔③共 22 个。第四次起爆边墙孔；第五次起爆拱顶孔；最后起爆底板孔。

i　爆破效果

采用全断面光面爆破技术（掏槽方式单螺旋掏槽法）进行施工，在精心组织和严格要求下，爆破有效地提高了工作效率，平均循环进尺 1.7m，炮孔利用率大于 85%，巷道成形质量好，有效控制了大断面隧道的超欠挖现象。

C　隧道掘进爆破设计案例

a　工程概述

三清山隧道位于江西省上饶市境内，隧道起讫里程：DK421 + 060 ~ DK432 + 291，全长 11861m。隧道最高点最大尺寸为 12.94m，最宽尺寸为 14.86m，隧道断面形状按铁路部门设计要求进行作业施工。

隧址区地层主要为燕山期的花岗岩，震旦系的粉砂岩，硅质岩和石英砂岩。隧道围岩较好，主要以Ⅳ、Ⅴ类围岩为主。隧道进出口段埋深约 50 ~ 100m，其余埋深在 200 ~ 500m。隧道洞口和浅埋段爆破开挖时应注意施工安全及施工方法，做好安全防范措施，避免造成安全危害。

b　爆破设计依据及原则

设计依据包括：

（1）勘察单位提供的隧道地质勘察资料，设计单位提供的隧道结构图及施工技术要求；

（2）中华人民共和国《民用爆炸物品安全管理条例》（国务院令第466号）；

（3）《爆破安全规程》（GB 6722—2003）；

（4）《建设工程安全生产管理条例》；

（5）《爆破作业单位资质条件和管理要求》（GA 990—2012）；

（6）《爆破作业项目管理要求》（GA 991—2012）；

（7）《铁路隧道工程施工技术指南》；

（8）《工程测量规范》（GB 50026—2002）；

（9）《施工现场临时用电安全技术规范》（JGJ 46—1988）；

（10）《中华人民共和国建筑施工场界噪声限值》（GB 12523—1990）；

（11）《爆破作业人员安全技术考核标准》（GA 53—1993）；

（12）其他相关规程、规范。

设计原则有：

（1）确保爆破开挖后的断面尺寸及轮廓面的平整度满足设计要求，超挖不大于15cm，欠挖不大于5cm。

（2）爆破开挖后的石渣块度均匀，渣堆集中，便于装渣运输。

（3）根据设计要求及地质条件，确定合理的爆破参数和起爆方式，尽量减少对隧道周围岩体的扰动。

（4）在保证爆破效果的前提下，尽量减少爆破单位岩体所需的炮孔长度和爆破器材消耗量，降低爆破成本。

（5）在确保施工质量的前提下，加快工程施工进度。

（6）充分考虑施工环境保护、文明施工要求，采用先进合理、安全可靠、经济可行的爆破施工方案，确保工程施工顺利展开。

c　总体施工方案

隧道的围岩条件较好，分别从隧道的进出口进入，采用全断面一次性钻爆开挖方案，即采用中间掏槽、四周辅助孔、周边按设计轮廓面光面爆破的方式开挖。

d　爆破设计

爆破参数包括：

（1）开挖循环进尺。本隧道围岩以Ⅳ、Ⅴ类为主，Ⅳ类围岩开挖循环进尺为3.0m、Ⅴ类围岩开挖循环进尺为3.5m。

（2）炸药单耗。Ⅳ类围岩炸药单耗约为0.8kg/m$^3$、Ⅴ类围岩炸药单耗约为1.0kg/m$^3$。

（3）钻孔布置。根据全断面开挖的总体爆破方案，中间布置掏槽孔、四周布置辅助孔、周边光面爆破孔的布孔方式。

1）钻孔直径：采用手风钻凿孔，除掏槽孔的中间空孔直径 $D_1$ =89mm 外，其余均$D$ = 42mm。钻孔平台为自制，分三层，每层四台钻机，立体作业。

2）掏槽孔：掏槽孔位于隧洞的中下部，采用复式楔形掏槽孔，中间2个空孔，左右两侧各布置9个掏槽孔。掏槽孔排距0.9m，孔距0.4m。掏槽孔布置见图17-18和图17-19。

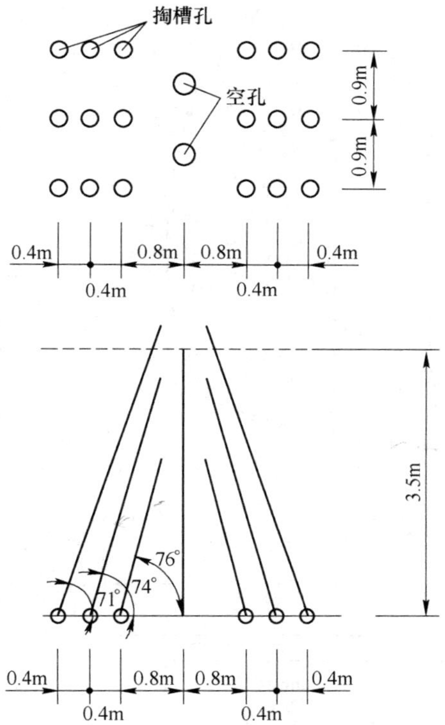


图17-18　Ⅴ类围岩掏槽孔布置图

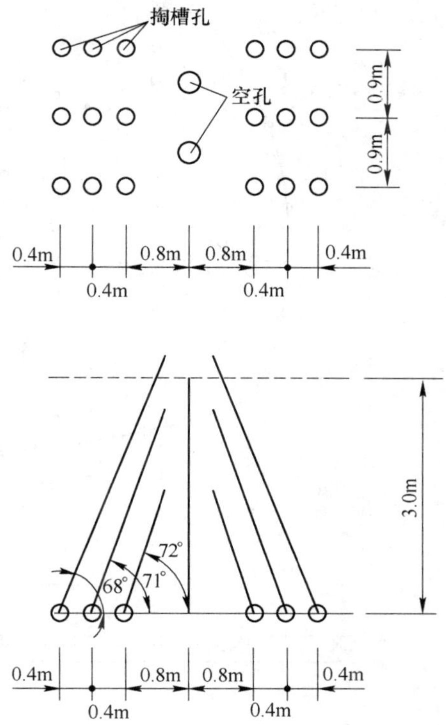


图17-19　Ⅳ类围岩掏槽孔布置图

3）辅助孔：辅助孔采用垂直孔。

辅助孔孔距：$a = (8 \sim 12)D = 0.70\text{m}$；炮孔利用率 $\eta = 90\%$；孔深 $L = l/90\%$。Ⅳ、Ⅴ类围岩孔深分别为3.3m、围岩3.8m。

4）光面爆破孔：为方便凿孔，并使开挖断面与设计断面一致，光爆孔距开挖轮廓线0.2m，并向外倾斜4°。

光面爆破孔孔间距 $b = (10 \sim 18)D = 0.60\text{m}$；光面爆破孔密集系数 $m$ 取0.8，最小抵抗线：$w = b/m = 0.75\text{m}$。炮孔布置见图17-20。

e　装药结构设计

炸药采用二号岩石乳化炸药，$\phi$32mm药卷，长20cm，每节重0.15kg。

（1）填塞长度按式：$L_t = (10 \sim 20)D = 0.50\text{m}$。

（2）装药结构：

1）掏槽孔。掏槽孔炮孔长度为1.6～4.1m，装药长度为1.2～3.6m，连续装6～18节药。装药结构见图17-21。

2）辅助孔。Ⅳ类围岩装药长度：3.3－0.5＝2.8m，连续装14节药；Ⅴ类围岩装药长度：3.8－0.6＝3.2m，连续装16节药。装药结构见图17-22和图17-23。

3）光爆孔。线装药密度取0.20kg/m，间隔装药。装药结构见图17-24和图17-25。

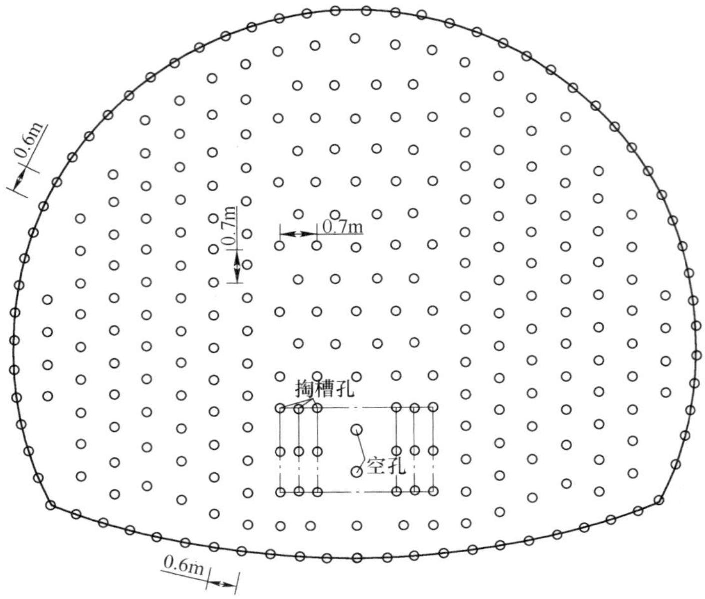


图 17-20　炮孔爆破示意图

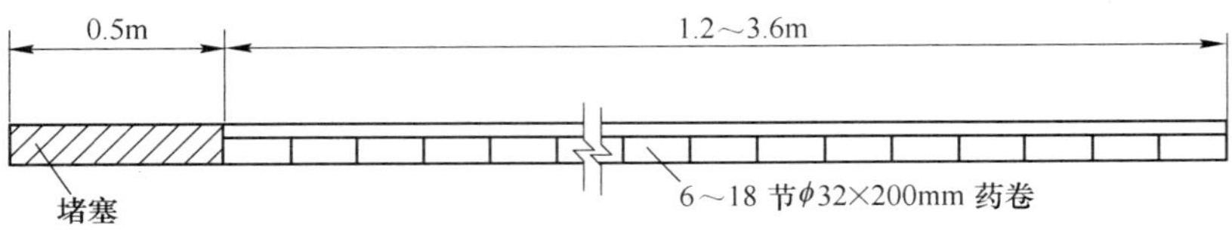


图 17-21　掏槽孔装药结构示意图

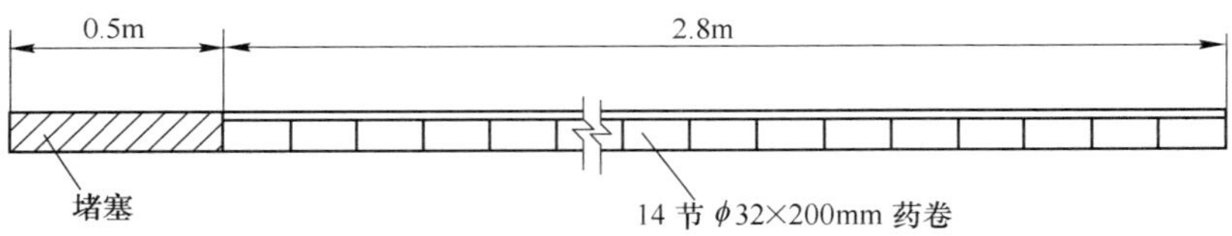


图 17-22　Ⅳ类围岩辅助孔装药结构示意图

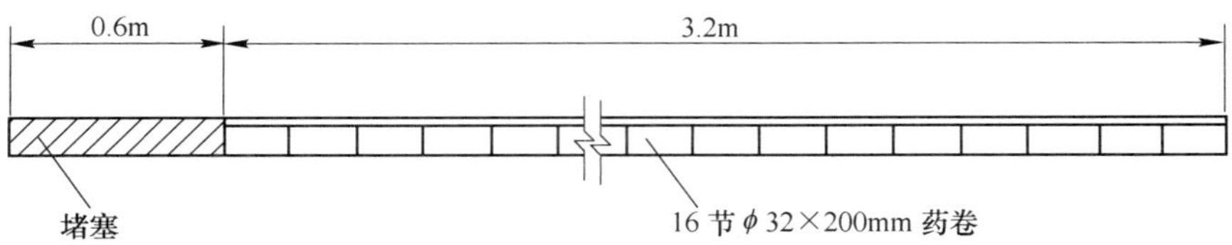


图 17-23　Ⅴ类围岩辅助孔装药结构示意图

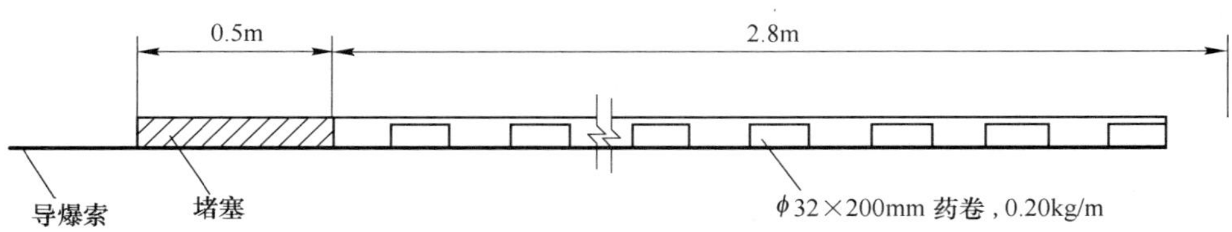


图 17-24　Ⅳ类围岩光爆孔装药结构示意图

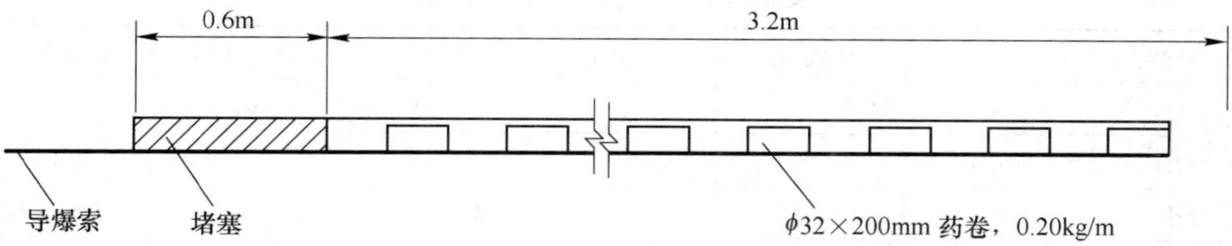


图 17-25 V类围岩光爆孔装药结构示意图

f 爆破网路设计

起爆网路的连接方式为：每个炮孔内装 1 发毫秒导爆管雷管，同一排炮孔装同段雷管。每排孔为一个延时段别。用导爆管、导爆管雷管和四通连成起爆网路，整个非电爆破网路使用导爆管雷管起爆。光爆孔采用导爆索传爆、孔口接雷管起爆，5 个孔一段。

按照起爆顺序：掏槽孔→辅助孔→光爆孔依次起爆。起爆网路见图 17-26。

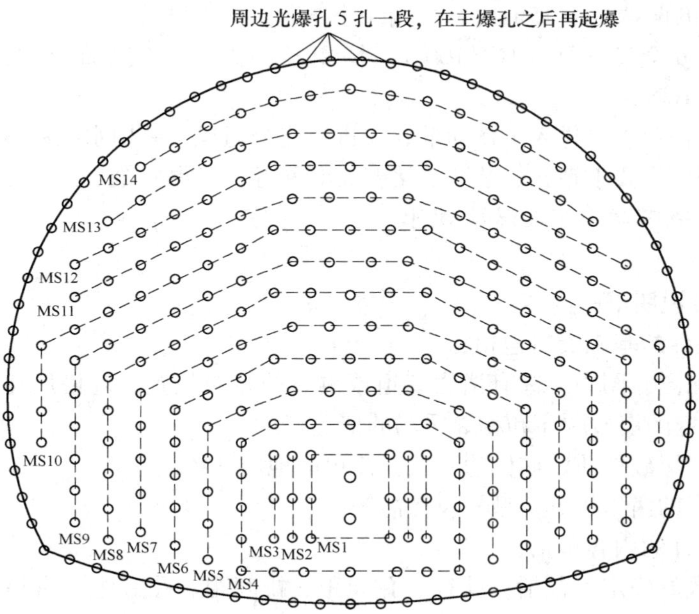


图 17-26 起爆网路图

g 爆破参数表

Ⅳ、V类围岩爆破参数见表 17-5 和表 17-6。

**表 17-5 Ⅳ类围岩爆破参数表**

| 炮孔种类 | 编号 | 个数/孔 | 孔深/m | 孔距/m | 角度/(°) | 起爆雷管段别 |
|---|---|---|---|---|---|---|
| 中心空孔 | 1 ~ 2 | 2 | 3.0 | 0.9 | 90 | |
| 掏槽孔 | 3 ~ 21 | 18 | 3.3 | 0.4 ×0.9 | 68 ~ 72 | MS1 ~ MS3 |
| 辅助孔 | 22 ~ 233 | 211 | | 0.6 ~ 0.8 | 90 | MS4 ~ MS14 |
| 光爆孔 | 233 ~ 304 | 71 | | 0.6 | 86 | |

表 17-6　V 类围岩爆破参数表

| 炮孔种类 | 编号 | 个数/孔 | 孔深/m | 孔距/m | 角度/(°) | 起爆雷管段别 |
|---|---|---|---|---|---|---|
| 中心空孔 | 1～2 | 2 | 3.0 | 0.9 | 90 | |
| 掏槽孔 | 3～21 | 18 | 3.3 | 0.4×0.9 | 68～72 | MS1～MS3 |
| 辅助孔 | 22～254 | 232 | | 0.6～0.8 | 90 | MS4～MS14 |
| 光爆孔 | 255～334 | 80 | | 0.6 | 86 | |

h　爆破安全及控制措施

爆破有害效应主要有爆破振动、爆破飞石和爆破有害气体等，为减小爆破有害效应，采用以下控制措施：

（1）确定合理爆破参数、限制一次的最大用药量、采用毫秒延时爆破网路等措施。

（2）加强堵塞质量，防治冲炮产生爆破飞石。

（3）隧道相向两端在相距 30m 以内时，装炮前应通知另一端暂停工作，退到安全地点。当相向开挖的两端相距 15m 时，一端停止作业，单头贯通。

（4）隧道内安全飞石距离小于 100m，本标段隧道对人员安全距离设定为 300m、设备安全距离设定为 100m。

（5）爆破后作业人员进入工作面前，应进行充分通风，并用水喷洒爆堆。

（6）严格按设计要求钻孔、装药、堵塞、联网等，确保安全。

17.2.2.2　地下矿山深孔爆破设计

A　概述

a　爆破设计说明书的内容

（1）布孔设计的基础资料包括：

1）采场实测图。图中应标有凿岩巷道或硐室的相对位置、规格尺寸、补偿空间的大小和位置、原拟定的爆破顺序和相邻采场的情况。

2）矿岩凿岩爆破性质、矿体边界线、简单的地质介绍。

3）矿山现有的凿岩机具、型号及性能等。

（2）布孔设计的内容包括：

1）爆破参数的确定，包括：孔径、孔间距、排间距、孔底距、密集系数、最小抵抗线等；

2）根据所选定的爆破参数，在采矿方法设计图上确定炮孔的排位和排数，并按炮孔的排位作出剖面图；

3）在凿岩巷道或硐室的剖面图中，确定支机点和机高，并在平面图上推算出支机点的坐标；

4）按所选定的孔间距在剖面图上画出各排炮孔（扇形排列炮孔时，机高点是一排炮孔的放射点），然后将每个深孔编号、量出各孔的深度和倾角，并标在图纸上或填入表中。

（3）爆破设计的内容包括：

1）爆破范围的确定；

2）装药结构设计；

3）爆破网路设计；

4）爆破安全距离的确定。

b 对爆破设计说明书的要求

深孔爆破设计是回采工艺中的重要环节，它直接影响崩矿质量、回采成本和损失贫化等。因此，合理的深孔爆破设计必须满足：

（1）炮孔能有效地控制矿体边界，尽可能使回采过程中的矿石损失率和贫化率低；

（2）炮孔布置均匀，密度和深度合理、使爆破后的块度符合设计要求；

（3）炮孔的布置有利于提高凿岩效率；

（4）施工安全，作业方便。

B 采矿方法分类

采矿方法是从矿块中采出矿石所进行的采准、切割和回采工作的总称。

根据回采过程中采空区处理方法的不同，将采矿方法分为空场采矿法、充填采矿法和崩落采矿法三大类。然后，按工作面形状和结构特点将分类划分为组。再根据落矿方式和工作面推进方向，将组划分为典型方案。

根据矿体赋存条件和设备能力，地下采矿爆破按孔径和孔深的不同分为浅孔爆破和深孔爆破。浅孔爆破主要用于留矿法、分层充填法、分层崩落法和房柱法等；在冶金矿山，深孔爆破主要用于阶段崩落法、分段崩落法、阶段矿房法和深孔留矿法等。据统计，目前铁矿石产量的70%左右是用无底柱分段崩落法采出的。

C 设计案例——大冶铁矿尖林山采区无底柱分段崩落法爆破设计

a 工程概况

（1）矿区地质。大冶铁矿矿床属于燕山期岩浆侵入下三迭统大冶群灰岩形成的接触交代矽卡岩矿床。尖林山矿体走向长221m，水平厚度10～60m，平均29.78m。

（2）矿物组成及结构构造。主要金属矿物为磁铁矿，其次为赤铁矿、菱铁矿等。主要为致密块状构造，其次为侵染状、似条带状构造。

（3）岩石密度3.51～4.07t/m$^3$，岩石坚固性系数$f=12\sim14$，松散系数1.6。

b 采矿方法

采用无底柱分段崩落法，采场结构参数为分段高度12m，进路间距15m。中深孔凿岩设备使用CTC-141型凿岩台车，出矿设备有：C-30装运机、ST-2D和CY-35B柴油铲运机。

c 炮孔布置形式

中深孔落矿的炮孔布置形式基本上有两种：扇形布置和平行布置。扇形布置的炮孔崩落矿石的块度虽不及平行布置均匀，孔口矿石过碎，而孔底大块过多。但是，扇形布置炮孔具有采准工作量小，炮孔布置灵活，炮孔方向易于掌握，钻机移动次数少等优点，因此尖林山采区采用垂直向上扇形孔布置。

d 爆破参数的选取

（1）孔径$D$：采用CTC-141型凿岩台车钻孔直径80mm。

（2）最小抵抗线$W$：$W=2.0$m。

（3）炮孔密集系数$m$和孔底距$a_{底}$。炮孔密集系数是孔底距与最小抵抗线之比，一般$m=1.0\sim1.5$。最近几年国内矿山采用增大孔底距，减小排间距的爆破方法，取得了较好的爆破效果，据此，确定炮孔密集系数$m=1.2\sim1.5$，孔底距$a_{底}=2.0\sim2.5$m。

（4）排间距$b$和崩矿步距。排间距$b=1.6$m。一次爆破二排，故崩矿步距为3.2m。

（5）单位炸药消耗量。单位炸药消耗量是确定炮孔布置和评价爆破经济效果的重要指标，扇形深孔采用如下的经验公式进行计算。

$$q = 0.26\frac{k\sqrt{f}}{\gamma}$$

式中　$f$——矿石坚固性系数，$f=10\sim14$；

$k$——修正系数，$k=1.2\sim1.4$；

$\gamma$——矿石容重，3.8t/m$^3$。

代入上式计算可得：$q=0.25\sim0.36$kg/t。根据经验，选用粒状硝铵炸药时，取 $q=0.35\sim0.45$kg/t 比较合适。

（6）炮孔排面倾角和边孔角。炮孔排面倾角是矿石块度、上部废石块度、分段高度和崩矿步距等因素的函数，最优的排面倾角应该能有效阻止上部废石的过早混入。根据经验，排面倾角可以通过比较矿石与废石的块度大小来确定，即：矿石块度大于废石块度时，排面倾角小于90°；矿石块度等于废石块度时，排面倾角等于90°；矿石块度小于废石块度时，排面倾角大于90°。根据大冶铁矿现场放矿实践，统计出矿石的块度基本上与废石的块度相等，所以，取排面倾角为90°，边孔角为60°。

e　进路中的炮孔布置

为了保证药量分布的均匀，提高爆破效果，降低炸药单耗和减少大块率，炮孔前后排应交错布置，因此设计为前排布置炮孔 8 个，后排布置炮孔 9 个，相距为 1.6m。前排、后排炮孔排面布置如图 17-27 和图 17-28 所示，具体的炮孔参数和装药参数见表 17-7。两排炮孔的凿岩总长度为 271.9m，前排 131.6m，装药长度 99.6m，后排炮孔长度 140.3m，装药长度 106.3m，装药总长度达到 205.9m。

**表 17-7　炮孔参数及装药长度**

| 前排炮孔序号 | 1 | 2 | 3 | 4 | 5 | 6 | 7 | 8 | 合　计 | |
|---|---|---|---|---|---|---|---|---|---|---|
| 倾角/(°) | 67 | 74 | 81 | 87 | 87 | 81 | 74 | 67 | | |
| 炮孔长度/m | 12.2 | 15.2 | 17.7 | 20.7 | 20.7 | 17.7 | 15.2 | 12.2 | 131.6 | |
| 装药长度/m | 6.2 | 13.2 | 11.7 | 18.7 | 18.7 | 11.7 | 3.2 | 6.2 | 99.6 | |
| 填塞长度/m | 6.0 | 2.0 | 6.0 | 2.0 | 2.0 | 6.0 | 2.0 | 6.0 | 32.0 | |
| 后排炮孔序号 | 1 | 2 | 3 | 4 | 5 | 6 | 7 | 8 | 9 | 合　计 |
| 倾角/(°) | 60 | 70 | 78 | 84 | 90 | 84 | 78 | 70 | 60 | |
| 炮孔长度/m | 10.1 | 14.1 | 16.5 | 19.2 | 20.7 | 19.2 | 16.5 | 14.1 | 10.1 | 140.3 |
| 装药长度/m | 8.1 | 8.1 | 13.5 | 13.2 | 18.7 | 13.2 | 14.5 | 8.1 | 8.1 | 106.3 |
| 填塞长度/m | 2.0 | 6.0 | 2.0 | 6.0 | 2.0 | 6.0 | 2.0 | 6.0 | 2.0 | 34.0 |

f　炮孔验收与装药结构

炮孔验收方法是采用 WGL-1 型中深孔深度角度测量仪量测炮孔的深度和角度。对验收不合格的炮孔必须进行补孔。通过统计，炮孔长度的合格率为 89.1%。

装药采用 BQ-100 装药器，装药之前，先用输药管捅孔，防止孔中的落石堵孔，然后用输药管将起爆弹连同导爆管毫秒雷管一同送到孔底，采用后退式装药。装药器每次装药量为 100kg。

装药结构是连续柱状装药结构，装药系数在 0.9～1.0 之间。

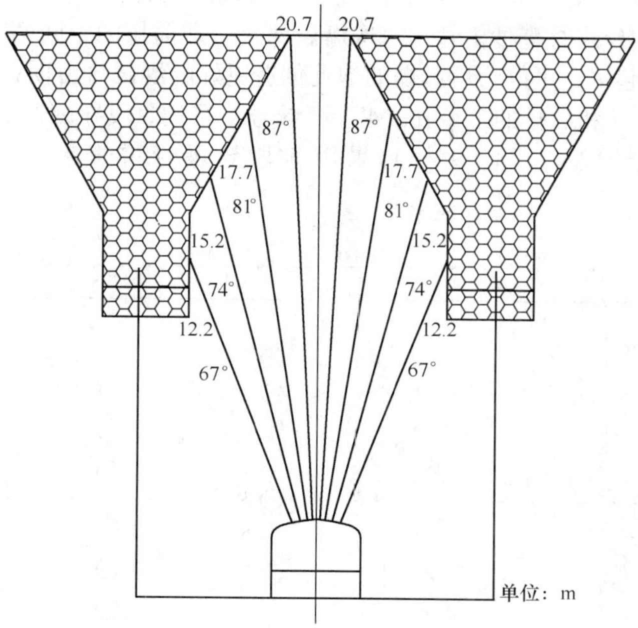


图 17-27 前排炮孔排面布置剖面图

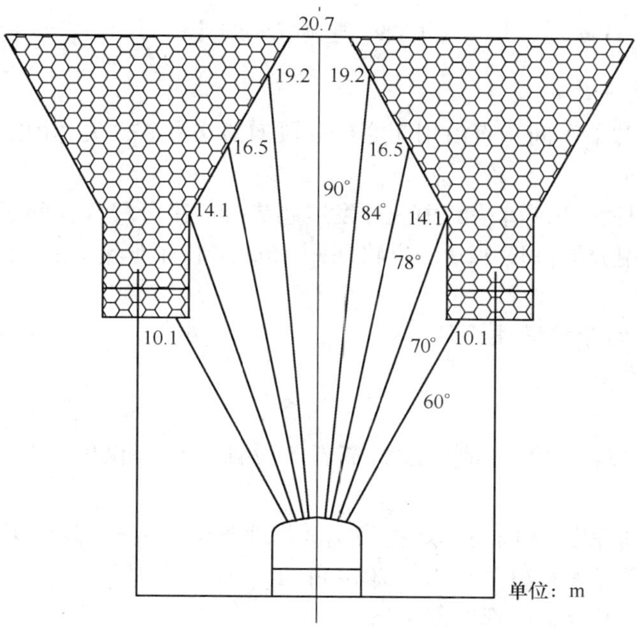


图 17-28 后排炮孔排面布置剖面图

g 起爆顺序

采用导爆管雷管起爆方法，具体方式为：用导爆管击发枪起爆导爆管起爆雷管，再由起爆雷管起爆从各炮孔中引出的导爆管束，通过导爆管毫秒雷管起爆孔底的起爆弹，进而引爆炸药。根据确定的延期间隔时间，采用三段式跳段设置，即选用段1、段3、段5或段2、段4、段6的导爆管毫秒雷管，每次爆破两排。即前排的中间两个孔（4、5号）采用1段导爆管雷管起爆，可以为后起爆的炮孔创造更好的爆破自由面；前排的剩余4个孔（1、2号及5、6号）和后排的三个孔（4、5、6号）采用3段导爆管雷管起爆；后排的剩余6个孔（1、2、3及7、8、9号）采用5段导爆管雷管起爆。起爆顺序示意图如图17-29所示。

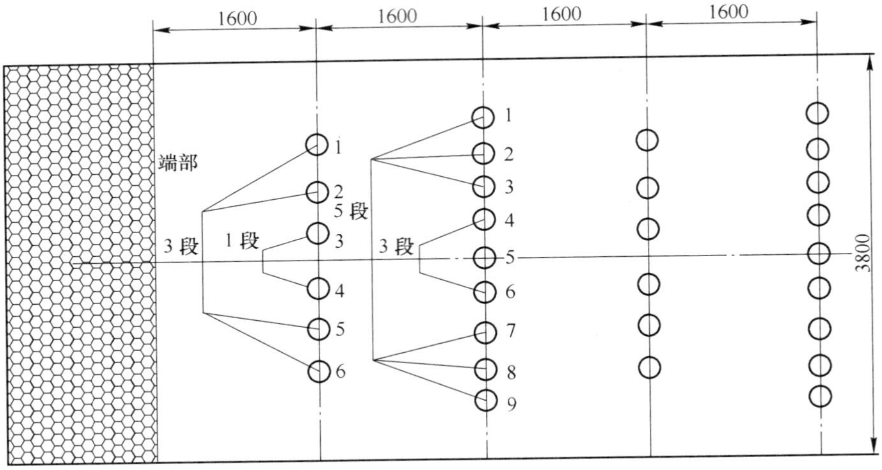


图17-29 起爆顺序示意图

h 几点说明

（1）大冶铁矿井下车间一直沿用无底柱分段崩落法采矿，尖林山采区的原有分段高度10m，进路间距10m；

（2）根据无底柱分段崩落法的国内外发展趋势——高分段、大间距的无底柱分段崩落法，尖林山采区采用分段高度12m，进路间距15m进行了研究，此设计即为该研究成果之一。

17.2.2.3 洞库开挖爆破设计

A 爆破设计依据及原则

设计依据包括：

（1）勘察单位提供的洞库地质勘察资料，设计单位提供的洞库结构图及施工技术要求；

（2）中华人民共和国《民用爆炸物品安全管理条例》（国务院令第466号）；

（3）《爆破安全规程》（GB 6722—2014）；

（4）《建设工程安全生产管理条例》；

（5）《爆破作业单位资质条件和管理要求》（GA 990—2012）；

（6）《爆破作业项目管理要求》（GA 991—2012）；

（7）《铁路隧道工程施工技术指南》；

（8）《工程测量规范》（GB 50203—2002）；

（9）《施工现场临时用电安全技术规范》（JGJ 46—1988）；

（10）《中华人民共和国建筑施工场界噪声限值》（GB 12523—1990）；

（11）《爆破作业人员安全技术考核标准》（GA 53—1993）；

（12）其他相关规程、规范。

设计原则包括：

（1）确保爆破开挖后的断面尺寸及轮廓面的平整度满足设计要求，超挖不大于15cm，欠挖不大于5cm。

（2）在保证爆破效果的前提下，尽量减少爆破单位岩体所需的炮孔长度和爆破器材消耗量，降低爆破成本。

（3）选择合理的爆破参数，保证爆破安全。尽可能做到投资少，开挖工程量少，工程进度快。

（4）根据洞库开挖整体要求及地形地质条件，确定合理的爆破参数和起爆方式，尽量减少对洞库周围岩体的扰动。

（5）充分考虑施工环境保护、文明施工要求，采用先进合理、安全可靠、经济可行的爆破施工方案，确保工程施工顺利展开。

（6）在保证爆破效果的前提下，尽量方便施工。

B　设计案例——大型地下洞库爆破设计

a　工程概况

某地下大型石油储备库工程采用水封油库。该油库断面跨度和高度分别为19m和24m，洞型为三心拱直墙型、底部做适当切角、断面面积为436.1m$^2$，如图17-30所示。

储油洞库所在区域围岩为微风化花岗岩、中粗粒结构、杂色至浅肉红色；主要矿物成分为石英、长石及少量的黑云母、角闪石等，矿物成分基本未变；节理组数一般1~2组、裂隙较发育至不发育；岩芯以长柱状为主，局部为短柱、碎块状，RQD值为75%~90%；部分地段夹微风化辉绿岩、花岗细晶岩和闪长玢岩岩脉，岩脉厚度和展布无明显规律性。岩石的单轴抗压抗拉强度以及变形参数见表17-8。

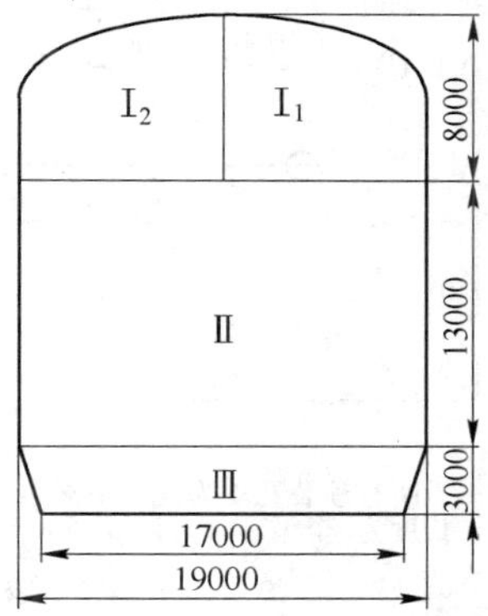


图17-30　主洞室开挖顺序

**表17-8　岩石单轴抗压抗拉强度及变形参数**

| 岩　性 | 单轴抗拉强度/MPa | 单轴抗压强度/MPa | 弹性模量/GPa | 泊松比 | 剪切模量/GPa | 围岩坚固性系数$f$ |
|---|---|---|---|---|---|---|
| 花岗岩 | 8.6 | 176.4 | 38.1 | 0.204 | 17.8 | 17 |
| 花岗细晶岩 | 3.2 | 168.8 | 35.5 | 0.13 | 16.8 | 17 |
| 辉绿岩 | 15.1 | 172.2 | 48.7 | 0.18 | 20.6 | 18 |

b　总体施工方案

本洞库断面为19m×24m，分3层开挖。上层设计施工高度为8m，由于洞库底部有3m高的倒角，所以中层设计高度为13m，下层高度为3m，施工顺序为$\text{I}_1 \rightarrow \text{I}_2 \rightarrow$ Ⅱ → Ⅲ，如图17-30所示。上下层都采用水平光面爆破技术，下面主要介绍该洞库中层的爆破施工技术。

中层最初采用单一垂直深孔预裂爆破施工，但该法存在着在开挖断面中部产生大岩块以及底板不平顺等问题，进而给后续出渣作业带来极大不便，严重影响施工进度。结合现场施工存在的实际问题，经研究，采取了垂直深孔预裂爆破（先于主爆区 1 ~ 2 天起爆）修边 + 底板水平光面爆破清底相结合的爆破方案。

c　爆破参数设计

（1）钻孔孔径确定。综合本工程地质条件结合现场施工机械水平，垂直孔、倾斜孔采用潜孔钻机施工，钻头直径为 89mm，成孔直径为 95 ~ 100mm；水平孔采用 Sandvik DT1130 芬兰三臂凿岩台车，成孔直径 $D_1$ 为 50mm。

（2）钻孔深度。沿底板水平向上布置 2 排光面孔（见图 17-31 和图 17-32），依据炮孔所在位置不同分为上部的二台孔和底板的底板孔，设计孔深均不小于 8.0m（循环进尺为 7.5m），底板孔为下向倾斜孔，倾斜角度为 3° ~ 6°。

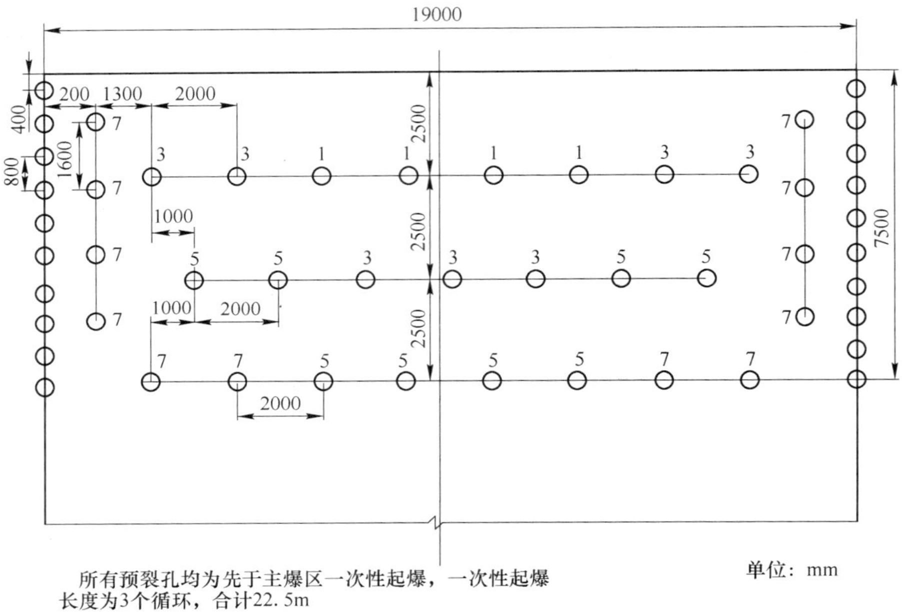


图 17-31　炮孔布置俯视图

光面孔抵抗线为 0.8m，考虑底板夹制作用较大，二台孔布置在距底板 0.7m 处为水平孔，因此主爆孔垂直深度为 11.5m。主爆区为倾斜孔，倾斜角度 60° ~ 75°、炮孔斜长为 11.9 ~ 13.2m。预裂孔为垂直孔，其深度等于中台阶全断面高度为 13m。

主爆孔和预裂孔间设置一排垂直缓冲孔，缓冲孔为倾斜孔，垂直深度为 11.5m。主爆孔、预裂孔和缓冲孔孔径 $D_2$ 均为 95 ~ 100mm。

（3）孔距 $a$ 和排距 $b$ 的确定。孔距 $a$ 是指同排相邻 2 个炮孔中心线间的距离；排距 $b$ 是指相邻 2 排炮孔中心线间的距离。两者参数设置合理与否，对爆破效果均会产生重要的影响。

炮孔密集系数 $m$ 是指炮孔间距 $a$ 与排距 $b$ 的比值，即 $m = a/b$；根据中硬岩体的爆破经验：保证最优爆破效果的孔网面积（$a \times b$）是孔径断面积（$\pi \cdot d^2/4$）的函数，两者之间比值是一个常数，其值为 1300 ~ 1350。在台阶深孔预裂爆破中，炮孔密集系数 $m = 0.8 \sim 1.4$

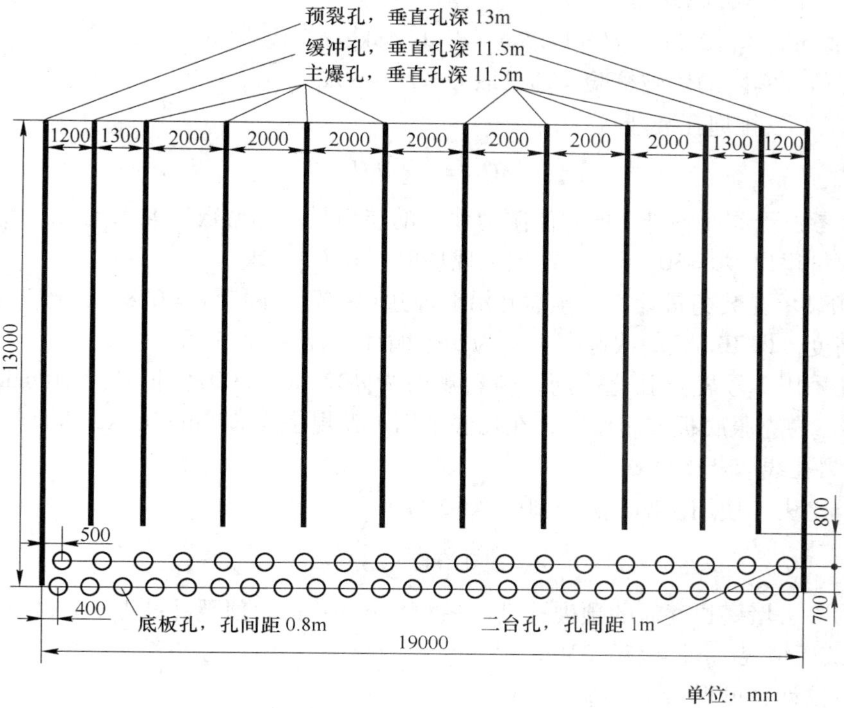


图 17-32　炮孔布置正视图

为宜。主爆孔最小抵抗线为 3m，根据以上原则炮孔密集系数 $m$ 取小值，可得到：

$$a \cdot b = 1300 \cdot (\pi \cdot d^2/4)$$

式中，$a=0.8b$（$m$ 取 0.8），通过计算得到：$a=2.6$m，$b=3.2$m。

为了减少大块产出率，依现场经验取 $a=2.0$m，$b=2.5$m 时效果更好。

预裂孔与缓冲孔沿两帮各 1 排，经工程试验二者的孔间距分别为 0.8m 和 1.6m 时可以达到预期的效果。

d　各炮孔单孔装药量计算

（1）主爆孔单孔装药量计算。主爆孔采用 2 号岩石乳化炸药，药卷规格为 $\phi$70mm × 2kg，长度为 500mm，不耦合系数取 1.3。

1）第一排主爆孔装药量

$$Q_1 = qabH \tag{17-3}$$

式中，单位炸药耗药量 $q$ 在深孔爆破中一般根据岩石的坚固性、装药种类、施工技术和自由面数量等因素综合考虑来确定。

根据修正的普式公式

$$q = 1.1k_0\sqrt{\frac{f}{S}}$$

式中，$f$ 为岩石坚固性系数，$f=17.6$；$S$ 为面积，m$^2$；$k_0$ 为考虑炸药保留的校正系数（其中：$k_0=525/p$，$p=320$，$p$ 为爆力，mL）。

计算可得：$q=0.48\text{kg/m}^3$。

将 $a=2.0\text{m}$、$b=2.5\text{m}$、$H=11.5\text{m}$、$q=0.48\text{kg/m}^3$ 代入式（17-3）得：$Q_1=27.6\text{kg}$。结合药卷规格和实际的爆破试验，药量取 $Q=28\sim30\text{kg}$。

2）第二、三排炮孔装药量

$$Q_2 = KqabH$$

式中，$K$ 为考虑受前面各排孔的岩渣阻力作用的装药量增加系数，取 1.1。

为此，可得出 $Q_2=30.36\text{kg}$。在施工现场取 $Q=30\sim32\text{kg}$。

（2）预裂单孔装药量计算。预裂孔沿洞库边墙布置，间距 $a=0.8\text{m}$、预裂孔深度等于该中层的高度，即 13m，一次起爆长度为 3 个循环，合计 22.5m。

预裂孔采用 2 号岩石乳化炸药，药卷规格为 $\phi32\text{mm}\times200\text{g}$，长度为 200mm，不耦合系数取 2.8。为克服底板夹制作用，在孔底采用 1 卷规格为 $\phi70\text{mm}\times2\text{kg}$ 的大药卷。

1）预裂孔线装药密度 $\Delta_1$

采用类比法（使用范围：$\rho_{压}=20\sim200\text{MPa}$）

$$\Delta_1 = 0.042\sqrt{\rho_{压}\cdot a} \tag{17-4}$$

式中，$\Delta_1$ 为除去堵塞长度后的预裂孔装药密度，g/m；$a$ 为预裂孔孔距，m，取 $a=0.8\text{m}$；$\rho_{压}$ 为单轴抗压情况，$\rho_{压}=176.3\text{MPa}$。

代入数据计算可得：$\Delta_1=0.5\text{kg/m}$。

2）三峡经验公式（适用于不耦合系数为 2～4）：

$$\Delta_1 = 3\sqrt{D\cdot a}\sqrt[3]{\rho_{压}} \tag{17-5}$$

式中，$D$ 为预裂孔的孔径，cm；$a$ 为预裂孔孔距，cm；$\rho_{压}$ 为单轴抗压，$\rho_{压}=176.3\text{MPa}$。

代入上述数据可得：$\Delta_1=0.45\text{kg/m}$。

3）单孔装药量计算。综合式（17-4）和式（17-5）的计算，本项目线装药密度 $\Delta_1=0.45\sim0.5\text{kg/m}$。

参照现场围岩情况，当 $Q<5$ 时，线装药密度取 0.45kg/m，单孔装药量 $Q_1=0.45\times11.5=5.17\approx5.2\text{kg}$；当 $Q>5$ 时，线装药密度取 0.5kg/m，单孔装药量 $Q_1=0.5\times11.5=5.75\approx5.8\text{kg}$。

（3）缓冲孔单孔装药量计算。缓冲孔孔间距为主爆孔最小抵抗线的 50%～75%，对于坚硬岩石可以取大值，本工程的缓冲孔孔间距取 1.6m。此时，缓冲孔药量为主爆孔药量的一半，单孔药量为 15kg。

（4）光爆层单孔装药量计算。中台阶下部水平光爆孔最小抵抗线 $W=1.0\text{m}$、光面孔密集系数 $m=0.8$，底板孔间距为 0.8m。间距为 1m。

光爆层单耗与主爆区相同，装药量根据公式 $Q=qaWL$ 计算，得单孔装药量为 3.2kg。

e 装药结构和堵塞段设计

（1）预裂孔装药结构和堵塞段设计：

1）药卷长度。预裂孔单孔装药量为 5.2～5.8kg，其中底部为 $\phi70\text{mm}\times2\text{kg}$ 药卷，该药卷长度为 0.5m；其他采用 $\phi32\text{mm}\times0.2\text{kg}$ 小药卷，药卷长度为 0.2m，采用间隔装药。

2）堵塞段设计。炮孔堵塞的主要作用是为了保证炸药在密闭的空间中充分反应，从而提高炸药能量利用率。

预裂孔堵塞质量的好坏直接影响着预裂孔的成缝效果。在以往工程实践中堵塞长度一般为炮孔直径的 12～20 倍，或者是按照经验取长度 0.6～2m，考虑到本工程岩石的坚固性，堵塞长度不小于 1.5m。

对堵塞质量的要求是，堵塞材料为炮泥（砂∶黏土∶水 = 3∶1∶1)，堵塞要求密实，不能有空隙和间断。

3）装药结构设计。预裂爆破主要目的是为了沿着预设预裂孔形成一条一定宽度的预裂缝来隔离主爆区的爆破振动，并形成较好的成形，故药量沿预裂孔轴线分布均匀从而实现各个区段的能量均匀分布。除了底板加强装药外，其他区段采用等间距空气间隔不耦合装药结构，靠近孔底处药卷间距适当减小，靠近堵塞段的药卷间距应酌情加大。

（2）主爆孔装药结构和堵塞段设计。主爆区炮孔垂直深度为 11.5m、斜长为 13m。该区炮孔沿轴线分 2 段不耦合连续装药。

1）药卷长度。主爆区单孔总药量为 28～32kg，药卷规格为 70mm×2kg、长度为 0.5m，药卷总长为 7～8m。

2）堵塞段设计。由于沿轴线分 2 段不耦合装药，故主爆区堵塞也分为 2 部分，一段为 2 个装药段间堵塞，另一段为孔口堵塞。孔口堵塞在完成装药工作后进行，堵塞长度与最小抵抗线、钻孔直径和爆区环境有关，堵塞长度取钻孔直径的 30～35 倍，为 2.5～3.0m。剩余部分为中间堵塞段，长度为 2.0～3.0m。

3）装药结构设计。为有效地降低岩石大块率，主爆区炮孔采用分 2 段连续不耦合装药结构。孔底装药量占总药量的 60%，靠近孔口段占总药量的 40%。主爆区炮孔底部装药量为 18～20kg，药卷 9～10 卷，装药长度为 4.5～5.0m。第 1 排主爆孔上分层药量一般为 10kg，合计长度为 2.5m，第二和第三排炮孔上层均为 12～14kg，合计 6～7 卷，装药长度为 3.0～3.5m。孔口堵塞段长度为 2.5～3.0m，剩余部分为中间堵塞长度。

（3）光爆层装药结构和堵塞段设计。光爆层炮孔长度为 8m，单孔药量为 3.2kg，采用直径 32mm 的小药卷。该区采用分段非连续不耦合装药结构。

1）药卷长度。合计小药卷共 16 卷，药卷长度合计为 3.2m。

2）堵塞段设计。孔口堵塞段长度不小于 0.6m，采用炮泥堵塞。

3）装药结构设计。药卷沿炮孔全长分为 3 段：底部加强装药段、中间正常装药段以及孔口减弱装药段。各分段药量分配为 1∶2∶1，装药结构如下：①底部加强装药区。采取连续不耦合装药结构，装药长度为 0.8m，该段药量为 0.8kg；②中间正常装药段。采取空气等间距非连续不耦合装药结构，该段视岩石性质不同区间长度略有不同，一般为 4.0～4.5m，该段所需药量为 1.4kg，合计 8 卷。其中空气间隔长度一般为 0.3～0.35m；③顶部减弱装药段。采用空气等间距非连续不耦合装药结构，该段药卷总长度为 1.5～2.0m，所需药量为 0.8kg，即 4 卷药卷，空气间隔长度为 0.4～0.45m。

（4）缓冲孔单孔装药量和装药结构。采用等间距空气间隔非连续不耦合装药结构，孔口堵塞段长度不小于 2m。缓冲孔在主爆孔起爆后起爆。所有炮孔具体数目及药量详见表 17-9。

f 爆破网路设计

（1）预裂孔起爆网络设计。由于在爆破过程中预裂孔是先于主爆区起爆，为保证预裂孔同时起爆，一般采用导爆索连通起爆。

（2）主爆区起爆网络设计：

1）主爆孔的起爆网路设计。主爆孔采用梅花形布孔，每循环起爆 3 排炮孔，合计 7.5m。由于主爆孔分 2 段连续装药，中间有 1 段为堵塞段，因此在底部装药区和靠近孔口装药区各布置 1 个导爆管雷管，通过地表的导爆管网路引爆孔内的分段药卷。

地表爆破连线方面采用间隔分段连线，形成“V”形起爆，减小围岩的夹制作用，提高爆破效果。

2）光爆层起爆网路设计。光爆层与主爆区同时起爆，主爆区的炮孔布置图详见图 17-31 和图 17-32。

g　爆破参数

本爆破工程项目爆破参数如表 17-9 所示。

**表 17-9　爆破孔网参数表**

| 项 目 | 炮孔数目 | 孔深/m | 药卷直径/mm | 单孔药量/kg | 药量合计/kg | 雷管段别 | 备　注 |
|---|---|---|---|---|---|---|---|
| 1 排孔 | 8 | 11.5 | 70 | 28 | 224 | 1，3 | 倾斜孔 |
| 2 排孔 | 7 | 11.5 | 70 | 32 | 224 | 3，5 | 倾斜孔 |
| 3 排孔 | 8 | 11.5 | 70 | 32 | 256 | 5，7 | 倾斜孔 |
| 缓冲孔 | 8 | 11.5 | 70 | 16 | 128 | 7 | 垂直孔 |
| 二台孔 | 19 | 8 | 32 | 3.2 | 60.8 | 9 | 水平孔 |
| 底板孔 | 24 | 8 | 32 | 3.2 | 76.8 | 11 | 水平孔 |
| 预裂孔 | 20 | 13 | 70/32 | 5.4 | 104 | 无特别要求 | 垂直孔 |
| 合 计 | 94 | | | | 1073.6 | | |

注：洞库断面为 247$m^2$；循环进尺 7.5m；循环方量 1852.5$m^3$；炸药单耗 0.58$kg/m^3$。

h　爆破安全及控制措施

本工程爆破有害效应包括爆破振动、爆破飞石和爆破有害气体等，为减小爆破有害效应，采用以下控制措施：

（1）确定合理爆破参数、限制一次的最大用药量、采用毫秒延时起爆网路等措施。

（2）加强堵塞质量，防止冲炮产生爆破飞石。

（3）堵塞时，不得将雷管的脚线、导爆索或导爆管拉得过紧，以防被堵塞材料损坏。装药结束后要有专人检查起爆网路，防止起爆网路断路造成的拒爆事故。

（4）连接起爆网路时应注意以下安全问题：

1）孔内引出导爆管、导爆索等要留有一定的富余长度，防止因炸药下沉而拉断网路，在有水炮孔内装药尤其要注意；

2）网路连接工作应在堵塞结束、场地炸药包装袋等杂物清理干净后再进行，接线时应严格按照规程规定进行；

3）网路连接后要有专人检查线路是否完整，起爆前必须要有专人负责爆破安全。

（5）爆破后作业人员进入工作面前，应进行充分通风，并用水喷洒爆堆。

## 17.3　水下爆破设计

水下爆破作业包括：水下钻孔爆破、水下裸露爆破、水下硐室爆破、水下岩塞爆破、水下拆除爆破、水下挤淤、夯实爆破。以下仅对水下钻孔爆破和水下挤淤爆破进行设计与分析。

### 17.3.1　设计案例——水下钻孔爆破设计

A　工程概况

某航道扩建工程，在河道中心线南侧约2.2m深水下发现一条东西长320m，南北宽22.5m的乌菱山延伸段。因下部岩石坚硬且厚度均在2m左右，难以使用机械设备破碎进行清理，为防止船舶搁浅事故的发生和保证航道扩建工程的顺利完成，对该水下石方段采用爆破法进行清理。

该水下石方段东、西两侧岸边均为桑树地和农田，300m范围内无其他建（构）筑物体；南侧为山体；北侧距村庄最近民房约45m。位于K26+200~K26+280正上方有两条220kV的高压线通过，高压线距水面最低距离为25m；水下石方段北侧距220kV高压线塔基的直线距离约80m，南侧距220kV高压线塔基的直线距离约45m，平面布置示意如图17-33所示。

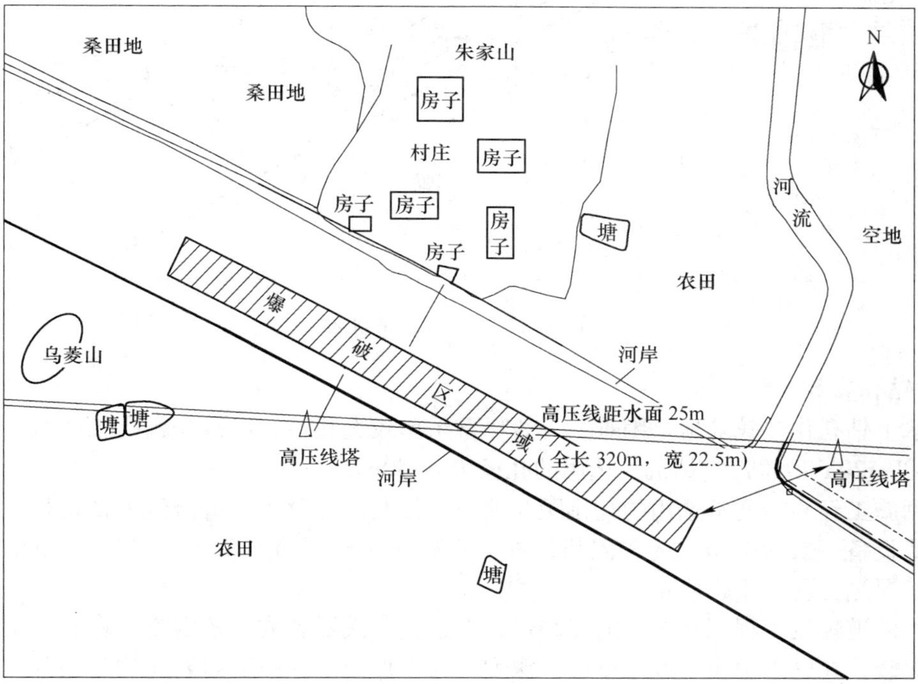


图17-33　平面布置示意图

B　爆破技术设计

a　区域划分

根据施工图纸并从环境因素考虑，爆破区域的划分以单次总药量来控制，大体分为K26+170~K26+215（高压线正下方两侧20m范围内）和K26+040~K26+170、K26+215~K26+360共两个大的爆破区域。爆破规模遵循高压线爆破总药量不超过1500kg，其他区域单次爆破总药量不超过 2000kg 的原则。

在爆破初期首先对桩号 K26 + 040 ~ K26 + 50 范围内的水下石方段进行一次小规模的试爆，总药量控制在 1000kg 以内，同时对爆破振动监测数据和爆破效果进行分析，若爆破振动和飞石得到较好的控制且岩石破碎充分，则可适当增大爆破规模和孔网参数，尽可能减少爆破次数。本工程拟分为 8 ~ 15 次爆破完成，区域划分示意图如图 17-34 所示。

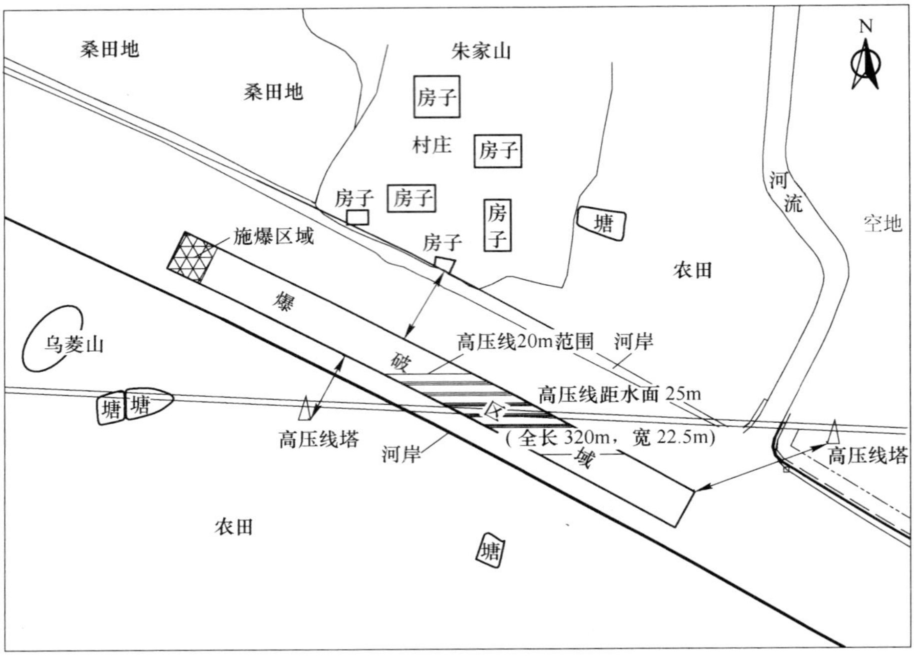


图 17-34　区域划分示意图

b　钻孔参数

因水上钻孔作业较陆地上困难，一般尽量采用较大孔径，以减少钻孔工作量。本工程拟采用 CL-120Y 型履带式钻机，选用的孔径 $D = 140$mm。

根据施工经验，通常选用的孔排距与地质条件及清渣设备的清渣能力密切相关。参照内河清渣设备一般为 1.0$m^3$ 的挖泥船，本工程选取孔排距均为 2.0m，在实际施工中要根据试爆情况进行孔、排距修正。

内河航道疏浚工程因其施工的复杂性，考虑到二次爆破成孔较困难，在水下开挖不进行分层爆破，在施工中应一次钻至设计深度。为了保证设计深度内岩体均匀破碎，不留根底，钻孔应有一定的超深，以克服底盘岩石的夹制作用。考虑到水下钻孔爆破作业困难，效率低，其超深值一般较陆域大。

本工程超深选用

$$h_0 = (0.8 \sim 1.2)W = 1.0 \times 2\text{m} = 2.0\text{m}$$

钻孔深度 $L$ 按下式确定：

$$L = H + h_0$$

式中　$H$——设计开挖深度，m，取 $H = 2.2$m。

经计算 $L=2.2+2.0=4.2\text{m}$。

由于河道底部高低不平，具体钻孔深度根据现场测量计算确定。

c 药量确定

水下爆破的主要特点之一是爆破介质与水的交界面上承受着水的压力，同时爆破介质的膨胀运动亦须克服水体的阻力，因此其装药量计算应该包括破碎岩石所必需的能量和克服水体阻力所做的功，故水下爆破的炸药单耗较陆地爆破为大，水下钻孔爆破的每孔装药量可按体积公式计算，$q$ 值如表 17-10 所示。

$$Q = qabL$$

式中 $Q$——炮孔计算装药量，kg；

$q$——水下钻爆单耗值，$\text{kg/m}^3$；

$a$——孔距，m；

$b$——排距，m；

$L$——钻孔深度，m。

**表 17-10 不同类别岩体 $q$ 值列表**

| 岩质类别 | $q/\text{kg}\cdot\text{m}^{-3}$ | 岩质类别 | $q/\text{kg}\cdot\text{m}^{-3}$ |
|---|---|---|---|
| 软岩石或风化石 | 0.6～1.0 | 坚硬岩石 | 1.0～1.4 |
| 中等硬度岩石 | 0.8～1.2 | | |

注：炮孔深度小、水下清渣能力强时，表中数值取下限；反之取上限。

本工程，$q$ 值暂取 $1.0\text{kg/m}^3$，经计算

$$Q=1.0\times2.0\times2.0\times4.2=16.8\text{kg}$$

d 爆破网路

参照以往类似工程经验，本工程延期时间定为 50ms（MS3）。

为保证操作简便，工程采用孔外延时逐孔起爆方式爆破。孔内全部装 MS12 段雷管，孔间用 MS3 段雷管接力，排间用 MS2 和 MS5 段雷管接力；采用 V 形起爆或斜线形起爆网路。为确保爆破安全可靠，每孔装 3 发非电毫秒雷管，详见起爆网路示意图 17-35。

根据本工程爆破面积 $S=7200\text{m}^2$，孔网参数 $a=b=2.0\text{m}$，单孔装药量 $Q=16.8\text{kg/m}^3$，则钻孔数量 $N=S/(a\times b)=1800$ 个，爆破所需总药量 $Q_{总}=Q\times N=16.8\times1800=30240\text{kg}$；每孔孔内装 3 发毫秒导爆管雷管，孔外用 2 发毫秒导爆管雷管接力，且排间亦采用导爆管雷管接力，则估算非电毫秒导爆管雷管的总数为 10000 发。因水下爆破炸药单耗取值应根据爆破试验效果做适当调整，且工程爆破台阶高度较低，实际炸药用量可能略大于理论计算值，故而暂取炸药量为 35000kg，如表 17-11 所示。

**表 17-11 具体火工品数量**

| 序 号 | 名称、规格 | | 单 位 | 数 量 |
|---|---|---|---|---|
| 1 | 乳化炸药（$\phi$90） | | kg | 35000 |
| 2 | 导爆管雷管 | MS3(15m) | 发 | 3800 |
| | | MS5(15m) | 发 | 200 |
| | | MS15(15m) | 发 | 6000 |
| 3 | 导爆管 | | m | 10000 |

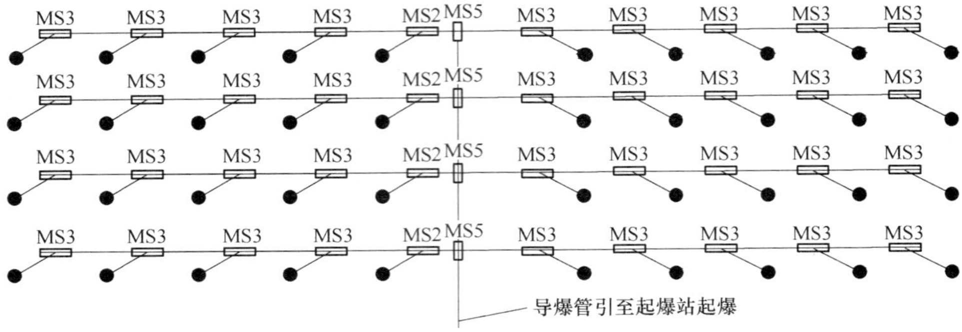


V形微差起爆网路示意图

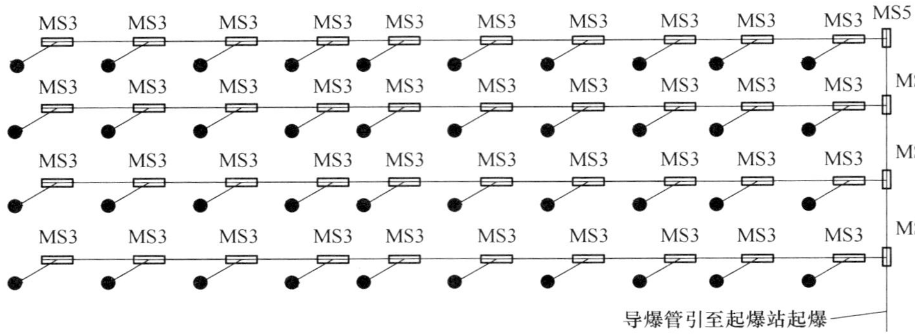


斜线形起爆网路示意图

图 17-35　起爆示意图

e　爆破安全校核

个别飞石最大距离公式：

$$R_{max} = K_f \times q \times D$$

式中　$R_{max}$——爆破个别飞石最大距离，m；

$K_f$——与爆破方式、填塞状况、地质有关的系数，取 $K_f = 1.0 \sim 1.5$；

$q$——炸药单耗，kg/m$^3$；

$D$——装药直径，mm。

工程中，$K_f = 1.5$；$D = 90$mm；$q = 1.0$kg/m$^3$，计算得 $R_{max} = 135$m。

上述安全距离为理论计算值，由于工程为水下爆破并采取了较为严密的安全防护措施，个别飞石的距离可大大降低。工程陆上警戒距离设置为 200m，所以可保证安全。

在水深不大于 30m 的水域内进行水下爆破，水中冲击波的最小安全允许距离可按下述两种方法确定。

（1）一次爆破药量 $Q \leqslant 1000$kg，安全距离参照表 17-12。

表 17-12　对人员的水中冲击波安全允许距离

| 装药及人员状况 | | 炸药量/kg | | |
|---|---|---|---|---|
| | | ≤50 | >50～200 | >200～1000 |
| 水中裸露装药/m | 游泳 | 900 | 1400 | 2000 |
| | 潜水 | 1200 | 1800 | 2600 |
| 钻孔或药室装药/m | 游泳 | 500 | 700 | 1100 |
| | 潜水 | 600 | 900 | 1400 |

对客船 1500m；对施工船舶按表 17-13 确定。

表 17-13　对施工船舶的水中冲击波安全允许距离

| 装药及人员状况 | | 炸药量/kg | | |
|---|---|---|---|---|
| | | ≤50 | >50～200 | >200～1000 |
| 裸露装药/m | 木船 | 200 | 300 | 500 |
| | 铁船 | 100 | 150 | 250 |
| 钻孔或药室装药/m | 木船 | 100 | 150 | 250 |
| | 铁船 | 70 | 100 | 150 |

（2）一次爆破药量 $Q>1000$kg 时，对人员和施工船舶的水中冲击安全允许距离可按下式计算。

$$R = K_0 \times \sqrt[3]{Q}$$

式中　$R$——水中冲击波的最小安全允许距离，m；

$Q$——一次起爆的炸药量，kg；

$K_0$——系数，按表 17-14 选取。

表 17-14　$K_0$ 值

| 装药条件 | 保护人员 | | 保护施工船舶 | |
|---|---|---|---|---|
| | 游泳 | 潜水 | 木船 | 铁船 |
| 裸露装药 | 250 | 320 | 50 | 25 |
| 钻孔或药室装药 | 130 | 160 | 25 | 15 |

因工程为水下钻孔爆破，单次爆破最大药量控制在 2000kg 以内，航道中无其他水下人员作业活动，故仅需考虑船舶的安全，通过对（1）、（2）两种最小安全距离比较，本工程水上安全警戒距离按（2）确定，即 $R=K_0\times\sqrt[3]{Q}=25\times\sqrt[3]{2000}=315$m，为保证安全，水上警戒距离设为 500m，所以可确保安全。

爆破振动速度计算：

$$v = K\left(\frac{Q^{1/3}}{R}\right)^{\alpha}$$

式中　$v$——安全允许振速，cm/s，如表 17-15 所示（工程当时实施的是《爆破安全工程》（GB 6722—2003））；

$Q$——装药量（齐发爆破时的总药量；毫秒延时爆破或秒差爆破时取最大一段装药量），kg；

$R$——爆源至被保护物的距离，m；

$K$——与介质性质、爆破方式等因素有关的系数；

$\alpha$——与传播途径和地质地形等因素有关的指数。

**表 17-15　建（构）筑物的安全振动速度**

| 序　号 | 保护对象类别 | 安全允许振速/$cm \cdot s^{-1}$ | | |
|---|---|---|---|---|
| | | <10Hz | 10～50Hz | 50～100Hz |
| 1 | 土窑洞、土坯房、毛石房屋 | 0.5～1.0 | 0.7～1.2 | 1.1～1.5 |
| 2 | 一般砖房、非抗震的大型砌块建筑物 | 2.0～2.5 | 2.3～2.8 | 2.7～3.0 |
| 3 | 钢筋混凝土结构房屋 | 3.0～4.0 | 3.5～4.5 | 4.2～5.0 |
| 4 | 一般古建筑与古迹 | 0.1～0.3 | 0.2～0.4 | 0.3～0.5 |
| 5 | 水工隧道 | 7～15 | | |
| 6 | 交通隧道 | 10～20 | | |
| 7 | 新浇铸大体积混凝土：<br>龄期：初凝～3d<br>龄期：3～7d<br>龄期：7～28d | <br>2.0～3.0<br>3.0～7.0<br>7.0～12.0 | | |

对于本工程，$Q=16.8$kg；$K=250$；$\alpha=1.8$；$v=2.0$cm/s。

经计算 $R=37$m，所以能保证居民房的安全。在施工过程中通过振动监测，若出现振速超出标准，及时调整单响药量，对靠近民房区域采用底部空气间隔结构和减少单孔装药量，以降低爆破振动的有害效应。

C　施工组织设计

a　施工组织机构

成立水下石方爆破工程项目部，实行项目经理承包责任制，全面负责进度、质量、经营安全等工作。实行层层责任制，责任到人，赏罚分明。建立健全各项管理制度，配备具有丰富爆破工程施工经验的技术、管理人员组建有力的项目班子，严格按科学的工程项目管理方法进行施工管理，如图 17-36 所示。

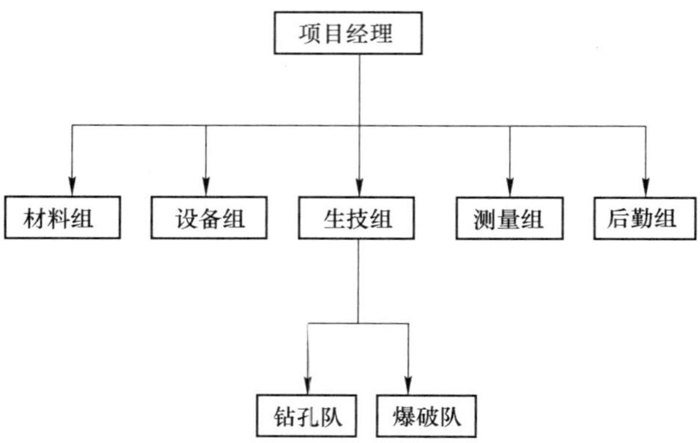


图 17-36　施工组织机构示意图

b 施工设备与人员配置

主要机械设备见表17-16。

表17-16 主要机械设备

| 序 号 | 设备名称 | 型 号 | 单 位 | 数 量 |
|---|---|---|---|---|
| 1 | 潜孔钻机 | CL120-Y | 台 | 2 |
| 2 | 空压机 | XRHS836CD | 台 | 2 |
| 3 | 钻爆平台 | | 台 | 1 |
| 4 | 工具车 | | 辆 | 1 |
| 5 | 交通船 | | 艘 | 1 |

c 施工进度计划

施工初期建立测量控制网完成风、水、电及通讯系统安装，生产及生活营地建设，爆破安全防护设施的采购等。

主要施工关键线路为：人员、设备进场→施工测量控制网建立→爆破审批→凿岩钻孔→爆破开挖→清渣、复测→本合同段完工。

d 安全保证措施

保证安全的措施包括：

（1）施工前对员工进行培训、安全技术交底。进入现场，必须正确佩戴好安全帽，施工人员必须穿戴好工作服和工作鞋。

（2）爆破作业前必须经公安部门审批，并取得批文。火工品的存放及装药、堵塞、连线、起爆均按国家相关规程进行操作，杜绝违章作业。

（3）爆破作业现场设立“爆破现场、禁止入内”标牌，禁止无关人员进入爆破施工现场。

（4）施工现场设置“爆破施工，注意安全”的安全警示标志。河道内设置“前方爆破施工，过往船只请绕行”，并对施工区采用浮标圈定。

（5）成立临时爆破指挥部，爆破前应和电力部门做好相互沟通、协调，确保高压线安全。

（6）在各主要交通道口设立警戒点和醒目标志，确保各警戒点的定岗定员，每一警戒点配备一部对讲机，警戒人员应佩戴袖标。

（7）爆破前，同时发出声响和视觉信号，使危险区的人员都能听到和看到。

（8）施爆前必须划定警戒范围，并对民房进行拍照取证，爆破时间选在村民上班时，减少扰民和安全警戒工作，每次爆破前通知村民具体的爆破时间。

由于重点考虑爆破飞石和爆破产生的水柱对石方段上部高压线及对面居民房的影响，采取以下措施：

（1）通过试爆的振动监测，对距离民房和高压线塔基较近区域采用控制最大齐次起爆药量及单次爆破规模，降低爆破振动的危害。

（2）加大超深，使炸药尽量置于炮孔底部，确保堵孔质量。

（3）采用钢管排架与竹笆进行防护，竹笆上覆盖沙包压实，避免爆破飞石和水柱造成事故的发生。特别在高压线正下方施工时，需严格控制药量，采用双层竹笆排架加强力网进行安全防护。

e　爆破安全警戒

安全警戒采取的措施包括：

（1）爆破前详细踏勘现场，划定警戒范围，并经公安部门同意，同各单位协调好爆破的具体时间，并得到公安部门的批准。

（2）在主要交通道口设立警戒点和醒目标志，确保各警戒点的定岗定员，每一警戒点一人，施工现场火工品存放区设置“爆破区域，闲人免入”安全警告标志。

（3）爆破前明确警戒范围、警戒标志和音响信号的意义，以及发出信号的时间和方法。

（4）爆破起爆命令由总指挥在确认警戒安全的情况下下达起爆命令。

（5）爆破前，必须同时发出音响和视觉信号。

第一次信号：预备信号，在起爆前15min发出。所有与爆破无关的人员立即撤到指定的安全地点，不能撤离设备应采取有效防护措施。

第二次信号：起爆信号。各地点警戒人员警戒完毕，确认人员、设备全部撤离危险区后，向指挥部报告，指挥部在确认具备安全起爆条件后，发出起爆信号。

第三次信号：警戒解除信号。起爆后，爆破员和安全员间隔5min进入爆破现场检查，经检查确认安全后，发出警戒解除信号。在没有发出警戒解除信号前，各警戒人员应坚守岗位，不得脱岗、不得放行车辆、人员，禁止其他人员进入现场。

成立临时爆破指挥部，并与当地村委及电力部门达成统一协调，指挥爆破警戒工作。爆破前由施工单位向指挥部汇报具体爆破时间，各相关单位严格按照《爆破安全警戒方案》实施爆破前的安全警戒工作。指挥部下设技术组、清渣组、警戒组、联络组、爆破组，如图17-37所示。

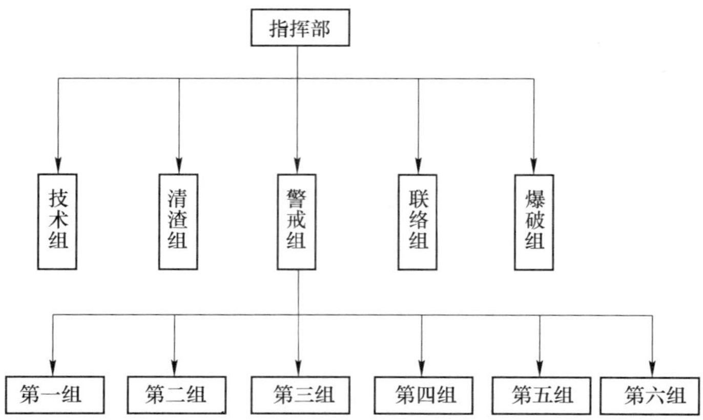


图17-37　施工组织机构示意图

根据安全校核设计和爆破周围的环境，陆上警戒距离为200m，水上警戒范围为500m，在警戒范围内的人员、设备必须全部撤离到警戒点以外，不能撤离设备应采取有效的安全防护措施。

f　应急预案

成立重大事故应急处理指挥小组，指挥长由项目经理担任；副总指挥长由技术负责人和专职安全员担任；成员由各组管理人员组成。

认真落实企业安全生产责任制，安全生产规章制度和安全操作规程。及时对设备、设施的不安全状态、人的不安全行为，以及安全管理上的缺陷等隐患进行排查治理，采取有效的防护措施。在危险要害部位，设置明显的安全警示标志，便于公众识别。加强对员工安全生产教育培训，提高安全生产意识，掌握安全技能，提高对事故的应急处理能力。

### 17.3.2　设计案例——水下爆破软基处理设计

A　工程概况

护岸总长990.01m，护岸地基土层中淤泥类土厚度为15～20m，南北两端由于岩基较浅，50m范围内采用抛石挤淤的方法处理地基，中间采用爆破挤淤的方法。

主要土层基本参数如下：

1层：淤泥质粉质黏土（mQ34）：流塑，厚层状，层面夹粉土薄层，具高压缩性，物理力学性质极差，标贯$N=0.8$击，容许承载力$F_a=45kPa$，平均含水量$w=61\%$，平均湿密度$1.68g/cm^3$。

2层：淤泥质黏土（mQ24）：流塑，厚层状，本层物理力学性质极差，具高压缩性，物理力学性质差，标贯$N=1.7$击，容许承载力$F_a=50kPa$，平均含水量$w=52\%$，平均湿密度$1.75g/cm^3$。

3层：淤泥质黏土（mQ24）：流塑，细鳞片状为主，局部厚层状，本层基本均有分布，物理力学性质差，标贯$N=4.2$击，容许承载力$F_a=55kPa$，平均含水量$w=48\%$，平均湿密度$1.78g/cm^3$。

4层：粗砂（al-mQ14）：饱和，稍中密，本层场地内局部零星分布，具中等压缩性，物理力学性质一般，标贯$N=9.3$击，容许承载力$F_a=180kPa$，平均含水量$w=29\%$，平均湿密度$1.93g/cm^3$。

本工程拟将置换至淤泥质黏土层（即②$_1$层和②$_2$层），护岸海堤典型断面如图17-38所示。

护岸两端各接一渔用码头，距工程地点400m外有一村庄，护岸0+990端停靠一些渔船，护岸除两端与岸相接，其他距岸边约100～300m。拟建护岸后方搭建临时设施，距堤约220m。护岸北端0+050距上方冰厂最近95m，南端0+940距下方冰厂最近112m。因为护岸施工期间码头和冰厂仍需照常使用，且为了确保设备正常运行，冰厂允许的最大振动速度小于2.0cm/s，码头允许的最大振动速度小于8cm/s，其他建（构）筑物允许的最大振动速度小于2cm/s。

本工程采用陆上填筑方式，根据本工程设计断面形状，抛填采用“堤身先宽后窄”的方法，使得爆后堤坝体尽量与设计断面吻合。抛填中大块石尽量抛在堤身外侧，以利防浪冲刷。

抛填堤顶高程：+3.50m；

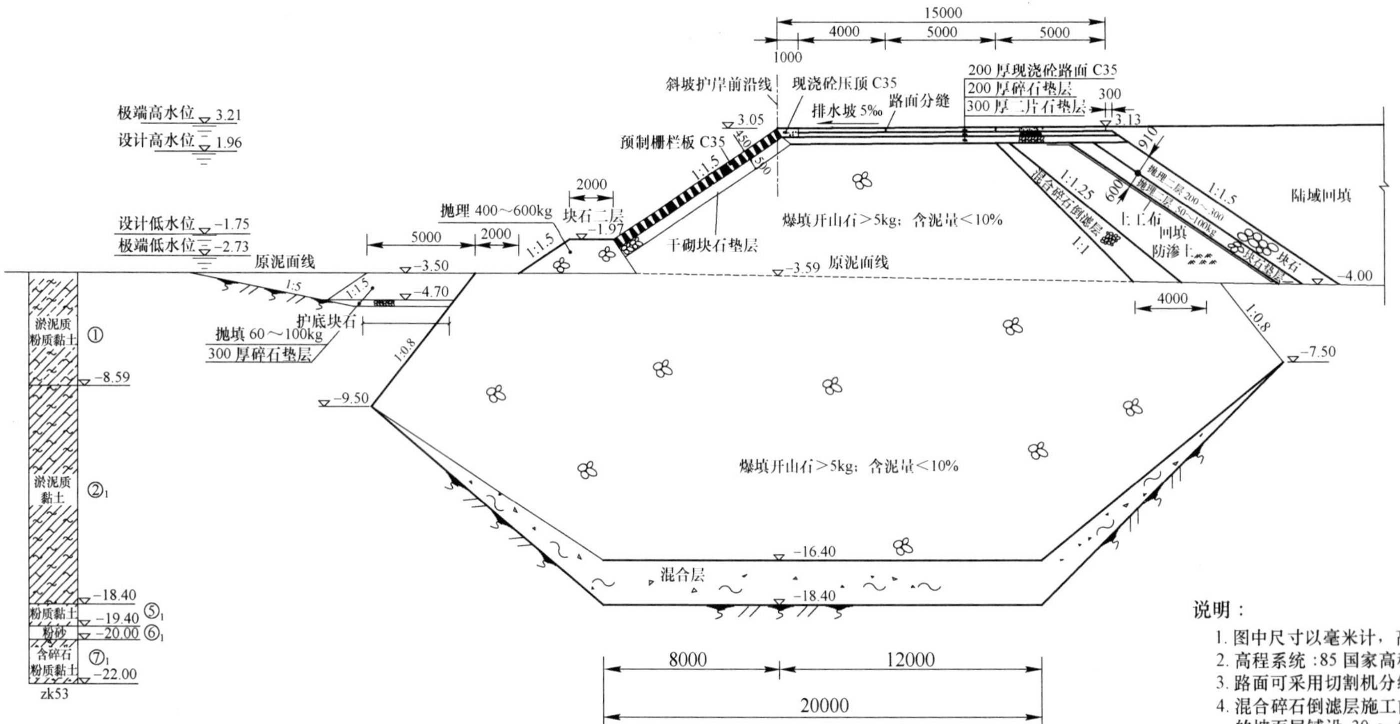


典型断面图

1:100

说明：

1. 图中尺寸以毫米计，高程以米计。
2. 高程系统：85 国家高程基准。
3. 路面可采用切割机分缝，用沥青木板嵌塞。
4. 混合碎石倒滤层施工前，应在抛石棱体的坡面层铺设 30 ～ 50cm 厚二片石垫层。
5. 断面控制桩号 0+191.42 ～0+291.42m，控制长度 100m。
6. 断面位置详见图号 3

图 17-38　护岸海堤典型断面

爆前堤头部位加高至：+4.5～5.0m；

抛填宽度：轴线内侧13.0m，外侧7.0m，总宽20.0m。

根据以上材料，针对桩号0+050～0+200段设计爆炸挤淤施工方案。

B 爆破参数设计

a $L_H$ 的确定

$L_H$ 为爆炸挤淤一次推进的水平距离，即循环进尺，单位为m。

水深-3.6m，落底深度-16.4m，淤泥隆起高度取3m，则 $H_m$（置换淤泥厚度，含淤泥包隆起的高度，单位为m）为：

$$H_m = -3.6 - (-16.4) + 3 = 15.8\text{m}$$

这里 $L_H$ 取4m。

b 单次起爆药量

$$Q = q'_L L_L$$

$$q'_L = q_0 L_H H_{mw}$$

$$H_{mw} = H_m + \left(\frac{\gamma_w}{\gamma_m}\right) H_w$$

式中 $q'_L$——线布药量，kg/m；

$q_0$——炸药单耗，kg/m³；

$H_{mw}$——计入覆盖水深的折算淤泥厚度，m；

$\gamma_w$——水重度，kN/m³；

$\gamma_m$——淤泥重度，kN/m³；

$H_w$——覆盖水深，m。

泥面以上填石厚度 $H_s = 3.5 + 3.6 = 7.1$m。

当 $H_s/H_m < 1$，$q_0$ 取值0.3kg/m³。

$H_{mw} = 15.8 + 1/1.75 \times 3.6 = 17.86$m。

爆破挤淤一次布药长度 $L_L$ 为20m，计算：

$$Q = 0.3 \times 4 \times 17.86 \times 20 = 428.64\text{kg}$$

为了施工方便，这里 $Q$ 取432kg（炸药每包24kg，共计18包）。

一次布药孔数

$$m = \frac{20}{1.8} + 1 \approx 12$$

其中，药包间距 $a$ 取1.8m。

单孔药量

$$Q' = \frac{432}{12} = 36\text{kg}$$

c 布药深度 $L$

当水深 2～4m 时，$L = 0.45H_m = 7.11m$，考虑到淤泥包隆起高度，$L = 8m$。

C　装药工艺

常规装药工艺有三种：水上爆破作业船装药、吊车加静压振动式装药器装药和挖掘机改装直（斜）静压式布药器装药。采用挖掘机改装直（斜）静压装药器装药工效快，施工方便。

本工程由于采用陆上填筑方式，且覆盖水较线，拟采用挖掘机改装直（斜）静压装药器装药方式。

布药线平行于抛石前缘，位于前缘外 1～2m。

D　爆破网路

直接用导爆索作为起爆药包和传爆媒介。首先用导爆索加工成起爆体置入药包中，然后将药包埋入泥下设定深度处，同时将导爆索引出水面，并与主导爆索相连（并联），主导爆索可用单股或双股，最后用导爆管雷管（或电雷管）起爆。起爆网路如图 17-39 所示。

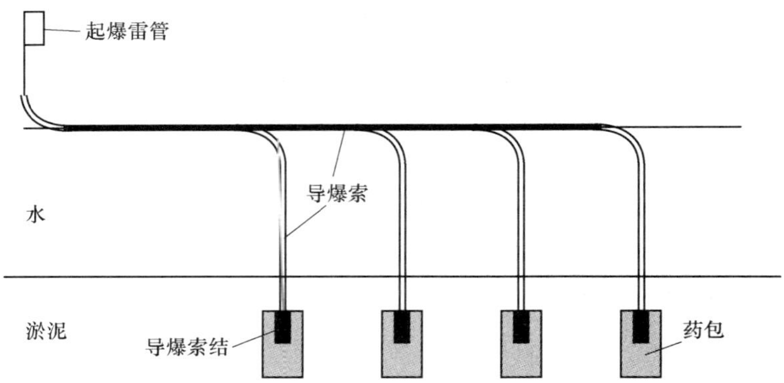


图 17-39　起爆网路示意图

E　安全验算

根据式（17-6）计算保护物振动安全允许速度进行验算：

$$v = K\left(\frac{Q^{\frac{1}{3}}}{R}\right)^{\alpha} \tag{17-6}$$

式中　$v$——保护对象所在地振动安全允许速度，cm/s；

$Q$——一次同时起爆药量，kg，如分段起爆则为最大段的药量；

$R$——爆破振动安全允许距离，m；

$K$，$\alpha$——分别为与爆破地震安全距离有关的系数和指数，它们与爆区的地质、地形条件和爆破方式有关。

本工程取 $K = 450$；$\alpha = 1.65$，依据式（17-6）可计算出不同距离的爆破振动速度，计算结果列于表 17-17 中。

经计算可知，冰厂是控制最大单响药量的主要保护物。下面以冰厂为主要考虑对象计算不同距离的最大单响药量，计算结果列于表 17-18。

表 17-17　不同爆心距的振动速度预测

| 距离/m | 爆破振动速度/cm·s⁻¹ | | | | | 安全允许速度/cm·s⁻¹ |
|---|---|---|---|---|---|---|
| | 齐爆药量=432kg | 齐爆药量=216kg | 齐爆药量=108kg | 齐爆药量=72kg | 齐爆药量=36kg | |
| 距码头 50 | 19.47 | 13.45 | 9.29 | 7.49 | 5.17 | 8 |
| 距冰厂 95 | 6.97 | 4.82 | 3.33 | 2.68 | 1.85 | 2 |
| 距临设 220 | 1.82 | 1.26 | 0.87 | 0.70 | 0.48 | 2 |
| 距村庄 400 | 0.70 | 0.48 | 0.33 | 0.27 | 0.19 | 2 |

表 17-18　不同距离的最大单响药量

| 距离/m | 100 | 150 | 200 | 250 | 300 |
|---|---|---|---|---|---|
| 最大单响药量/kg | 48.48 | 163.62 | 387.85 | 757.51 | 1308.98 |

由计算结果可知，从 0+050 开始，只能逐孔起爆，随着爆填向前推进，可以逐渐增加单响药量。

F　护岸爆破参数

护岸的相关爆破参数如表 17-19 所示。

表 17-19　护岸的爆破参数

| 桩　号 | 0+050~0+100 | 0+100~0+150 | 0+150~0+200 |
|---|---|---|---|
| 处理长度/m | 50 | 50 | 50 |
| 每炮堤头进尺/m | 4 | 4 | 4 |
| 每炮药包/个 | 12 | 12 | 12 |
| 单药包重量/kg | 36 | 36 | 36 |
| 药包间距/m | 1.8 | 1.8 | 1.8 |
| 药包埋深/m | 8 | 8 | 8 |
| 最大单响药量/kg | 36 | 72 | 216 |

G　试验段

为了检测爆破参数的合理性，需要选取一段进行试爆，以检测爆破设计方案的可行性。本工程拟选取 0+050~0+100 段作为本工程的试验段进行试爆。进行试验段爆破可检测以下几个方面：

（1）器材的可靠性；

（2）装药机具的选择及装药效率的确定；

（3）调整并确定爆破参数；

（4）爆破挤淤水中冲击波和振动监测及安全评价。

通过试验段的试爆施工，可以对设计方案进行检测，根据试验监测结果对方案相关设计参数进行适当的纠偏和调整，使方案进一步优化。

H　安全措施

爆破产生的有害效应主要有爆破振动、爆破冲击波、爆破飞散物、爆破噪声、爆破烟尘、爆破有毒有害气体等。本工程主要的爆破有害效应为爆破振动和水中冲击波，降低其有害效应的措施包括降低爆破振动和降低水中冲击波。

a　降低爆破振动

降低爆破振动的安全措施主要从以下三方面着手：（1）从爆破源着手；（2）从振动传播途径着手；（3）从被保护物着手。

从爆破源着手，主要是降低爆破源瞬时释放的能量。比如降低一次起爆药量，可以采用分段延时起爆技术实现；另外也可能选用低猛度炸药等。降低爆破振动的最有效措施还是分段延时起爆技术。

从传播途径着手的话，可以在爆破源和被保护物之间布置一排或多排减振沟（槽），或者密集的减振孔。

从被保护物着手，通过减振垫或者减振基座来降低振动对被保护物的破坏，或者通过加固被保护物来提高其抗震等级。

b　降低水中冲击波

降低水中冲击波的安全措施也是从震源、传播介质和被保护物三个方面着手，比较有效的措施有气泡帷幕防护措施。

气泡帷幕防护是在爆源与被保护物之间的水底设置一套气泡发射装置。一般其两侧钻凿两排小孔，当往发射装置里输入压缩空气后，便从小孔中连续不断地发射出大量细小的气泡。由于浮力作用，气泡群自水底向水面运动，从而形成一道“气泡帷幕”，它能有效地削弱冲击波的压力峰值，设计良好的气泡帷幕装置可以削弱冲击波压力90%以上。

I　施工组织设计

（从略）

# 18　拆除爆破设计

## 18.1　拆除爆破的基本要求与内容

拆除爆破因其对象较为单一，根据《爆破安全规程》（GB 6722—2014）规定：拆除爆破若无特殊要求，宜将技术设计和施工组织设计合并编写。

### 18.1.1　设计依据

设计依据应包括：

（1）被拆除结构体相应的图纸及资料，若无图纸及资料，应对被拆除体进行详细的查勘及测量。

（2）被拆除体周围环境相关资料。例如周围被保护物的状况及要求、相对距离等。

（3）被拆除体周围地面及地下公共设施的分布等。

### 18.1.2　设计内容

拆除爆破的设计内容可概括为：根据工程要求和爆破点周围的环境条件，考虑建（构）筑物的结构特点，确定拆除爆破的总体方案，通过正确设计、精心施工、采取有效的防护措施，严格控制炸药爆炸作用范围，建（构）筑物的倒塌运动过程和介质的破碎程度，达到预期的爆破效果，同时要将爆破的影响范围和危害作用控制在允许的限度内。

除按《爆破安全规程》（GB 6722—2014）中5.2.3小节与5.2.4小节内容规定外，还应结合拆除爆破的特点，进行爆区周围设施、建（构）筑物保护和安全防护设计。

### 18.1.3　技术特点

拆除爆破有以下技术特点：（1）要按工程要求确定的拆除范围、破碎程度进行爆破；（2）要控制建（构）筑物爆破后的倒塌方向和堆积范围；（3）要控制爆破时破碎块体的堆积范围、个别碎块的飞散方向和抛出距离；（4）要控制爆破时产生的冲击波、爆破振动和建（构）筑物塌落振动的影响范围。

## 18.2　拆除爆破的分类设计

### 18.2.1　房屋建筑物的拆除爆破设计

房屋建筑物的拆除爆破按对象分类可以分为框架结构、全剪力墙结构、框剪结构、砖混结构、大型厂房等结构。以下仅对框剪结构和剪力墙结构进行举例说明。

A　设计案例——框剪结构拆除爆破设计

a　工程概况

某楼房属框剪结构，主体长度约50m，宽度约16m，主体16层，高度约52.8m，顶高约55m。楼内有楼梯3座：第一座位于楼房电梯旁；第二座位于楼房东侧；第三座位于楼房西侧。楼内有电梯2座，位于楼房中间处，楼梯及电梯均由剪力墙组成，楼内还散布一些剪力墙，厚度为25cm。爆破拆除总面积：主楼约15000m²，西侧楼群约2400m²，配电室约360m²，餐厅约650m²，共计拆除面积约18400m²。

大楼周边环境如下：

东侧：距院墙17m；墙外无建筑物；

南侧：距大门院墙60m；东南侧53m有配电房；

西侧：距院墙40m；墙外15m有12层楼房一座；

北侧：距院墙50m。

大楼周边管线、设施、交通情况：

管线：大楼东侧、南侧、西侧、北侧围墙范围内有大量管线，爆破前，由甲方负责做好移位或保护措施；

设施：爆破范围内无其他设施；

交通：南侧道路人流车流量较大，应注意保护道路。

b　爆破方案的确定

根据周边条件，该楼房宜向北定向倒塌，因其倒塌距离仅50m，因此对楼房实施3个缺口的爆破方案，以控制倒塌范围小于50m。

爆破部位选取三个爆破缺口，第一个爆破缺口1～4层，第二个爆破缺口8层，第三个爆破缺口14层，爆破部位见图18-1。待拆除楼房在长度方向分为10轴。

各楼层立柱的爆破高度如表18-1所示。

**表18-1　各楼层立柱的爆破高度**

| 楼层 | | 炸高/m | | | | | | | | | |
|---|---|---|---|---|---|---|---|---|---|---|---|
| | | 1轴 | 2轴 | 3轴 | 4轴 | 5轴 | 6轴 | 7轴 | 8轴 | 9轴 | 10轴 |
| 一层 | A排 | 2.8 | 2.8 | 2.8 | 2.8 | 2.8 | 2.8 | 2.8 | 2.8 | 2.8 | 2.8 |
| | B排 | 2.8 | 2.8 | 2.8 | 2.8 | 2.8 | 2.8 | 2.8 | 2.8 | 2.8 | 2.8 |
| | C排 | 2.8 | 2.8 | 2.8 | 2.8 | 2.8 | 2.8 | 2.8 | 2.8 | 2.8 | 2.8 |
| | D排 | 0.8 | 0.8 | 0.8 | 0.8 | 0.8 | 0.8 | 0.8 | 0.8 | 0.8 | 0.8 |
| 二层 | A排 | 2.8 | 2.8 | 2.8 | 2.8 | 2.8 | 2.8 | 2.8 | 2.8 | 2.8 | 2.8 |
| | B排 | 2.8 | 2.8 | 2.8 | 2.8 | 2.8 | 2.8 | 2.8 | 2.8 | 2.8 | 2.8 |
| | C排 | 2.4 | 2.4 | 2.4 | 2.4 | 2.4 | 2.4 | 2.4 | 2.4 | 2.4 | 2.4 |
| 三层 | A排 | 2.4 | 2.4 | 2.4 | 2.4 | 2.4 | 2.4 | 2.4 | 2.4 | 2.4 | 2.4 |
| | B排 | 1.6 | 1.6 | 1.6 | 1.6 | 1.6 | 1.6 | 1.6 | 1.6 | 1.6 | 1.6 |
| 四层 | A排 | 2.0 | 2.0 | 2.0 | 2.0 | 2.0 | 2.0 | 2.0 | 2.0 | 2.0 | 2.0 |
| 八层 | A排 | 2.0 | 2.0 | 2.0 | 2.0 | 2.0 | 2.0 | 2.0 | 2.0 | 2.0 | 2.0 |
| | B排 | 1.6 | 1.6 | 1.6 | 1.6 | 1.6 | 1.6 | 1.6 | 1.6 | 1.6 | 1.6 |
| | C排 | 1.2 | 1.2 | 1.2 | 1.2 | 1.2 | 1.2 | 1.2 | 1.2 | 1.2 | 1.2 |
| | D排 | 0.8 | 0.8 | 0.8 | 0.8 | 0.8 | 0.8 | 0.8 | 0.8 | 0.8 | 0.8 |
| 十二层 | A排 | 2.0 | 2.0 | 2.0 | 2.0 | 2.0 | 2.0 | 2.0 | 2.0 | 2.0 | 2.0 |
| | B排 | 1.6 | 1.6 | 1.6 | 1.6 | 1.6 | 1.6 | 1.6 | 1.6 | 1.6 | 1.6 |
| | C排 | 1.2 | 1.2 | 1.2 | 1.2 | 1.2 | 1.2 | 1.2 | 1.2 | 1.2 | 1.2 |
| | D排 | 0.8 | 0.8 | 0.8 | 0.8 | 0.8 | 0.8 | 0.8 | 0.8 | 0.8 | 0.8 |

注：八层及十二层剪力墙炸高为1.5m，带状，呈矩形。

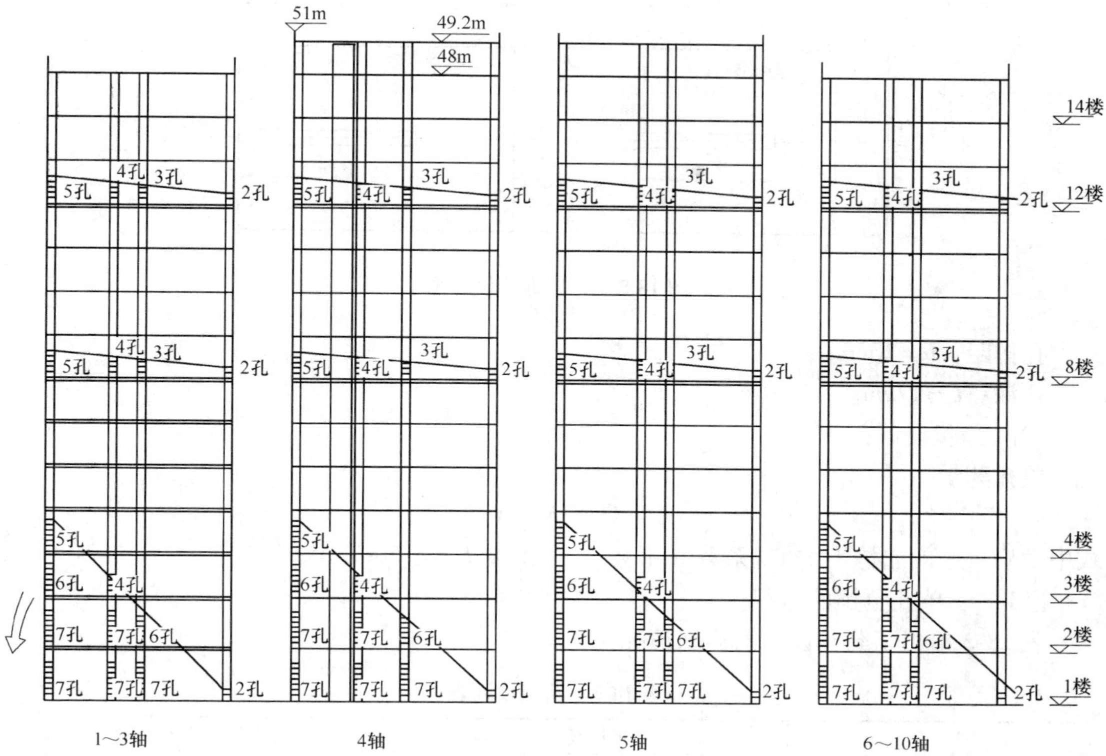


图 18-1　爆破切口高度剖面图

c　爆破设计与参数

（1）炮孔参数：

1）立柱截面：50cm×50cm；

最小抵抗线：$W=25$cm；

孔间距：$a=40$cm；

孔排距：单排；

孔深：$L=34$cm。

2）立柱截面：50cm×70cm；

最小抵抗线：$W=25$cm；

孔间距：$a=40$cm；

孔排距：单排；

孔深：$L=46$cm。

炮孔布置如图 18-2 所示。

经预处理后使 1～4 层平面形状为格子形状的剪力墙变为“T”形、“L”形状的拐点，保留部分“T”形、“L”形墙体以维持结构的稳定性。

最小抵抗线：$W=12.5$cm；

孔间距：$a=25$cm；

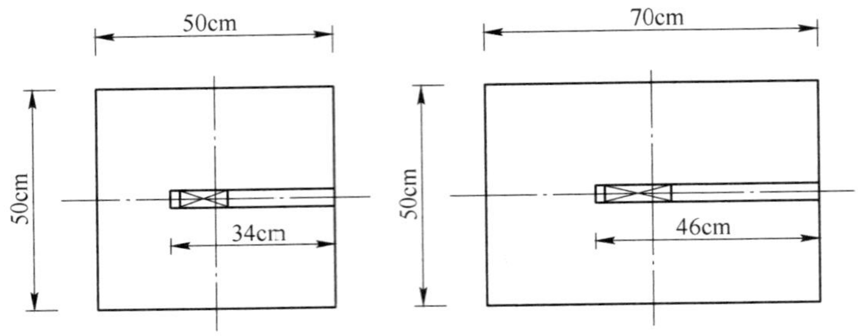


图 18-2　立柱炮孔设计图

孔排距：$b = 20\text{cm}$；

孔深：$L = 17\text{cm}$。

（2）药包设计：

单孔药量

$$Q = K \times V$$

式中　$K$——单位体积用药量系数（单耗），一般取 $K = 0.5 \sim 1.5\text{kg/m}^3$；

$V$——单孔负担的体积。

表 18-2 给出了药包设计的详细情况。

**表 18-2　药包设计表**

| 爆破部位 | | 截面 | 抵抗线 | 孔距 | 排距 | 孔深 | 单孔药量 | 单耗 |
|---|---|---|---|---|---|---|---|---|
| | | cm | cm | cm | cm | cm | g（乳化） | g/m³ |
| 1～2 层 | 方形立柱 | 50×50 | 25 | 40 | 1 排 | 34±1 | 100 | 1000 |
| 1～2 层 | 矩形立柱 | 50×70 | 25 | 40 | 1 排 | 46±1 | 120 | 857 |
| 3 层 | 方形立柱 | 50×50 | 25 | 40 | 1 排 | 34±1 | 75 | 750 |
| 3 层 | 矩形立柱 | 50×70 | 25 | 40 | 1 排 | 46±1 | 100 | 714 |
| 4，8，12 层 | 方形立柱 | 50×50 | 25 | 40 | 1 排 | 34±1 | 50 | 500 |
| 4，8，12 层 | 矩形立柱 | 50×70 | 25 | 40 | 1 排 | 46±1 | 75 | 536 |
| 1～3 层 | 剪力墙 | 25 | 12.5 | 30 | 25 | 17±1 | 37.5 | 2000 |
| 4，8，12 层 | 剪力墙 | 25 | 12.5 | 30 | 25 | 17±1 | 30 | 1600 |

（3）起爆网路：

第一个爆破缺口分 4 响，A 排立柱使用瞬发，B 排立柱使用 HS2 段（0.5s），C 排立柱使用 HS3（1.0s）段，D 排立柱使用 HS4 段（1.5s）。

第二个爆破缺口分 1 响，立柱和剪力墙全部采用 HS2 段。

第三个爆破缺口分 1 响，立柱和剪力墙全部采用 HS3 段。

总延期时间设计为 1.5s（从开始点火至所有装药完全爆炸所需时间），爆破网路如图 18-3 所示。

（4）防护设计。对大楼的爆破部位采用麻袋贴紧竹笆包裹式双层防护；对东南方向的配电房旁的变压器采用硬质材料（竹笆）遮挡防护；对西侧建筑物的窗户用竹笆和帆布进行防护。防止个别飞石打坏玻璃。

（5）爆破安全验算。

1）塌落振动。本次爆破关键是要控制塌落振动，按以下公式计算。

触地冲量：

$$I = M \times (2gH)^{1/2}$$

塌落振动：

$$v = 0.08 \times (I^{1/3}/R)^{1.67}$$

式中　$M$——分段塌落构件质量（按钢筋混凝土密度 $2.8\times10^3\text{kg/m}^3$ 计算出细分单元垮塌体的质量），kg；

$R$——目标点与触地中心的距离，m；

$H$——构件重心落差，m。

以上计算值均小于允许值，故对周边是安全的，除此而外仍进一步采取减振措施，即大楼塌落范围堆置若干高低、大小不等的装满土的塑料袋起减振作用。

2）最大单响药量。按公式最大单响药量

$$Q = [R \times (v/K)^{1/2}]^3$$

最近距离取 53m 计算；最大允许质点振动速度取 3cm/s；爆破振动场地系数取 50。则 $Q=603\text{kg}$（本爆破设计齐爆药量最大为 46.6kg）。

3）爆破振动。爆破引起的质点振动速度按下式计算：

$$v = K(Q^{1/3}/R)^{\alpha}$$

式中　$K$——场地系数，多层建筑物爆破拆除取 32.1；

$Q$——最大单响药量，取 46.6kg 计算；

$R$——爆破中心至被保护建筑物的距离；

$\alpha$——衰减参数，取 1.54。

东南侧配电房（53m）：$v=0.47\text{cm/s}$；

西侧大楼（55m）：$v=0.45\text{cm/s}$。

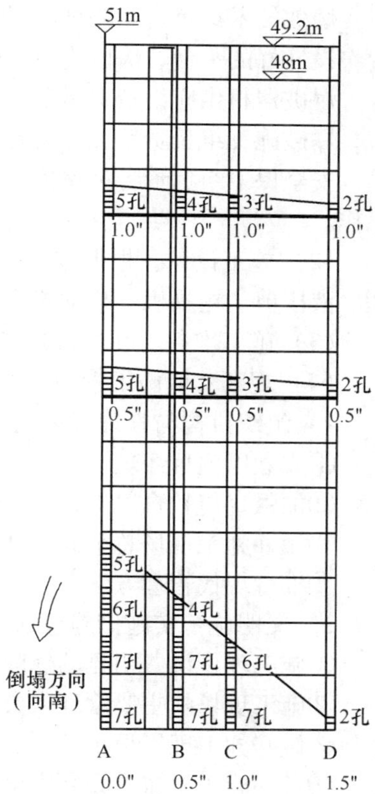


图 18-3　延期时间设计图

（6）飞石。爆破工程对周围最大的危害之一是飞石，所以必须采取有效的防护措施。按无覆盖条件下飞石距离与炸药单耗关系的经验统计公式：

$$L_{飞} = 70K^{0.58}$$

综合单耗取 $K=1.0\text{kg/m}^3$ 时，无覆盖物经计算得：$L_{飞}=70\text{m}$。

因此，警戒范围设为：南面 120m，东面 120m，西面 120m，北面 120m。警戒区范围以内的道路请交警指挥中心进行交通管制；与业主方、总包方沟通、协调，共同做好警戒区范围以内人员、车辆撤离工作。

d　施工组织设计

（1）施工组织机构和职责。设立项目指挥部，全面指挥和安排爆破作业的各项工作。项目指挥部设项目经理、副经理和若干作业组。

项目经理统一安排、部署全面工作。副经理分管施工、协调、爆破警戒工作。

爆破技术组负责网路试验、布孔、炮孔验收、装药、网路连接和起爆等指导工作；负责将设计好的平台、爆区边界、炮孔深度、剖面图复核及其他测量工作。

爆破器材供应组负责爆破器材的预定、购买、检验、爆破器材的分发登记工作。

爆破施工组负责钻孔、炮孔装药、填塞、网路连接等工作。

安全保卫组负责各种保护措施的落实、爆破警戒和人员的撤离疏散和应急措施的落实工作。

（2）施工设备。根据本工程施工方法和强度的需要，拟配置大型施工设备有：液压锤、液压剪、挖掘机、移动式空压机、运输车辆等，其数量可根据需要随时增减。

（3）施工准备。在进行爆破技术设计的同时，开始着手进行施工准备工作。

（4）现场文明施工管理。

1）组织机构与管理规定包括：

①成立以项目经理为组长的施工现场文明施工领导小组；

②加强宣传教育工作；

③做好施工现场总平面设计；

④推行现代管理方法。

2）文明施工实施措施包括：

①施工现场设置明显的标牌；

②施工现场的主要管理人员在现场佩戴证明其身份的证卡；

③做好施工现场设施的安装和使用管理工作；

④各种施工机械进场须安全检查；

⑤做好施工现场的安全保卫工作；

⑥认真执行国家有关安全生产和劳动保护法规。

（5）爆破安全保障措施包括：

①按国家标准《爆破安全规程》（GB 6722—2014）的规定成立安全管理机构；

②建立安全组织机构；

③雷雨天不应当采用电爆网路；

④不应一人同时携带炸药和雷管；

⑤做好经常性的爆破安全宣传工作。

（6）应急预案包括：

1）施工安全方针和原则；

2）风险控制措施；

3）应急响应内容；

4）应急救援终止和事故后恢复程序。

由于拆除爆破的施工组织设计有很大相似性，因此后文中类似结构的施工组织设计将参考上述的施工组织设计，不再重复。

B　设计案例——全剪力墙结构拆除爆破设计

a　工程概况

待爆破拆除的楼房为25层全剪力墙结构，楼房西侧22.9m为大桥；北侧不足10m即为一条河，河岸有排污管沟；东侧是停车场；南侧10.4m为公路，路对面为密集民房；东南侧、西南侧民宅是景观工程建筑，为重点保护对象，爆区周边环境示意图见图 18-4。

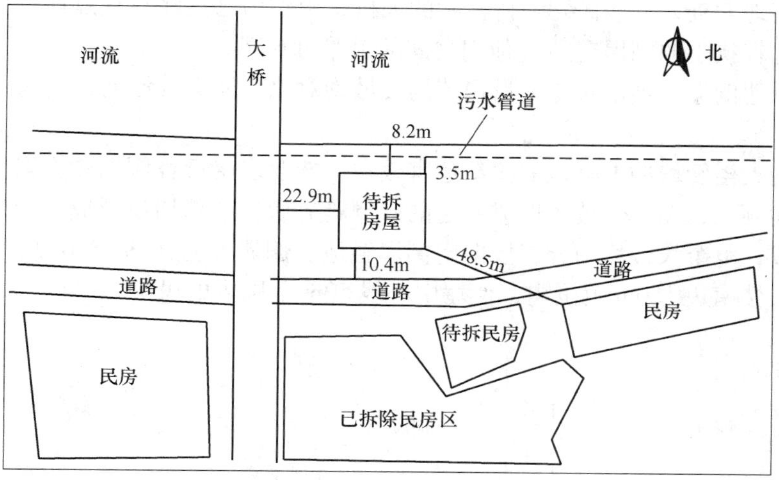


图 18-4　爆区周边环境示意图

大楼东西长 26.4m，南北宽 23.4m，呈近方形结构。地面以上是 22 层标准楼层，标准层每楼层高 3.0m，标准楼层高 66m，23 层是一层机房设备架空层，24 层、25 层是旋转餐厅，26 层、27 层是钟楼塔楼，大楼总高 86m，总建筑面积为 13500m$^2$。

大楼属剪力墙结构，电梯井、管线井、房间隔墙构成楼房筒体结构；电梯井、管线井构成整个大楼的核心筒，如图 18-5 所示。

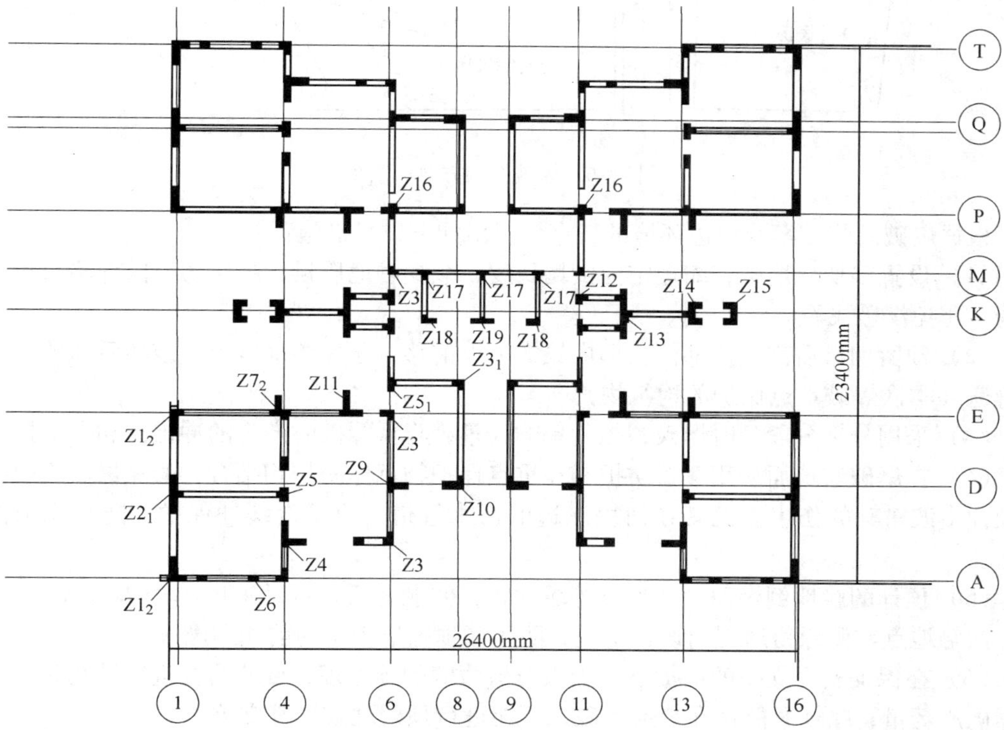


图 18-5　标准层剪力墙及暗柱布置示意图

b　爆破总体方案

经现场实地勘查，大楼西侧为待拆除的大桥，南侧为已拆除与在爆前待拆的民房，仅在此方向有比较狭小的倒塌空间（他们之间的道路可封闭）。

如采用原地倒塌，难于避免大量塌落的飞散物对北面河堤及沿河道的污水管道会造成严重的破坏。

为了控制大楼倒塌冲击触地的振动危害效益，选取多层折叠倒塌的方案。在底部采取大切口为导向倾倒，在整个楼体形成一定的倾倒趋势后，中部切口形成，产生折叠，最后上部切口形成，整个大楼均匀分三段向南倒塌触地。倒塌方向如图 18-6 所示。在爆破前，需提前拆除大楼南边 150m 范围内，倒塌中心线 50m 范围内的民房。

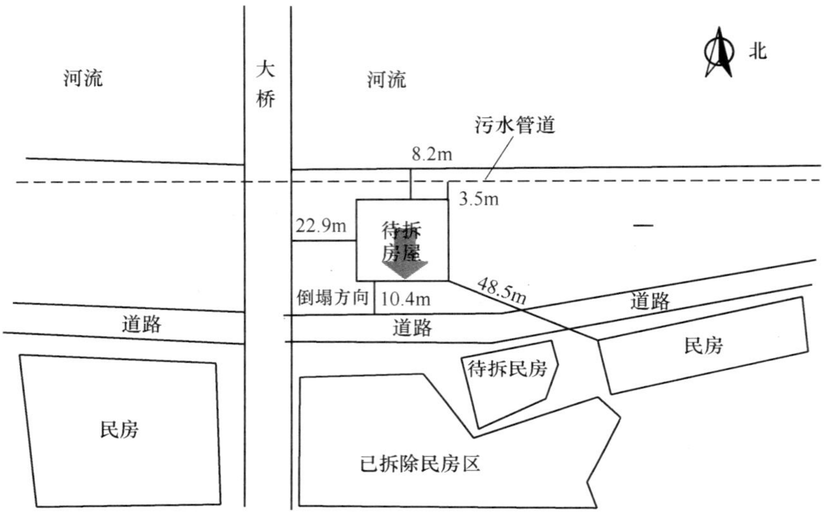


图 18-6　爆破倒塌方向示意图

根据爆破总体方案及周边环境的特点，提出如下技术措施：

（1）设置多切口爆破，缩短定向倒塌长度，减少触地质量，高层切口内外墙禁止打孔装药，避免爆破飞石。

（2）预留切口后部支撑部位，形成铰链节点前移，避免楼房后坐，破坏后面的河堤污水管道（本次爆破重点保护的构筑物）。

（3）采用分部分段延时爆破，控制单响药量，降低爆破时产生的冲击波和爆破振动。

（4）在爆破装药面采用覆盖防护和在重点保护物近体防护相结合，避免爆破飞散物和爆破冲击波对其的伤害。尤其在河堤岸边的污水管道，要铺设缓冲保护，防止飞散落体撞击。

（5）预计的触地倒塌面设置沙袋等缓冲物，使触地质点振动速度小于 2.0cm/s。在倒塌方向触地点左侧保留房屋前设置土堤，防止楼顶圆形楼层的前冲和翻滚。

（6）在保证安全支撑的前提下，加大对剪力墙的预处理，变墙为柱进行钻孔装药，减少爆破用药量；暗柱只能钻孔装药爆破，不能进行预处理破坏其支撑。

（7）对 23 ~ 24 层的圆形结构，采用少装药弱松动爆破，使其在触地瞬间解体，降低其触地振动的危害效应。

(8) 为了保证在空中形成一定的解体坍塌，对于剪力墙内暗设的联系纵向梁需局部钻孔爆破，破坏其刚性支撑，形成柔性坍塌效果。

(9) 对于楼体的电梯井、线缆井、小开间的卫生间、厨房、楼梯间整体性强，容易形成支撑的筒体，爆破切口的布置要特别仔细，形成连续通透的爆破切口，因此，在此部位的横向联系梁，也需要局部钻孔装药破坏。

c 爆破参数设计

(1) 切口选择。第一个爆破切口选在1~4层，采用三角形切口，根据倾倒计算，可实现楼房倒塌；第二个爆破切口选在9~10层，采用梯形切口；第三个爆破切口选在16~17层，采用梯形切口。

为破坏钟楼的完整性，在7层、13层、旋转餐厅内布置少量孔，使爆破时形成铰链，如图18-7所示。第一个切口是保证倾倒，二、三切口及7层、13层和旋转餐厅的局部处理均为降低塌落振动。

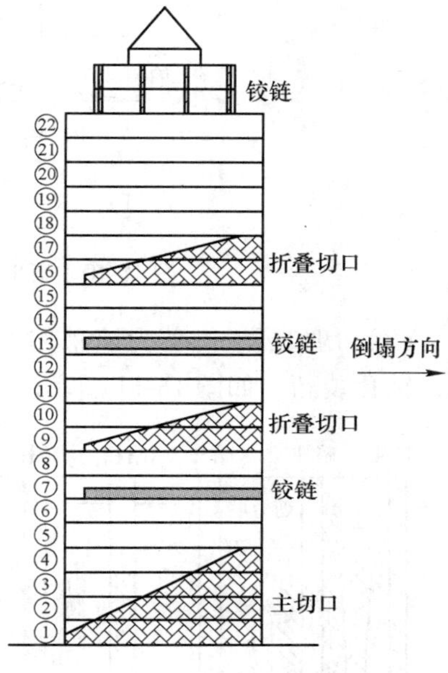


图 18-7 楼房爆破切口布置示意图

(2) 切口高度。第1~4层每层楼房前排爆破切口高度最高取2.5m，共8排孔，从A轴/C轴/E轴/K轴/P轴/Q轴/T轴之间的区间，布孔逐排递减。在第一层最后排墙取1排孔，实施松动爆破，使楼房倾倒形成铰支点。对于2、3、4楼层，为了减少打孔工作量，可以逐渐减少布孔区间，如图18-8所示。

第9层、第10层每层楼房前排爆破切口高度最高取2.5m（底部预留50cm），即8排孔，从A轴/C轴/E轴/K轴/P轴/Q轴之间的区间，布孔逐排递减，最后一个开间，不布孔，如图18-9所示。

第16层、第17层楼房前排爆破切口高度最高取2.5m（底部预留50cm），即8排孔，从A轴/C轴/E轴/K轴/P轴之间的区间，布孔逐排递减，第17层最后1个开间，不布孔，如图18-10所示。

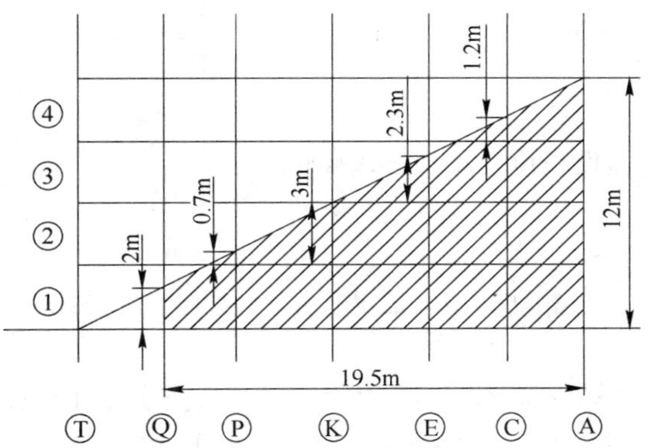


图 18-8 第1~4层爆破切口高度布置示意图

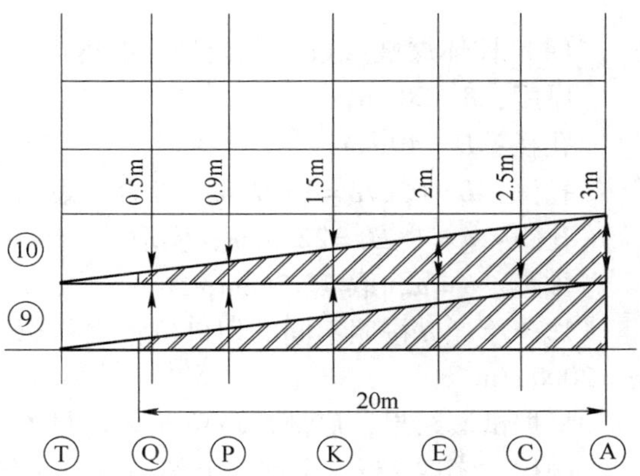


图 18-9 第9~10层爆破切口高度布置示意图

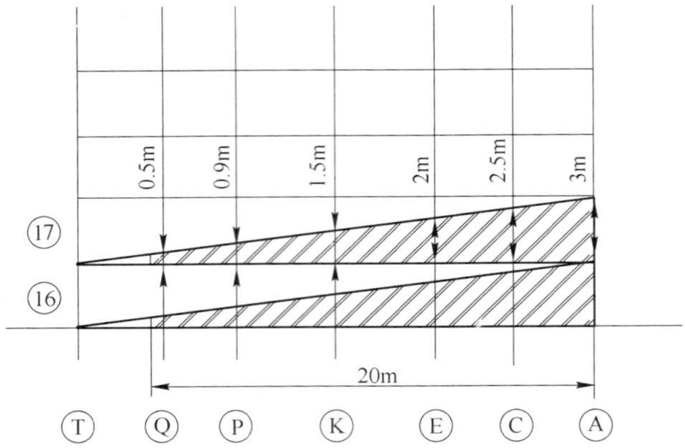


图 18-10　第 16 层、第 17 层爆破切口高度布置示意图

（3）切口展长。剪力墙采用人工或机械预处理开凿孔洞，形成爆破临空面，变墙为柱，钻孔装药，如图 18-11 所示。

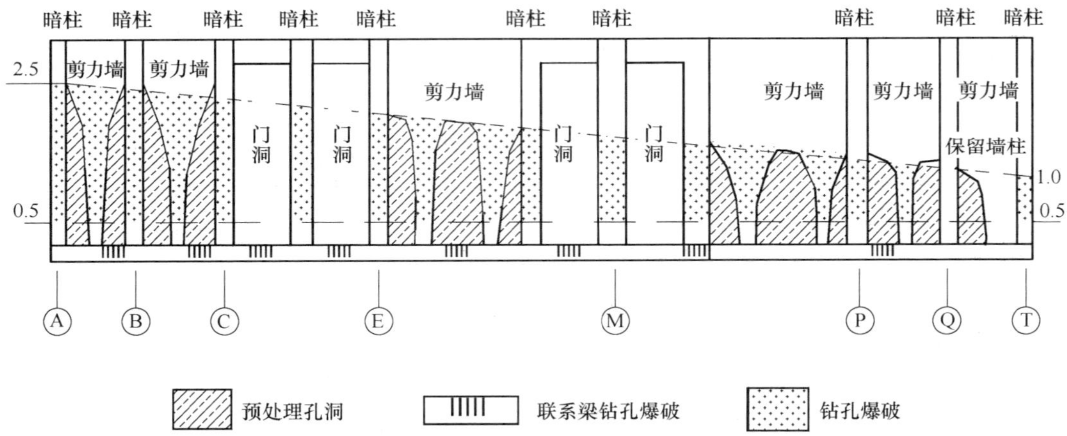


图 18-11　预处理切口布置展开示意图

（4）柱体爆破参数（预处理后的剪力墙变为柱）：

厚度：$\delta = 28\text{cm}$；

孔径：$D = 40\text{mm}$；

孔深：$L = 0.67\delta = 18.7\text{cm}$，综合考虑药包埋设长度，取 $L = 19\text{cm}$；

孔距：$a = 1.2L = 22.8\text{cm}$，实取 $a = 25\text{cm}$；

排距：$b = a$，取 $b = 25\text{cm}$；

炸药单耗 $q$ 按照不同的切口位置进行选取，下部切口 $q = 2500\text{g/m}^3$，中部、上部切口 $q = 2000\text{g/m}^3$。

根据试爆结果，底部切口单孔装药量 $Q = q \times a \times b \times \delta = 43.75\text{g}$，一、二楼实取 100g，三、四楼，实取 75g，中部、上部切口单孔装药量 $Q = q \times a \times b \times \delta = 35\text{g}$，实取 50g。

（5）剪力墙爆破参数：

厚度：$\delta=28\text{cm}$；

孔径：$D=40\text{mm}$；

孔深：$L=0.67\delta=18.7\text{cm}$，综合考虑药包埋设长度，取 $L=20\text{cm}$；

孔距：$a=1.2L=22.8\text{cm}$，实取 $a=30\text{cm}$；

排距：$b=0.8a$，实取 $b=25\text{cm}$；

炸药单耗 $q$ 按照不同的切口位置进行选取，下部切口 $q=2000\text{g/m}^3$，中部、上部切口 $q=1500\text{g/m}^3$。

则根据试爆结果进行调整，底部切口单孔装药量 $Q=q\times a\times b\times\delta=35\text{g}$，下部主切口实取 75g，中部、上部切口单孔装药量 $Q=q\times a\times b\times\delta=26.25\text{g}$，实取 50g。

剪力墙采用梅花形布置，预处理开设窗洞后，留下 40% 的面积装药爆破。

（6）联系梁爆破参数：

联系梁尺寸：28cm × 30cm；

孔径：$D=40\text{mm}$；

壁厚：$B=28\text{cm}$；

梁高：$H=30\text{cm}$（含楼板厚度）；

孔深：$L=19\text{cm}$；

孔距：$a=30\text{cm}$；

单耗：$q=1200\text{g/m}^3$；

单孔装药量 $Q=0.28\times0.3\times0.3\times1200=30.2\text{g}$，实取 30g。

（7）爆破总装药量。根据前叙章节的分部分项列表结算，现汇总计算整个工程的用药量，作为网路设计和安全校核的依据，如表 18-3 所示。

**表 18-3 爆破装药量汇总表**

| 参数名 | 位置 | 尺寸/mm × mm | 孔数/孔 | 总孔数/孔 | 单孔药量/g | 总药量/kg |
|---|---|---|---|---|---|---|
| 剪力墙暗柱 | 第 1 ~ 4 层 | 280 × 300 | 14250 | 23350 | 70 | 997.5 |
| | 第 9 ~ 10 层 | 280 × 300 | 4550 | | 50 | 227.5 |
| | 第 16 ~ 17 层 | 280 × 300 | 4550 | | 50 | 227.5 |
| 铰链 | 第 7 层 | 280 × 300 | 970 | 970 | 35 | 35 |
| | 第 13 层 | 280 × 300 | 970 | 970 | 35 | 35 |
| | 旋转餐厅 | 异形 | 500 | 500 | 35 | 17.5 |
| 合计 | | | | 23790 | | 1540 |

d 爆破网路设计

（1）采用塑料导爆管雷管起爆网路，为控制齐发爆破的危害，将整个爆破区分解，从下到上分成三大区域，第 1 ~ 4 层、第 9 ~ 10 层、第 16 ~ 17 层为一个大分区，采用 9 段延时从下到上接力起爆，接力延时 310ms。

（2）在每一层大分区的楼层里，从南向北又划分为 3 个分段延时区，采用 5 段雷管接力起爆。

（3）所有孔内采用 15 段导爆管雷管簇联，汇总后的过渡连接管采用 1 段管复式交叉连接，主网路采用双管复式交叉连接。

爆破网路示意图如图 18-12 所示。

e　爆破安全与防护

（1）爆破振动效应。拆除爆破的振动效应衰减较快，而且本次爆破采用的钻孔设备打出的炮孔孔径 $D=40$mm，药卷直径 $d=32$mm，其装药结构为不耦合装药。根据公式：

$$v = K'K\left(\frac{Q^{1/3}}{R}\right)^{\alpha}$$

式中　$v$——介质质点的振动速度，cm/s；

$R$——爆点至测点距离，在本工程中，爆破点宿舍距离最近的民房有 50m，宿舍砖房按《爆破安全规程》（GB 6722—2014）之规定，最大允许振动速度取为 1.5cm/s；

$K$，$\alpha$——与爆破地质条件等有关的系数，经过类比，取 $K=180$，$\alpha=2$；

$Q$——炸药量，kg，虽然一次起爆的总药量有 921kg，但通过网路延时将爆区划分为 9 个不同时差的起爆单元，因此单响起爆药量为 102kg；

$K'$——修正系数，跟爆破方式有关的系数，临空面 $n=1$ 时取 $K'=1$，$n=2$ 时取 $K'=0.5$，$n=4$ 时取 $K'=0.2$，本工程取 $K'=0.2$。

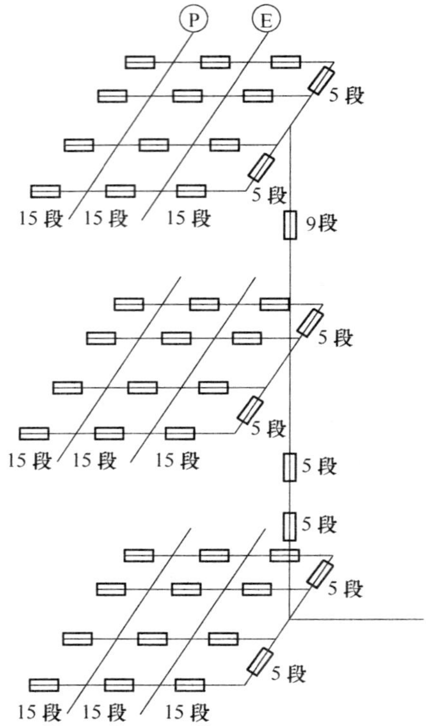

图 18-12　爆破网路示意图

即，$v_1=0.5\times180\times(140^{1/3}/50)^2=0.97$cm/s 小于 1.5cm/s，可见爆破满足安全要求。

（2）爆破飞石验算。爆破飞石计算公式：

$$S = k_f q d$$

式中　$S$——飞石最远距离，m；

$k_f$——安全系数，通常取 1.0～1.5；

$q$——炸药单耗，kg/m$^3$；

$d$——药孔直径（耦合装药），mm。

即：$S=1.5\times2.5\times40=150$m。

（3）楼房坍塌振动验算。

在方案设计中，楼房被拆分为 60 个单元依次爆破垮塌，尽量使楼房垮塌触地振动减少到最小范围内。

倒塌触地冲量引起的地震波，按如下经验公式计算：

$$v = 0.08\left(\frac{I^{1/3}}{R}\right)^{1.67}$$

式中　$v$——触地质点振动速度，cm/s；

$I$——触地冲量，$I = M(2gH)^{1/2}$；

$M$——单元块质量。按钢筋混凝土密度 $2.8\times10^3\text{kg/m}^3$ 计算得细分单元垮塌体的质量，现就与大楼整体质量 $10000\times10^3\text{kg}$ 进行计算；

$g$——重力加速度，$9.8\text{m/s}^2$；

$H$——重心落差高度，取几何中心为 36m；

$R$——触地点到最近保护建筑的距离，取 $R=50\text{m}$。

以此公式计算得 $v=1.93\text{cm/s}$，触地倒塌引起的质点振速度在周围民房允许的振速为 $v_{安全}=1.5\text{cm/s}$ 范围内。

（4）爆破防护措施。在所有装药的剪力墙部位的炮孔外，裹以胶皮网、铁丝网包紧，并用铁丝缠绕胶皮网，如图 18-13 所示。

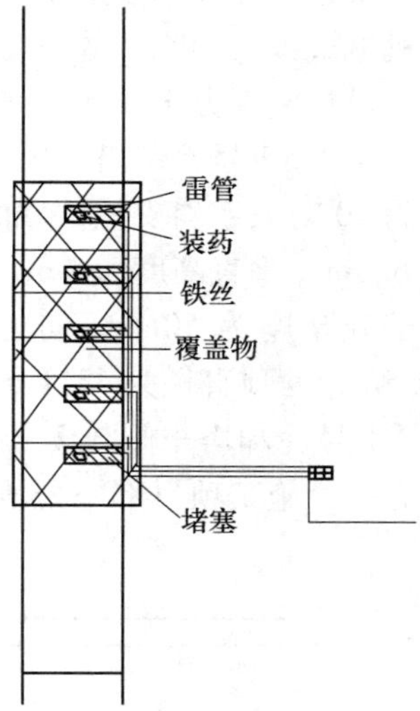


图 18-13 剪力墙部位覆盖防护

（5）大楼近体防护。在爆破区域外围搭设密竹排栅或脚手架。排栅上挂胶皮网、安全网。进一步阻挡越过近体防护以后的个别飞石，控制切口的爆破飞石。

（6）排污管沟防护。为确保大楼拆除爆破时排污管沟及排污管的绝对安全，防护方面采取图 18-14 所示的防护措施。防护范围超出大桥栏杆边线各 5m，共 24m，防护结构如图18-14 所示。

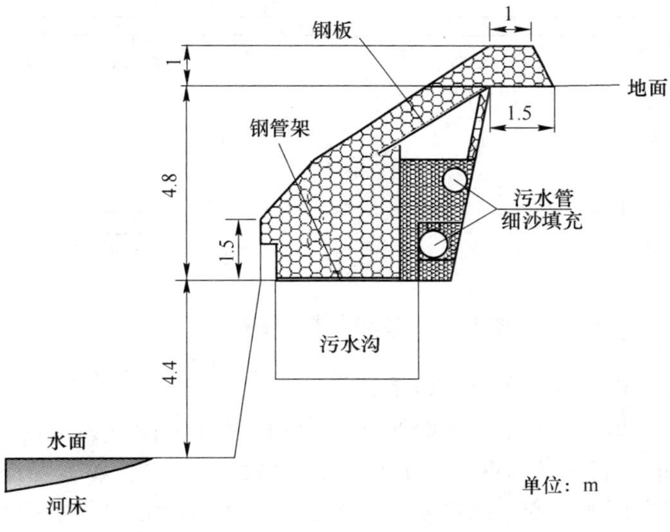


图 18-14 排水管沟及污水管防护示意图

### 18.2.2 高耸构筑物的拆除爆破设计

烟囱、水塔、冷却塔等可近似为类同的高耸建筑物，仅对烟囱、冷却塔进行举例说明。

A 设计案例——冷却塔爆破设计

a 工程概况

某公司在技术改造中，需拆除薄壁钢筋混凝土结构冷却塔两座，且塔体高大，无法采取机械或人工拆除，故决定采用控制爆破技术进行拆除施工。本工程为 A 级爆破拆除工程，设计施工方案如下。

1 号、2 号冷却塔通风筒地面以上部分为钢筋混凝土结构，标号为 C30，筒底支撑结构为 40 对人字斜支柱，截面尺寸为 40cm×40cm，配筋为 8$\phi$28，箍筋 $\phi$10@200，柱体长为 6.3m，垂直高度 5.8m。人字形圈梁以上为通风筒身，筒身为变厚度的薄壳结构，支柱环部分厚度为 50cm，向上逐渐减薄至 14cm，配筋 2$\phi$16@209×209，筒底部直径为 73.5m，筒顶直径为 43.1m，地面以上筒身高为 90m，地面以下水池深 2m。

1 号冷却塔东侧与 2 号冷却塔相邻，1 号冷却塔南侧 130m 外有几间平房，北侧 30m 外有一个施工项目部办公地，如图 18-15 所示。

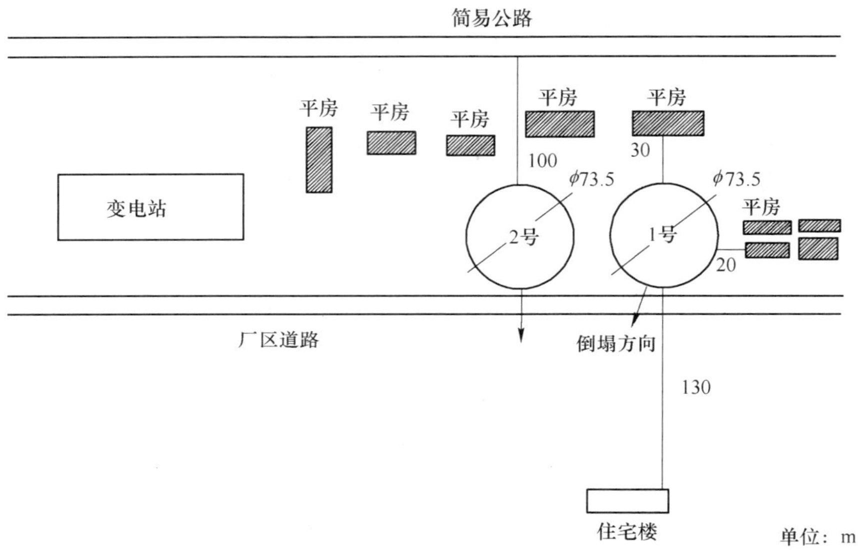


图 18-15 冷却塔周围环境示意图

经过相关资料分析，本工程存在以下特点：

1 号冷却塔东侧 20m 外有施工临时平房，南侧 130m 范围内为空地，西侧距 2 号冷却塔 25m，北侧 100m 处有一条东西走向的高压输电线路和厂区院墙，院外是一条简易公路。由于冷却塔周围有高压线、变电站以及民房等建筑，爆破时必须严格控制倒塌方向和飞石距离。

冷却塔高细比较小，1 号、2 号冷却塔为 90/73.5 = 1.22。在爆破时必须充分考虑到：冷却塔底部直径大，且圈梁钢筋密，应防止坐而不倒；冷却塔倒塌时应防止塌而不碎，爆堆过高，难以挖掘清除。

冷却塔为薄壁结构，钻孔数量多，装药填塞困难，爆破时易产生飞石，必须加强防护，控制飞石对周围建筑物的危害，确保安全。钻孔数量大，起爆网路复杂，必须采取非电延时技术和多通道闭合连接网路，确保每个药包按设计的起爆顺序和间隔时间全部起爆，技术难度和要求高。严格控制单响药量，保证爆破振动对周围建筑不产生任何危害，同时还要注意塔身落地时的振动影响。

b 爆破方案的选择

根据冷却塔自身结构特点和周边环境，确定以下拆除方案：

（1）两座冷却塔地面以上塔体部分采取定向爆破的方法进行拆除，对地面以下的基础和倒塌后的爆堆采用液压破碎锤或液压破碎剪切的方法拆除。

（2）对冷却塔塔体爆破采取开窗口、断钢筋、预留支撑板块、定向控制爆破的方法施工。

（3）为减少爆破次数，对冷却塔采取一次性定向爆破拆除。按 1、2 号冷却塔的顺序依次起爆倒塌，冷却塔起爆时间延时为 200～350ms。

（4）因冷却塔附近有变电站和高压输电线，为避免杂散电流对爆破产生影响，起爆器材全部采用塑料导爆管雷管，确保爆破安全。

c 倒塌方向的确定

由于冷却塔结构为钢筋混凝土双曲线对称结构，其结构本身对倒塌方向无任何影响，主要根据周围环境条件来确定倒塌方向，由于冷却塔周围环境仅有南侧为空地，利于冷却塔向该方向倒塌，因此倒塌方向确定为：1 号冷却塔倾倒方向为南偏西 20°方向，2 号冷却塔倾倒方向为正南方向。

d 爆破切口设计

（1）切口尺寸的选择。根据本次冷却塔高大的特点，切口采用倒梯形。切口总高度 $H$ 包括人字柱高度 $h_1=5.8\text{m}$，圈梁高度 $h_2=1.7\text{m}$，塔身预切口高度 $h_3=2.5\text{m}$ 组成，即切口总高度

$$H=h_1+h_2+h_3$$

本次爆破的两座冷却塔切口高度（均为 $H$）：

$$H=5.8+1.7+2.5=10.0\text{m}$$

根据经验和有关资料介绍，当 $H=8\text{m}$ 时，冷却塔能够顺利倒塌破坏，且实际落高为 $H$ 与水池深度之和。

（2）切口长度设计。根据切口各组成部分不同长度进行设计，如图 18-16 所示。其中：

人字柱切口长度：$L_1=0.5D_1$；

圈梁两端切口长度：$L_2=\dfrac{220}{360}D_2$；

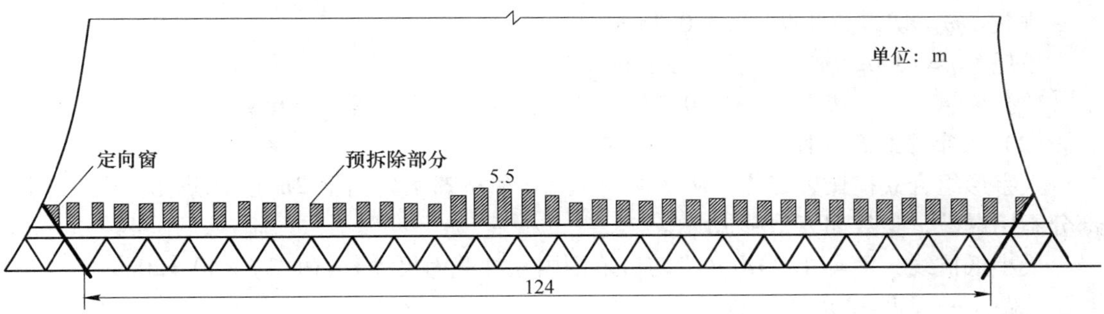


图 18-16 爆破切口示意图

塔身切口长度：$L_3 = \frac{220}{360} D_3$。

其中，$D_1$ 为人字柱底部周长，m；$D_2$ 为圈梁底部周长，m；$D_3$ 为切口部位塔身上部周长，m。

（3）预切口设计。为减少爆破钻孔数量和降低一次起爆药量，同时为保障冷却塔能够准确按设计方案倾倒，并减小倒塌触地振动。

塔身部分预处理。将爆破切口部位长度的50%用机械预拆除，预留的支撑板和拆除的窗口宽度各为2m；拆除高度高于筒壁上的爆破切口高度，中间3个高出爆破切口高度3m，与此2个左右相邻高出切口2m，其他高出1m。

圈梁上的预处理。将切口长度上的圈梁平均分为4等份，并在5条等分线处用液压剪切断，使其失去水平方向的连续作用，圈梁部分不需装药爆破，在冷却塔爆破时因支撑柱被炸断失去支撑作用后，圈梁会落入底部水池中（池深2m），不会影响冷却塔的倾倒及坍塌。

定向窗预处理。为确保定向倾倒的准确性，在通体切口两端预先用机械开设定向窗。定向窗为直角三角形，底边为3m，垂边为3m，如表18-4所示。

**表18-4　两座冷却塔切口尺寸表**

| 参数名称 | 筒身规格 | | | 切口圆心角/(°) | 切口弧长/m | 切口高度/m |
|---|---|---|---|---|---|---|
| | 标高/m | 外径/m | 壁厚/cm | | | |
| 1号、2号冷却塔 | +10 | 65.0 | 36 | 240 | 136 | 9.9 |
| | +5.8 | 67.9 | 50 | 220 | 130 | |
| | +0.2 | 71.7 | | 198 | 124 | |

e　爆破参数的确定

冷却塔各部位的炮孔直径为38～42mm，使用风动凿岩机钻孔。其他各部位参数如下：

（1）筒壁（筒壁厚为40cm的参数）：

最小抵抗线：$W=(1/2)d$（$d$ 为切口位置壁厚）$=(1/2)\times40=20$cm；

孔距：$a=1.75W=1.75\times20=35$cm；

排距：$b=a=35$cm；

孔深：$L=(2/3)d=27$cm；

单排孔数：$n=50\%$切口下口弧长$/a=0.5\times130/0.35=185$个；

排数：$m=$切口高度$/b=2.5/0.35=7$排；

单耗：$q=1300\text{g/m}^3$（试验后修正）；

单孔药量：$Q=qabd=1200\times0.35\times0.35\times0.4=63.7$g，取 $Q=66$g。

（2）人字形组合立柱。

人字形组合立柱爆破部位，从底部向上2m和从圈梁处向下2m连续钻孔炸毁，中间部分不用爆破，参数如表18-8所示。

最小抵抗线：$W=(1/2)d$（$d$ 为切口范围内立柱截面尺寸）$=(1/2)\times40=20$cm；

孔距：$a=2W=2\times20=40$cm；

孔深：$L=(2/3)d=27$cm；

单排孔数：$n=$ 炸高$/a=4/0.4=10$ 个（上下各 5 个）；

排数：$m=$ 切口高度$/b=2.5/0.35=7$ 排；

总孔数量：$22\times2\times10=440$；

单耗：$q=1000\text{g/m}^3$（试验后修正）；

单孔药量：$Q=qBaH=1000\times0.4\times0.4\times0.4=634\text{g}$，取 $Q=66\text{g}$（200g 药柱的 1/3）。

冷却塔爆破详细参数如表 18-5 所示。

**表 18-5　冷却塔爆破参数表**

| 构件名称 | 构件小边 /cm | 抵抗线 /cm | 孔距 /cm | 排距 /cm | 孔深 /cm | 排数/排 | 孔数 /孔 | 单耗 /g · m$^{-3}$ | 单孔药量 /g | 总药量 /kg |
|---|---|---|---|---|---|---|---|---|---|---|
| 塔身筒壁 | 40 | 20 | 35 | 35 | 27 | 3 | 555 | 1300 | 66 | 37 |
| | 38 | 19 | 35 | 35 | 25 | 2 | 370 | 1350 | 63 | 23 |
| | 36 | 18 | 35 | 35 | 24 | 2 | 370 | 1400 | 60 | 22 |
| 人字立柱 | 40 | 20 | 40 | | 27 | | 440 | 1000 | 66 | 29 |
| 合　计 | | | | | | | 1735 | | | 111 |

f　装药结构与填塞

塔身部分采取梅花形布孔，即炮孔沿立柱轴线分布，但又依次一左一右偏离中轴线 2～3cm。装药使用 $\phi$32mm 乳化炸药。筒壁、构造柱和圈梁中药包安装在炮孔孔底，每个孔中放一个药包，每个孔的药包用一发非电导爆管雷管起爆。炮孔其余部分用炮泥填塞，炮孔装药结构见装药示意图 18-17。

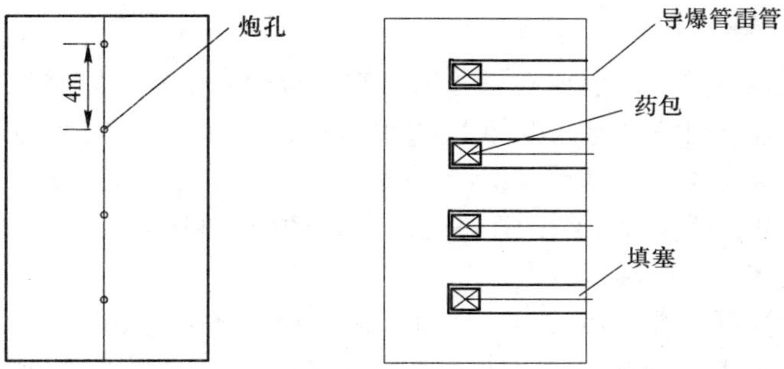


图 18-17　炮孔孔位布置图

g　炸药及火工品使用量

本工程爆破拆除量为 2 个双曲线型冷却塔。本次施工拟使用乳化炸药 222kg，非电导爆管雷管 3470 发。冷却塔爆破拆除所需炸药及火工品数量见表 18-6。

**表 18-6　火工品统计列表**

| 类　别 | 1 号 | | 2 号 | |
|---|---|---|---|---|
| | 炸药/kg | 雷管/发 | 炸药/kg | 雷管/发 |
| 塔身筒壁 | 82 | 1295 | 82 | 1295 |
| 人字立柱 | 29 | 440 | 29 | 440 |
| 合　计 | 111 | 1735 | 111 | 1735 |

h 起爆网路设计

由于爆区位于电厂厂区内，周围电力设施设备较多，产生的杂散电流、射频电流等较强，为避免在施工过程中外来电流作用导致误爆、早爆事故，因此本工程起爆器材全部采用非电起爆系统对冷却塔进行爆破拆除。

起爆元件使用毫秒塑料导爆管延期雷管（MS1 ~ MS8）；传爆元件使用传爆雷管、导爆管和四通连接件组成；击发元件使用击发枪。

冷却塔的起爆顺序为：按 1、2 的先后顺序依次起爆，起爆间隔用毫秒雷管控制，冷却塔延时时间见表 18-7。

**表 18-7 冷却塔爆破延时分段表**

| 段 序 | 起爆部位 | 孔内雷管段别 | 传爆雷管段别 | 延迟时间/ms |
|---|---|---|---|---|
| 1 | 1 号冷却塔 | MS2 | MS1 | 25 |
| 2 | 2 号冷却塔 | MS8 | MS1 | 250 |

用非电雷管和非电导爆管及“四通”元件把起爆网路连接成复式加强起爆网路，连接办法为：

用“大抓把”方法将立柱、圈梁和筒壁上炮孔中导爆管雷管，每 20 ~ 25 发抓为一把，用两发毫秒非电雷管来起爆。

用非电导爆管和“四通”元件将孔外传爆的非电雷管连成复式起爆网路。

用 1 个能够产生高能火花的击发装置作起爆能源，激发非电导爆管，进而引爆用于传爆和起爆炸药的非电雷管及整个网路。

i 预拆除工作

（1）淋水装置预拆除。爆前要对塔体的淋水装置预先拆除，以避免冷却塔爆破时影响整体倒塌效果。拆除时用液压剪在冷却塔倾倒的轴线上剪断一对人字支架。

（2）冷却塔筒身爆裂口处爆前预拆除。爆破前使用机械法对冷却塔筒体预拆除的主要目的是降低炮孔数量，减少承重结构在整体垮塌解体的不利因素。

j 爆破安全技术

（1）爆破振动控制。控制最大单响药量，每个冷却塔使用炸药 111kg。根据周边环境分析，主要被保护的建筑物和目标为：电厂中控室、变电站、微波通讯系统、发电厂房等。根据《爆破安全规程》（GB 6722—2014）要求，对各类保护目标的允许安全质点振动速度标准见表 18-8。

**表 18-8 安全质点振动速度标准**

| 保护目标类别 | 一般砖、非抗震建筑物 | 钢筋混凝土结构房屋 | 发电厂中心控制室设备 | 输变电设备 |
|---|---|---|---|---|
| 安全允许质点振动速度 /cm · s$^{-1}$ | 1.5 ~ 3 | 2.5 ~ 5 | 0.5 | 0.5 |

根据环境的要求和安全允许的振速计算公式校核：

$$v = K\left(\frac{Q^{1/3}}{R}\right)^{\alpha}$$

式中 $v$——安全允许的振速，cm/s；

$K$——与介质和爆破条件因素相关的系数。拆除爆破 $K=32.1$；

$Q$——最大单响药量，计算中 $Q=111\text{kg}$；

$R$——爆源至保护物的距离，m；

$\alpha$——衰减系数，$\alpha=1.57$。

根据上式计算：$v=0.2\text{cm/s}$，爆破振动控制符合要求。

（2）塌落振动控制。建筑物塌落作用于地面造成的振动速度可按下式计算：

$$v = 0.08\{[m(2gh)^{1/2}]^{1/3}/R\}^{1.67}$$

式中　$m$——建筑物的质量，kg；

$h$——建筑物重心高度，m；

$R$——重心高度落点处距被保护对象的距离，m。

1号、2号冷却塔圈梁以上的质量约为6000t，重心高度约为26m；根据2个冷却塔的不同质量和重心高度对不同距离的目标产生振动的计算见表18-9。

**表18-9　不同距离上爆破和塌落触底振动速度**　(cm/s)

| 距爆心/m | 1号、2号冷却塔 | | 距爆心/m | 1号、2号冷却塔 | |
|---|---|---|---|---|---|
| | 爆破振动 | 触地振动 | | 爆破振动 | 触地振动 |
| 50 | 0.8 | 3.9 | 150 | 0.2 | 0.6 |
| 80 | 0.4 | 1.8 | 200 | 0.1 | 0.4 |
| 100 | 0.3 | 1.2 | 250 | 0.06 | 0.3 |

冷却塔倾倒时的冲击振动对距冷却塔触地点150m以外的目标振动影响较小，在允许安全振动范围内。

（3）爆破飞石控制。根据无防护条件下个别飞石最大飞散距离估算结果以及周边环境实际情况，对爆破飞石应采取预防技术措施，并加强防护，以降低飞散距离。设计合理的起爆序列和最佳延期时间，以尽量减少爆破飞石。

k　施工组织设计

总体拆除分4个阶段实施。

第1阶段（准备拆除阶段）：搭建施工平台；炮孔的标定；预拆除部位标定；爆破使用炸药报批手续办理；施工机械设备根据施工阶段需要陆续进场组织。

第2阶段（机械预处理）：淋水装置机械拆除；爆破孔钻孔施工；筒体机械预拆除。

第3阶段（爆破拆除）：安全防护，炸药装填和起爆网路连接；按业主的要求实施爆破。

第4阶段（机械拆除，平整场地）：采用机械法对冷却塔的堆积物进行二次破碎；对各冷却塔的基础实施机械破碎；回收旧废材料；将建筑垃圾进行外运；平整拆除区域内的场地；整理竣工验收资料。

（1）施工方法。

1）施工准备。施工前期准备大体上包括：成立项目经理部；现场勘察；施工区段划分；拟定施工技术方案；组建施工队；组织机械装备等施工力量；办理相关的施工许可手续；办理劳动保险；安排人员住宿；保证后勤保障；安排机械设备停放；采购防护材料和搭设脚手架的材料等。

2）成立项目经理部。工地现场组成施工项目经理部，组织结构框图见图 18-18。项目部决策层设项目经理一名，副经理一名，总工程师一名。经理全面负责施工中的质量、进度、安全，负全面责任，是工程质量、进度、安全的第一责任人。项目经理直接向业主和公司负责。项目部管理层设技术部、施工部、安监部、保障部，并制定各部门的管理职责。

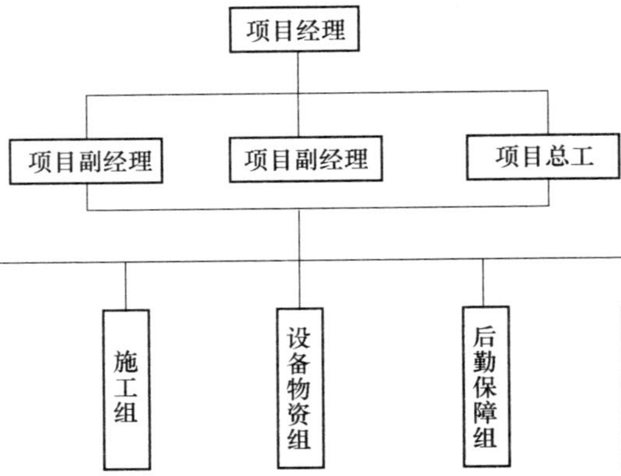


图 18-18 项目人员组成

（2）施工人员和设备组成。

1）施工人员组成。施工人员主要为项目部管理人员，钻机操作手，机械操作手、爆破员，特殊工种人员、普工等。正常强度下施工人员配备如表 18-10 所示。

**表 18-10 施工人员一览表**

| 类 别 | 高工 | 工程师 | 管理人员 | 安全员 | 爆破员 | 机械操作 | 普 工 | 合 计 |
|---|---|---|---|---|---|---|---|---|
| 人 数 | 2 | 2 | 4 | 2 | 6 | 4 | 20 | 40 |

2）施工设备配置。根据本工程施工方法和强度的需要，拟配置大型施工设备有：液压锤、液压剪、挖掘机、移动式空压机、运输车辆等，其数量可根据需要随时增减，先期投入施工设备如表 18-11 所示。

**表 18-11 施工设备一览表**

| 名 称 | 型 号 | 规 格 | 单 位 | 数 量 | 产 地 |
|---|---|---|---|---|---|
| 指挥车 | 丰田吉普 | | 台 | 1 | 日 本 |
| 内燃空压机 | ARTELAS365 | 21$m^3/s$ | 台 | 2 | 瑞 典 |
| 风动凿岩机 | 开山 20 | 360 | 部 | 10 | 浙 江 |
| 风 镐 | HS-100 | | 部 | 5 | 浙 江 |
| 液压炮机 | 日立 200 | | 台 | 2 | 日 本 |
| 液压剪 | 日立 300 | 16m 臂长 | 台 | 1 | 日 本 |

（3）现场勘察，任务区分。组织所有项目经理部成员进行现场勘察，进一步了解施工环境和工程概况，给各施工班组初步区分任务。

（4）安排人员住宿、后勤保障、机械设备停放。在施工队伍进场前，就近安排好人员的住宿、饮食等、规划好机械设备进场后的停放位置。

（5）采购脚手架搭建材料。进场施工首要任务就是搭建施工脚手架，因此应提前组织搭建材料进场，避免因材料供应不到位而影响施工进度。

（6）钻孔施工。本工程的钻孔作业将以移动式空气压缩机为气源，使用风动凿岩机钻孔，孔径为36～42mm。施工由钻孔组承担，分两个作业组，按1号、2号冷却塔的先后顺序实施钻孔作业。钻孔时按照炮孔标定—钻孔—钻孔校核的施工步骤进行。

（7）装药作业。装药工作安排在起爆前一天进行：

1）装药操作。装药前，要仔细检查炮孔，清除孔内积水和杂物，校核炮孔位置和深度。装药必须按照设计的药量装入，严防错装。装药时要将雷管的脚线顺直，避免填塞时损坏。装药场地周围要设明显的标志，禁止无关人员进入作业现场。制作药包要在规定的安全地点进行，各段之间分开放置，装药现场禁止烟火。

2）填塞。药卷装入孔内后，应立即进行填塞；填塞要密实，以防冲炮，填塞土中不应含有石块；填塞时要注意保护雷管脚线不受损坏。

（8）起爆网路敷设。本次爆破全部采用导爆管网路连接，起爆元件均为毫秒塑料导爆管雷管，传爆元件有毫秒和半秒塑料导爆管雷管，击发元件为击发枪。

起爆网路敷设施工应严格按设计进行，从起爆元件处开始连接，逐步向起爆点敷设。为确保起爆网路的可靠性，排间和孔间的传爆元件使用两发雷管并联，并对雷管进行包裹保护；导爆管连接网路采用两条线路敷设。

（9）安全警戒与信号规定：

1）装药阶段的安全警戒。爆破器材进入施工场地后，对施工区应进行警戒，由业主和施工单位担任警戒任务。警戒范围以装药作业点50m范围内为警戒区，设置警戒线和警戒标志，全天24小时内有专人负责警戒，无关人员禁止入内。

2）爆破阶段的安全警戒。根据本次现场关键、爆破参数设计及防护措施，原则上确定警戒范围为：冷却塔倾倒方向200m。其他方向120m。爆破前封闭交通，疏散人员和车辆，具体实施时由当地公安部门根据现场情况确定警戒范围。

起爆信号分为预警信号、起爆信号和解除信号。

（10）施工进度计划安排。施工控制总工期计划为65天，主要控制性施工进度安排见图18-19。

（11）施工主要措施。为了确保本项目的安全质量和工期计划，在施工组织管理中特制定以下措施：

1）根据该工程特点，设立精干的组织机构，建立、健全与工程特点相适应的管理运行机制，使用管理运行机制适用现场施工的需要；

2）应由具有类似工程施工管理经验的技术人员和管理人员组成高效率的项目经理部，负责该工程的施工、劳务和机械的调度；

3）以目标进度为依据，科学制定日计划，周计划，按计划管理调配机械和劳务，极大地提高机械设备和人员的作业效率，保证工程进度，确保整体方案的实施；

4）建立每天现场协调会议制度，项目经理、副经理每天参加会议，及时解决施工中的问题，不断总结经验教训；

| 序号 | 施工分项工作 | 工期天数 | 5 | 10 | 15 | 20 | 25 | 30 | 35 | 40 | 45 | 50 | 55 | 60 | 65 |
|---|---|---|---|---|---|---|---|---|---|---|---|---|---|---|---|
| 1 | 进场 | 2 | | | | | | | | | | | | | |
| 2 | 拆除测量 | 8 | | | | | | | | | | | | | |
| 3 | 脚手架 | 5 | | | | | | | | | | | | | |
| 4 | 钻孔施工 | 10 | | | | | | | | | | | | | |
| 5 | 铺垫 | 5 | | | | | | | | | | | | | |
| 6 | 运输 | 10 | | | | | | | | | | | | | |
| 7 | 预拆除 | 5 | | | | | | | | | | | | | |
| 8 | 安全防护 | 3 | | | | | | | | | | | | | |
| 9 | 联网、撤架 | 3 | | | | | | | | | | | | | |
| 10 | 清理 | 10 | | | | | | | | | | | | | |
| 11 | 机械破碎 | 10 | | | | | | | | | | | | | |
| 12 | 外运 | 15 | | | | | | | | | | | | | |
| 13 | 验收 | 5 | | | | | | | | | | | | | |

图 18-19　冷却塔爆破、拆除施工总进度横道图

5）项目经理部成立专门的安全领导小组，加强安全教育工作，强化安全意识，制定具体的规章制度和岗位责任制，确保安全工作有章可循；

6）严格按设计方案施工，及时解决现场施工中的技术问题，做到问题发生在现场，解决在现场；

7）保障措施有力，针对该工程机械设备多，机械化程度高的特点，保障组配备技术精湛的维修人员，及时排除机器故障，确保各类机械设备的正常运行；

8）严格爆炸物品的管理，该工程使用爆炸物数量多、品种多，为确保安全，必须管理好爆炸物品，确保爆炸物的管理制度落到实处；

9）对炸药、雷管的使用、储存、运转、保管应接受当地公安部门的监督、指导。

（12）爆破安全警戒措施包括：

1）严格落实警戒方案，遵守业主规定的起爆时间；

2）使用声响和视觉信号源同时发生爆破警告，在必要时间和地段拉设警戒线，以保证人员和车辆不误入爆破区；

3）指挥人员和主要警戒点的人员配备对讲机，以保证信息的畅通；

4）爆破前 30min 发预告信号，警戒人员到位，从爆区由内向外清场，无关人员和机械车辆撤离；

5）爆破前 10min 发准备爆破信息，所有人员和机械、车辆、器材一律撤至制定的安全警戒线以外，实施交通管制；

6）爆破前 1min 发出起爆信号，起爆站按现场指挥员的指令点火起爆；

7）爆破后工程技术人员进场检查爆破效果，当确定无隐患，再解除警戒，撤回警戒人员，爆破后仍未发出解除信号前，警戒哨位应坚守岗位。

（13）冷却塔爆破拆除工程安全事故应急处理预案。为积极应对冷却塔拆除过程中可能发生的工程安全事故，高效、有序地组织事故抢救工作，最大限度地减少人员伤亡和财

产损失，维护正常的生产、工作秩序，根据国家建筑工程安全生产有关规定，结合本次冷却塔拆除工程施工队的实际情况，应制定《冷却塔拆除工程安全事故应急处理预案》。

B　设计案例——烟囱拆除爆破设计

a　工程概况

爆破拆除的烟囱为钢筋混凝土结构，高150m，烟道口东、西各一个，下沿距地8.45m，烟道宽3.84m，高4.8m；烟囱根部南、北各一个入口，门高6.2m，门宽2m；烟囱灰斗板距地面高度8.45m，灰斗板下有井字梁、四根立柱支撑，立柱截面尺寸0.5m×0.5m；在烟囱内部8.45m、13.25m、15.0m、30.0m处均有圈梁；烟囱结构详见图18-20。

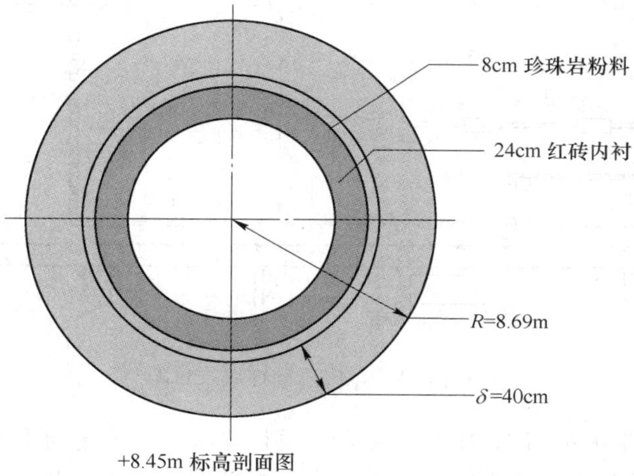


图18-20　烟囱结构示意图

烟囱周围环境为：东侧距电厂围墙135m、280m处为高架桥；东北侧距小学220m；北侧56m处是电厂围墙，围墙外环境复杂；西侧185m处为围墙，220m为11层高的宾馆；西北侧距围墙内有两幢待拆除的居民楼，西北侧230m为26层高的大楼；南侧99m处为待拆的栈桥，180m处为老办公楼，200m处为电厂大门，烟囱周围环境见图18-21。

b　总体爆破方案

根据该烟囱的结构特点、周围环境和施工要求，拟采取高位切口、一次爆破定向倾倒的总体方案。根据现场的场地条件，烟囱有以下定向倾倒方案可供选择：

方案1：向南定向倒塌；

方案2：向西南方向定向倒塌；

方案3：向西定向倒塌。

通过对比选择方案3。该方案的优点在于：一是烟道口位于东西两侧，可以使烟囱筒体保留截面沿烟囱设计倒塌轴线的两侧对称，只需封堵东侧烟道口就可以实现，施工量少；二是充分利用烟囱西南侧的待拆除转运站和西北侧待拆除居民楼遮挡，有利于控制烟囱着地后向两侧的二次飞溅；三是西侧距宾馆220m，其长度满足定向倒塌的场地要求，通过减振沟、减力坝减振，再采用高位切口，使倒塌距离缩小，更安全。

综合考虑切口选在距地面标高为16～20m范围内，即爆破切口选择下沿位于圈梁以上+1.0m处。

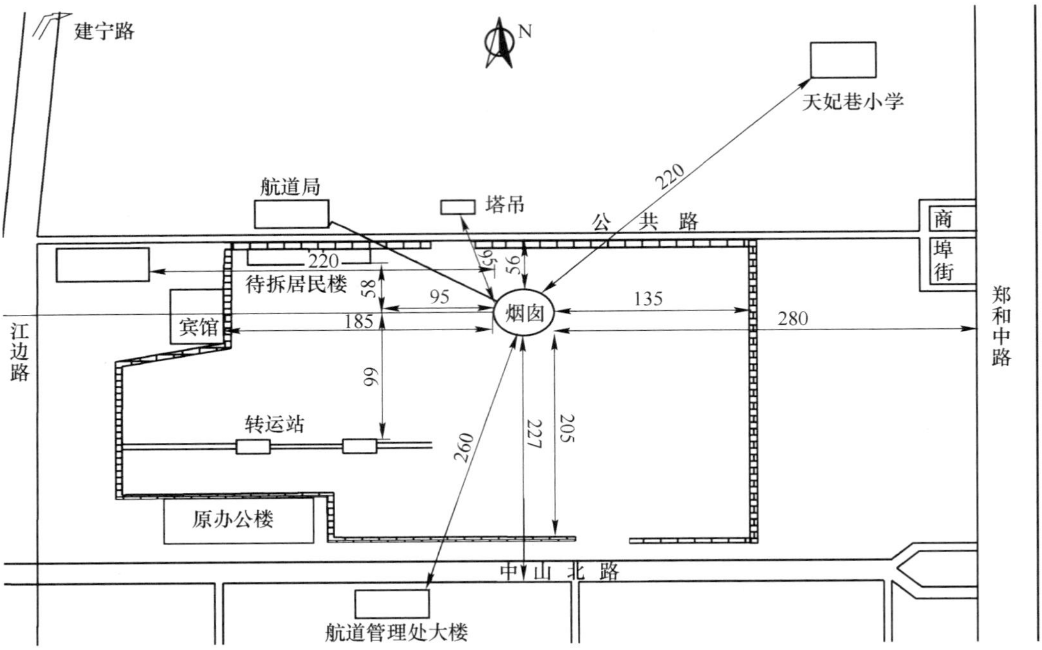


图 18-21　爆区周围环境示意图

为了能够满足烟囱倒塌过程中完全闭合的设计要求，保证定向准确以及施工方便和减少炮孔数量，采用梯形与三角形相结合的复合型爆破切口。切口形式及位置见图 18-22。

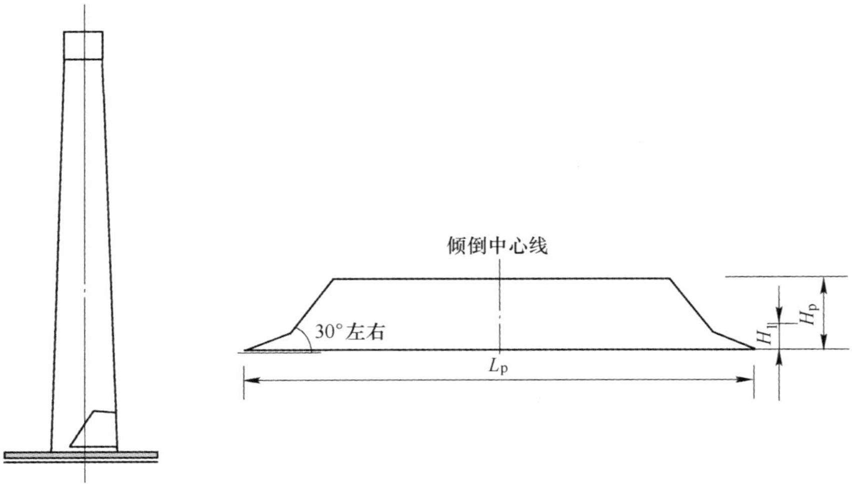


图 18-22　烟囱爆破切口形式及位置示意图

选择切口对应的圆心角 $\alpha=220°$。则切口长度 $L_{1p}=(\alpha/360°)2\pi R_1=8.69\times2\times3.14\times220/360=33.35\text{m}$，实际取 $L_{1p}=33.3\text{m}$（219.6°）。

切口高度 $H_p$ 根据以往经验按下列公式确定：

$$H_p\geqslant(1/6\sim1/4)D$$

式中　$H_p$——切口高度，m；

$D$——烟囱切口处的直径，m。

按照此式计算，烟囱的最大切口高度 $H_{1p}=2.9\sim4.23$m。

爆破切口高度 $H_p$ 也可按照下式计算：

$$H_p=\frac{5}{8}\left(1+\frac{7R_m}{4P}S\right)\frac{D^2}{Z_c}$$

式中　$R_m$——钢筋的抗拉强度，MPa，Mn 钢：$R_m=520$MPa；

$P$——烟囱爆破切口以上的质量，kg；

$S$——余留区钢筋的总横截面积，$mm^2$；

$D$——切口处烟囱的外径，m；

$Z_c$——烟囱切口以上的重心高度，m，按照 0.39 倍烟囱切口以上高度确定。

根据烟囱的实际情况及计算结果综合考虑，烟囱爆破切口高度 $H_p=4.2$m。按照该切口高度，烟囱切口闭合时，烟囱的重心完全能够偏移至筒壁以外。

c　爆破参数设计

爆破参数详见表 18-12。

**表 18-12　药孔及装药参数**（提前处理内衬）

| $\delta$/cm | $W$/cm | $a$/cm | $b$/cm | 孔位 | $L$/cm | 孔数/孔 | 单孔药量 $q$/g | 单耗 /kg·$m^{-3}$ | 总药量 $Q$/kg |
|---|---|---|---|---|---|---|---|---|---|
| 40 | 20 | 30 | 30 | 上下 10 排 | 30 | 10×98=980 | 75 | 2.08 | 122.5 |
| | | | | 中间 5 排 | 28 | 5×98=490 | 100 | 2.78 | |

注：炸药单耗根据试爆效果适当加以调整。

定位窗和定向窗的位置和大小见图 18-23、图 18-24。周边采用切割机切缝（切通），试爆时，一次爆破成型。

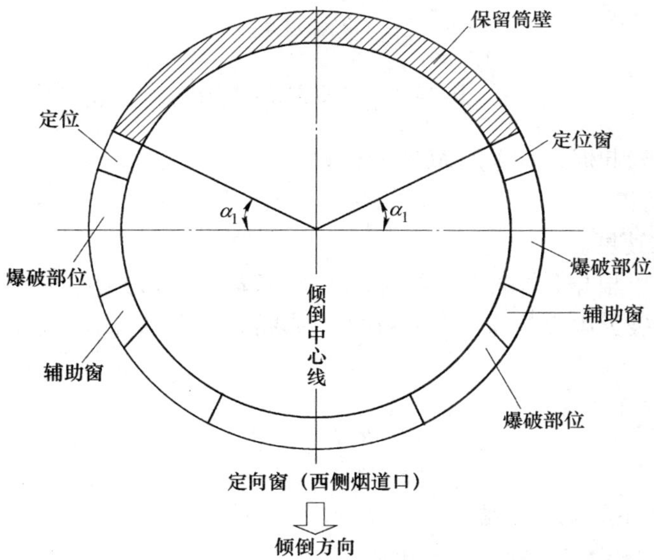


图 18-23　烟囱余留截面及爆破切口范围示意图

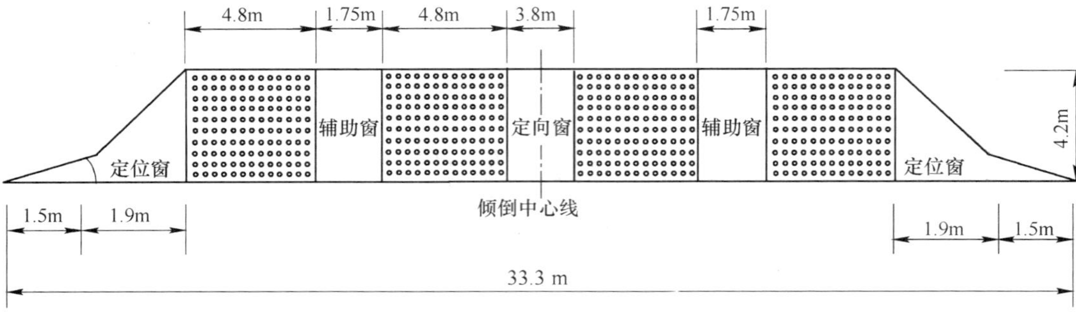


图 18-24　爆破切口平面展开图

d　起爆网路设计

起爆网路采用塑料导爆管起爆网路。每个装药设置 1 ~ 2 发延期导爆管雷管，每 15 ~ 20 发孔内雷管构成一簇（同一炮孔内的两发雷管必须分别绑扎在不同的簇内），然后用两发孔外接力雷管引爆（见图 18-25），接力雷管采用四通连接件连接构成复式导爆管传爆网路，最后用起爆器起爆整个网路。

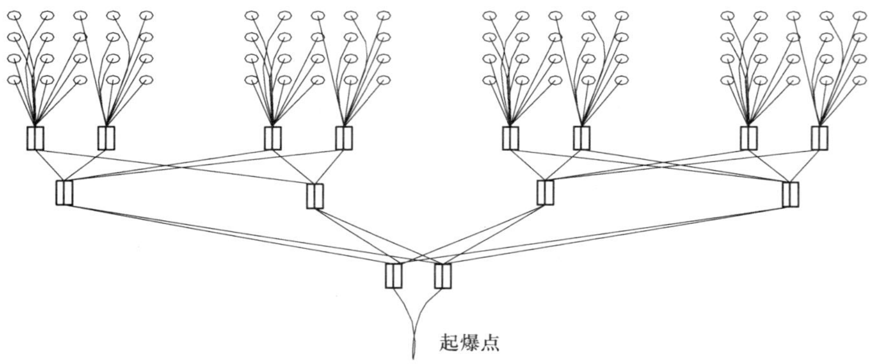


图 18-25　起爆网路示意图

所有雷管同一段起爆，均采用 MS2 段雷管。

e　爆破安全防护

（1）爆破振动速度。

爆破振动速度可根据《爆破安全规程》(GB 6722—2014) 给出的质点振速公式进行计算，考虑到此次爆破为内部装药多点分布的控制爆破，不同距离 $R$ 处允许的爆破地震波速度计算公式为：

$$v = K'K\left(\frac{Q^{1/3}}{R}\right)^{\alpha}$$

式中　$v$——爆破产生的质点振动速度，cm/s；

$Q$——最大单响药量，kg；

$R$——爆点中心至被保护目标的距离，m；

$K$，$\alpha$——与地形、地质条件有关的系数和衰减系数，对于传播介质为软岩石时，$K = 250 \sim 350$、$\alpha = 1.8 \sim 2.0$；

$K'$——拆除爆破装药分散系数，拆除爆破一般取 $K' < 1.0$，表 18-13 给出了不同爆心距的质点振动速度值。

**表 18-13 不同距离上装药（140kg）产生的质点振动速度**

| 序 号 | $R$/m | $v$/cm · s$^{-1}$ | 序 号 | $R$/m | $v$/cm · s$^{-1}$ |
|---|---|---|---|---|---|
| 1 | 50 | 0.22 | 4 | 200 | 0.03 |
| 2 | 100 | 0.07 | 5 | 250 | 0.02 |
| 3 | 150 | 0.04 | 6 | 300 | 0.01 |

根据以上计算结果，验证了爆破振动均在安全范围以内。

（2）爆破飞石。

结合本单位的工程实践经验，药孔爆破飞石距离可由下式计算：

$$R_{fmax} = K_T K D \tag{18-1}$$

式中 $K_T$——与爆破方式、填塞长度、地质和地形条件有关的系数，结构物爆破一般取 $K_T = 1.2 \sim 1.5$（钢筋混凝土取大值，砖结构取小值）；

$K$——炸药单耗，kg/m$^3$；

$D$——药孔直径，mm，本次爆破 $D = 40$mm。

将有关数据代入，按照最不理想的情况考虑，取 $K_T = 1.5$，将 $K = 3.0$kg/m$^3$，$D = 40$mm 代入式（18-1），计算得飞石最大飞散距离 180m。因此在爆破时需要采取被动防护措施对飞石进行直接防护，即在爆破部位用双层竹笆中间夹草帘的方式进行防护，将爆破飞石飞散距离控制在 50m 以内。

（3）防振动、防飞溅、防前冲措施。

在设计烟囱倒塌的范围边沿开挖减振沟，距烟囱根部 80m 范围内铺垫一层大于 50cm 的亚黏土或沙土，在 80m、110m、135m 处构筑 3 道底宽度 8m、高 6m 的缓冲堤（用土或沙等构筑），在 150m 处再构筑 1 道底宽度 8m、高 8m 的防冲堤，在重点保护目标方向搭竹笆防护墙。

（4）防灰尘措施。

烟囱灰斗内的积灰在爆破前用高压水冲洗将其清理干净；在预计落地处洒水；预备好消防车在爆破后及时喷淋降尘。

（5）爆破空气冲击波和爆破噪声。

采用多打孔、少装药，装药全部在孔内、黄土填塞，爆破部位采用防护材料覆盖（或遮挡），可降低冲击波和噪声。

### 18.2.3 桥梁拆除爆破设计

桥梁形式众多，根据其受力情况通常分为：梁桥、拱桥、刚架桥、悬索桥、组合体系桥。考虑到拆除工艺，按桥跨结构用料的不同，分为木桥、钢筋混凝土桥、预应力混凝土桥、钢桥和结合桥梁。桥梁拆除爆破的原则：根据其受力情况结合环境条件确定拆除爆破总体方案，并根据结构及用料特征确定施工工艺。

(1) 拱桥拆除爆破。拱桥的静力特点为在竖直荷载作用下，拱的两端不仅有竖直反力，而且还有水平反力。设计合理的拱轴，主要承受压力，弯矩、剪力均较小。因此，爆破拆除的要点是：破坏拱轴，解除支撑。

(2) 常规桥梁爆破。通常梁桥在竖向荷载作用下，只产生竖向反力。例如，简支梁桥，只需爆破拆除桥墩，梁体则可根据环境要求采用爆破解体或机械破碎。对于梁与墩刚性连接的连续刚构桥，应根据具体情况，对梁和墩同时实施爆破拆除，以便于爆渣清捞作业。因此，爆破拆除的要点是：以完全破坏桥墩支撑系为主，以梁体解体为辅。

(3) 斜拉桥与悬索桥爆破。斜拉桥与悬索桥的特点是依靠固定于索塔的斜拉索或主缆支承梁跨，梁似多跨弹性支承梁，梁内弯矩与桥梁的跨度基本无关，而与拉索或吊索的间距有关。此类桥往往建造在大跨度的宽阔河面上。由于索塔通常为高耸构筑物，爆破拆除时希望其能够有明确的定向效果，以利于爆后清捞。因此，拆除的要点是：以定向爆破为主，兼顾梁体的粉碎性爆破。

以下为设计案例——桥梁拆除爆破设计。

A　工程概况

大桥为钢筋混凝土结构，桥梁全长 644m 共 30 个桥墩，2 个桥台，31 孔。单孔跨度 22m（第 1 孔、第 31 孔跨度 8m；第 2 孔至第 30 孔跨度 17m），宽度 8.6m，最大净高度 8.75m，桥墩由三根(1.0 ~ 1.3)m × (1.0 ~ 1.3)m 立柱和立柱上方 2 段 2.3m × 0.8m × 1.5m 的嵌梁组成。每孔内的钢筋混凝土梁由三根断面为 0.5m × 1.2m 的纵向梁和三条断面为 0.3m × 1.0m 的横向梁组成。桥面的钢筋混凝土厚度约为 0.2m。自南向北 0 号桥台、第 1 ~ 7 号桥墩、第 30 ~ 31 号桥墩、第 32 号桥台在陆上，其他部分在水中。为了安全、环保、顺利地拆除老桥，老桥下方已用土围堰填平，全河段仅留一孔供水通过，爆破拆除方量水下部分为 1400m³，水上部分为 4700m³，清运土方及残渣 8 万立方米。爆破环境如图 18-26 所示。

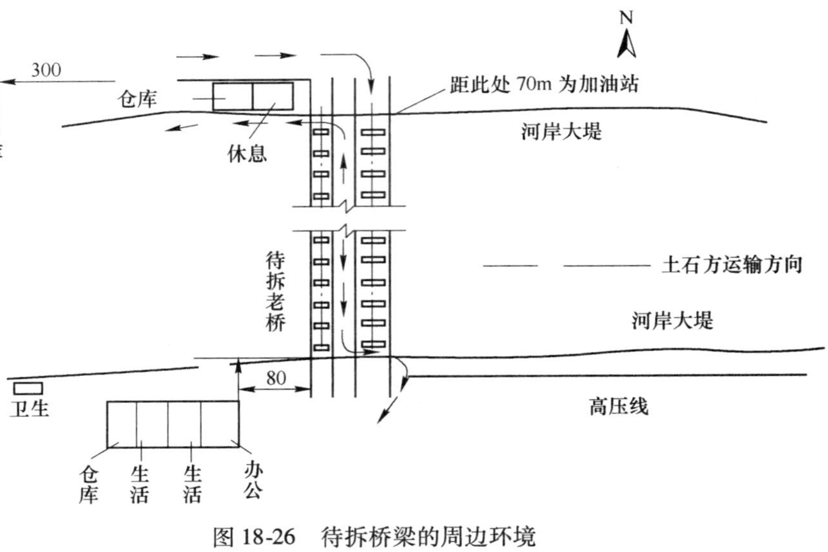


图 18-26　待拆桥梁的周边环境

B　总体爆破方案

根据大桥周围环境的勘察和业主爆破拆除的要求，对老桥主体结构可以采用三种爆破方案：

（1）桥墩与桥面横梁区域处完全破坏；

（2）桥面与桥墩同时爆破；

（3）只对桥墩（台）进行爆破。

通过对上述三种爆破方案的技术可行性、施工工艺、经济指标三个方面进行综合分析对比，决定采用第三种方案，爆破拆除技术设计和施工组织设计均按照该方案进行。

C　爆破参数设计

根据爆破部位的不同分别进行设计：桥墩部分设计炸药单耗，$q_1=0.4\sim0.55\text{kg/m}^3$；桥墩水下部分设计 $q_2=1.0\text{kg/m}^3$。

经现场测量，大桥每跨桥墩的构成为由三根(1.0～1.3)m×(1.0～1.3)m 的立柱、立柱上方 2 段 2.3m×0.8m×1.5m 的连接肋横梁以及桥墩水下整体连接基础组成，立柱顶端到水面距离为 6.4m，距桥面距离为 1.6m，爆破到河床下 1m 处时，桥墩底部平台为沉井结构，沉井壁厚 0.4m，深 6.4m，宽 3.7m，为保证爆破效果，钻孔直径为 76mm，钻孔深取 1.1～2.2m（见图 18-27）。根据图中所提供的钻孔间排距、孔深及单耗值，可计算出每孔的装药量（此处从略）。

对大孔径炮孔采用预先做好的药包，并根据每孔的药量不同单独制作，小孔径的炮孔直接用标准药卷装填，同时装药前对炮孔深度进行严格的检查，确保装药准确。

D　起爆网路设计

根据大桥的周围环境和钢结构材料的特点，爆破拆除所选用的炸药为爆轰性能稳定、安全性好的乳化炸药。钻孔遇含水情况时，在孔内放置塑料管，并对一端封死。为避免杂电对起爆网路的影响和施工的安全，采用非电毫秒雷管。

爆破网路采用孔内延时、地表接力的设计，利用四通连接块实现交叉复式网路的串并联连接，四通闭合网路见图 18-28。对于桥墩底部平台上的炮孔，每个炮孔中使用两发非电导爆管进行激发。

总体起爆方向是从南至北，每个桥墩（台）由上而下。

E　爆破安全防护

采用萨道夫斯基公式进行计算：

$$v = K\left(\frac{Q^{1/3}}{R}\right)^{\alpha}$$

式中　$v$——质点振动速度，cm/s；

$R$——距保护物爆破安全距离，取以旧桥中心为始点，新桥边缘为终点，$R=18.3\text{m}$；

$K$，$\alpha$——与爆破条件、介质特性有关的系数，设计中分别取 $K=50$ 和 $\alpha=1.36$；

$Q$——炸药量，kg，分段起爆时取最大一段装药量，设计中最大单响药量 $Q=30\text{kg}$。

经计算，$v=4.48\text{cm/s}$ 小于 5cm/s（钢筋混凝土结构爆破振动安全速度值）。

针对飞石，采取如下措施：

（1）大桥爆破点立柱采用 3 层草垫，1 层铁网进行包裹式防护，特别是靠东侧桥墩立柱需重点防护，加挂 1 层荆笆，2 层草垫；

（2）对立柱底部和桥墩底部平台爆破区，利用河床内残土和沙土爆破点周围堆放，深度为 1m；

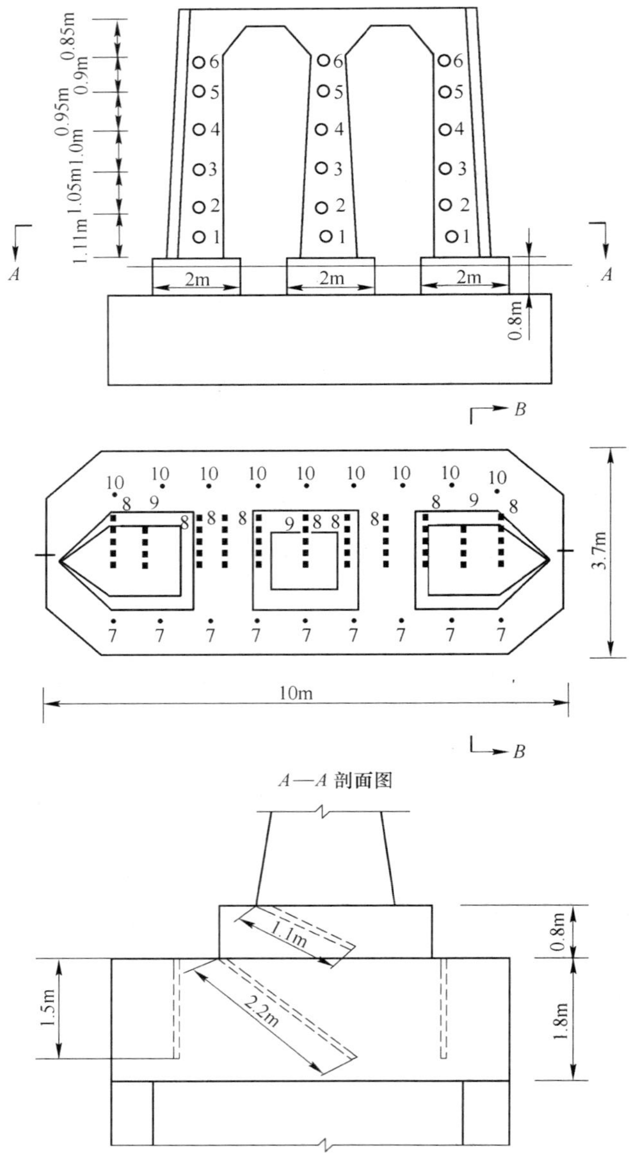


图 18-27　大桥结构尺寸示意图

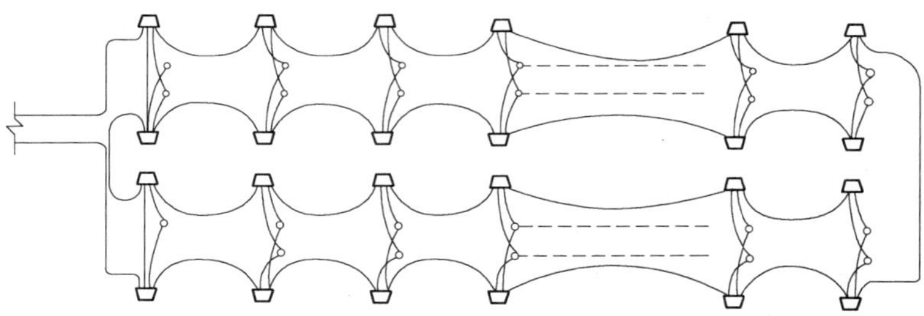

图 18-28　爆破起爆网路示意图

（3）由于设计桥面不进行爆破，因此可利用桥面作为天然防护，防止飞石向上飞散；

（4）6 号、7 号墩之间，垫两道高 3m、长 9m 的沙土，以减缓桥面系下落时对地面的触地冲击，确保煤气管道的安全。

F　桥梁的施工组织设计

(从略)。

### 18.2.4　基坑支撑拆除爆破设计

以下为设计案例——基坑支撑拆除爆破设计。

A　工程概况

待爆破拆除的基坑支撑，距离西侧公路 60m、距离南侧大楼 33m，距离东侧商业区 30m，距离北侧花园 25m。基坑平面呈不规则梯形，东西方向长约 225m，南北方向宽约 187m，基坑中间有一直径 121m 的圆形小基坑，为塔楼部分，用厚 1.2m 地墙与外围基坑分隔开，采用顺作法施工，内有圆形撑。外围为逆作法裙房基坑无支撑；爆破范围为沿内基坑圆形地墙一周内侧 5m 以内。总工程量为 2.3 万立方米（地下连续墙 1.1 万立方米、环梁 1.2 万立方米），地墙标高 -2.5 ~ -27.2m，厚度为 1200mm；环梁标高 -28.9m，截面为 3000mm ×（1500 ~1800）mm。周围环境示意图如图 18-29 所示。

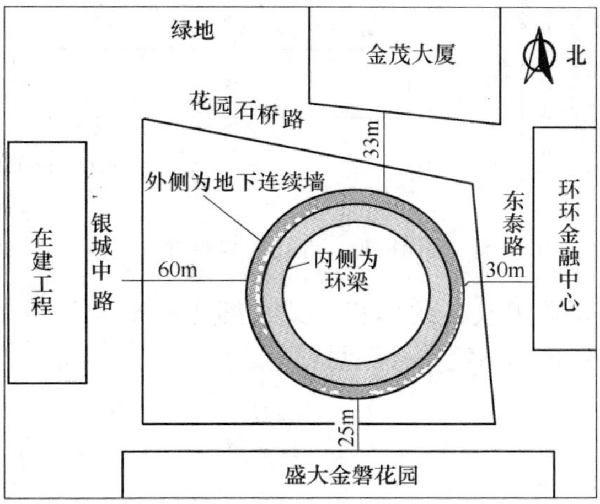


图 18-29　基坑周围环境示意图

B　总体方案

根据周围环境，工程要求，大多数基坑工程支撑拆除都从下往上拆除，本工程由于其特殊性，待塔楼地下室结构建好后，在裙楼逆作法施工的同时，在地下室内错开时间段从上往下逐层爆破环梁及地下连续墙，以达到土建预定标高，然后使用机械破碎、清理装运碎渣的方案。

针对不同层次支撑系统和地下连续墙，所处位置的不同，选择不同爆破等级，确保周边环境的安全，同时又要尽量缩短施工工期；环梁采用强松动爆破，地下连续墙采用分离爆破，爆破后钢筋和砼体彻底分离，基本不需人工清凿；这种爆破爆后清凿工作量小，工期短，但爆破振动较大，产生飞石多。

C 爆破参数设计

环梁爆破炮孔采用预埋孔方法。炮孔孔距 100cm、排距 25 ~ 40cm，孔径为 40mm，炮孔布置如图 18-30 所示。平均每立方米支撑埋孔 5 ~ 8 个。由操作工人根据各类支撑爆破设计的孔深、孔距与排距的具体尺寸。预埋方法是在浇灌混凝土后及时将直径 40mm 的 PVC 管插入逐步凝固的混凝土支撑中，固化后即形成有序的预埋孔；地下连续墙采用凿岩机在室内垂直钻孔，局部离楼板较近无法钻到实际标高，在地下连续墙钻水平孔。

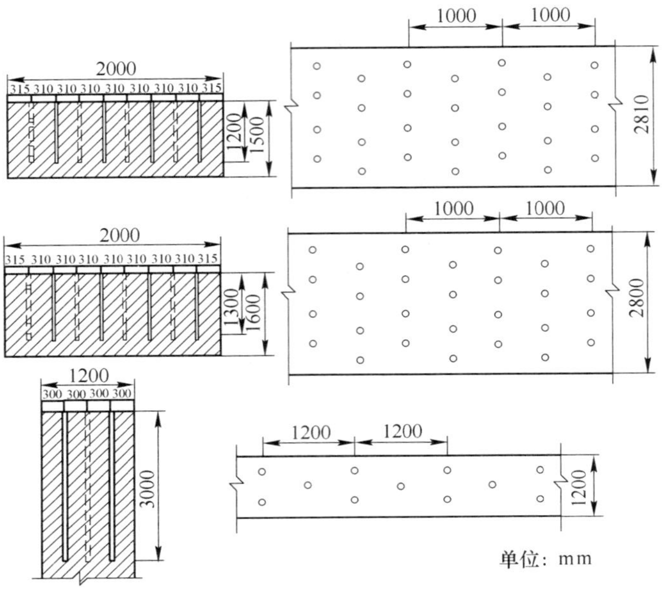


图 18-30 炮孔参数布置

支撑爆破的药量计算常用改良的体积公式，即先按平均炸药单耗计算单个梁全部药量，而后依据钢筋分布方式，确定单孔药量。

$$Q = qaS/n$$

式中 $Q$——单孔装药量，g；

$q$——单耗，一般 $q = 600 \sim 1300\text{g/m}^3$；

$S$——环梁截面，$\text{m}^2$；

$n$——排数；

$a$——孔距，mm，取 $a = 1000 \sim 1200\text{mm}$；

地连墙根据施工进度要求确定实际的孔深，表 18-14 给出了爆破参数。

本工程采用安全性能好的塑料导爆管毫秒延期起爆系统，杜绝施工现场的杂散电流、射频电流引发意外爆炸事故。鉴于地下室内爆破作业的原因，与塑料导爆管起爆系统配套的孔内药包的半秒延期导爆管雷管（段别为 HS5，延期时间 2s），孔外采用毫秒延期雷管起爆装药雷管，段别为 MS3（延期时间 0.05s）和 MS5（延期时间为 0.11s），从而达到逐段期的起爆顺序。为保证一次起爆的可靠性，段与段的网络之间采用双雷管桥式连接延期传爆，形成可靠的导爆管复式延期传爆网路，如图 18-31 所示。

表 18-14 爆破参数列表

| 项　目 | 规格/mm×m | 排数 | 孔距/mm | 单耗/g·m$^{-3}$ | 单孔药量/g |
|---|---|---|---|---|---|
| 第一道环梁 | 3700×1500 | 7 | 1000 | 650 | 500 |
| 第二道环梁 | 2800×1500 | 8 | 1000 | 900 | 470 |
| 第三道环梁 | 2800×1600 | 8 | 1000 | 982 | 550 |
| 第四道环梁 | 3000×1600 | 8 | 1000 | 910 | 550 |
| 第五道环梁 | 3000×1800 | 8 | 1000 | 965 | 650 |
| 第六道环梁 | 3000×1800 | 8 | 1000 | 965 | 650 |
| 地　墙 | 1200×3000 | 3 | 1200 | 1250 | 1800 |

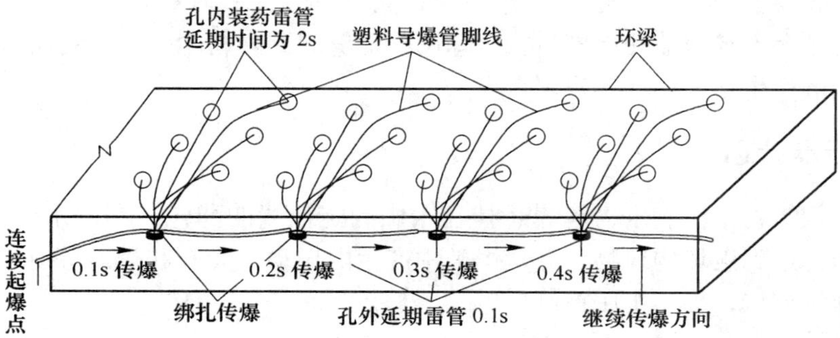


图 18-31 爆破网路示意图

D 爆破安全防护

（1）飞石防护。根据公式：

$$R_{fmax} = 70K^{0.58}$$

式中 $R_{fmax}$——飞石最远距离；

$K$——折合成乳化炸药的单耗，当 $K$ 取 1.0 时；$R_{fmax} = 70K^{0.58} = 70\text{m}$（无防护状态），因此必须搭设全封闭的防护脚手架控制飞石。

本工程采用是逆作法，只是靠环梁一侧有结构，另一侧没有结构；根据以往支撑爆破工程经验，地下室环梁爆破水泥渣的掉落对支撑下方的圆形支撑、大底板没有影响；但是，由于支撑爆破破碎后，细小石块的数量非常多，对位于支撑下（基坑内）的其他施工设备、钢管脚手架或者排架、模板等仍有影响。可能受到落石影响的设备、材料需要吊离基坑或者安置到其他安全地点。靠环梁一侧搭设双排钢管立架，挂双层竹笆，待爆体正上方所有吊物通道须全部用钢管搭设好防护棚，阻止飞石从孔洞飞出。

（2）爆破振动控制。采用萨道夫斯基公式进行计算：

$$v = K\left(\frac{Q^{1/3}}{R}\right)^{\alpha}$$

式中 $v$——质点振动速度，cm/s；

$R$——距被保护物最小距离，取 $R = 18.3\text{m}$；

$K$，$\alpha$——与爆破条件、介质特性有关的系数，设计中分别取 $K = 50$ 及 $\alpha = 1.67$；

$Q$——炸药量，kg，分段起爆时取最大一段装药量，为 $Q=4$kg。

可以计算出爆破振动为0.5cm/s。根据《爆破安全规程》（GB 6722—2014）规定：一般民用建筑物的安全允许振动速度 $v<1.5\sim3.0$cm/s。本工程爆破振动小于控制振动的，本工程在地下室内爆破，待爆体一侧为松散泥土，本身就有使振动衰减了，因此由爆破引起的爆破振动是可以确保安全的。

在环形支撑爆破上可以采取减小最大一次起爆药量的方法，控制对顺作法一侧的结构影响。控制最大一次起爆药量小于4kg。对于地墙的爆破，其距离逆作法地下室顶板较近，为控制对逆作法结构的影响，控制最大一次起爆药量小于3kg。

（3）粉尘控制。支撑和地墙爆破时会产生少量的粉尘，一般都被限制在防护架以内，灰尘较房屋爆破要少得多，但也要注意控制，具体办法是：环梁爆破时防护架搭设要规范、严密，竹排上方要覆盖一层密目安全绿网，能够起到降粉尘作用。在待爆体敷盖一层水袋减少粉尘的产生。

### 18.2.5　水压爆破设计

在容器状构筑物中注满水，起爆悬挂在水中一定位置的药包，利用水作为中间介质，传递爆破压力，达到破坏构筑物，并使爆破中产生的振动、飞石和噪声等有害效应都得到有效控制的施工方法，称为水压控制爆破。

以下是设计案例——水压爆破设计。

A　工程概况

为配合污水处理厂的改扩建工程，亟须拆除厂区内的污水沉淀池和曝气池。工程内容共包含有4座污水沉淀池及4座曝气池。所爆破的污水池位于污水处理厂区内西侧，北侧紧邻入海口，距河沿约30m，河上方有高架快速路，距河约70m；西侧有办公楼房，最近处距离约15m；南侧为圆筒形淤泥消化池，距离约60m；东侧较为开阔，周围环境较复杂，如图18-32所示。

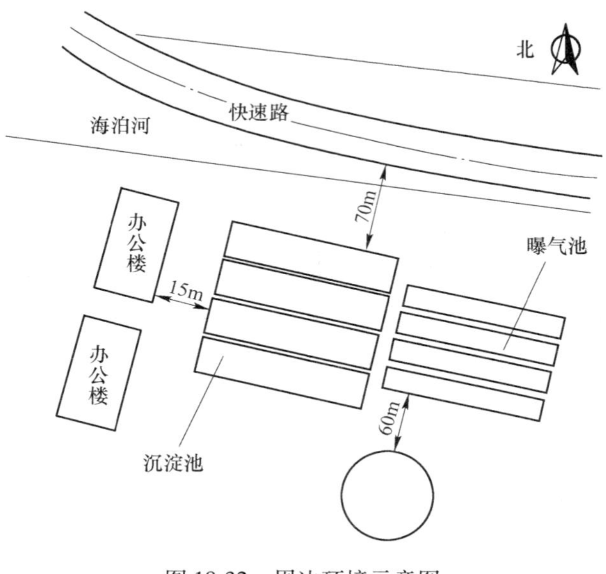


图18-32　周边环境示意图

池体大部分在地平面以下，海拔较低。污水沉淀池中间设有水渠，下部有隔层，池长60m、宽23.2m、外形高度6.2m，内部深5.5m、底板钢筋混凝土厚度0.85m、两侧池壁厚度为0.4m；曝气池长64m、宽18m、外形高度6.8m、内部深5.8m、底板厚度1.1m、池壁厚度0.4～0.6m，如图18-33和图18-34所示。

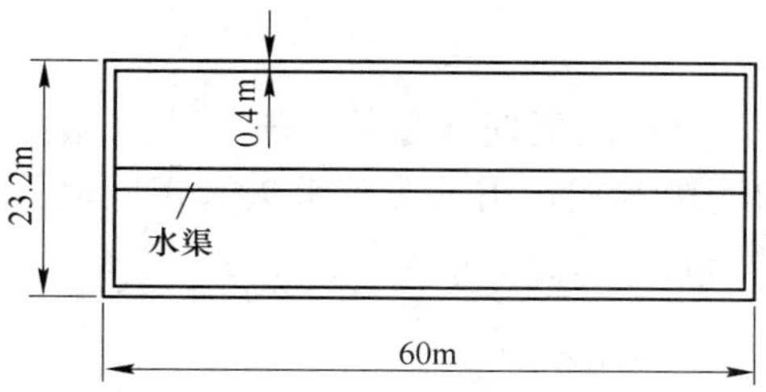


图18-33　沉淀池平面示意图

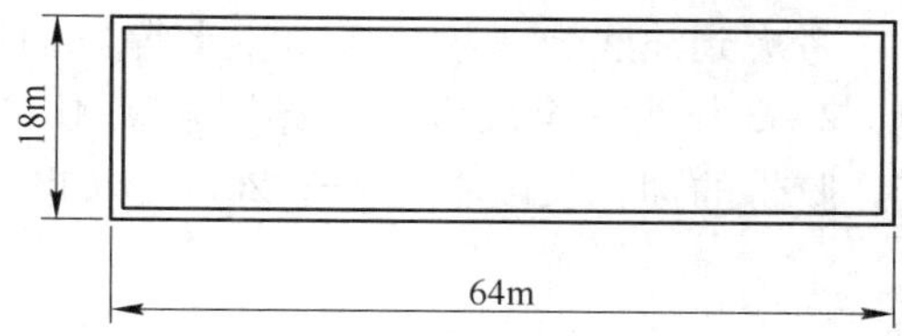


图18-34　曝气池平面示意图

B　水压爆破的总体设计方案

本次爆破要求拆除后钢筋与混凝土尽量彻底脱离，因此需要采用合理的爆破方法满足工程目的。在爆破前进行试爆，用炮被覆盖进行防护，但爆破后飞石问题较严重，对周围建筑物及现场施工人员的安全造成严重威胁。根据待爆拆除物的结构和环境特点，决定对池底采取装药堵塞后注水防护的“水封”爆破方式；对于池壁，因各个水池之间都是相邻的，且两个水池之间的池壁形成一个深窄的空腔，在其悬挂药包后注水可实施水压爆破。

C　水压爆破参数设计

（1）沉淀池与曝气池底板爆破参数。底板厚度 $H_1=85\text{cm}$，$H_2=110\text{cm}$；最小抵抗线 $W_1=35\text{cm}$，$W_2=50\text{cm}$；孔间距、排间距 $a_1=b_1=45\text{cm}$，$a_2=b_2=50\text{cm}$；孔深 $L_1=60\text{cm}$，$L_2=80\text{cm}$；对于钢筋密度较大的结构，采取强松动爆破的单耗 $q=1500\text{g/m}^3$。单孔装药量：

沉淀池　　$Q_1=qa_1b_1H_1=1500\times0.45\times0.45\times0.85=258\text{g}$

曝气池　　$Q_2=qa_2b_2H_2=1500\times0.5\times0.5\times1.1=412\text{g}$

根据本次爆破要求钢筋混凝土的解体程度，沉积池和曝气池采取的单孔装药量分别为300g、450g。

（2）池壁水压爆破参数。两侧池壁围成的槽为不等壁非圆形容器，上部有壁沿稍厚，槽深5.5m，宽度为0.8m，水压爆破药量的经验和理论公式有多种算法，此次爆破采用下述公式对总体用药量进行计算：

$$Q=K_bK_eK_cV$$

式中　$Q$——用药量，kg；

$K_b$——与爆破方式有关的用药系数，敞口时爆破取0.9～1.2，此处取 $K_b=0.9$；

$K_c$——与材质有关的用药系数，钢筋混凝土结构为0.5～1.0，取 $K_c=0.6$；

$K_e$——炸药换算系数，取 $K_e=1$；

$V$——被爆体结构体积，$\text{m}^3$，被爆结构体积 $V\approx264\text{m}^3$。

经计算所需药量为143kg，为减少每个药包的药量，同时考虑到槽的结构为深窄型，决定采取悬挂上下两层药包爆破，这样能使较深的槽壁均匀地破碎。爆破药包放置在离两侧池壁距离相等的中心位置。第一层每个药包的药量为 $Q_1=2.4$kg，药包间距为 2.0m，位置放到池底；第二层药包药量为 $Q_2=2.1$kg，药包间距为 2.0m，用铁丝捆扎后悬吊与第一层的上下距离为 1.5m，两层药包的上下位置错开。考虑到注水渗漏的问题，注水高度不低于 4.5m。

D　起爆网路设计

考虑到池底炮孔数较多和注水等方面原因，采用孔内延期导爆管雷管、中间最先起爆，2～3 排为一个段别，用导爆索采用一把抓的连接方式，用透明胶带进行正向捆扎连接，胶带的捆扎长度不得少于 20cm，如图 18-35 所示。

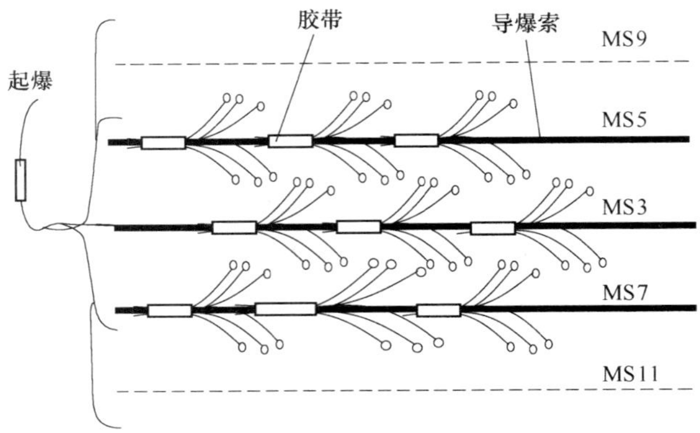


图 18-35　池底网路连接示意图

E　水压爆破的安全防护

本次爆破紧邻办公楼和淤泥消化池，为防止因爆破振动过大对建（构）筑物产生破坏影响，按下式计算爆破振动速度作为参考：

$$v = K'K\left(\frac{Q^{\frac{1}{3}}}{R}\right)^{\alpha}$$

式中　$v$——振动速度，cm/s；

$K'$——拆除爆破的衰减系数，取 $K'=0.3$；

$K$，$\alpha$——与爆破地点地形、地质条件有关系数和衰减指数，取 $K=140$，$\alpha=1.6$；

$Q$——最大一段装药量，水池一次单响最大药量实际为 36kg；

$R$——爆破中心距保护建筑物最近的距离，起爆中心离办公室距离 $R_1=23$m，离圆筒形淤泥消化池距离 $R_2=60$m。

分别代入上式可计算出 $v_1=1.88$cm/s，$v_2=0.41$cm/s，均小于安全规程允许的振速标准 1.5cm/s，最大振动速度符合要求。

为防止爆破产生的飞石对西侧办公房造成损伤，以及南侧圆筒形淤泥消化池的结构安全，爆破可采取近体防护和间接防护相结合的方式，如在办公房门窗的前侧用竹竿搭设排架，然后用防护网遮挡；再将要爆破的水池上方用防护网覆盖。

# 19　特种爆破设计

## 19.1　爆炸加工设计

爆炸加工的爆破种类繁多、规模大小不定，对于固定场地内的限定药量的爆破，允许采用标准技术设计，其余每次爆破均应编制爆破设计说明书。爆炸加工技术设计的炸药品种、药量参数常是根据大量复杂理论计算及实验获得的，在爆破设计书中往往难以表达，因此，爆炸加工设计应尽量按技术要求提供具体的爆破参数计算，对于难以设计具体参数的应主要针对爆破安全内容进行设计与计算，设计计算内容包括设计基础资料和设计工作内容两部分，前者是设计依据，后者是具体参数确定。

### 19.1.1　设计基础资料

爆炸加工设计基础资料包括：

（1）工程任务资料。包括工程目的、任务、技术要求和与工程相关的合同、文件等。

（2）各类标准与法规要求。包括所涉及的爆破相关法规、规范、标准等。

（3）周边环境资料。包括爆区地形图、周边环境图（爆破影响范围内建筑物、村庄、高压线路、铁路、公路等）。

（4）试验资料。包括爆破器材种类、合格证及检测结果。

### 19.1.2　技术设计内容

爆炸加工设计的技术设计内容包括：

（1）爆破方案确定（方案比较、选择与确定）；

（2）确定合理的爆破参数；

（3）爆破安全计算和校核（包含地震波、空气冲击波、飞散物、爆破噪声等）；

（4）安全警戒范围确定；

（5）施工组织设计；

（6）主要附图，包括爆区周围环境平面图、起爆网路图、安全警戒范围图等；

（7）应急预案。

### 19.1.3　爆炸加工的分类设计与实例

#### 19.1.3.1　爆炸合成设计

A　概述

爆炸合成均在专用固定的工厂爆炸容器内进行，爆炸合成工厂应远离居民区、建（构）筑物、风景名胜区和重要工程设施，需经过安全评价与环境评价，爆炸场地应设有炸药临时存放点、避炮掩体、护栏、警戒标志等。特殊临时性的爆炸合成可在保证安全的前提下，可在野外按爆破设计实施。

B　爆炸合成的设计案例——爆炸金刚石生产技术及施工设计

a　方案编制的主要依据

(1)《安全生产法》、《环境保护法》;

(2) 国家标准《爆破安全规程》(GB 6722—2014);

(3)《民用爆炸物品安全管理条例》(国务院令第466号);

(4)《爆破作业单位资质条件和管理要求》(GA 990—2012);

(5)《爆破作业项目管理要求》(GA 991—2012);

(6) 甲方和乙方签订生产合同或企业委托任务书;

(7) 爆破施工现场有关技术资料。

b　工程概况（含工程概况、作业项目类别和级别，环境与技术要求）

(1) 工程概况、作业项目类别和级别。本爆破方案是针对×××供货合同的纳米金刚石生产而设计的，在××××专用爆炸合成工厂的5kg TNT当量容器内进行。

本爆破作业项目类别属于特种爆破。

本工程需要爆炸合成5000克拉，使用梯黑炸药总量20kg，需用电雷管4发，黑索金20g。单次爆破药量5kg，每日进行1次爆破，日消耗炸药5kg左右，总作业期3天。按《爆破安全规程》(GB 6722—2014) 表1分级，属于D级爆破。

(2) 施工环境条件。爆炸合成施工作业是在经过安全评估和环境评估的专用爆炸加工厂内进行。作业区四周500m内均为无人居住的荒山，最近的为东向××村，直线距离500m，村落建筑物为土坯民房，因此被保护物民房的最近距离为500m。

c　爆破方案

经过先期试验，本次爆炸合成采用5kg梯黑炸药柱，炸药密度1.60g/cm$^3$，爆速6500m/s。炸药柱用5g黑索金作为传爆药，采用单发电雷管引爆。

按纳米金刚石收得率5%计算，5000克拉相当于1kg，故需用炸药总量为：

$$1\text{kg}/5\% = 20\text{kg}$$

按已有安全评估与环境评价要求，本爆炸容器限制使用炸药量5kg，每日作业1次，共需爆破4天，总使用梯黑炸药20kg。

d　起爆网路

采用瞬发电雷管单发起爆。

e　爆破安全技术要求

(1) 爆破安全计算依据包括：

1) 根据《爆破安全规程》中12.1.1.2内容：“最大装药爆炸时，在最近的工业及民用建筑物上的空气冲击波超压应不大于2kPa”;

2) 爆炸噪声应符合《爆破安全规程》表5的规定，按表中1类居民区选取，在最近村庄和居民区的爆炸噪声昼间应小于90dB;

3) 根据《爆破安全规程》第3.2节之规定，安全允许振动速度标准按其中表2所列“土窑洞、土坯房、毛石房屋”选取0.15~0.45cm/s，选择控制在0.15cm/s以下。

4）根据《爆破安全规程》第12.1.1.4之规定："爆炸加工场应设有避炮掩体。掩体观察口应可视爆炸点全景，掩体人口方向应与爆炸点相背，掩体到爆炸点的距离按空气冲击波安全允许距离计算，掩体大小以能容纳三人为宜"。根据13.3.3规定："空气冲击波超压的安全允许标准：对不设防的非作业人员为$0.02\times10^5$Pa，掩体中的作业人员为$0.1\times10^5$Pa"。

（2）周边环境爆破安全。

1）空气冲击波和爆破噪声安全。经测试，10kg梯黑炸药爆破结果25m处爆破噪声86dB，满足低于90dB要求。

2）爆破地震波安全距离。已请×××部门按10kg梯黑炸药爆破进行过测试，测试结果25m处爆破振动速度小于0.3cm/s，满足GB 6722的规定。

（3）起爆人员安全距离计算。在有掩体掩蔽的情况下，当空气冲击波超压小于$0.1\times10^5$Pa时，爆炸空气冲击波对人体无伤害。故按以下公式计算得到：

$$\begin{aligned}\Delta p &= 14Q/R^3 + 4.3Q^{2/3}/R^2 + 1.1Q^{1/3}/R\\ &= 14\times5/25^3 + 4.3\times5^{2/3}/25^2 + 1.1\times5^{1/3}/25\\ &= 0.1\times10^5\text{Pa}\end{aligned}$$

取安全距离$R=25$m，用药量$Q=210$kg。故计算可得$\Delta p=0.1\times10^5$Pa，不大于$0.1\times10^5$Pa规定，即使爆炸容器破裂也满足空气冲击波对掩体中人员无伤害的要求。

（4）警戒安全距离计算。在无掩蔽的情况下，当空气冲击波超压小于$0.02\times10^5$Pa时，爆炸空气冲击波对人体无伤害。按照这一规定，利用公式计算结果为：

$$\begin{aligned}\Delta p &= 14Q/R^3 + 4.3Q^{2/3}/R^2 + 1.1Q^{1/3}/R\\ &= 14\times5/100^3 + 4.3\times5^{2/3}/100^2 + 1.1\times5^{1/3}/100\\ &= 0.02\times10^5\text{Pa}\end{aligned}$$

取警戒安全距离$R=100$m，用药量$Q=5$kg。因此，计算可得$\Delta p=0.02\times10^5$Pa。因此警戒安全距离$R=100$m，即使爆炸容器破裂也满足空气冲击波对人体无伤害的要求。

由于爆炸合成作业是将炸药悬挂在容器中心进行爆炸，故不存在爆炸导致的飞散物的危险。根据上述计算和《爆破安全规程》，警戒距离定为100m。

f　图纸

附爆破区环境平面图。

g　爆破施工组织设计

（1）施工组织机构和职责。爆破现场设立项目指挥机构，全面指挥和安排爆破作业的各项工作。其中，项目指挥统一安排、部署全面工作。副指挥分管协调、爆破警戒工作。

爆破技术组负责试验、装药、检查、网路连接和起爆等指导工作。

爆破器材供应组负责爆破器材的预定、购买、检验、爆破器材的分发登记工作。

安全保卫组负责各种保护措施的落实、爆破警戒和人员的撤离疏散和应急措施的落实工作。

（2）机具：作业时需用吊车、运输车辆等。

（3）爆破施工准备。在进行爆破技术设计的同时，开始着手进行施工准备交底工作。准备工作包括：施工组织的建立；检查爆破作业人员的培训、考核、资质审查；爆破手续的办理；现场操作规程和相应制度的建立；水、电、机械设备的调配和施工器材的准备等。

h　安全技术与防护措施

（1）作业安全措施：

1）严格执行《爆破安全规程》规定，不准违章作业。

2）距离爆破区边缘25m划为爆破禁区，无关人员不准入内，不准在禁区内动火。

3）爆破安全员必须亲临现场校核作业参数是否按照设计要求操作，检查起爆器材的安全性，把好安全关。

4）搬运爆破器材应轻拿轻放，不准撞击、抛掷。

5）按工程设计要求的绑调炸药，严格控制炸药在容器居中。

6）严格检查爆炸容器的各个部件，保证封紧，法兰上允许有松动的螺栓。

7）吊装重物一律远离火工品，禁止经过火工品上方。

（2）起爆安全措施：

1）严格执行《爆破安全规程》规定，起爆工作必须在有组织、有领导、有指挥的情况下进行，各环节分工明确，有专人负责。

2）确定起爆时间，通知临近居民及有关单位，严禁接近危险区。

3）按设计确定警戒距离组织好警戒工作，合理地选择警戒哨位，哨位间应在可视听的范围内，并分工明确。

4）以规定的旗帜、音响等视听分明的器材作为爆破信号，并执行预备、起爆、解除的信号规定，只有当确认各哨位都完成警戒任务后，才准进行起爆工作。

（3）其他补充措施：

1）严禁在雷雨天进行爆破作业。

2）严格按照设计要求装炸药，不允许超量。

3）容器封紧，所有人员须尽快离开现场，每个方位均派人警戒，只留1人携带起爆器并负责连接电雷管与起爆系统操作，警戒点之间采用瞭望、喊话的方式进行联络。从爆破前10min开始警戒，到爆破后5min结束。

4）抽气充气完毕时，在确认爆炸危险区人员全部撤离后，发出可视听的预警信号，然后再次确认，危险区内无人时，方可下达起爆指令。

5）起爆时所有人员应在避炮房间避炮。

（4）本措施如有未尽事宜，按国家《爆破安全规程》规定执行。

i　应急预案

（1）施工安全方针和原则。突发事件和安全事故的应急救援工作坚持“预防为主，常备不懈”的方针；坚持贯彻“以人为本”，最大限度保证人员生命安全的原则；坚持保护人员生命优先，防止和控制事故蔓延优先，保护重要设施优先，保护环境优先的原则。

（2）风险控制措施：

1）风险控制的策划，将本工程风险控制分为3个部分实施：存在的一般危害，在施工组织设计中做了规定，进行全面控制；对在重大风险的项目，建立了针对性的管理方案进行重点控制；对于潜在事故和紧急事故情况，建立并实施专项应急预案的办法控制。

2）施工管理中对以下五个方面实施严格控制；劳动强度和作业时间的控制，禁止员工疲劳作业；劳动防护用品的配备和使用控制；适宜的生活和休息环境的控制；员工健康的监测控制；劳动合同的管理与实施的控制。

3）应急救援组织机构和人员及其职责。①机构设置：根据生产特点，厂部设置应急预案，成立应急反应组织机构。明确组成人员的职责。②现场应急救援准备，包括：应急设备、物资器材的准备；安全通道准备；外部支援的准备；教育与宣传。根据应急预案的要求，组织员工进行相关的培训，宣传应急准备与响应预案。使相关员工都了解应急准备与响应预案和明确各自职责，并具备响应的应急技能。③应急响应内容包括：

第一、紧急事故发生后，事故现场人员应当立即报告安全副总经理和总经理。总经理应按国家有关规定，尽快将事故情况报告给上级救援总指挥和当地政府主管部门。

第二、应急报告应包括以下内容：事故发生时间、详细地点、事故类别、简要经过、伤亡人数、直接经济损失、对环境破坏的初步估计、事故发生原因的初步判断、事故发生后采取的措施及事故控制情况、现场救援所需专业人员和抢险设备等。

第三、事故调查。根据时间的级别，由公司和项目部组成调查小组，及时准确地查清事故原因、责任，按照“四不放过”原则进行事故追查。

第四、记录与归档。应急响应预案的形成与实施都要有完善有效的记录并归档保存，应当包括以下：内容应急响应预案的制定、准备和启动情况，评审与修改等内容。

第五、记录和归档由质量安全部、项目部执行。

（3）应急救援终止和事故后恢复程序。在满足以下条件后，可终止应急救援和事故后恢复工作：

1）现场所有受伤人员已得到有效救治；

2）已完成事故现场调查取证工作，按照“四不放过”原则完成事故处理；

3）事故隐患已有效排除，事故现场作业条件、设备物资已处于安全状态；

4）已制定可行的事故后恢复工作计划或方案，并得到公司和其他有关管理部门批准。

5）恢复工作申请已得到监管部门、安全生产行政主管部门的批准。

#### 19.1.3.2　爆炸复合设计

##### A　概述

常规爆炸复合均在专用固定的爆炸加工场内按规定药量进行爆破作业，爆炸场地应远离居民区、建（构）筑物、风景名胜区和重要工程设施，需经过安全评价与环境评价，爆炸场地应设有避炮掩体、护栏、警戒标志等。特殊临时性的爆炸复合可在保证安全的前提下，按爆破设计实施。

##### B　爆炸复合的设计案例——金属爆炸复合板生产技术及施工设计

###### a　方案编制的主要依据

金属爆炸复合板生产及施工设计方案的主要依据包括：

(1)《安全生产法》、《环境保护法》；

（2）国家标准《爆破安全规程》（GB 6722—2014）；

（3）《民用爆炸物品安全管理条例》（国务院令第 466 号）；

（4）《爆破作业单位资质条件和管理要求》（GA 990—2012）；

（5）《爆破作业项目管理要求》（GA 991—2012）；

（6）甲方和乙方签订生产合同或企业委托任务书；

（7）爆破施工现场有关技术资料。

b　工程概况（含工程概况、作业项目类别和级别，环境与技术要求）

（1）工程概况、作业项目类别和级别。本爆破方案是针对×××供货合同的不锈钢/钢金属复合板生产而设计的，在××××专用爆炸焊接场地内进行。

本爆破作业项目类别属于特种爆破。

本工程需要爆炸复合 130t 复合板，500m$^2$，使用铵油炸药总量 15t，需用电雷管 100 发，黑索金 200g。单次爆破药量控制在 200～300kg 之间，每日进行 6 次爆破，日消耗炸药 1.8t 左右，总作业期 10 天。按《爆破安全规程》（GB 6722—2014）中表 1 进行分级，单次爆破药量在 200～300kg 之间的爆炸复合属于 B 级爆破。

（2）施工环境条件：爆炸焊接施工作业是在经过安全评估和环境评估的专用爆炸场内进行，周围有垂直高度为 50m 的山体环绕。作业区四周 1500m 内均为无人居住的荒山，无树木等遮挡视线。南距××村直线距离最近 3000m，北距××乡直线距离 4000m，东距××村直线距离最近 3000m，西距××村直线距离 1500m，山高 50m 以上。上述各村落建筑物为土坯民房。因此，被保护物民房的最近距离为 1500m。

c　爆破方案

经过先期试验，本次爆炸焊接采用 35mm 炸药厚度进行爆炸焊接，炸药采用铵油炸药，密度 0.83g/cm$^3$（或 830kg/m$^3$），单位用药量：

$$35/1000 \times 830 = 29.05\text{kg/m}^3$$

按单位用药量 30kg 计算，本次生产复合板共 500m$^2$，得总用药量：

$$Q = 30 \times 500 = 15000\text{kg} = 15\text{t}$$

按已有安全评估与环境评价要求，本场地限制使用炸药量 300kg，故每日作业 6 次，日消耗炸药量 1.8t 以下。每日生产复合板 60m$^2$，爆破作业天数为 500/60＝8.33 天，按 10 天计。本次合同共加工复合板 100 张，故需要瞬发电雷管 100 发；每张复合板起爆点需要 2g 黑索金，共需黑索金 200g。

d　起爆网路

采用瞬发电雷管串联起爆，一次最多串联 3 发。

e　爆破安全技术要求

（1）爆破安全计算依据。各村落中的建筑物最近距离为 1500m，民房多为水泥石砌房，少数为土坯房。

1）根据《爆破安全规程》12.1.1.2 规定：“最大装药爆炸时，在最近的工业及民用建筑物上的空气冲击波超压应不大于 2kPa”。

2）爆炸噪声应符合《爆破安全规程》表 5 的规定，根据 1 类居民区选取，即在最近村庄和居民区的爆炸噪声昼间应小于90dB。

3）根据《爆破安全规程》中3.2之规定，按其中表2中安全允许振动速度标准“土窑洞、土坯房、毛石房屋”选取0.15～0.45cm/s，故选择控制在0.15cm/s以下。

4）按照《爆破安全规程》中12.1.1.4之规定：“爆炸加工场应设有避炮掩体。掩体观察口应可视爆炸点全景，掩体人口方向应与爆炸点相背，掩体到爆炸点的距离按空气冲击波安全允许距离计算，掩体大小以能容纳三人为宜”。按照13.3.3：“空气冲击波超压的安全允许标准：对不设防的非作业人员为$0.02\times10^5$Pa，掩体中的作业人员为$0.1\times10^5$Pa”。

5）按照《爆破安全规程》第13.3.2小节之规定：爆炸加工或特殊工程需要在地表进行大当量爆炸时，应核算不同保护对象所承受的空气冲击波超压值，并确定相应的安全允许距离。在平坦地形条件下爆破时，可按以下公式计算超压：

$$\Delta p = 14\frac{Q}{R^3} + 4.3\frac{Q^{\frac{2}{3}}}{R^2} + 1.1\frac{Q^{\frac{1}{3}}}{R}$$

式中　$\Delta p$——空气冲击波超压值，$10^5$Pa；

$Q$——一次爆破的梯恩梯炸药当量，秒延时爆破为最大一段药量，毫秒延时爆破为总药量，kg；

$R$——装药至保护对象的距离，m。

（2）周边环境爆破安全计算。

1）空气冲击波安全：对于最近距离1500m的民房，按下述公式计算空气冲击波超压：

$$\Delta p = 14Q/R^3 + 4.3Q^{2/3}/R^2 + 1.1Q^{1/3}/R$$

式中　$Q$——一次爆破的梯恩梯炸药当量，使用铵油炸药按0.7系数，$Q=300\times0.7=210$kg；

$R$——装药至保护对象的距离，$R=1500$m。

则：

$$\Delta p = 14\times210/1500^3 + 4.3\times210^{2/3}/1500^2 + 1.1\times210^{1/3}/1500$$
$$= 0.004\times10^5\text{Pa} = 0.4\text{kPa}$$

符合《爆破安全规程》低于2kPa的规定。

2）爆破噪声安全：已请×××部门按300kg硝铵炸药爆破进行过测试，测试结果1500m处爆破噪声86dB，满足低于90dB要求。

3）爆破地震波安全距离：

$$R = (K/v)^{1/\alpha}Q^{1/3}$$

式中　$R$——爆破振动安全允许距离，m；

$Q$——每次爆破的炸药量300kg，由于爆炸焊接为裸露爆破，实际传入地下的地震波药量小于10%，但为安全起见，取$Q=300$kg；

$v$——保护对象所在地质点振动安全允许速度，根据GB 6722中规定的爆破振动安全允许标准的最小值 0.15cm/s；

$K$，$\alpha$——与爆破点至计算保护对象间的地形、地质条件有关的系数和衰减指数，取 $K=200$，$\alpha=1.65$。

将以上参数代入式中，得到：

$$R = (200/0.15)^{1/1.65} \times 300^{1/3} = 524.3\text{m}$$

该距离远小于距离作业区最近的××村直线距离 1500m，故满足要求。

（3）起爆人员安全距离计算。在有掩体掩蔽的情况下，当空气冲击波超压小于 $0.1\times10^5$Pa 时，爆炸空气冲击波对人体无伤害。故按以下公式计算：

$$\begin{aligned}\Delta p &= 14Q/R^3 + 4.3Q^{2/3}/R^2 + 1.1Q^{1/3}/R \\ &= 14\times210/100^3 + 4.3\times210^{2/3}/100^2 + 1.1\times210^{1/3}/100 \\ &= 0.084\times10^5\text{Pa}\end{aligned}$$

取安全距离 $R=100$m，一次爆破梯恩梯炸药当量 $Q=210$kg。因此，计算可得 $\Delta p=0.084\times10^5$Pa，小于 $0.1\times10^5$Pa，满足空气冲击波对掩体中人员无伤害的要求。

（4）警戒安全距离计算。

在无掩蔽的情况下，当空气冲击波超压小于 $0.02\times10^5$Pa 时，爆炸空气冲击波对人体无伤害。按照这一界限，利用公式：

$$\begin{aligned}\Delta p &= 14Q/R^3 + 4.3Q^{2/3}/R^2 + 1.1Q^{1/3}/R \\ &= 14\times210/400^3 + 4.3\times210^{2/3}/400^2 + 1.1\times210^{1/3}/400 \\ &= 0.017\times10^5\text{Pa}\end{aligned}$$

取警戒安全距离 $R=400$m，一次爆破梯恩梯炸药当量 $Q=210$kg。因此，计算可得 $\Delta p=0.017\times10^5$Pa。取警戒安全距离 $R=400$m 满足空气冲击波对人体无伤害的要求。

由于爆炸焊接作业是将炸药平铺在金属板上爆炸，故不存在爆炸导致的飞石危险。根据上述计算和《爆破安全规程》规定，警戒距离定为 400m。

f 图纸

附爆破区环境平面图。

g 爆破施工组织设计

（1）施工组织机构和职责。爆破现场设立项目指挥机构，全面指挥和安排爆破作业的各项工作，爆破与吊装、铲运、探伤人员各司其职。

项目指挥统一安排、部署全面工作。副指挥分管协调、爆破警戒工作。

爆破技术组负责试验、装药、检查、网路连接和起爆等指导工作。

爆破器材供应组负责爆破器材的预定、购买、检验、爆破器材的分发登记工作。

安全保卫组负责各种保护措施的落实、爆破警戒和人员的撤离疏散和应急措施的落实工作。

（2）机具：作业时需用到叉车、铲车、吊车、运输等工程车量。

（3）爆破施工准备。在进行爆破技术设计的同时，开始着手进行施工准备交底工作。准备工作包括：施工组织的建立；检查爆破作业人员的培训、考核、资质审查；爆破手续的办理；现场操作规程和相应制度的建立；水、电、机械设备的调配和施工器材的准备等。

h　安全技术与防护措施

（1）作业安全措施：

1）严格执行《爆破安全规程》规定，不准违章作业；

2）距离爆破区边缘50m划为爆破禁区，无关人员不准入内，不准在禁区内动火；

3）爆破安全员必须亲临现场校核作业参数是否按照设计要求操作，检查起爆器材的安全性，把好安全关；

4）搬运爆破器材应轻拿轻放，不准撞击、抛掷；

5）按工程设计要求的铺药厚度进行铺药，严格控制铺药厚度；

6）进场车辆一律戴防火帽；

7）吊装、铲运重物一律远离火工品，禁止经过火工品上方。

（2）起爆安全措施：

1）严格执行《爆破安全规程》规定，起爆工作必须在有组织、有领导、有指挥的情况下进行，各环节分工明确，有专人负责。

2）装填工作结束后，确定起爆时间，通知临近居民及有关单位，按时撤离危险区。

3）按设计确定警戒距离组织好警戒工作，合理地选择警戒哨位，哨位间应在可视听的范围内，并分工明确。

4）以规定的旗帜、音响等视听分明的器材作为爆破信号，并执行预备、起爆、解除的信号规定，只有当确认各哨位都完成警戒任务后，才准进行起爆工作。

（3）其他补充措施：

1）气象条件恶劣不能进行爆炸加工作业。

2）严格按照设计要求摊铺炸药，切实做到不多铺、不少铺，保证炸药中不混入沙粒和铁屑等杂物。

3）炸药摊铺完毕，所有人员须尽快离开现场，每个方位均派人警戒，只留1人携带起爆器并负责连接电雷管与起爆系统操作，警戒点之间采用瞭望、喊话的方式进行联络，从爆破前10min开始警戒，到爆破后5min结束。

4）在确认爆炸危险区人员全部撤离后，发出可视听的预警信号，然后再次确认，危险区内无人时，方可下达起爆指令。

5）起爆时所有人员应在避炮房间避炮。

（4）本措施如有未尽事宜，按国标《爆破安全规程》规定执行。

i　应急预案

（1）施工安全方针和原则。突发事件和安全事故的应急救援工作坚持“预防为主，常备不懈”的方针；坚持贯彻“以人为本”，最大限度保证人员生命安全的原则；坚持保护人员生命优先，防止和控制事故蔓延优先，保护重要设施优先，保护环境优先的原则。

（2）风险控制措施：

1）风险控制的策划，将本工程风险控制分为3个部分实施：①存在的一般危害，在施工组织设计中做了规定，进行全面控制；②对在重大风险的项目，建立了针对性的管理方案进行重点控制；③对于潜在事故和紧急事故情况，建立并实施专项应急预案的办法控制。

2）施工管理中对以下五个方面实施严格控制；劳动强度和作业时间的控制，禁止员工疲劳作业；劳动防护用品的配备和使用控制；适宜的生活和休息环境的控制；员工健康的监测控制；劳动合同的管理与实施的控制。

3）应急救援组织机构和人员及其职责。①机构设置：根据生产特点，厂部设置应急预案，成立应急反应组织机构。明确组成人员的职责。②现场应急救援准备，包括：应急设备、物资器材的准备；安全通道准备；外部支援的准备；教育与宣传。根据应急预案的要求，组织员工进行相关的培训，宣传应急准备与响应预案。使相关员工都了解应急准备与响应预案和明确各自职责，并具备响应的应急技能。③应急响应内容包括：

第一、紧急事故发生后，事故现场人员应当立即报告安全副总经理和总经理。总经理应按国家有关规定，尽快将事故情况报告给上级救援总指挥和当地政府主管部门。

第二、应急报告应包括以下内容：事故发生时间、详细地点、事故类别、简要经过、伤亡人数、直接经济损失、对环境的破坏的初步估计、事故发生的原因的初步判断、事故发生后采取的措施及事故控制情况、现场救援所需专业人员和抢险设备等。

第三、事故调查。根据时间的级别，由公司和项目部组成调查小组，及时准确地查清事故原因、责任，按照“四不放过”原则进行事故追查。

第四、记录与归档。应急响应预案的形成与实施都要有完善有效的记录并归档保存，应当包括以下：内容应急响应预案的制定、准备和启动情况，评审与修改等内容。

第五、记录和归档由质量安全部、项目部执行。

（3）应急救援终止和事故后恢复程序。在满足以下条件后，可终止应急救援和事故后恢复工作：

1）现场所有受伤人员已得到有效救治；

2）已完成事故现场调查取证工作，按照“四不放过”原则完成事故处理；

3）事故隐患已有效排除，事故现场作业条件、设备物资已处于安全状态；

4）已制定可行的事故后恢复工作计划或方案，并得到公司和其他有关管理部门批准；

5）恢复工作申请已得到监管部门、安全生产行政主管部门的批准。

#### 19.1.3.3　爆炸切割

胜利油田在河口采油厂钻井作业中，当钻到3700m时遇到卡钻事故，钻井使用的是5英寸钻杆，钻杆下方连接的18m钻铤，钻铤下方是钻头。卡钻在-3720m的钻头处。现场急需将3700m的钻杆取出，为下步作业提供条件，试设计一个适于该井的爆炸切割作业。该井地面温度20℃，该地层温升系数$\varepsilon=4℃/100m$，井液比重$1.2g/cm^3$。请做出爆炸切割设计方案。

##### A　设计要点

爆炸切割的设计要点包括：

（1）根据提供的该井条件计算-3700m井下温度及压力。为选择切割弹类型提供依据；

（2）选择切割弹的类型及切割弹装药类型和切割弹耐压性能指标及切割弹装配；

（3）选择弹体下井传输工具（电缆传输）。

##### B　设计内容

爆炸切割的设计内容包括：

（1）设计分析：根据题意，被切割体是5英寸钻杆，切割位置为 -3700m，因此切割弹型应选择5英寸钻杆切割弹。

（2）井温、井压计算：

井温计算：

$$T = t + \varepsilon h$$

式中 $T$——井温，℃；

$t$——地面温度，$t = 25℃$；

$h$——井深，m。

故

$$T = 20 + 4℃/100\text{m} \times 3700\text{m} = 168℃$$

井压计算：

$$p = 10\text{MPa}/1000\text{m} \times 1.2\text{g/cm}^3 \times 3700\text{m} = 44.4\text{MPa}$$

（3）弹型选择。根据该井井温和井压的计算结果，只能选择高温钻杆切割弹，其装药能耐温 <170℃。井压 $p = 44.4\text{MPa}$，选普通型壳体即能满足，切割弹选型结果是：耐高温型5英寸钻杆切割弹，其技术参数如表19-1及表19-2所示。

**表19-1 各类弹型耐温性能**（炸药类）

| 类　型 | 耐温性能(2h)/℃ | 耐温性能(48h)/℃ |
|---|---|---|
| 普通型(R852型炸药) | 130 | <121 |
| 高温型(H781型炸药) | 170 | <163 |
| 超高温型(Y-1型炸药) | 240 | <220 |

**表19-2 钻杆切割弹性能**（炸药类）

| 分　类 | 名　称 | 型　号 | 规格(直径)/mm | 耐压/MPa | 耐温/℃ | 适合切割的管材 |
|---|---|---|---|---|---|---|
| 钻杆切割弹 | 5英寸钻杆切割弹 | ZQ75RDX-1 | 75 | 40～60 | 170 | 5英寸钻杆 |

（4）现场装配：

1）切割弹现场装配，应距井场50m平坦处进行装配。

2）选取电磁雷管1发，装入点火总成中。

3）截取设计高度的导爆索，装入切割弹中。

4）将点火总成和切割弹连接起来，丝扣间加油O型密封圈，使弹体连接处防水。使弹体下到井液中达到密封不漏水。

5）将磁定位器接到点火总成上部，磁定位器和电缆相连。

6）将装配好的切割弹投入到采油树的防喷盒中准备下井施工。

（5）电缆施工操作要点：

1）电雷管装配。打开引爆体将油、气井电雷管小心地装入引爆体内，然后装好枪头，将雷管的一根脚线和枪体连接，另一根脚线准备和磁定位器连接。

2）接通磁定位器。将射孔枪（或其他爆破器材）与电缆端部的磁定位器连接好，连接时，不要用力过猛，防止将密封胶圈切坏，而产生漏水。

3）射孔枪（将其他爆破器材）下井。电缆车将已经连接好的磁定位器、枪头、射孔枪等吊起，小心地放入井口，（防止枪头和井口碰撞），释放电缆，射孔枪（或其他爆破器材）延井壁下落，下落速度小于3000m/h。

4）起爆线路导通。当起爆体下放到井下50m处，电缆车停车，用导通表测量线路通断情况，如果正常，电缆车继续下井。

5）磁定位器定位。接在电缆上的磁定位器，可以测出定位套管接箍对比曲线（给出下井深度），达到设计预定深度后电缆车停车。

6）导通起爆线路。在电缆车上直接引爆起爆器材和射孔枪（或其他起爆器材）。

7）射孔完成后取出射孔枪，下油管并装好井口，进行替喷，抽吸或气举等，诱喷或直接采用人工举升的办法使油、气井投产。

## 19.2 油气井爆破设计

### 19.2.1 油井聚能射孔弹的设计

设计油井聚能射孔弹时需考虑一些主要因素，包括设计要点和设计内容。

A 设计要点

聚能射孔弹设计要点包括：

（1）石油射孔弹定义。

（2）总体结构。

（3）药型罩。1）药型罩几何尺寸（锥角、大小、壁厚）；2）药型罩材料；3）药型罩加工。

（4）炸药。1）炸药选取；2）装药密度；3）压制工艺。

（5）炸高选择。

B 设计内容

（1）射孔弹。一端具有空穴而在另一端起爆的柱形装药称为聚能装药，射孔弹就是一种聚能装药。

（2）总体结构。依据该射孔弹需装配的射孔枪，综合考虑要求的射孔性能、枪的内径、壁厚、强度、孔密等条件后，确定射孔弹总体结构，如图19-1所示。

（3）药型罩。药型罩的结构、材料及加工方法直接影响射流质量的优劣，从而影响穿孔性能。药型罩被压合后形成射流其延续性好、不断裂、密度大，则对穿孔最有利。

常用的药型罩的几何形状主要有锥形、喇叭形和半球形等。理论分析表明，穿孔深度与射流长度成正比，深穿透射孔弹药型罩常用的几何形状为锥形。

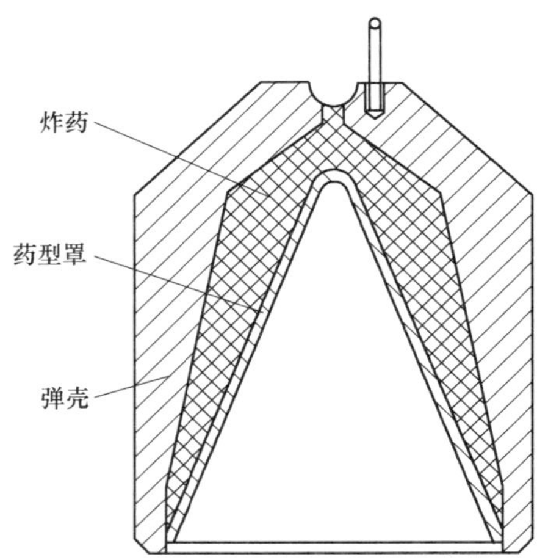

图19-1 深穿透聚能射孔弹结构示意图

1）深穿透射孔弹药型罩包括如下几何尺寸。

①药型罩锥角：射流速度随药型罩锥角减小而增加，射流质量随药型罩锥角减小而减少。大锥角时穿孔深度下降而穿孔直径增加；小锥角时穿孔深度增加而穿孔直径减小。深穿透射孔弹药型罩锥角通常在40°~55°之间选取，射流具有足够的质量和速度。

②变壁厚：为了改善射流性能，提高穿孔性能，通常采用变壁厚的药型罩。壁厚变化率是指药型罩在单位母线长度上壁厚的差值。采用顶部薄、底部厚的药型罩，能够提高穿孔性能。采用顶部厚、底部薄的药型罩，穿孔变浅。

2）药型罩材料。从射流穿孔过程的流体动力学理论可知，穿孔深度与射流长度及射流密度的平方根成正比。因此要求药型罩材料的塑性好，密度大。现在常用铜、钨、铋等粉末按一定配比混合后制作药型罩，这种粉末药型罩的穿孔深度高、无杵堵。铜的密度较高、塑性好；钨的密度高可提高粉末药型罩的密度；铋的密度较高、熔点较低，可使孔道无杵堵；这几种粉末混合后使用，穿孔效果较好，既提高了穿孔深度、孔径，又消除了孔道杵堵。

3）药型罩的加工。目前，药型罩基本上采用粉末压制成型的生产工艺，也有一些药型罩采用金属冲压成型的工艺。对于粉末压制成型药型罩的加工工艺，主要影响到药型罩的致密度、强度和精度。加工精度的影响主要指药型罩质量对称性误差给穿孔性能带来的影响。这是影响射孔弹穿深性能的主要因素之一，主要体现在密度偏差与壁厚偏差上。其影响药型罩的对称性，易造成射流的扭曲、偏斜，影响穿孔效应。

（4）炸药。

1）炸药性能。炸药是聚能射流穿孔的能源，炸药爆轰后将能量传给药型罩，药型罩在轴线上闭合碰撞产生金属射流，然后依靠金属射流进行穿孔。炸药的爆轰压力是影响穿孔威力的主要因素。穿孔深度随炸药爆轰压力的增加而增加。

2）猛炸药类型。常用的猛炸药按耐温级别分类，有常温级 JH-16 或 R852（主体炸药 RDX）、高温级 H781（主体炸药 HMX）、超高温级 S992（主体炸药 HNS）、Y971（主体炸药 PYX）等。

3）装药密度。增加装药密度，也可以提高爆压，提高穿深。

4）压制工艺。对射孔弹装药来说，应保证药柱的同轴性，压药密度应均匀，不能使药型罩在压药过程中有较大的变形，以免降低威力和引起穿孔性能的不稳定。在保证炸药柱密度达到要求的情况下，应尽可能地降低压制压力。

（5）装枪炸高。射孔弹装枪后，药型罩底端面与射孔枪内壁的距离为射孔弹的装枪炸高。

最大穿孔深度对应的炸高称为最有利炸高或最佳炸高。对于一般常用药型罩，最佳炸高约为口部直径的1~3倍。但油井射孔弹工作在小炸高的情况下，它的炸高只有其最佳炸高的10%~20%。

### 19.2.2　油井高能气体压裂施工设计

鄂尔多斯盆地伊陕斜坡油井高能气体压裂施工设计基本数据如表19-3所示。

长庆油田某油层数据如表19-4所示。

**表 19-3　长庆油田某油井基本数据**

| 地理位置 | | 构造位置 | 鄂尔多斯盆地伊陕斜坡 | | |
|---|---|---|---|---|---|
| 区　块 | | 井　别 | 采油井 | 井　型 | 定向井 |
| 开钻日期 | | 完钻日期 | | 完井日期 | |
| 完钻层位 | 延 9 | 完钻井深/m | 1320 | 水泥塞面/m | |
| 井底位移/m | 238.5 | 造斜点/m | | 最大井斜/(°) | 20.21 |
| 原始地层压力 | | 地层压力系数 | | 气油比/$m^3 \cdot t^{-1}$ | |
| 有毒有害气体预测 | | 要预防 HS、CO 等有毒有害气体的检测 | | | |

**表 19-4　长庆油田某油井油层数据**

| 层　位 | 油层井段/m | 厚度/m | 电阻率/Ω | 孔隙度/% | 渗透率/$10^3\mu m^2$ | 水饱/% | 时差/$\mu s \cdot m^{-1}$ | 解　释 |
|---|---|---|---|---|---|---|---|---|
| Y92 | 1268.1 ~ 1274.8 | 6.7 | 16.71 | 19.61 | 20.77 | 58.65 | 257.63 | 油水同层 |
| Y92 | 1274.8 ~ 1295.4 | 20.6 | 12.73 | 17.66 | 12.04 | 76.84 | 248.48 | 含油水层 |
| Y92 | 1295.8 ~ 1305.8 | 10.0 | 11.41 | 17.94 | 11.92 | 79.86 | 249.56 | 水　层 |
| Y92 | 1306.1 ~ 1309.9 | 3.8 | 16.54 | 17.01 | 9.67 | 9.67 | 71.26 | 水　层 |

以下根据表 19-3 及表 19-4 长庆油田某油井的资料，针对 1268.1 ~ 1274.8 层位做出高能气体压裂施工设计。

A　设计要点

（1）高能气体压裂机理；

（2）峰值压力计算；

（3）压裂弹装配；

（4）施工步骤；

（5）施工安全注意事项；

（6）施工示意图（电缆传输）。

B　设计内容

（1）高能气体压裂机理。高能气体压裂是利用固体推进剂或发射药迅速燃烧释放出大量高温气体，这些高温高压燃气以脉冲加载方式压裂油层，使油层在短时间内产生出多方位的辐射状的裂缝，使储层中天然裂缝与井筒相连，有效地改善油层的渗透性和导流能力，降低油流阻力，以达到增产的目的。

（2）峰值压力计算。峰值压力与压挡液深度、套管内径、装药质量、地层结构相关的复杂函数。对于破碎燃烧结构的压裂弹其峰值压力半经验公式为：

$$p_m = 12 + 28\rho \times H/1000$$

式中　$p_m$——峰值压力，MPa；

$\rho$——压挡液密度，$t/m^3$；

$H$——压挡液深度，m。

以长庆油田某井 140mm（$5\frac{1}{2}$英寸）套管，井深 1268m，清水压井的施工层位为例，可以计算其高能气体压裂的峰值压力为：

$$p_m = 12 + 28 \times 1 \times 1268/1000 = 47.5\text{MPa}$$

（3）压裂弹装配：

1）检查弹的耐温、耐压值是否符合施工井的情况。

2）检查清理弹体的螺纹，装配弹的螺纹，拧紧过程不得操之过急，不得用力过猛。

3）电点火器与弹体装配时，应关停井场所有电源，检查所有设备上有无杂散电流。

4）采用电缆布弹电缆线与点火器连接前先要对地放电，电缆车必须接地，弹体放入井口后，再进行接线。

（4）施工步骤：

1）施工前井筒灌满压井液，安装电缆防喷器。

2）测磁定位曲线进行电缆校深，并在电缆上做出施工的标记。

3）用电缆将高能气体压裂弹管串下到设计位置，平稳操作，下放速度不超过 50m/min，距离设计位置 50m 左右时下放速度不超过 20m/min。

4）核对弹顶位置。

5）点火成功后，井口无异常，起出电缆，进行下步作业。

6）如果点火失败，断开电源，回路短路，起出压裂弹，拆除点火器进行检查，整改后重新施工。

（5）施工安全注意事项：

1）弹体装配操作人员必须持有危险品安全操作证，无关人员远离装配地点。

2）工作人员必须戴好安全帽等防护用品，不得穿化纤衣服。

3）施工现场严禁吸烟，距压裂器材 30m 内严禁明火。

4）测量雷管须用专用仪表（雷管测试表），禁止用万用表代替。

5）电缆布弹电缆线与点火器连接前先要对地放电，电缆车必须接地，弹体放入井口后，再进行接线。

6）电缆下井过程中，速度匀速平稳操作，压裂器材经过造斜段时要谨慎操作、低速通过。

（6）施工示意图如图 19-2 所示。

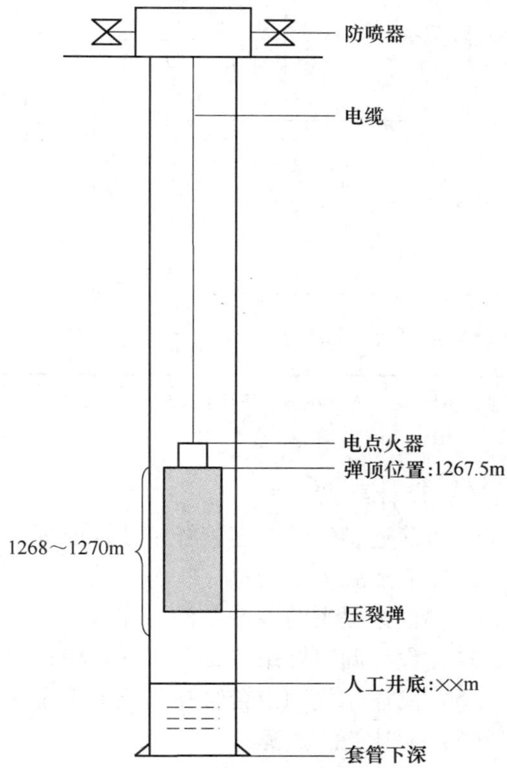


图 19-2　长庆油田某油井高能气体压裂施工示意图

### 19.2.3　燃气动力套管补贴

长庆油田某油井，套管规格 $\phi$139.7mm × 7.72mm，在 2103m 深度发生套管变形，经大修处理后，下井径仪测试，套管最大内径 $\phi$152mm，套管最小内径 $\phi$122mm，判断套管在 2100～2105m 处已破损，拟采用燃气动力套管补贴技术对套损井段进行密封加固施工，井液密度 1.0g/cm$^3$，该地层温升系数 $\varepsilon=3$℃/100m，地面温度 25℃。燃气动力套管补贴施工设计如表 19-5 所示。

**表 19-5　燃气动力套管补贴装置器材规格**

<table>
<tr><th colspan="3">套　管</th><th colspan="2" rowspan="2">补贴后内通径/mm</th><th rowspan="2">补贴管</th></tr>
<tr><th>系　列</th><th>壁厚/mm</th><th>内径/mm</th></tr>
<tr><td rowspan="4">140mm（$5\frac{1}{2}$英寸）</td><td>6.2</td><td>127.3</td><td>108</td><td>110</td><td rowspan="2">20Cr 管</td></tr>
<tr><td>7.72</td><td>124.26</td><td>104</td><td>108</td></tr>
<tr><td>9.17</td><td>121.36</td><td>101.6</td><td>104</td><td rowspan="2">20Cr、114.3mm（$4\frac{1}{2}$英寸）套管</td></tr>
<tr><td>10.54</td><td>118.62</td><td>101.6</td><td>104</td></tr>
<tr><td>146mm（$5\frac{3}{4}$英寸）</td><td>7</td><td>132</td><td colspan="2">110</td><td>20Cr 管</td></tr>
<tr><td rowspan="3">168mm（$6\frac{5}{8}$英寸）</td><td>8.94</td><td>150.4</td><td colspan="2">132</td><td>20Cr、146mm（$5\frac{3}{4}$英寸）套管</td></tr>
<tr><td>10.59</td><td>147.1</td><td colspan="2">127.3</td><td rowspan="2">20Cr、140mm（$5\frac{1}{2}$英寸）套管</td></tr>
<tr><td>12.06</td><td>144.16</td><td colspan="2">127.3</td></tr>
<tr><td rowspan="4">177.8mm（7 英寸）</td><td>8.05</td><td>161.88</td><td colspan="2">142</td><td rowspan="3">20Cr 管</td></tr>
<tr><td>9.19</td><td>159.42</td><td colspan="2">142</td></tr>
<tr><td>10.36</td><td>157.08</td><td colspan="2">140</td></tr>
<tr><td>11.51</td><td>154.78</td><td colspan="2">132</td><td>146mm（$5\frac{3}{4}$英寸）套管</td></tr>
<tr><td rowspan="2">244.48mm（$9\frac{5}{8}$英寸）</td><td>7.92</td><td>220</td><td colspan="2" rowspan="2">203</td><td rowspan="2">219mm（$8\frac{5}{8}$英寸）套管</td></tr>
<tr><td>11.99</td><td>228</td></tr>
</table>

注：燃气动力套管补贴装置耐温 150℃/24h，装置耐压 40MPa，一般补贴后套管承压 15MPa/30min，压降≤0.5MPa，补贴管可选长度 2～12m。

A　设计要点

（1）简述燃气动力套管补贴技术原理；

（2）简述施工目的；

（3）根据提供的该井条件计算目的层位温度及压力，判断下井器材能否满足条件；

（4）设计确定补贴位置、器材规格选取及补贴管长度确定；

（5）简述燃气动力套管补贴装置由哪几部分（组件）构成；

（6）简述施工过程；

（7）简述撞击点火工艺要点及如何判断点火成功与否；

（8）如何判断施工工艺成功与否；

（9）安全注意事项有哪些。

B　设计内容

（1）燃气动力套管补贴技术原理：利用火药燃烧产生的高压气体，推动系统中的活塞与活塞缸做相对运动，促使加固管上下两端的锥套相对运动，而使得径向扩胀金属锚和金属密封环，进而使其在套管内壁牢固座封，最终将加固管固定在破损套管处，达到补贴加固的目的。

（2）施工目的：采用燃气动力套管补贴技术补贴加固破损套管，恢复该井正常采注生产。

（3）井温计算：

$$T = T_1 + \varepsilon h$$

式中，$T_1$ 为地面温度25℃；$h$ 为井深2105m；$\varepsilon$ 为温度系数，该井 $\varepsilon = 3$℃/100m。

经计算，$T = 88.15$℃。

井压计算：

$$p = \rho g h$$

式中，$\rho$ 为井液密度，$1.0\text{g/cm}^3 = 1000\text{kg/m}^3$；$g$ 为换算系数，$g = 9.8\text{N/kg}$；$h$ 为井深，2105m。

经计算，$p = 20.6$MPa。经核算该井目的层位温度和压力均不超过燃气动力套管补贴装置耐温、耐压指标，能够满足条件。

（4）根据套管破损位置设计补贴位置（上下各大于破损段1m左右）为2099～2106m；该井套管规格 $\phi 139.7\text{mm} \times 7.72\text{mm}$，应选取燃气动力套管补贴器材：补贴后内通径 $\phi 104$mm 或 $\phi 108$mm，选取20Cr补贴管，补贴管长度为7m。

（5）燃气动力套管补贴装置的构成：

1）点火器总成；

2）补贴加固器；

3）补贴管总成。

（6）施工过程要点：

1）用模拟管通井，通过套管破裂段往下10m，夹持力不得超过20kN。

2）检查并丈量下井管柱：下井管柱必须冲洗干净，无油、蜡、污垢、泥沙，下井前必须用通管规逐根通过；按顺序丈量管柱并按顺序记录无误。

3）测量补贴加固器总长（伸缩管拉开时），等待下井。

4）将补贴管总成下到井里，补贴加固器与补贴管总成连接，锁紧游壬螺母，旋紧座封筒并锁紧螺母。

5）补贴加固器上接两根保护油管，再接一定位短节，然后接管柱开始下井。

6）平稳下放管柱，补贴管下至套管破裂段前10m处开始缓慢下放将补贴管，送至设计位置以下2m后上提至设计位置。

7）下入磁定位器校深，根据校深结果，调整管柱深度至设计位置。

8）投棒点火，判断点火成功，30min后提出井内管柱及燃气动力套管补贴装置，回收燃气动力套管补贴装置，补贴施工完成。

9）重复以上步骤，完成第2、3段补贴作业。

（7）撞击点火工艺要点：无关人员离开井口达到安全距离外后，点火人员将投棒打捞头朝上举起，置入传输管柱内记录时间并松手，注意听井下声音，观察井口反应。判断点火成功的办法：

1）仔细听井下声音，能够听到撞击点火声及工具解卡声；观察井口有井液突然上涌现象。

2）投棒 30min 后，下探管柱，指重表负荷下降 10t，即表明点火成功，补贴完成。

（8）判断施工后工艺成功的办法：

1）投棒 30min 后，下探管柱，指重表负荷下降 10t，即表明补贴工艺成功。

2）对补贴段试压 15MPa/30min，压降不大于 0.5MPa，即表明补贴工艺成功。

（9）安全注意事项：

1）装配燃气动力套管补贴装置时，严禁烟火，无关人员禁止进入现场。

2）连接好的燃气动力套管补贴装置，下井管柱要求操作平稳，严禁墩钻溜钻发生。

3）连接好的燃气动力套管补贴装置，下井过程中严禁任何落物掉入井内和管柱内。

4）施工现场由专人统一指挥，若有异常现象，及时向上级汇报。

# 第三部分

# 爆破法规与标准相关知识

## 20 工程爆破法律法规知识

十八届四中全会提出，全面推进依法治国，总目标是建设中国特色社会主义法治体系，建设社会主义法治国家。作为一名工程爆破技术人员，必须增强法律意识和法治观念，做到学法、懂法、守法和用法，这是新时期对爆破作业人员的基本要求。

### 20.1 工程爆破法律体系

法律体系也称法的体系，通常指由一个国家现行的各个部门法构成的有机联系的统一整体。在我国法律体系中，根据所调整的社会关系性质不同，可以划分为不同的部门法。不同部门法又称为法律部门，是根据一定标准、原则所制定的同类法律规范的总称。

工程爆破法律法规具有综合性的特点，同时又具有一定的独立性和完整性，具有自己的完整体系。工程爆破法律体系，是指把已经制定的和需要制定的工程爆破方面的法律、行政法规、部门规章和相关标准有机结合起来，形成的一个相互联系、相互补充、相互协调的完整统一的体系。

### 20.2 法律体系的基本框架

#### 20.2.1 宪法及宪法相关法

宪法是国家的根本大法，是特定社会政治经济和思想文化条件综合作用的产物，集中反映各种政治力量的实际对比关系，规定国家的根本任务和根本制度，即社会制度、国家制度的原则和国家政权的组织以及公民的基本权利义务等内容。

宪法相关法，是指《全国人民代表大会组织法》、《地方各级人民代表大会和地方各级人民政府组织法》、《全国人民代表大会和地方各级人民代表大会选举法》、《中华人民共和国国籍法》、《中华人民共和国国务院组织法》、《中华人民共和国民族区域自治法》等法律。

#### 20.2.2 民法商法

民法是规定并调整平等主体的公民间、法人间及公民与法人间的财产关系和人身关系的法律规范的总称。商法是调整市场经济关系中商人及其商事活动的法律规范的总称。

我国采用的是民商合一的立法模式。商法被认为是民法的特别法和组成部分。《中华人民共和国民法通则》、《中华人民共和国合同法》、《中华人民共和国物权法》、《中华人民共和国公司法》、《中华人民共和国招标投标法》等属于民法商法。

### 20.2.3　行政法

行政法是调整行政主体在行使行政职权和接受行政法制监督过程中而与行政相对人、行政法制监督主体之间发生的各种关系，以及行政主体内部发生的各种关系的法律规范的总称。

作为行政法调整对象的行政关系，主要包括行政管理关系、行政法制监督关系、行政救济关系、内部行政关系。《中华人民共和国治安管理处罚法》（以下简称《治安管理处罚法》）、《中华人民共和国行政处罚法》、《中华人民共和国行政复议法》、《中华人民共和国行政许可法》、《中华人民共和国建筑法》等属于行政法。

### 20.2.4　经济法

经济法是调整在国家协调、干预经济运行的过程中发生的经济关系的法律规范的总称。《中华人民共和国统计法》、《中华人民共和国标准化法》、《中华人民共和国税收征收管理法》、《中华人民共和国审计法》、《中华人民共和国政府采购法》、《中华人民共和国反垄断法》等属于经济法。

### 20.2.5　社会法

社会法是调整劳动关系、社会保障和社会福利关系的法律规范的总称。

社会法是在国家干预社会生活过程中逐渐发展起来的一个法律门类，所调整的是政府与社会之间、社会不同部分之间的法律关系。《中华人民共和国安全生产法》、《中华人民共和国矿山安全法》、《中华人民共和国职业病防治法》、《中华人民共和国劳动合同法》等属于社会法。

### 20.2.6　刑法

刑法是关于犯罪和刑罚的法律规范的总称。《中华人民共和国刑法》（以下简称《刑法》）是这一法律部门的主要内容。

### 20.2.7　诉讼与非诉讼程序法

诉讼法指的是规范诉讼程序的法律的总称。我国有三大诉讼法，即《中华人民共和国民事诉讼法》、《中华人民共和国刑事诉讼法》、《中华人民共和国行政诉讼法》。非诉讼的程序法主要是《中华人民共和国仲裁法》。

## 20.3　法的形式和效力层次

### 20.3.1　法的形式

法的形式是指法律创制方式和外部表现形式。它包括四层含义：(1) 法律规范创制机关的性质及级别；（2）法律规范的外部表现形式；（3）法律规范的效力等级；（4）法律规范的地域效力。法的形式决定于法的本质。在世界历史上存在过的法律形式主要有：习惯法、宗教法、判例、规范性法律文件、国际惯例、国际条约等。在我国，习惯法、宗教法、判例不是法的形式。我国法的形式是制定法形式，具体可分为以下八类。

A 宪法

宪法是由全国人民代表大会依照特别程序制定的具有最高效力的根本法。宪法是集中反映统治阶级的意志和利益，规定国家制度、社会制度的基本原则，具有最高法律效力的根本大法。其主要功能是制约和平衡国家权力，保障公民权利。宪法是我国的根本大法，在我国法律体系中具有最高的法律地位和法律效力，是我国最高的法律形式。

B 法律

法律是指由全国人民代表大会和全国人民代表大会常务委员会制定颁布的规范性法律文件，即狭义的法律。法律分为基本法律和一般法律（又称非基本法律、专门法）两类。基本法律是由全国人民代表大会制定的调整国家和社会生活中带有普遍性的社会关系的规范性法律文件的统称，如刑法、民法、诉讼法以及有关国家机构的组织法等法律。一般法律是由全国人民代表大会常务委员会制定的调整国家和社会生活中某种具体社会关系或其中某一方面内容的规范性文件的统称。全国人民代表大会和全国人民代表大会常务委员会通过的法律由国家主席签署主席令予以公布。

C 行政法规

行政法规是国家最高行政机关国务院根据宪法和法律就有关执行法律和履行行政管理职权的问题，以及依据全国人民代表大会及其常务委员会特别授权所制定的规范性文件的总称。行政法规由总理签署国务院令公布。

现行的爆破行业的行政法规主要有《民用爆炸物品安全管理条例》（国务院令第466号）。

D 地方性法规、自治条例和单行条例

省、自治区、直辖市的人民代表大会及其常务委员会根据本行政区域的具体情况和实际需要，在不同宪法、法律、行政法规相抵触的前提下，可以制定地方性法规。较大的市的人民代表大会及其常务委员会根据本市的具体情况和实际需要，在不同宪法、法律、行政法规和本省、自治区的地方性法规相抵触的前提下，可以制定地方性法规，报省、自治区的人民代表大会常务委员会批准后施行。较大的市是指省、自治区的人民政府所在地的市，经济特区所在地的市和经国务院批准的较大的市。

地方性法规可以就下列事项作出规定：（1）为执行法律、行政法规的规定，需要根据本行政区域的实际情况作具体规定的事项；（2）属于地方性事务需要制定地方性法规的事项。

E 部门规章

国务院各部、委员会、中国人民银行、审计署和具有行政管理职能的直属机构，以及省、自治区、直辖市人民政府和较大的市的人民政府所制定的规范性文件统称规章。部门规章由部门首长签署命令予以公布。部门规章规定的事项应当属于执行法律或者国务院的行政法规、决定、命令的事项，其名称可以是“规定”、“办法”和“实施细则”等。

F 地方政府规章

省、自治区、直辖市和较大的市的人民政府，可以根据法律、行政法规和本省、自治区、直辖市的地方性法规，制定地方政府规章。地方政府规章由省长或者自治区主席或者市长签署命令予以公布。

地方政府规章可以就下列事项作出规定：(1) 为执行法律、行政法规、地方性法规的规定需要制定规章的事项；(2) 属于本行政区域的具体行政管理事项。

G　国际条约

国际条约是指我国与外国缔结、参加、签订、加入、承认的双边、多边的条约、协定和其他具有条约性质的文件。国际条约的名称，除条约外，还有公约、协议、协定、议定书、宪章、盟约、换文和联合宣言等。除我国在缔结时宣布持保留意见不受其约束的以外，这些条约的内容都与国内法具有一样的约束力，所以也是我国法的形式。

H　法定标准

虽然我国目前还没有技术法规的正式用语且未将其纳入法律体系的范畴，但国家制定的一些涉爆反恐的立法已将爆破标准或公共安全标准作为爆破企业必须执行的技术规范而载入法律。这些标准一旦成为法律法规规定必须执行的技术规范，它就具有了法律上的地位和效力。执行爆破标准或公共安全标准是爆破企业的法定义务，违反相关标准的要求，自然要承担法律责任。因此，将相关标准纳入到爆破法律法规体系来认识，有助于爆破法律法规体系的完善。这些标准分为国家标准和行业标准，两者对爆破单位具有同样的约束力。法定爆破标准主要指强制性标准。

(1) 国家标准。爆破国家标准是指国家标准化行政主管部门依照《标准化法》制订的在全国范围内适用的爆破技术规范，主要有《爆破安全规程》、《土方与爆破工程施工及验收规范》等。

(2) 行业标准。爆破或公共安全行业标准是指国务院有关部门和直属机构依照《标准化法》制订的在爆破或公共安全领域适用的技术规范。行业标准对同一事项的技术要求可高于国家标准但不得抵触。这方面的行业标准主要有《爆破作业单位资质条件和管理要求》、《爆破作业项目管理要求》、《爆破作业人员资质条件和管理要求》、《民用爆炸物品储存库治安防范要求》、《小型民用爆炸物品储存库安全规范》、《爆破作业单位民用爆炸物品储存库安全评价导则》、《水利水电工程爆破施工技术规范》等。

### 20.3.2　法的效力层级

法的效力层级，是指法律体系中的各种法的形式，由于制定的主体、程序、时间、适用范围等的不同，具有不同的效力，形成法的效力等级体系。

A　宪法至上

宪法是具有最高法律效力的根本大法，具有最高的法律效力。宪法作为根本法和母法，还是其他立法活动的最高法律依据。任何法律、法规都必须遵循宪法而产生，无论是维护社会稳定、保障社会秩序，还是规范经济秩序，都不能违背宪法的基本准则。

B　上位法优于下位法

在我国法律体系中，法律的效力是仅次于宪法而高于其他法的形式。行政法规的法律地位和法律效力仅次于宪法和法律，高于地方性法规和部门规章。地方性法规的效力，高于本级和下级地方政府规章。省、自治区人民政府制定的规章的效力，高于本行政区域内的较大的市人民政府制定的规章。

部门规章之间、部门规章与地方政府规章之间具有同等效力，在各自的权限范围内施行。

C　特别法优于一般法

特别法优于一般法，是指公法权力主体在实施公权力行为中，当一般规定与特别规定不一致时，优先适用特别规定。《立法法》规定，同一机关制定的法律、行政法规、地方性法规、自治条例和单行条例、规章，特别规定与一般规定不一致的，适用特别规定。

D　新法优于旧法

新法、旧法对同一事项有不同规定时，新法的效力优于旧法。《立法法》规定，同一机关制定的法律、行政法规、地方性法规、自治条例和单行条例、规章，新的规定与旧的规定不一致的，适用新的规定。

E　需要由有关机关裁决适用的特殊情况

法律之间对同一事项的新的一般规定与旧的特别规定不一致，不能确定如何适用时，由全国人民代表大会常务委员会裁决。

行政法规之间对同一事项的新的一般规定与旧的特别规定不一致，不能确定如何适用时，由国务院裁决。

地方性法规、规章之间不一致时，由有关机关依照下列规定的权限作出裁决：(1) 同一机关制定的新的一般规定与旧的特别规定不一致时，由制定机关裁决。(2) 地方性法规与部门规章之间对同一事项的规定不一致，不能确定如何适用时，由国务院提出意见，国务院认为应当适用地方性法规的，应当决定在该地方适用地方性法规的规定；认为应当适用部门规章的，应当提请全国人民代表大会常务委员会裁决。(3) 部门规章之间、部门规章与地方政府规章之间对同一事项的规定不一致时，由国务院裁决。

根据授权制定的法规与法律规定不一致，不能确定如何适用时，由全国人民代表大会常务委员会裁决。

# 第四部分

# 附　　录

## 附录 1.《民用爆炸物品安全管理条例》国务院令第 466 号

### 第一章　总　　则

**第一条**　为了加强对民用爆炸物品的安全管理，预防爆炸事故发生，保障公民生命、财产安全和公共安全，制定本条例。

**第二条**　民用爆炸物品的生产、销售、购买、进出口、运输、爆破作业和储存以及硝酸铵的销售、购买，适用本条例。

本条例所称民用爆炸物品，是指用于非军事目的、列入民用爆炸物品品名表的各类火药、炸药及其制品和雷管、导火索等点火、起爆器材。

民用爆炸物品品名表，由国务院国防科技工业主管部门会同国务院公安部门制订、公布。

**第三条**　国家对民用爆炸物品的生产、销售、购买、运输和爆破作业实行许可证制度。

未经许可，任何单位或者个人不得生产、销售、购买、运输民用爆炸物品，不得从事爆破作业。

严禁转让、出借、转借、抵押、赠送、私藏或者非法持有民用爆炸物品。

**第四条**　国防科技工业主管部门负责民用爆炸物品生产、销售的安全监督管理。

公安机关负责民用爆炸物品公共安全管理和民用爆炸物品购买、运输、爆破作业的安全监督管理，监控民用爆炸物品流向。

安全生产监督、铁路、交通、民用航空主管部门依照法律、行政法规的规定，负责做好民用爆炸物品的有关安全监督管理工作。

国防科技工业主管部门、公安机关、工商行政管理部门按照职责分工，负责组织查处非法生产、销售、购买、储存、运输、邮寄、使用民用爆炸物品的行为。

**第五条**　民用爆炸物品生产、销售、购买、运输和爆破作业单位（以下称民用爆炸物品从业单位）的主要负责人是本单位民用爆炸物品安全管理责任人，对本单位的民用爆炸物品安全管理工作全面负责。

民用爆炸物品从业单位是治安保卫工作的重点单位，应当依法设置治安保卫机构或者配备治安保卫人员，设置技术防范设施，防止民用爆炸物品丢失、被盗、被抢。

民用爆炸物品从业单位应当建立安全管理制度、岗位安全责任制度，制订安全防范措施和事故应急预案，设置安全管理机构或者配备专职安全管理人员。

**第六条**　无民事行为能力人、限制民事行为能力人或者曾因犯罪受过刑事处罚的人，不得从事民用爆炸物品的生产、销售、购买、运输和爆破作业。

民用爆炸物品从业单位应当加强对本单位从业人员的安全教育、法制教育和岗位技术培训，从业人员经考核合格的，方可上岗作业；对有资格要求的岗位，应当配备具有相应资格的人员。

**第七条**　国家建立民用爆炸物品信息管理系统，对民用爆炸物品实行标识管理，监控民用爆炸物品流向。

民用爆炸物品生产企业、销售企业和爆破作业单位应当建立民用爆炸物品登记制度，如实将本单位生产、销售、购买、运输、储存、使用民用爆炸物品的品种、数量和流向信息输入计算机系统。

**第八条**　任何单位或者个人都有权举报违反民用爆炸物品安全管理规定的行为；接到举报的主管部门、公安机关应当立即查处，并为举报人员保密，对举报有功人员给予奖励。

**第九条**　国家鼓励民用爆炸物品从业单位采用提高民用爆炸物品安全性能的新技术，鼓励发展民用爆炸物品生产、配送、爆破作业一体化的经营模式。

## 第二章　生　　产

**第十条**　设立民用爆炸物品生产企业，应当遵循统筹规划、合理布局的原则。

**第十一条**　申请从事民用爆炸物品生产的企业，应当具备下列条件：

（一）符合国家产业结构规划和产业技术标准；

（二）厂房和专用仓库的设计、结构、建筑材料、安全距离以及防火、防爆、防雷、防静电等安全设备、设施符合国家有关标准和规范；

（三）生产设备、工艺符合有关安全生产的技术标准和规程；

（四）有具备相应资格的专业技术人员、安全生产管理人员和生产岗位人员；

（五）有健全的安全管理制度、岗位安全责任制度；

（六）法律、行政法规规定的其他条件。

**第十二条**　申请从事民用爆炸物品生产的企业，应当向国务院国防科技工业主管部门提交申请书、可行性研究报告以及能够证明其符合本条例第十一条规定条件的有关材料。国务院国防科技工业主管部门应当自受理申请之日起45日内进行审查，对符合条件的，核发《民用爆炸物品生产许可证》；对不符合条件的，不予核发《民用爆炸物品生产许可证》，书面向申请人说明理由。

民用爆炸物品生产企业为调整生产能力及品种进行改建、扩建的，应当依照前款规定申请办理《民用爆炸物品生产许可证》。

**第十三条**　取得《民用爆炸物品生产许可证》的企业应当在基本建设完成后，向国务院国防科技工业主管部门申请安全生产许可。国务院国防科技工业主管部门应当依照《安全生产许可证条例》的规定对其进行查验，对符合条件的，在《民用爆炸物品生产许可证》上标注安全生产许可。民用爆炸物品生产企业持经标注安全生产许可的《民用爆炸物品生产许可证》到工商行政管理部门办理工商登记后，方可生产民用爆炸物品。

民用爆炸物品生产企业应当在办理工商登记后3日内，向所在地县级人民政府公安机关备案。

**第十四条**　民用爆炸物品生产企业应当严格按照《民用爆炸物品生产许可证》核定的品种和产量进行生产，生产作业应当严格执行安全技术规程的规定。

**第十五条**　民用爆炸物品生产企业应当对民用爆炸物品做出警示标识、登记标识，对雷管编码打号。

民用爆炸物品警示标识、登记标识和雷管编码规则，由国务院公安部门会同国务院国防科技工业主管部门规定。

**第十六条**　民用爆炸物品生产企业应当建立健全产品检验制度，保证民用爆炸物品的质量符合相关标准。

民用爆炸物品的包装，应当符合法律、行政法规的规定以及相关标准。

**第十七条**　试验或者试制民用爆炸物品，必须在专门场地或者专门的试验室进行。严禁在生产车间或者仓库内试验或者试制民用爆炸物品。

## 第三章　销售和购买

**第十八条**　申请从事民用爆炸物品销售的企业，应当具备下列条件：

（一）符合对民用爆炸物品销售企业规划的要求；

（二）销售场所和专用仓库符合国家有关标准和规范；

（三）有具备相应资格的安全管理人员、仓库管理人员；

（四）有健全的安全管理制度、岗位安全责任制度；

（五）法律、行政法规规定的其他条件。

**第十九条** 申请从事民用爆炸物品销售的企业，应当向所在地省、自治区、直辖市人民政府国防科技工业主管部门提交申请书、可行性研究报告以及能够证明其符合本条例第十八条规定条件的有关材料。省、自治区、直辖市人民政府国防科技工业主管部门应当自受理申请之日起30日内进行审查，并对申请单位的销售场所和专用仓库等经营设施进行查验，对符合条件的，核发《民用爆炸物品销售许可证》；对不符合条件的，不予核发《民用爆炸物品销售许可证》，书面向申请人说明理由。

民用爆炸物品销售企业持《民用爆炸物品销售许可证》到工商行政管理部门办理工商登记后，方可销售民用爆炸物品。

民用爆炸物品销售企业应当在办理工商登记后3日内，向所在地县级人民政府公安机关备案。

**第二十条** 民用爆炸物品生产企业凭《民用爆炸物品生产许可证》，可以销售本企业生产的民用爆炸物品。

民用爆炸物品生产企业销售本企业生产的民用爆炸物品，不得超出核定的品种、产量。

**第二十一条** 民用爆炸物品使用单位申请购买民用爆炸物品的，应当向所在地县级人民政府公安机关提出购买申请，并提交下列有关材料：

（一）工商营业执照或者事业单位法人证书；

（二）《爆破作业单位许可证》或者其他合法使用的证明；

（三）购买单位的名称、地址、银行账户；

（四）购买的品种、数量和用途说明。

受理申请的公安机关应当自受理申请之日起5日内对提交的有关材料进行审查，对符合条件的，核发《民用爆炸物品购买许可证》；对不符合条件的，不予核发《民用爆炸物品购买许可证》，书面向申请人说明理由。

《民用爆炸物品购买许可证》应当载明许可购买的品种、数量、购买单位以及许可的有效期限。

**第二十二条** 民用爆炸物品生产企业凭《民用爆炸物品生产许可证》购买属于民用爆炸物品的原料，民用爆炸物品销售企业凭《民用爆炸物品销售许可证》向民用爆炸物品生产企业购买民用爆炸物品，民用爆炸物品使用单位凭《民用爆炸物品购买许可证》购买民用爆炸物品，还应当提供经办人的身份证明。

销售民用爆炸物品的企业，应当查验前款规定的许可证和经办人的身份证明；对持《民用爆炸物品购买许可证》购买的，应当按照许可的品种、数量销售。

**第二十三条** 销售、购买民用爆炸物品，应当通过银行账户进行交易，不得使用现金或者实物进行交易。

销售民用爆炸物品的企业，应当将购买单位的许可证、银行账户转账凭证、经办人的身份证明复印件保存2年备查。

**第二十四条** 销售民用爆炸物品的企业，应当自民用爆炸物品买卖成交之日起3日内，将销售的品种、数量和购买单位向所在地省、自治区、直辖市人民政府国防科技工业主管部门和所在地县级人民政府公安机关备案。

购买民用爆炸物品的单位，应当自民用爆炸物品买卖成交之日起3日内，将购买的品种、数量向所在地县级人民政府公安机关备案。

**第二十五条** 进出口民用爆炸物品，应当经国务院国防科技工业主管部门审批。进出口民用爆炸物品审批办法，由国务院国防科技工业主管部门会同国务院公安部门、海关总署规定。

进出口单位应当将进出口的民用爆炸物品的品种、数量向收货地或者出境口岸所在地县级人民政府公安机关备案。

## 第四章　运　　输

**第二十六条**　运输民用爆炸物品，收货单位应当向运达地县级人民政府公安机关提出申请，并提交包括下列内容的材料：

（一）民用爆炸物品生产企业、销售企业、使用单位以及进出口单位分别提供的《民用爆炸物品生产许可证》、《民用爆炸物品销售许可证》、《民用爆炸物品购买许可证》或者进出口批准证明；

（二）运输民用爆炸物品的品种、数量、包装材料和包装方式；

（三）运输民用爆炸物品的特性、出现险情的应急处置方法；

（四）运输时间、起始地点、运输路线、经停地点。

受理申请的公安机关应当自受理申请之日起3日内对提交的有关材料进行审查，对符合条件的，核发《民用爆炸物品运输许可证》；对不符合条件的，不予核发《民用爆炸物品运输许可证》，书面向申请人说明理由。

《民用爆炸物品运输许可证》应当载明收货单位、销售企业、承运人，一次性运输有效期限、起始地点、运输路线、经停地点，民用爆炸物品的品种、数量。

**第二十七条**　运输民用爆炸物品的，应当凭《民用爆炸物品运输许可证》，按照许可的品种、数量运输。

**第二十八条**　经由道路运输民用爆炸物品的，应当遵守下列规定：

（一）携带《民用爆炸物品运输许可证》；

（二）民用爆炸物品的装载符合国家有关标准和规范，车厢内不得载人；

（三）运输车辆安全技术状况应当符合国家有关安全技术标准的要求，并按照规定悬挂或者安装符合国家标准的易燃易爆危险物品警示标志；

（四）运输民用爆炸物品的车辆应当保持安全车速；

（五）按照规定的路线行驶，途中经停应当有专人看守，并远离建筑设施和人口稠密的地方，不得在许可以外的地点经停；

（六）按照安全操作规程装卸民用爆炸物品，并在装卸现场设置警戒，禁止无关人员进入；

（七）出现危险情况立即采取必要的应急处置措施，并报告当地公安机关。

**第二十九条**　民用爆炸物品运达目的地，收货单位应当进行验收后在《民用爆炸物品运输许可证》上签注，并在3日内将《民用爆炸物品运输许可证》交回发证机关核销。

**第三十条**　禁止携带民用爆炸物品搭乘公共交通工具或者进入公共场所。

禁止邮寄民用爆炸物品，禁止在托运的货物、行李、包裹、邮件中夹带民用爆炸物品。

## 第五章　爆破作业

**第三十一条**　申请从事爆破作业的单位，应当具备下列条件：

（一）爆破作业属于合法的生产活动；

（二）有符合国家有关标准和规范的民用爆炸物品专用仓库；

（三）有具备相应资格的安全管理人员、仓库管理人员和具备国家规定执业资格的爆破作业人员；

（四）有健全的安全管理制度、岗位安全责任制度；

（五）有符合国家标准、行业标准的爆破作业专用设备；

（六）法律、行政法规规定的其他条件。

**第三十二条**　申请从事爆破作业的单位，应当按照国务院公安部门的规定，向有关人民政府公安机关提出申请，并提供能够证明其符合本条例第三十一条规定条件的有关材料。受理申请的公安机关应当自受理申请之日起20日内进行审查，对符合条件的，核发《爆破作业单位许可证》；对不符合条件的，不予核发《爆破作业单位许可证》，书面向申请人说明理由。

营业性爆破作业单位持《爆破作业单位许可证》到工商行政管理部门办理工商登记后，方可从事营业性爆破作业活动。

爆破作业单位应当在办理工商登记后 3 日内，向所在地县级人民政府公安机关备案。

**第三十三条** 爆破作业单位应当对本单位的爆破作业人员、安全管理人员、仓库管理人员进行专业技术培训。爆破作业人员应当经设区的市级人民政府公安机关考核合格，取得《爆破作业人员许可证》后，方可从事爆破作业。

**第三十四条** 爆破作业单位应当按照其资质等级承接爆破作业项目，爆破作业人员应当按照其资格等级从事爆破作业。爆破作业的分级管理办法由国务院公安部门规定。

**第三十五条** 在城市、风景名胜区和重要工程设施附近实施爆破作业的，应当向爆破作业所在地设区的市级人民政府公安机关提出申请，提交《爆破作业单位许可证》和具有相应资质的安全评估企业出具的爆破设计、施工方案评估报告。受理申请的公安机关应当自受理申请之日起 20 日内对提交的有关材料进行审查，对符合条件的，作出批准的决定；对不符合条件的，作出不予批准的决定，并书面向申请人说明理由。

实施前款规定的爆破作业，应当由具有相应资质的安全监理企业进行监理，由爆破作业所在地县级人民政府公安机关负责组织实施安全警戒。

**第三十六条** 爆破作业单位跨省、自治区、直辖市行政区域从事爆破作业的，应当事先将爆破作业项目的有关情况向爆破作业所在地县级人民政府公安机关报告。

**第三十七条** 爆破作业单位应当如实记载领取、发放民用爆炸物品的品种、数量、编号以及领取、发放人员姓名。领取民用爆炸物品的数量不得超过当班用量，作业后剩余的民用爆炸物品必须当班清退回库。

爆破作业单位应当将领取、发放民用爆炸物品的原始记录保存 2 年备查。

**第三十八条** 实施爆破作业，应当遵守国家有关标准和规范，在安全距离以外设置警示标志并安排警戒人员，防止无关人员进入；爆破作业结束后应当及时检查、排除未引爆的民用爆炸物品。

**第三十九条** 爆破作业单位不再使用民用爆炸物品时，应当将剩余的民用爆炸物品登记造册，报所在地县级人民政府公安机关组织监督销毁。

发现、拣拾无主民用爆炸物品的，应当立即报告当地公安机关。

## 第六章 储 存

**第四十条** 民用爆炸物品应当储存在专用仓库内，并按照国家规定设置技术防范设施。

**第四十一条** 储存民用爆炸物品应当遵守下列规定：

（一）建立出入库检查、登记制度，收存和发放民用爆炸物品必须进行登记，做到账目清楚，账物相符；

（二）储存的民用爆炸物品数量不得超过储存设计容量，对性质相抵触的民用爆炸物品必须分库储存，严禁在库房内存放其他物品；

（三）专用仓库应当指定专人管理、看护，严禁无关人员进入仓库区内，严禁在仓库区内吸烟和用火，严禁把其他容易引起燃烧、爆炸的物品带入仓库区内，严禁在库房内住宿和进行其他活动；

（四）民用爆炸物品丢失、被盗、被抢，应当立即报告当地公安机关。

**第四十二条** 在爆破作业现场临时存放民用爆炸物品的，应当具备临时存放民用爆炸物品的条件，并设专人管理、看护，不得在不具备安全存放条件的场所存放民用爆炸物品。

**第四十三条** 民用爆炸物品变质和过期失效的，应当及时清理出库，并予以销毁。销毁前应当登记造册，提出销毁实施方案，报省、自治区、直辖市人民政府国防科技工业主管部门、所在地县级人民政府公安机关组织监督销毁。

## 第七章 法律责任

**第四十四条** 非法制造、买卖、运输、储存民用爆炸物品，构成犯罪的，依法追究刑事责任；尚不构成犯罪，有违反治安管理行为的，依法给予治安管理处罚。

违反本条例规定，在生产、储存、运输、使用民用爆炸物品中发生重大事故，造成严重后果或者后果特别严重，构成犯罪的，依法追究刑事责任。

违反本条例规定，未经许可生产、销售民用爆炸物品的，由国防科技工业主管部门责令停止非法生产、销售活动，处10万元以上50万元以下的罚款，并没收非法生产、销售的民用爆炸物品及其违法所得。

违反本条例规定，未经许可购买、运输民用爆炸物品或者从事爆破作业的，由公安机关责令停止非法购买、运输、爆破作业活动，处5万元以上20万元以下的罚款，并没收非法购买、运输以及从事爆破作业使用的民用爆炸物品及其违法所得。

国防科技工业主管部门、公安机关对没收的非法民用爆炸物品，应当组织销毁。

**第四十五条** 违反本条例规定，生产、销售民用爆炸物品的企业有下列行为之一的，由国防科技工业主管部门责令限期改正，处10万元以上50万元以下的罚款；逾期不改正的，责令停产停业整顿；情节严重的，吊销《民用爆炸物品生产许可证》或者《民用爆炸物品销售许可证》：

（一）超出生产许可的品种、产量进行生产、销售的；

（二）违反安全技术规程生产作业的；

（三）民用爆炸物品的质量不符合相关标准的；

（四）民用爆炸物品的包装不符合法律、行政法规的规定以及相关标准的；

（五）超出购买许可的品种、数量销售民用爆炸物品的；

（六）向没有《民用爆炸物品生产许可证》、《民用爆炸物品销售许可证》、《民用爆炸物品购买许可证》的单位销售民用爆炸物品的；

（七）民用爆炸物品生产企业销售本企业生产的民用爆炸物品未按照规定向国防科技工业主管部门备案的；

（八）未经审批进出口民用爆炸物品的。

**第四十六条** 违反本条例规定，有下列情形之一的，由公安机关责令限期改正，处5万元以上20万元以下的罚款；逾期不改正的，责令停产停业整顿：

（一）未按照规定对民用爆炸物品做出警示标识、登记标识或者未对雷管编码打号的；

（二）超出购买许可的品种、数量购买民用爆炸物品的；

（三）使用现金或者实物进行民用爆炸物品交易的；

（四）未按照规定保存购买单位的许可证、银行账户转账凭证、经办人的身份证明复印件的；

（五）销售、购买、进出口民用爆炸物品，未按照规定向公安机关备案的；

（六）未按照规定建立民用爆炸物品登记制度，如实将本单位生产、销售、购买、运输、储存、使用民用爆炸物品的品种、数量和流向信息输入计算机系统的；

（七）未按照规定将《民用爆炸物品运输许可证》交回发证机关核销的。

**第四十七条** 违反本条例规定，经由道路运输民用爆炸物品，有下列情形之一的，由公安机关责令改正，处5万元以上20万元以下的罚款：

（一）违反运输许可事项的；

（二）未携带《民用爆炸物品运输许可证》的；

（三）违反有关标准和规范混装民用爆炸物品的；

（四）运输车辆未按照规定悬挂或者安装符合国家标准的易燃易爆危险物品警示标志的；

（五）未按照规定的路线行驶，途中经停没有专人看守或者在许可以外的地点经停的；

（六）装载民用爆炸物品的车厢载人的；

（七）出现危险情况未立即采取必要的应急处置措施、报告当地公安机关的。

**第四十八条** 违反本条例规定，从事爆破作业的单位有下列情形之一的，由公安机关责令停止违法行为或者限期改正，处10万元以上50万元以下的罚款；逾期不改正的，责令停产停业整顿；情节严重的，吊销《爆破作业单位许可证》：

（一）爆破作业单位未按照其资质等级从事爆破作业的；

（二）营业性爆破作业单位跨省、自治区、直辖市行政区域实施爆破作业，未按照规定事先向爆破作业所在地的县级人民政府公安机关报告的；

（三）爆破作业单位未按照规定建立民用爆炸物品领取登记制度、保存领取登记记录的；

（四）违反国家有关标准和规范实施爆破作业的。

爆破作业人员违反国家有关标准和规范的规定实施爆破作业的，由公安机关责令限期改正，情节严重的，吊销《爆破作业人员许可证》。

**第四十九条** 违反本条例规定，有下列情形之一的，由国防科技工业主管部门、公安机关按照职责责令限期改正，可以并处5万元以上20万元以下的罚款；逾期不改正的，责令停产停业整顿；情节严重的，吊销许可证：

（一）未按照规定在专用仓库设置技术防范设施的；

（二）未按照规定建立出入库检查、登记制度或者收存和发放民用爆炸物品，致使账物不符的；

（三）超量储存、在非专用仓库储存或者违反储存标准和规范储存民用爆炸物品的；

（四）有本条例规定的其他违反民用爆炸物品储存管理规定行为的。

**第五十条** 违反本条例规定，民用爆炸物品从业单位有下列情形之一的，由公安机关处2万元以上10万元以下的罚款；情节严重的，吊销其许可证；有违反治安管理行为的，依法给予治安管理处罚：

（一）违反安全管理制度，致使民用爆炸物品丢失、被盗、被抢的；

（二）民用爆炸物品丢失、被盗、被抢，未按照规定向当地公安机关报告或者故意隐瞒不报的；

（三）转让、出借、转借、抵押、赠送民用爆炸物品的。

**第五十一条** 违反本条例规定，携带民用爆炸物品搭乘公共交通工具或者进入公共场所，邮寄或者在托运的货物、行李、包裹、邮件中夹带民用爆炸物品，构成犯罪的，依法追究刑事责任；尚不构成犯罪的，由公安机关依法给予治安管理处罚，没收非法的民用爆炸物品，处1000元以上1万元以下的罚款。

**第五十二条** 民用爆炸物品从业单位的主要负责人未履行本条例规定的安全管理责任，导致发生重大伤亡事故或者造成其他严重后果，构成犯罪的，依法追究刑事责任；尚不构成犯罪的，对主要负责人给予撤职处分，对个人经营的投资人处2万元以上20万元以下的罚款。

**第五十三条** 国防科技工业主管部门、公安机关、工商行政管理部门的工作人员，在民用爆炸物品安全监督管理工作中滥用职权、玩忽职守或者徇私舞弊，构成犯罪的，依法追究刑事责任；尚不构成犯罪的，依法给予行政处分。

## 第八章 附 则

**第五十四条** 《民用爆炸物品生产许可证》、《民用爆炸物品销售许可证》，由国务院国防科技工业主管部门规定式样；《民用爆炸物品购买许可证》、《民用爆炸物品运输许可证》、《爆破作业单位许可证》、《爆破作业人员许可证》，由国务院公安部门规定式样。

**第五十五条** 本条例自2006年9月1日起施行。1984年1月6日国务院发布的《中华人民共和国民用爆炸物品管理条例》同时废止。

# 附录 2.《爆破安全规程》（GB 6722—2014）

## 目　次

# 前　言

本标准的全部技术内容为强制性。

本标准按照 GB/T 1.1—2009 给出的规则起草。

本标准替代 GB 6722—2003《爆破安全规程》。

与 GB 6722—2003 相比，主要变化如下：

——调整了章节的编排结构，由原来的 7 章增加为 14 章；

——补充了必要的术语和定义（见第 3 章）；

——修改了爆破工程分级标准（见第 4 章）；

——补充和完善了爆破安全评估、施工监理的内容（见 5.3、5.4）；

——强调了起爆网路的设计和试爆的要求（见 6.4）；

——补充和完善了高温爆破的安全规定（见第 9 章）；

——补充了拆除爆破预处理的规定（见 11.3）；

——补充和完善了特种爆破的内容（见第 12 章）；

——完善了爆破对环境影响的安全控制标准（见第 13 章）；

——补充和完善了质点峰值振动速度和主振频率，强调了爆破振动监测应同时测定质点振动相互垂直的三个分量（见目次 13.2.2）；

——补充了水中冲击波对水生物影响的安全控制标准（见 13.5）；

——补充和完善了爆炸物品购买、运输、储存和使用的规定（见第 14 章）；

——删除了被淘汰的爆破器材品种、爆破方法和爆破工艺。

本标准由国家安全生产监督管理总局提出。

本标准由全国安全生产标准化技术委员会非煤矿山安全分技术委员会（TC288/SC2）归口。

本标准起草单位：中国工程爆破协会、广东宏大爆破股份有限公司、浙江省高能爆破工程有限公司、北京矿冶研究总院、中国铁道科学研究院、长江科学院、武汉爆破公司、大昌建设集团爆破公司、青岛海防工程局、河南迅达爆破有限公司、唐山金宇爆破工程有限公司、贵州新联爆破工程有限公司。

本标准主要起草人：汪旭光、郑炳旭、张正忠、谢先启、管志强、张英才、池恩安、于淑宝、吴金仓、张正宇、王中黔、于亚伦、周家汉、颜事龙、梅锦煜、汪浩、刘殿中、高荫桐、顾毅成、刘宏刚、吴新霞、张永哲、刘殿书、李晓杰、杨年华、李战军、查正清、宋锦泉、谢源、陈绍潘、薛培兴、高文学。

本标准所代替标准的历次版本发布情况为：

——GB 6722—1986、GB 6722—2003

# 爆破安全规程

## 1　范围

本标准规定了爆破作业和爆破作业单位购买、运输、储存、使用、加工、检验与销毁爆破器材的安全技术要求。

本标准适用于各种民用爆破作业和中国人民解放军、中国人民武装警察部队从事的非军事目的的工程爆破。

## 2　规范性引用文件

下列文件对于本文件的应用是必不可少的。凡是注日期的引用文件，仅所注日期的版本适用于本文件。凡是不注日期的引用文件，其最新版本（包括所有的修改单）适用于本文件。

GB 18098　工业炸药爆炸后有毒气体含量的测定

GB 50089　民用爆破器材工程设计安全规范

GA 837　民用爆炸物品储存库治安防范要求

GA 838　小型民用爆炸物品储存库安全规范

GA/T 848　爆破作业单位民用爆炸物品储存库安全评价导则

GA 990　爆破作业单位资质条件和管理要求

GA 991　爆破作业项目管理要求

## 3　术语和定义

下列术语和定义适用于本文件。

**3.1**

**爆破作业　blasting**

利用炸药的爆炸能量对介质做功，以达到预定工程目标的作业。

**3.2**

**爆破作业单位　blasting unit**

持有爆破作业单位许可证从事爆破作业的单位，分非营业性和营业性两类。非营业性爆破作业单位是指为本单位的合法生产活动需要，在限定区域内自行实施爆破作业的单位；营业性爆破作业单位是指具有独立法人资格，承接爆破作业项目设计施工、安全评估、安全监理的单位。

**3.3**

**爆破工程技术人员　blasting engineering and technical personnel**

指具有爆破专业知识和实践经验并通过考核，获得从事爆破工作资格证书的技术人员。

**3.4**

**爆破作业人员　blasting personnel; personals engaged in blasting operations**

指从事爆破作业的爆破工程技术人员、爆破员、安全员和保管员。

**3.5**

**爆破有害效应　adverse effects of blasting**

爆破时对爆区附近保护对象可能产生的有害影响。如爆破引起的振动、个别飞散物、空气冲击波、噪声、水中冲击波、动水压力、涌浪、粉尘、有害气体等。

**3.6**

**爆破作业环境　blasting circumstances**

爆破作业环境泛指爆区及其周围影响爆破安全的自然条件、环境状况。

**3.7**

**岩土爆破　rock blasting**

利用炸药的爆炸能量对岩土介质做功，以达到预期工程目标的作业。

**3.8**

**露天爆破　surface blasting**

在地表进行的岩土爆破作业。

**3.9**

**地下爆破　underground blasting**

在地下（如地下矿山，地下硐室，隧道等）进行的岩土爆破作业。

**3.10**

**浅孔爆破　short-hole blasting**

炮孔直径小于或等于50mm，炮孔深度不大于5m的爆破作业。

**3.11**

**深孔爆破　deep-hole blasting**

炮孔直径大于50mm，并且深度大于5m的爆破作业。

**3.12**

**复杂环境爆破　blasting in complicated surroundings**

在爆区边缘100m范围内有居民集中区、大型养殖场或重要设施的环境中，采取控制有害效应措施实施的爆破作业。

**3.13**

**掘进爆破　development blasting; heading blast**

井巷、隧道等掘进工程中的爆破作业。

**3.14**

**硐室爆破　chamber blasting**

采用集中或条形硐室装药药包，爆破开挖岩土的作业。

**3.15**

**水下爆破　blasting in water; underwater blasting**

在水中、水底介质中进行的爆破作业。

**3.16**

**预裂爆破　presplitting blasting**

沿开挖边界布置密集炮孔，采取不耦合装药或装填低威力炸药，在主爆区之前起爆，从而在爆区与保留区之间形成预裂缝，以减弱主爆孔爆破对保留岩体的破坏并形成平整轮廓面的爆破作业。

**3.17**

**光面爆破　smooth blasting**

沿开挖边界布置密集炮孔，采取不耦合装药或装填低威力炸药，在主爆区之后起爆，以形成平整的轮廓面的爆破作业。

**3.18**

**延时爆破　delay blasting**

采用延时雷管使各个药包按不同时间顺序起爆的爆破技术，分为毫秒延时爆破、秒延时爆破等。

**3.19**

**拆除爆破　demolition blasting**

采取控制有害效应的措施，按设计要求用爆破方法拆除建（构）筑物的作业。

**3.20**

**特种爆破　special blasting**

特种爆破系指采用特殊爆破手段、特种爆破器材、在特定环境下对某种介质进行的非军事爆破。特种爆破包含金属爆炸加工、爆炸冲击波的特殊应用、聚能爆破、石油开采中的燃烧爆破和高温凝结物爆破以及抢险救灾应急爆破等。

**3.21**

**聚能爆破　cumulative blasting; blasting with cavity charge**

采用聚能装药方法进行的爆破作业。

**3.22**

**爆炸加工　explosion working**

利用炸药爆炸的瞬态高温和高压，使物料高速变形、切断、相互复合（焊接）或物质结构相变的加工方法。包括爆炸成形、焊接、复合、合成金刚石、硬化与强化、烧结、消除焊件残余应力等。

**3.23**

**地震勘探爆破　seismic blasting; seismic prospecting blasting**

利用震源药包爆炸在地层中激起地震波，进行地质构造勘探的爆破作业。

**3.24**

**煤矿许用炸药　permitted explosives in coalmine**

经批准，允许在煤矿矿井中使用的炸药。

**3.25**

**预装药　precharge**

大量深孔爆破时，在全部炮孔钻完之前，预先在验收合格的炮孔中装药或炸药在孔内放置时间超过24 小时的装药作业。

**3.26**

**爆破器材　blasting materials and accessories; blasting supplies**

工业炸药、起爆器材和器具的统称。

**3.27**

**起爆方法　method of initiation**

利用起爆器材激发工业炸药爆炸的方法。

**3.28**

**起爆网路　firing circuit; initiating circuit**

向多个起爆药包传递起爆信息和能量的系统，包括：电雷管起爆网路，导爆管雷管起爆网路、导爆索起爆网路、混合起爆网路和数码电子雷管起爆网路等。

**3.29**

**盲炮　misfire; unexploded charge**

因各种原因未能按设计起爆，造成药包拒爆的全部装药或部分装药。

**3.30**

**爆破振动　blast vibration**

指爆破引起传播介质沿其平衡位置作直线或曲线往复运动的过程。

**3.31**

**质点振动速度　particle vibration velocity**

在地震波作用下，介质质点往复运动的速度。

**3.32**

**振动频率　vibration frequency**

质点每秒振动的次数。

**3.33**

**主振频率　main vibration frequency**

介质质点最大振幅所对应波的频率。

**3.34**

**应急预案　emergency response plan**

指事先制定的针对生产安全事故发生时进行紧急救援的组织、程序、措施、责任以及协调等方面的方案和计划。

## 4　爆破工程分级

**4.1**　爆破工程按工程类别、一次爆破总药量、爆破环境复杂程度和爆破物特征，分 A、B、C、D 四个级别，实行分级管理。工程分级列于表 1。

**表 1　爆破工程分级**

| 作业范围 | 分级计量标准 | 单位 | 级别 | | | |
|---|---|---|---|---|---|---|
| | | | A | B | C | D |
| 岩土爆破① | 一次爆破药量 $Q$ | t | $100 \leqslant Q$ | $10 \leqslant Q < 100$ | $0.5 \leqslant Q < 10$ | $Q < 0.5$ |
| 拆除爆破 | 高度 $H$② | m | $50 \leqslant H$ | $30 \leqslant H < 50$ | $20 \leqslant H < 30$ | $H < 20$ |
| | 一次爆破药量 $Q$③ | t | $0.5 \leqslant Q$ | $0.2 \leqslant Q < 0.5$ | $0.05 \leqslant Q < 0.2$ | $Q < 0.05$ |
| 特种爆破④ | 单张复合板使用药量 $Q$ | t | $0.4 \leqslant Q$ | $0.2 \leqslant Q < 0.4$ | $Q < 0.2$ | |

① 表中药量对应的级别指露天深孔爆破。其他岩土爆破相应级别对应的药量系数：地下爆破 0.5；复杂环境深孔爆破 0.25；露天硐室爆破 5.0；地下硐室爆破 2.0；水下钻孔爆破 0.1；水下炸礁及清淤、挤淤爆破 0.2。

② 表中高度对应的级别指楼房、厂房及水塔的拆除爆破；烟囱和冷却塔拆除爆破相应级别对应的高度系数为 2 和 1.5。

③ 拆除爆破按一次爆破药量进行分级的工程类别包括：桥梁、支撑、基础、地坪、单体结构等；城镇浅孔爆破也按此标准分级；围堰拆除爆破相应级别对应的药量系数为 20。

④ 第 12 章所列其他特种爆破都按 D 级进行分级管理。

**4.2**　B、C、D 级一般岩土爆破工程，遇下列情况应相应提高一个工程级别。

——距爆区 1000m 范围内有国家一、二级文物或特别重要的建（构）筑物、设施；

——距爆区 500m 范围内有国家三级文物、风景名胜区、重要的建（构）筑物、设施；

——距爆区 300m 范围内有省级文物、医院、学校、居民楼、办公楼等重要保护对象。

**4.3**　B、C、D 级拆除爆破及城镇浅孔爆破工程，遇下列情况应相应提高一个工程级别。

——距爆破拆除物或爆区 5m 范围内有相邻建（构）筑物或需重点保护的地表、地下管线；

——爆破拆除物倒塌方向安全长度不够，需用折叠爆破时；

——爆破拆除物或爆区处于闹市区、风景名胜区时。

**4.4**　矿山内部且对外部环境无安全危害的爆破工程不实行分级管理。

## 5　爆破设计施工、安全评估与安全监理

### 5.1　一般规定

**5.1.1**　爆破设计施工、安全评估与安全监理应按 GA 990 和 GA 991 执行。

**5.1.2**　爆破设计施工、安全评估与安全监理应由具备相应资质和从业范围的爆破作业单位承担。

**5.1.3**　爆破设计施工、安全评估与安全监理负责人及主要人员应具备相应的资格和作业范围。

**5.1.4**　爆破作业单位不得对本单位的设计进行安全评估，不得监理本单位施工的爆破工程。

**5.1.5**　从事爆破设计施工、安全评估与安全监理的爆破作业单位，应当按照有关法律、法规和本标准的规定实施爆破设计施工、安全评估与安全监理，并承担相应的法律责任。

### 5.2　爆破设计施工

**5.2.1　设计依据**

**5.2.1.1**　进行爆破设计应遵守本标准的规定及有关行业规范、地方法规的规定，按设计委托书或合同书

要求的深度和内容编写。

**5.2.1.2**　设计单位应按设计需要提出勘测任务书。勘测任务书内容应当包括：

——爆破对象的形态，包括爆区地形图，建（构）筑物的设计文件、图纸及现场实测、复核资料；

——爆破对象的结构与性质，包括爆区地质图，建（构）筑物配筋图；

——影响爆破效果的爆体缺陷，包括大型地质构造和建（构）筑物受损状况；

——爆破有害效应影响区域内保护物的分布图。

**5.2.1.3**　设计人员现场踏勘调查后形成的报告书，试验工程总结报告，当地类似工程的总结报告以及现场试验、检测报告，均应作为设计依据。

**5.2.1.4**　爆破工程施工过程中，发现地形测量结果和地质条件、拆除物结构尺寸、材质完好状态等与原设计依据不相符或环境条件有较大改变，应及时修改设计或采取补救措施。

**5.2.1.5**　凡安全评估未通过的设计文件，应按安全评估的要求重新作设计；安全评估要求修改或增加内容的，应按要求修改补充。

**5.2.2　设计文件**

**5.2.2.1**　爆破工程均应编制爆破技术设计文件。

**5.2.2.2**　矿山深孔爆破和其他重复性爆破设计，允许采用标准技术设计。

**5.2.2.3**　爆破实施后应根据爆破效果对爆破技术设计作出评估，构成完整的工程设计文件。

**5.2.2.4**　爆破技术设计、标准技术设计以及设计修改补充文件，均应签字齐全并编录存档。

**5.2.3　技术设计内容**

**5.2.3.1**　爆破技术设计分说明书和图纸两部分，应包括以下内容：

——工程概况，即爆破对象、爆破环境概述及相关图纸，爆破工程的质量、工期、安全要求；

——爆破技术方案，即方案比较、选定方案的钻爆参数及相关图纸；

——起爆网路设计及起爆网路图；

——安全设计及防护、警戒图。

**5.2.3.2**　合格的爆破设计应符合下列条件：

——设计单位的资质符合规定；

——承担设计和安全评估的主要爆破工程技术人员的资格及数量符合规定；

——设计文件通过安全评估或设计审查认为爆破设计在技术上可行、安全上可靠。

**5.2.3.3**　复杂环境爆破技术设计应制定应对复杂环境的方法、措施及应急预案。

**5.2.4　施工组织设计**

**5.2.4.1**　施工组织设计由施工单位编写，编写负责人所持爆破工程技术人员安全作业证的等级和作业范围应与施工工程相符合。

**5.2.4.2**　施工组织设计应依据爆破技术设计、招标文件、施工单位现场调查报告、业主委托书、招标答疑文件等进行编制。

**5.2.4.3**　爆破工程施工组织设计应包括的内容如下：

——施工组织机构及职责；

——施工准备工作及施工平面布置图；

——施工人、材、机的安排及安全、进度、质量保证措施；

——爆破器材管理、使用安全保障；

——文明施工、环境保护、预防事故的措施及应急预案。

**5.2.4.4**　设计施工由同一爆破作业单位承担的爆破工程，允许将施工组织设计与爆破技术设计合并。

**5.3　安全评估**

**5.3.1**　需经公安机关审批的爆破作业项目，提交申请前，均应进行安全评估；

**5.3.2**　爆破安全评估的依据：

——国家、地方及行业相关法规和设计标准；

——安全评估单位与委托单位签订的安全评估合同；

——设计文件及设计施工单位主要人员资格材料；

——安全评估人员现场踏勘收集的资料。

**5.3.3** 爆破安全评估的内容应包括：

——爆破作业单位的资质是否符合规定；

——爆破作业项目的等级是否符合规定；

——设计所依据的资料是否完整；

——设计方法、设计参数是否合理；

——起爆网路是否可靠；

——设计选择方案是否可行；

——存在的有害效应及可能影响的范围是否全面；

——保证工程环境安全的措施是否可行；

——制定的应急预案是否适当。

**5.3.4** A、B级爆破工程的安全评估应至少有2名具有相应作业级别和作业范围的持证爆破工程技术人员参加；环境十分复杂的重大爆破工程应邀请专家咨询，并在专家组咨询意见的基础上，编写爆破安全评估报告。

**5.3.5** 爆破安全评估报告内容应该翔实，结论应当明确。

**5.3.6** 经安全评估通过的爆破设计，施工时不得任意更改。经安全评估否定的爆破技术设计文件，应重新编写，重新评估。施工中如发现实际情况与评估时提交的资料不符，需修改原设计文件时，对重大修改部分应重新上报评估。

**5.4 安全监理**

**5.4.1** 经公安机关审批的爆破作业项目，实施爆破作业时，应进行安全监理。

**5.4.2** 爆破安全监理的主要内容：

——爆破作业单位是否按照设计方案施工；

——爆破有害效应是否控制在设计范围内；

——审验爆破作业人员的资格，制止无资格人员从事爆破作业；

——监督民用爆炸物品领取、清退制度的落实情况；

——监督爆破作业单位遵守国家有关标准和规范的落实情况，发现违章指挥和违章作业，有权停止其爆破作业，并向委托单位和公安机关报告。

**5.4.3** 爆破安全监理单位应在详细了解安全技术规定、应急预案后认真编制监理规划和实施细则，并制定监理人员岗位职责。

**5.4.4** 爆破安全监理人员应在爆破器材领用、清退、爆破作业、爆后安全检查及盲炮处理的各环节上实行旁站监理，并作出监理记录。

**5.4.5** 每次爆破的技术设计均应经监理机构签认后，再组织实施。爆破工作的组织实施应与监理签认的爆破技术设计相一致。

**5.4.6** 发生下列情况之一时，监理机构应当签发爆破作业暂停令：

——爆破作业严重违规经制止无效时；

——施工中出现重大安全隐患，须停止爆破作业以消除隐患时。

**5.4.7** 爆破安全监理单位应定期向委托单位提交安全监理报告，工程结束时提交安全监理总结和相关监理资料。

## 6 爆破作业的基本规定

### 6.1 爆破作业环境

**6.1.1** 爆破前应对爆区周围的自然条件和环境状况进行调查，了解危及安全的不利环境因素，并采取必要的安全防范措施。

**6.1.2** 爆破作业场所有下列情形之一时，不应进行爆破作业：

——距工作面20m以内的风流中瓦斯含量达到1%或有瓦斯突出征兆的；
——爆破会造成巷道涌水、堤坝漏水、河床严重阻塞、泉水变迁的；
——岩体有冒顶或边坡滑落危险的；
——硐室、炮孔温度异常的；
——地下爆破作业区的有害气体浓度超过表15规定的；
——爆破可能危及建（构）筑物、公共设施或人员的安全而无有效防护措施的；
——作业通道不安全或堵塞的；
——支护规格与支护说明书的规定不符或工作面支护损坏的；
——危险区边界未设警戒的；
——光线不足且无照明或照明不符合规定的；
——未按本标准的要求做好准备工作的。

**6.1.3**　露天和水下爆破装药前，应与当地气象、水文部门联系，及时掌握气象、水文资料，遇以下恶劣气候和水文情况时，应停止爆破作业，所有人员应立即撤到安全地点：
——热带风暴或台风即将来临时；
——雷电、暴雨雪来临时；
——大雾天或沙尘暴，能见度不超过100m时；
——现场风力超过8级、浪高大于1.0m时或水位暴涨暴落时。

**6.1.4**　应急抢险爆破可以不受本标准的限制，但应采取安全保障措施并经应急抢险领导人批准。

**6.1.5**　在有关法规不允许进行常规爆破作业的场合，但又必须进行爆破时，应先与有关部门协调一致，作好安全防护，制订应急预案。

**6.1.6**　采用电爆网路时，应对高压电、射频电等进行调查，对杂散电流进行测试；发现存在危险，应立即采取预防或排除措施。

**6.1.7**　浅孔爆破应采用湿式凿岩，深孔爆破凿岩机应配收尘设备；在残孔附近钻孔时应避免凿穿残留炮孔，在任何情况下均不许钻残孔。

**6.2　爆破工程施工准备**

**6.2.1　施工组织**

**6.2.1.1**　A级、B级爆破工程，都应成立爆破指挥部，全面指挥和统筹安排爆破工程的各项工作。

指挥部的设置及职能为：
——指挥部应设指挥长1人，副指挥长若干人；指挥长负责指挥部的全面工作并对副指挥长工作进行分工；
——指挥部应根据需要设置设计施工组、起爆组、物资供应组、安全保卫组、警戒组、安全监测组和后勤组等；
——指挥部和各职能组的每个成员，都应分工明确，职责清楚，各尽其责。

**6.2.1.2**　其他爆破应设指挥组或指挥人，指挥组应适应爆破类别、爆破工程等级、周围环境的复杂程度和爆破作业程序的要求，并严格按爆破设计与施工组织计划实施，确保工程安全。

**6.2.2　施工公告**

**6.2.2.1**　凡须经公安机关审批的爆破作业项目，爆破作业单位应于施工前3天发布公告，并在作业地点张贴，施工公告内容应包括：爆破作业项目名称、委托单位、设计施工单位、安全评估单位、安全监理单位、爆破作业时限等。

**6.2.2.2**　装药前1天应发布爆破公告并在现场张贴，内容包括：爆破地点、每次爆破时间、安全警戒范围、警戒标识、起爆信号等。

**6.2.2.3**　邻近交通要道的爆破需进行临时交通管制时，应预先申请并至少提前3天由公安交管部门发布爆破施工交通管制通知。

**6.2.2.4**　在邻近通航水域进行爆破施工时，应在3天前通知港航监督部门。

**6.2.2.5**　爆破可能危及供水、排水、供电、供气、通讯等线路以及运输交通隧道、输油管线等重要设施时，应事先准备好相应的应急措施、应向有关主管部门报告，做好协调工作并在爆破时通知有关单位到场。

**6.2.2.6** 在同一地区同时进行露天、地下、水下爆破作业或几个爆破作业单位平行作业时，应由建设单位组织协商后共同发布施工公告和爆破公告。

**6.2.3 施工现场清理与准备**

**6.2.3.1** 爆破工程施工前，应根据爆破设计文件要求和场地条件，对施工场地进行规划，并开展施工现场清理与准备工作。

施工场地规划内容应包括：

——爆破施工区段或爆破作业面划分及其程序编排；爆破与清运交叉循环作业时，应制定相关的安全措施；

——有碍爆破作业的障碍物或废旧建（构）筑物的拆除与处理方案；

——现场施工机械配置方案及其安全防护措施；

——进出场主通道及各作业面临时通道布置；

——夜间施工照明与施工用风、水、电供给系统敷设方案，施工器材、机械维修场地布置；

——施工用爆破器材现场临时保管、施工用药包现场制作与临时存放场所安排及其安全保卫措施；

——施工现场安全警戒岗哨、避炮防护设施与工地警卫值班设施布置；

——施工现场防洪与排水措施。

**6.2.3.2** 爆破工程施工之前，应制定施工安全与施工现场管理的各项规章制度。

**6.2.4 通讯联络**

**6.2.4.1** 爆破指挥部应与爆破施工现场、起爆站、主要警戒哨建立并保持通讯联络；不成立指挥部的爆破工程，在爆破组（人）、起爆站和警戒哨间应建立通讯联络，保持畅通。

**6.2.4.2** 通讯联络制度、联络方法应由指挥长或指挥组（人）决定。

**6.2.5 装药前的施工验收**

**6.2.5.1** 装药前应对炮孔、硐室、爆炸处理构件逐个进行测量验收，做好记录并保存。

**6.2.5.2** 凡须经公安机关审批的爆破作业项目施工验收，应有爆破设计人员参加。

**6.2.5.3** 对验收不合格的炮孔、硐室、构件，应按设计要求进行施工纠正，或报告爆破技术负责人进行设计修改。

**6.3 爆破器材现场检测、加工和起爆方法**

**6.3.1 一般规定**

**6.3.1.1** 爆破工程使用的炸药、雷管、导爆管、导爆索、电线、起爆器、量测仪表均应作现场检测，检测合格后方可使用。

**6.3.1.2** 进行爆破器材检测、加工和爆破作业的人员，应穿戴防静电的衣物。

**6.3.1.3** 在爆破工程中推广应用爆破新技术、新工艺、新器材、新仪表装备，应经有关部门或经授权的行业协会批准。

**6.3.1.4** 在潮湿或有水环境中应使用抗水爆破器材或对不抗水爆破器材进行防潮、防水处理。

**6.3.2 爆破器材现场检测**

**6.3.2.1** 在实施爆破作业前，爆破器材现场检测应包括：

——对所使用的爆破器材进行外观检查；

——对电雷管进行电阻值测定；

——对使用的仪表、电线、电源进行必要的性能检验。

**6.3.2.2** 爆破器材外观检查项目应包括：

——雷管管体不应变形、破损、锈蚀；

——导爆索表面要均匀且无折伤、压痕、变形、霉斑、油污；

——导爆管管内无断药，无异物或堵塞，无折伤、油污和穿孔，端头封口良好；

——粉状硝铵类炸药不应吸湿结块，乳化炸药和水胶炸药不应破乳或变质；

——电线无锈痕，绝缘层无划伤、开绽。

6.3.2.3 起爆电源及仪表的检验包括：

——起爆器的充电电压、外壳绝缘性能；

——采用交流电起爆时，应测定交流电压，并检查开关、电源及输电线路是否符合要求；

——各种连接线、区域线、主线的材质、规格、电阻值和绝缘性能；

——爆破专用电桥、欧姆表和导通器的输出电流及绝缘性能。

6.3.2.4 A、B级爆破工程检测及试验项目还应包括：

——炸药的殉爆距离；

——延时雷管的延时时间；

——起爆网路连接方式的传爆可靠性试验。

**6.3.3 起爆器材加工**

6.3.3.1 加工起爆药包和起爆药柱，应在指定的安全地点进行，加工数量不应超过当班爆破作业用量。

6.3.3.2 在水孔中使用的起爆药包，孔内不得有电线、导爆管和导爆索接头。

6.3.3.3 当采用孔（硐）内延时爆破时，应在起爆药包引出孔（硐）外的电线和导爆管上标明雷管段别和延时时间。

6.3.3.4 切割导爆索应使用锋利刀具，不得使用剪刀剪切。

**6.3.4 起爆方法**

6.3.4.1 电雷管应使用电力起爆器、动力电、照明电、发电机、蓄电池、干电池起爆。

6.3.4.2 电子雷管应使用配套的专用起爆器起爆。

6.3.4.3 导爆管雷管应使用专用起爆器、雷管或导爆索起爆。

6.3.4.4 导爆索应使用雷管正向起爆。

6.3.4.5 不应使用药包起爆导爆索和导爆管。

6.3.4.6 工业炸药应使用雷管或导爆索起爆，没有雷管感度的工业炸药应使用起爆药包或起爆器具起爆。

6.3.4.7 各种起爆方法均应远距离操作，起爆地点应不受空气冲击波、有害气体和个别飞散物危害。

6.3.4.8 在有瓦斯和粉尘爆炸危险的环境中爆破，应使用煤矿许用起爆器材起爆。

6.3.4.9 在杂散电流大于30mA的工作面或高压线、射频电危险范围内（表11～14），不应采用普通电雷管起爆。

**6.4 起爆网路**

**6.4.1 一般规定**

6.4.1.1 多药包起爆应连接成电爆网路、导爆管网路、导爆索网路、混合网路或数码电子雷管网路起爆。

6.4.1.2 起爆网路连接工作应由工作面向起爆站依次进行。

6.4.1.3 雷雨天禁止任何露天起爆网路连接作业，正在实施的起爆网路连接作业应立即停止，人员迅速撤至安全地点。

6.4.1.4 各种起爆网路均应使用合格的器材。

6.4.1.5 起爆网路连接应严格按设计要求进行。

6.4.1.6 在可能对起爆网路造成损害的部位，应采取保护措施。

6.4.1.7 敷设起爆网路应由有经验的爆破员或爆破技术人员实施，并实行双人作业制。

**6.4.2 电力起爆网路**

6.4.2.1 同一起爆网路，应使用同厂、同批、同型号的电雷管；电雷管的电阻值差不得大于产品说明书的规定。

6.4.2.2 电爆网路的连接线不应使用裸露导线，不得利用照明线、铁轨、钢管、钢丝作爆破线路，电爆网路与电源开关之间应设置中间开关。

6.4.2.3 电爆网路的所有导线接头，均应按电工接线法连接，并确保其对外绝缘。在潮湿有水的地区，应避免导线接头接触地面或浸泡在水中。

**6.4.2.4** 起爆电源能量应能保证全部电雷管准爆；用变压器、发电机作起爆电源时，流经每个普通电雷管的电流应满足：一般爆破，交流电不小于2.5A，直流电不小于2A；硐室爆破，交流电不小于4A，直流电不小于2.5A。

**6.4.2.5** 用起爆器起爆电爆网路时，应按起爆器说明书的要求连接网路。

**6.4.2.6** 电爆网路的导通和电阻值检查，应使用专用导通器和爆破电桥，导通器和爆破电桥应每月检查一次，其工作电流应小于30mA。

**6.4.3 导爆管起爆网路**

**6.4.3.1** 导爆管网路应严格按设计要求进行连接，导爆管网路中不应有死结，炮孔内不应有接头，孔外相邻传爆雷管之间应留有足够的距离。

**6.4.3.2** 用雷管起爆导爆管网路时，应遵守下列规定：

——起爆导爆管的雷管与导爆管捆扎端端头的距离应不小于15cm；

——应有防止雷管聚能射流切断导爆管的措施和防止延时雷管的气孔烧坏导爆管的措施；

——导爆管应均匀地分布在雷管周围并用胶布等捆扎牢固。

**6.4.3.3** 使用导爆管连通器时，应夹紧或绑牢。

**6.4.3.4** 采用地表延时网路时，地表雷管与相邻导爆管之间应留有足够的安全距离，孔内应采用高段别雷管，确保地表未起爆雷管与已起爆药包之间的水平间距大于20m。

**6.4.4 导爆索起爆网路**

**6.4.4.1** 起爆导爆索的雷管与导爆索捆扎端端头的距离应不小于15cm，雷管的聚能穴应朝向导爆索的传爆方向。

**6.4.4.2** 导爆索起爆网路应采用搭接、水手结等方法连接；搭接时两根导爆索搭接长度不应小于15cm，中间不得夹有异物或炸药，捆扎应牢固，支线与主线传爆方向的夹角应小于90°。

**6.4.4.3** 连接导爆索中间不应出现打结或打圈；交叉敷设时，应在两根交叉导爆索之间设置厚度不小于10cm的木质垫块或土袋。

**6.4.5 电子雷管起爆网路**

**6.4.5.1** 电子雷管网路应使用专用起爆器起爆，专用起爆器使用前应进行全面检查。

**6.4.5.2** 装药前应使用专用仪器检测电子雷管，并进行注册和编号。

**6.4.5.3** 应按说明书要求连接子网路，雷管数量应小于子起爆器规定数量；子网路连接后应使用专用设备进行检测；

**6.4.5.4** 应按说明书要求，将全部子网路连接成主网路，并使用专用设备检测主网路。

**6.4.6 混合起爆网路**

**6.4.6.1** 大型起爆网路可以同时使用电雷管、导爆管雷管、电子雷管和导爆索连接成混合起爆网路。

**6.4.6.2** 混合网路中的地表导爆索应与雷管、导爆管和电线之间应留有足够的安全距离。

**6.4.6.3** 用导爆索引爆导爆管时，应使用单股导爆索与导爆管垂直连接，或使用专用联结块连接。

**6.4.7 起爆网路试验**

**6.4.7.1** 硐室爆破和A级、B级爆破工程，应进行起爆网路试验。

**6.4.7.2** 电起爆网路应进行实爆试验或等效模拟试验；起爆网路实爆试验应按设计网路连接起爆；等效模拟试验，至少应选一条支路按设计方案连接雷管，其他各支路可用等效电阻代替。

**6.4.7.3** 大型混合起爆网路、导爆管起爆网路和导爆索起爆网路试验，应至少选一组（地下爆破选一个分区）典型的起爆支路进行实爆；对重要爆破工程，应考虑在现场条件下进行网路实爆。

**6.4.8 起爆网路检查**

**6.4.8.1** 起爆网路检查，应由有经验的爆破员组成的检查组担任，检查组不得少于2人，大型或复杂起爆网路检查应由爆破工程技术人员组织实施。

**6.4.8.2** 电力起爆网路，应进行下述检查：

——电源开关是否接触良好，开关及导线的电流通过能力是否能满足设计要求；

——网路电阻是否稳定，与设计值是否相符；

——网路是否有接头接地或锈蚀，是否有短路或开路；

——采用起爆器起爆时，应检验其起爆能力。

**6.4.8.3** 导爆索或导爆管起爆网路应检查：

——有无漏接或中断、破损；

——有无打结或打圈，支路拐角是否符合规定；

——雷管捆扎是否符合要求；

——线路连接方式是否正确、雷管段数是否与设计相符；

——网路保护措施是否可靠。

**6.4.8.4** 电子雷管起爆网路应按设计复核电子雷管编号、延时量、子网路和主网路的检测结果。

**6.4.8.5** 混合起爆网路应按 6.4.8.2 ~6.4.8.4 的规定进行检查。

### 6.5 装药

#### 6.5.1 一般规定

**6.5.1.1** 装药前应对作业场地、爆破器材堆放场地进行清理，装药人员应对准备装药的全部炮孔、药室进行检查。

**6.5.1.2** 从炸药运入现场开始，应划定装药警戒区，警戒区内禁止烟火，并不得携带火柴、打火机等火源进入警戒区域；采用普通电雷管起爆时，不得携带手机或其他移动式通讯设备进入警戒区。

**6.5.1.3** 炸药运入警戒区后，应迅速分发到各装药孔口或装药硐口，不应在警戒区临时集中堆放大量炸药，不得将起爆器材、起爆药包和炸药混合堆放。

**6.5.1.4** 搬运爆破器材应轻拿轻放，装药时不应冲撞起爆药包。

**6.5.1.5** 在铵油、重铵油炸药与导爆索直接接触的情况下，应采取隔油措施或采用耐油型导爆索。

**6.5.1.6** 在黄昏或夜间等能见度差的条件下，不宜进行露天及水下爆破的装药工作，如确需进行装药作业时，应有足够的照明设施保证作业安全。

**6.5.1.7** 炎热天气不应将爆破器材在强烈日光下暴晒。

**6.5.1.8** 爆破装药现场不得用明火照明。

**6.5.1.9** 爆破装药用电灯照明时，在装药警戒区 20m 以外可装 220V 的照明器材，在作业现场或硐室内应使用电压不高于 36V 的照明器材。

**6.5.1.10** 从带有电雷管的起爆药包或起爆体进入装药警戒区开始，装药警戒区内应停电，应采用安全蓄电池灯、安全灯或绝缘手电筒照明。

**6.5.1.11** 各种爆破作业都应按设计药量装药并做好装药原始记录。记录应包括装药基本情况、出现的问题及其处理措施。

#### 6.5.2 人工装药

**6.5.2.1** 人工搬运爆破器材时应遵守 14.1.6.4 的规定，起爆体、起爆药包应由爆破员携带、运送。

**6.5.2.2** 炮孔装药应使用木质或竹制炮棍。

**6.5.2.3** 不应往孔内投掷起爆药包和敏感度高的炸药，起爆药包装入后应采取有效措施，防止后续药卷直接冲击起爆药包。

**6.5.2.4** 装药发生卡塞时，若在雷管和起爆药包放入之前，可用非金属长杆处理。装入雷管或起爆药包后，不得用任何工具冲击、挤压。

**6.5.2.5** 在装药过程中，不得拔出或硬拉起爆药包中的导爆管、导爆索和电雷管引出线。

#### 6.5.3 机械装药

**6.5.3.1** 现场混装多孔粒状铵油炸药装药车应符合以下规定：

——料箱和输料螺旋应采用耐腐蚀的金属材料，车体应有良好的接地；

——输药软管应使用专用半导体材料软管，钢丝与厢体的连接应牢固；

——装药车整个系统的接地电阻值不应大于 $1\times10^5\Omega$；

——输药螺旋与管道之间应有一定的间隙，不应与壳体相摩擦；

——发动机排气管应安装消焰装置，排气管与油箱、轮胎应保持适当的距离；
——应配备灭火装置和有效的防静电接地装置；
——制备炸药的原材料时，装药车制药系统应能自动停车。

**6.5.3.2** 现场混装乳化炸药装药车应符合以下规定：
——料箱和输料部分的材料应采用防腐材料；
——输药软管应采用带钢丝棉织塑料或橡胶软管；
——排气管应安装消焰装置，排气管与油箱、轮胎应保持适当的距离；
——车上应设有灭火装置和有效的防静电接地装置；
——清洗系统应能保证有效地清理管道中的余料和积污；
——应具有出现原材料缺项、螺杆泵空转、螺杆泵超压等情况下自动停车等功能。

**6.5.3.3** 现场混装重铵油炸药装药车除符合6.5.3.2的规定以外，还应保证输药螺旋与管道之间应有足够的间隙并不应与壳体相摩擦。

**6.5.3.4** 小孔径炮孔爆破使用的装药器应符合下列规定：
—— 装药器的罐体使用耐腐蚀的导电材料制作；
—— 输药软管应采用专用半导体材料软管；
—— 整个系统的接地电阻不大于$1\times10^5\Omega$。

**6.5.3.5** 采用装药车、装药器装药时应遵守下列规定：
—— 输药风压不超过额定风压的上限值；
—— 装药车和装药器应保持良好接地；
—— 拔管速度应均匀，并控制在0.5m/s以内；
—— 返用的炸药应过筛，不得有石块和其他杂物混入。

**6.5.4 压气装药孔底起爆**

**6.5.4.1** 压气装药孔底起爆应使用经安全性试验合格的起爆器材或采用孔底起爆具；孔底起爆具应在现场装入导爆管、雷管和炸药，导爆管应放在装置的槽内，并用胶布固定在装置尾端。炸药的感度和威力均不应小于2#粉状乳化炸药，装药密度应大于$0.95g/cm^3$。

**6.5.4.2** 孔底起爆具应符合下列规定：
——通过激波管试验，能承受$6\times10^5Pa$的空气冲击波入射超压；
——在锤重2kg、落高1.5m的卡斯特落锤试验中不损坏；
——对导爆管应有保护措施；
——能起爆孔底起爆具以外的炸药；
——每年至少检测一次。

**6.5.4.3** 压气装药安全性技术指标应符合下列规定：
——装药器符合6.5.3.4的规定；
——现场装药空气相对湿度不小于80%；
——装药器的工作压力不大于$6\times10^5Pa$；
——炮孔内静电电压不应超过1500V，在炸药和输药管类型改变后应重新测定静电电压。

**6.5.5 现场混装炸药车装药**

**6.5.5.1** 使用现场混装炸药车装药应经安全验收合格。

**6.5.5.2** 混装炸药车驾驶员、操作工，应经过严格培训和考核持证上岗，应熟练掌握混装炸药车各部分的操作程序和使用、维护方法。

**6.5.5.3** 混装炸药车上料前应对计量控制系统进行检测标定，配料仓不应有其他杂物；上料时不应超过规定的物料量；上料后应检查输药软管是否畅通。

**6.5.5.4** 混装炸药车应配备消防器具，接地良好，进入现场应悬挂“危险”警示标识。

**6.5.5.5** 混装炸药车行驶速度不应超过40km/h，扬尘、起雾、暴风雨等能见度差时速度减半；在平坦道路上行驶时，两车距离不应小于50m；上山或下山时，两车距离不应小于200m。

**6.5.5.6**　装药前，应先将起爆药柱、雷管和导爆索按设计要求加工并按设计要求装入炮孔内。

**6.5.5.7**　混装炸药车行车时严禁压坏、刮坏、碰坏爆破器材。

**6.5.5.8**　装药前应对炸药密度进行检测，检测合格后方可进行装药。

**6.5.5.9**　混装炸药车装药前，应对前排炮孔的岩性及抵抗线变化进行逐孔校核，设计参数变化较大的，应及时调整设计后再进行装药。

**6.5.5.10**　采用输药软管方式输送混装炸药时，对干孔应将输药软管末端送至孔口填塞段以下 0.5 ~ 1m 处；对水孔应将输药软管末端下至孔底，并根据装药速度缓缓提升输药软管。

**6.5.5.11**　装药过程中发现漏药的情况，应及时采取处理措施。

**6.5.5.12**　装药时应进行护孔，防止孔口岩屑、岩渣混入炸药中。

**6.5.5.13**　混装乳化炸药装药完毕 10min 后，经检查合格后才可进行填塞，应测量填塞段长度是否符合爆破设计要求。

**6.5.5.14**　混装乳化炸药装药至最后一个炮孔时，应将软管中剩余炸药装入炮孔中，装药完毕将软管内残留炸药清理干净。

**6.5.5.15**　现场混制装填炸药时，炮孔内导爆索、导爆管雷管、起爆具等起爆器材的性能除应满足国家标准要求外，还应满足耐水、耐油、耐温、耐拉等现场作业要求；严禁电雷管直接入孔。

**6.5.5.16**　孔底起爆时，起爆药包应离开孔底一定距离。

**6.5.6　预装药**

**6.5.6.1**　进行预装药作业，应制定安全作业细则并经爆破技术负责人审批。

**6.5.6.2**　预装药爆区应设专人看管，并作醒目警示标识，无关人员和车辆不得进入预装药爆区。

**6.5.6.3**　雷雨天气露天爆破不得进行预装药作业。

**6.5.6.4**　高温、高硫区不得进行预装药作业。

**6.5.6.5**　预装药所使用的雷管、导爆管、导爆索、起爆药柱等起爆器材应具有防水防腐性能。

**6.5.6.6**　正在钻进的炮孔和预装药炮孔之间，应有 10m 以上的安全隔离区。

**6.5.6.7**　预装药炮孔应在当班进行填塞，填塞后应注意观察炮孔内装药高度的变化。

**6.5.6.8**　如采用电力起爆网路，由炮孔引出的起爆导线应短路，如采用导爆管起爆网路，导爆管端口应可靠密封，预装药期间不得连接起爆网路。

**6.6　填塞**

**6.6.1**　硐室、深孔和浅孔爆破装药后都应进行填塞，禁止使用无填塞爆破。

**6.6.2**　填塞炮孔的炮泥中不得混有石块和易燃材料，水下炮孔可用碎石渣填塞。

**6.6.3**　用水袋填塞时，孔口应用不小于 0.15m 的炮泥将炮孔填满堵严。

**6.6.4**　水平孔和上向孔填塞时，不得紧靠起爆药包或起爆药柱楔入木楔。

**6.6.5**　不得捣固直接接触起爆药包的填塞材料或用填塞材料冲击起爆药包。

**6.6.6**　分段装药间隔填塞的炮孔，应按设计要求的间隔填塞位置和长度进行填塞。

**6.6.7**　发现有填塞物卡孔应及时进行处理（可用非金属杆或高压风处理）。

**6.6.8**　填塞作业应避免夹扁、挤压和拉扯导爆管、导爆索，并应保护电雷管引出线。

**6.6.9**　深孔机械填塞应遵守下列规定：

——当填塞物潮湿、黏性较大或表面冻结时，应采取措施防止将大块装入孔内；

——填塞水孔时，应放慢填塞速度，让水排出孔外，避免产生悬料。

**6.7　爆破警戒和信号**

**6.7.1　爆破警戒**

**6.7.1.1**　装药警戒范围由爆破技术负责人确定；装药时应在警戒区边界设置明显标识并派出岗哨。

**6.7.1.2**　爆破警戒范围由设计确定；在危险区边界，应设有明显标识，并派出岗哨。

**6.7.1.3**　执行警戒任务的人员，应按指令到达指定地点并坚守工作岗位。

**6.7.1.4**　靠近水域的爆破安全警戒工作，除按上述要求封锁陆岸爆区警戒范围外，还应对水域进行警戒。水域警戒应配有指挥船和巡逻船，其警戒范围由设计确定。

**6.7.2　信号**

**6.7.2.1**　预警信号：该信号发出后爆破警戒范围内开始清场工作。

**6.7.2.2**　起爆信号：起爆信号应在确认人员全部撤离爆破警戒区，所有警戒人员到位，具备安全起爆条件时发出。起爆信号发出后现场指挥应再次确认达到安全起爆条件，然后下令起爆。

**6.7.2.3**　解除信号：安全等待时间过后，检查人员进入爆破警戒范围内检查、确认安全后，报请现场指挥同意，方可发出解除警戒信号。在此之前，岗哨不得撤离，不允许非检查人员进入爆破警戒范围。

**6.7.2.4**　各类信号均应使爆破警戒区域及附近人员能清楚地听到或看到。

**6.8　爆后检查**

**6.8.1　爆后检查等待时间**

**6.8.1.1**　露天浅孔、深孔、特种爆破，爆后应超过5min方准许检查人员进入爆破作业地点；如不能确认有无盲炮，应经15min后才能进入爆区检查。

**6.8.1.2**　露天爆破经检查确认爆破点安全后，经当班爆破班长同意，方准许作业人员进入爆区。

**6.8.1.3**　地下工程爆破后，经通风除尘排烟确认井下空气合格、等待时间超过15min后，方准许检查人员进入爆破作业地点。

**6.8.1.4**　拆除爆破，应等待倒塌建（构）筑物和保留建筑物稳定之后，方准许人员进入现场检查。

**6.8.1.5**　硐室爆破、水下深孔爆破及本标准未规定的其他爆破作业，爆后检查的等待时间由设计确定。

**6.8.2　爆后检查内容**

**6.8.2.1**　爆破后应检查的内容有：

——确认有无盲炮；

——露天爆破爆堆是否稳定，有无危坡、危石、危墙、危房及未炸倒建（构）筑物；

——地下爆破有无瓦斯及地下水突出、有无冒顶、危岩，支撑是否破坏，有害气体是否排除；

——在爆破警戒区内公用设施及重点保护建（构）筑物安全情况。

**6.8.3　检查人员**

**6.8.3.1**　A、B级及复杂环境的爆破工程，爆后检查工作应由现场技术负责人、起爆组长和有经验的爆破员，安全员组成检查小组实施。

**6.8.3.2**　其他爆破工程的爆后检查工作由安全员、爆破员共同实施。

**6.8.4　检查发现问题的处置**

**6.8.4.1**　检查人员发现盲炮或怀疑盲炮，应向爆破负责人报告后组织进一步检查和处理；发现其他不安全因素应及时排查处理；在上述情况下，不得发出解除警戒信号，经现场指挥同意，可缩小警戒范围。

**6.8.4.2**　发现残余爆破器材应收集上缴，集中销毁。

**6.8.4.3**　发现爆破作业对周边建（构）筑物、公用设施造成安全威胁时，应及时组织抢险、治理，排除安全隐患。

**6.8.4.4**　对影响范围不大的险情，可以进行局部封锁处理，解除爆破警戒。

**6.9　盲炮处理**

**6.9.1　一般规定**

**6.9.1.1**　处理盲炮前应由爆破技术负责人定出警戒范围，并在该区域边界设置警戒，处理盲炮时无关人员不许进入警戒区。

**6.9.1.2**　应派有经验的爆破员处理盲炮，硐室爆破的盲炮处理应由爆破工程技术人员提出方案并经单位技术负责人批准。

**6.9.1.3**　电力起爆网路发生盲炮时，应立即切断电源，及时将盲炮电路短路。

**6.9.1.4**　导爆索和导爆管起爆网路发生盲炮时，应首先检查导爆索和导爆管是否有破损或断裂，发现有破损或断裂的可修复后重新起爆。

**6.9.1.5**　严禁强行拉出炮孔中的起爆药包和雷管。

**6.9.1.6**　盲炮处理后，应再次仔细检查爆堆，将残余的爆破器材收集起来统一销毁；在不能确认爆堆无残留的爆破器材之前，应采取预防措施并派专人监督爆堆挖运作业。

**6.9.1.7** 盲炮处理后应由处理者填写登记卡片或提交报告，说明产生盲炮的原因、处理的方法、效果和预防措施。

**6.9.2 裸露爆破的盲炮处理**

**6.9.2.1** 处理裸露爆破的盲炮，可安置新的起爆药包（或雷管）重新起爆或将未爆药包回收销毁；

**6.9.2.2** 发现未爆炸药受潮变质，则应将变质炸药取出销毁，重新敷药起爆。

**6.9.3 浅孔爆破的盲炮处理**

**6.9.3.1** 经检查确认起爆网路完好时，可重新起爆。

**6.9.3.2** 可钻平行孔装药爆破，平行孔距盲炮孔不应小于0.3m。

**6.9.3.3** 可用木、竹或其他不产生火花的材料制成的工具，轻轻地将炮孔内填塞物掏出，用药包诱爆。

**6.9.3.4** 可在安全地点外用远距离操纵的风水喷管吹出盲炮填塞物及炸药，但应采取措施回收雷管。

**6.9.3.5** 处理非抗水类炸药的盲炮，可将填塞物掏出，再向孔内注水，使其失效，但应回收雷管。

**6.9.3.6** 盲炮应在当班处理，当班不能处理或未处理完毕，应将盲炮情况（盲炮数目、炮孔方向、装药数量和起爆药包位置，处理方法和处理意见）在现场交接清楚，由下一班继续处理。

**6.9.4 深孔爆破的盲炮处理**

**6.9.4.1** 爆破网路未受破坏，且最小抵抗线无变化者，可重新连接起爆；最小抵抗线有变化者，应验算安全距离，并加大警戒范围后，再连接起爆。

**6.9.4.2** 可在距盲炮孔口不少于10倍炮孔直径处另打平行孔装药起爆。爆破参数由爆破工程技术人员确定并经爆破技术负责人批准。

**6.9.4.3** 所用炸药为非抗水炸药，且孔壁完好时，可取出部分填塞物向孔内灌水使之失效，然后做进一步处理，但应回收雷管。

**6.9.5 硐室爆破的盲炮处理**

**6.9.5.1** 如能找出起爆网路的电线、导爆索或导爆管，经检查正常仍能起爆者，应重新测量最小抵抗线，重划警戒范围，连接起爆。

**6.9.5.2** 可沿竖井或平硐清除填塞物并重新敷设网路连接起爆，或取出炸药和起爆体。

**6.9.6 水下爆破的盲炮处理**

**6.9.6.1** 因起爆网路绝缘不好或连接错误造成的盲炮，可重新连接起爆。

**6.9.6.2** 对填塞长度小于炸药殉爆距离或全部用水填塞的水下炮孔盲炮，可另装入起爆药包诱爆。

**6.9.6.3** 处理水下裸露药包盲炮，也可在盲炮附近投入裸露药包诱爆。

**6.9.6.4** 在清渣施工过程中发现未爆药包，应小心地将雷管与炸药分离，分别销毁。

**6.9.7 其他盲炮处理**

**6.9.7.1** 地震勘探爆破发生盲炮时应从炮孔或炸药安放点取出拒爆药包销毁；不能取出拒爆药包时，可装填新起爆药包进行诱爆。

**6.9.7.2** 凡本标准没有提到处理方法的盲炮，在处理之前应制定安全可靠的处理办法及操作细则，经爆破技术负责人批准后实施。

**6.10 爆破有害效应监测**

**6.10.1** D级以上爆破以及可能引起纠纷的爆破，均应进行爆破有害效应监测。监测项目由设计和安全评估单位提出，监理单位监督实施。

**6.10.2** 监测项目涉及：爆破振动、空气或水中冲击波、动水压力、涌浪、爆破噪声、飞散物、有害气体、瓦斯以及可能引起次生灾害的危险源。

**6.10.3** 监测单位应经有关部门认证具有法定资质，所使用的测试系统应满足国家计量法规的要求。

**6.10.4** 爆破振动有害效应测试系统应在工程爆破行业测试标定中心定期标定，并将校核标定和测试信息、测试仪器设备标识信息输入中国爆破网信息管理系统，同时利用中国爆破网信息管理系统进行远程校核标定与数据处理。

**6.10.5** D级以上或需要仲裁的爆破作业项目，爆破振动有害效应监测信息应纳入中国爆破网信息管理系统。

**6.10.6** 监测报告内容应包括：监测目的和方法、测点布置、测试系统的标定结果、实测波形图及其处理方法、各种实测数据、判定标准和判定结论。

**6.10.7** 重复爆破的监测项目，应在每次爆破后及时提交监测简报。

**6.10.8** 爆破有害效应监测单位，不应作为本单位承担爆破工程仲裁的监测方。

**6.11 爆破总结**

**6.11.1** 爆破作业单位应在一项爆破工程结束或告一段落时，进行爆破总结。

**6.11.2** 爆破总结应包括：

——设计方案和爆破参数的评述，提出改进设计的意见；

——施工概况、爆破效果及安全分析，论述施工中的不安全因素、隐患以及防范办法；

——安全评估及安全监理的作用；

——经验和教训，提出类似爆破工程设计与施工的建议。

**6.11.3** 爆破总结资料应整理归档。

## 7 露天爆破

### 7.1 一般规定

**7.1.1** 露天爆破作业时，应建立避炮掩体，避炮掩体应设在冲击波危险范围之外；掩体结构应坚固紧密，位置和方向应能防止飞石和有害气体的危害；通达避炮掩体的道路不应有任何障碍。

**7.1.2** 起爆站应设在避炮掩体内或设在警戒区外的安全地点。

**7.1.3** 露天爆破时，起爆前应将机械设备撤至安全地点或采用就地保护措施。

**7.1.4** 雷雨天气、多雷地区和附近有通讯机站等射频源时，进行露天爆破不应采用普通电雷管起爆网路。

**7.1.5** 松软岩土或砂矿床爆破后，应在爆区设置明显标识，发现空穴、陷坑时应进行安全检查，确认无危险后，方准许恢复作业。

**7.1.6** 在寒冷地区的冬季实施爆破，应采用抗冻爆破器材。

**7.1.7** 硐室爆破爆堆开挖作业遇到未松动地段时，应对药室中心线及标高进行标示，确认是否有硐室盲炮。

**7.1.8** 当怀疑有盲炮时，应设置明显标识并对爆后挖运作业进行监督和指挥，防止挖掘机盲目作业引发爆炸事故。

**7.1.9** 露天岩土爆破严禁采用裸露药包。

### 7.2 深孔爆破

**7.2.1** 验孔时，应将孔口周围0.5m范围内的碎石、杂物清除干净，孔口岩壁不稳者，应进行维护。

**7.2.2** 深孔验收标准：孔深允许误差±0.2m，间排距允许误差±0.2m，偏斜度允许误差2%；发现不合格钻孔应及时处理，未达验收标准不得装药。

**7.2.3** 爆破工程技术人员在装药前应对第1排各钻孔的最小抵抗线进行测定，对形成反坡或有大裂隙的部位应考虑调整药量或间隔填塞。底盘抵抗线过大的部位，应进行处理，使其符合爆破要求。孔口抵抗线过小者，应适当加大填塞长度。

**7.2.4** 爆破员应按爆破技术设计的规定进行操作，不得自行增减药量或改变填塞长度；如确需调整，应征得现场爆破工程技术人员同意并作好变更记录。

**7.2.5** 台阶爆破初期应采取自上而下分层爆破形成台阶，如需进行双层或多层同时爆破，应有可靠的安全措施。

**7.2.6** 装药过程中发现炮孔可容纳药量与设计装药量不符时，应及时报告，由爆破工程技术人员检查校核处理。

**7.2.7** 装药过程中出现阻塞、卡孔等现象时，应停止装药并及时疏通。如已装入雷管或起爆药包，不得强行疏通，应保护好雷管或起爆药包，报告爆破工程技术人员采取补救措施。

7.2.8　装药结束后，应进行检查验收，验收合格后再进行填塞和联网作业。

7.2.9　高台阶抛掷爆破应与预裂爆破结合使用。

7.2.10　深孔爆破使用空气间隔器时，应确保空气间隔器与使用环境要求相匹配；使用前应进行空气间隔器充气速度测试和负荷试验；使用时不应损伤空气间隔器外防护层。

**7.3　预裂爆破和光面爆破**

7.3.1　采用预裂爆破或光面爆破技术时，验孔、装药等应在现场爆破工程技术人员指导监督下由熟练爆破员操作。

7.3.2　预裂孔、光面孔应按设计要求钻凿在一个布孔面上，钻孔偏斜误差不得超过1.5%。

7.3.3　布置在同一控制面上的预裂孔，应采用导爆索网路同时起爆，如同时起爆药量超过安全允许药量时，也可分段起爆。

7.3.4　预裂爆破、光面爆破应严格按设计的装药结构装药。若采用药串结构药包，在加工和装药过程中应防止药卷滑落；若设计要求药包装于钻孔轴线，应使用专门的定型产品或采取定位措施。

7.3.5　预裂爆破、光面爆破应按设计进行填塞。

7.3.6　预裂爆破孔应超前相邻主爆破孔或缓冲爆破孔起爆，时差应不小于75ms。光面爆破孔应滞后相邻主爆破孔起爆。

**7.4　复杂环境深孔爆破**

7.4.1　复杂环境深孔爆破工程应设立指挥部，统筹安排设计施工及善后工作；设计前应对爆区周围人员、地面和地下建（构）筑物及各种设备、设施分布情况等进行详细的调查研究，爆破前还应进行复核。

7.4.2　爆破孔深一般应限制在20m之内，并严格控制钻孔偏差。

7.4.3　应采用毫秒延时爆破，并严格控制可能发生的段数重叠；应按环境要求限制单段最大爆破药量，并采取必要的减振措施。

7.4.4　填塞长度应不小于底盘抵抗线与装药顶部抵抗线平均值的1.2倍。

7.4.5　起爆网路应由有经验的爆破员连接，并经爆破工程技术人员检查验收。

7.4.6　爆破有害效应的监测除按6.10有关规定执行外，对C级及其以下级别的复杂环境深孔爆破工程，如认为可能引起民房及其他建（构）筑物、设施损伤，应作相应有害效应监测。

**7.5　浅孔爆破**

7.5.1　露天浅孔开挖应采用台阶法爆破。

7.5.2　在台阶形成之前进行爆破应加大填塞长度和警戒范围。

7.5.3　装填的炮孔数量，应以一次爆破为限。

7.5.4　采用浅孔爆破平整场地时，应尽量使爆破方向指向一个临空面，并避免指向重要建（构）筑物。

7.5.5　破碎大块时，单位炸药消耗量应控制在150g/$m^3$以内，应采用齐发爆破或短延时毫秒爆破。

**7.6　保护层开挖爆破**

7.6.1　建（构）筑物岩石基础邻近保护层开挖爆破时，应按要求控制单段爆破药量、一次爆破总装药量和起爆排数。

7.6.2　紧邻水平建基面的开挖，应优先采用预留保护层的开挖方法。紧邻水平建基面的岩体保护层厚度，应由设计或现场爆破试验确定，台阶爆破钻孔不应钻入预留的保护层内。

7.6.3　保护层的一次爆破法应根据施工条件在下列方法中选取，并经爆破技术负责人批准：

——水平预裂爆破与水平孔台阶爆破相结合的方法；

——水平预裂爆破与上部竖直浅孔台阶爆破相结合的方法；

——岩石较软或较坚硬，选用水平光面爆破与水平浅孔台阶爆破相结合的方法；

——孔底加柔性或复合垫层的台阶爆破法。

7.6.4　保护层开挖爆破方法，应经过试验验证后才能大规模实施，无论采用何种开挖爆破方式，钻孔均不应钻入建基面。

**7.7　冻土爆破**

**7.7.1**　冻土爆破应选择防水耐冻爆破器材。

**7.7.2**　冻土爆破施工前，应进行冻土温度测定，通过试爆确定爆破参数；当冻土温度发生变化时，应依据冻土物理力学性质的变化及时调整爆破参数。

**7.7.3**　采用现场加工聚能药包在冻土凿孔时，应制定安全操作细则并经爆破技术负责人批准。

**7.8　硐室爆破**

**7.8.1**　爆破作业单位应有不少于一次同等级别的硐室爆破设计施工实践，爆破技术负责人应有不少于一次同等级别的硐室爆破工程的主要设计人员或施工负责人的经历。

**7.8.2**　硐室爆破设计施工、安全评估和安全监理，除执行第4、第5、第6章的有关规定外，还应重点考虑以下几个方面的安全问题：

——爆破对周围地质构造、边坡以及滚石等的影响；

——爆破对水文地质、溶洞、采空区的影响；

——爆破对周围建（构）筑物的影响；

——在狭窄沟谷进行硐室爆破时空气冲击波、气浪可能产生的安全问题；

——大量爆堆本身的稳定性；

——地下硐室爆破在地表可能形成的塌陷区；

——爆破产生的大量气体窜入地下采矿场和其他地下空间带来的安全问题；

——大量爆堆入水可能造成的环境破坏和安全问题。

**7.8.3**　在硐室开挖施工期间应成立工程指挥部，负责开挖工程组织、临时作业人员培训、考核和其他准备工作；爆破之前应按6.2.1的规定成立爆破指挥部。

**7.8.4**　硐室爆破导硐设计开挖断面不小于1.5m×1.8m，小井不小于$1m^2$，一般平硐坡度应≥1%；掘进工程完成后，应由设计、施工、监理三方共同验收，主要验收标准为：

——硐内清洁无杂物，不残存爆破器材、爆渣和金属物；

——硐顶硐壁无浮石，支护地段稳固并做好地质编录工作；

——硐内无积水，渗漏的药室硐应设防水棚和排水沟；

——药室容积不小于设计要求，中心坐标误差不超过±30cm；

——硐内杂散电流不大于30mA。

**7.8.5**　装药前应根据开挖工程验收结果及实测最小抵抗线大小，调整爆破设计并按硐口做出施工分解图，图中应标明：

——每个硐口内各药室的装药量、装药部位、起爆体编号、雷管段别和安装位置；

——填塞段位置及填塞料数量；

——该硐内所需起爆器材、电线、线槽等的总量；

——辅助器材及工具。

**7.8.6**　硐室爆破起爆体由熟练的爆破员加工、存放、安装，且应满足下列要求：

——在专门场所加工、存放；

——质量不应超过20kg；

——外包装应用木箱，内衬作防水包装；

——应在包装箱上写明导硐号、药室号、雷管段别、电阻值；

——起爆箱内的雷管和导爆索结应固定在木箱内；

——起爆体运输、安装应由2名熟练的爆破员操作，并作安装记录；

——起爆体应存放在安全地点并有专人看守，不得存放在硐口、硐内。

**7.8.7**　装药应由爆破员在工作面操作或指挥，严格按设计分解图规定的数量（袋数）整齐紧密码放。

**7.8.8**　装药时可使用36V以下的低压电源照明，照明灯应加保护网，照明线路应绝缘良好，电灯与炸药堆之间的水平距离不应小于2m；电雷管起爆体装入药室前，应切断一切电源并拆去除起爆网路外的一切金属导体，改为安全矿灯或绝缘手电筒照明。

**7.8.9**　每个药室装药完成后均应进行验收，核实装药和起爆网路连接无误后才允许进行填塞作业。填塞时应保护好硐内敷设的起爆网路。

**7.8.10**　硐室爆破填塞工作应由爆破员在工作面指挥，应使用编织袋装开挖石渣作填塞料，填塞应整齐、严密，不得有空顶，不得以任何方式减少填塞长度；硐内有水时应在硐底留排水沟并保持排水通畅；填塞过程应检查质量，填塞完成后应验收、记录。

**7.8.11**　硐室爆破应采用复式起爆网路并作网路试验；敷设起爆网路应由熟练爆破员实施、爆破技术人员督查，按从后爆到先爆、先里后外的顺序联网，联网应双人作业，一人操作，另一人监督、测量、记录，严格按设计要求敷设；电爆网路应设中间开关。

**7.8.12**　起爆站应配置良好的通讯设备，起爆站长负责站内工作，从联网工作开始，应安排专人看管起爆站。

**7.8.13**　爆后检查除应遵守6.8的规定外，还应在清挖爆破岩渣时派专人跟班巡查有无疑似盲炮，发现疑似盲炮的迹象，应立即停止清挖并设置警戒区，报告爆破技术负责人，进行排查处理。在排查处理期间禁止一切爆破作业。

**7.8.14**　重大硐室爆破工程应按设计要求安排现场小型试验爆破，并根据试验结果修改爆破设计。

**7.8.15**　硐室爆破结束后均应进行总结，总结报告除了应符合6.11的规定外，还应包括主要技术经济指标、社会效益和经济效益。

**7.9　地震勘探爆破**

**7.9.1**　实施地震勘探爆破的有关爆破人员应严格执行定岗、定责的规定，坚持规范上岗；爆破人员岗位或工作单位变动，要报上一级安全管理部门登记备案。

**7.9.2**　制作炸药包时，应设置半径大于15m的警戒区，并远离炸药车15m以上，远离无线电设备30m以上；不应提前制作炸药包，炸药包不得在野外过夜。

**7.9.3**　往炮井中安放炸药包时，应由专人负责，炸药包下到井底并确认没有上浮后方可用细土、细砂埋井，不应用石块、砖块、冻土块、铁片等硬物埋井；严禁使用钻杆等机械往井下压炸药包。

**7.9.4**　起爆站应设在视野开阔与炮井通视条件良好的炮井上风方向的安全区内，如不能通视则应派人站在双方均能看到的安全位置，监视爆破点警戒区域内的安全情况并用旗语通知起爆站。起爆站距炮井的距离不应小于：

——砂土、黏土层，30m；

——岩石、冻土层，60m；

——井深小于5m（或坑炮），100m；

——特殊情况应按爆炸方式，使用药量由设计计算确定。

在起爆站周围30m范围内，无关人员不应进入，站内不准堆放与爆破作业无关的物品。不应将两个（包含两个）以上炮井的炮线同时引到起爆站。

**7.9.5**　在水域进行地震勘探爆破施工时，应遵守第10章的有关规定。爆破作业船应有专人负责警戒，确保爆破点周围200m内无任何船只和人员；爆破作业船与爆破点之间的距离不得小于100m。

## 8　地下爆破

**8.1　一般规定**

**8.1.1**　地下爆破可能引起地面塌陷和山坡滚石时，应在通往塌陷区和滚石区的道路上设置警戒，树立醒目的警示标识，防止人员误入。

**8.1.2**　工作面的空顶距离超过设计或超过作业规程规定的数值时，不应爆破。

**8.1.3**　采用电力起爆时，爆破主线、区域线、连接线，不应与金属物接触，不应靠近电缆、电线、信号线、铁轨等。

**8.1.4**　距井下爆破器材库30m以内的区域不应进行爆破作业。在离爆破器材库30～100m区域内进行爆破时，人员不应停留在爆破器材库内。

**8.1.5**　地下爆破时，应明确划定警戒区，设立警戒人员和标识，并应采用适合井下的声响信号。发布的

"预警信号"、"起爆信号"、"解除警报信号"，应确保受影响人员均能辨识。

**8.1.6** 井下工作面所用炸药、雷管应分别存放在受控加锁的专用爆破器材箱内，爆破器材箱应放在顶板稳定、支架完整、无机械电气设备、无自燃易燃或其他危险物品的地点。每次起爆时均应将爆破器材箱放置于警戒线以外的安全地点。

**8.1.7** 地下爆破出现不良地质或渗水时，应及时采取相应的支护和防水措施；出现严重地压、岩爆、瓦斯突出、温度异常及炮孔喷水时，应立即停止爆破作业，制定安全方案和处理措施。

**8.1.8** 爆破后，应进行充分通风，检查处理边帮、顶板安全，做好支护，确认地下爆破作业场所空气质量合格、通风良好、环境安全后方可进行下一循环作业。

**8.1.9** 在城市、大海、河流、湖泊、水库、地下积水下方及复杂地质条件下实施地下爆破时，应作专项安全设计并应有切实可行的应急预案。

**8.1.10** 地下爆破应有良好照明，距爆破作业面100m范围内照明电压不得超过36V。

**8.2 井巷掘进爆破**

**8.2.1** 用爆破法贯通巷道，两工作面相距15m时，只准从一个工作面向前掘进，并应在双方通向工作面的安全地点设置警戒，待双方作业人员全部撤至安全地点后，方可起爆。天井掘进到上部贯通处附近时，不宜采取从上向下的坐炮贯通法；如果最后一炮在下面钻孔爆破不安全，需在上面坐炮处理时，应采取可靠的安全措施。

**8.2.2** 间距小于20m的两个平行巷道中的一个巷道工作面需进行爆破时，应通知相邻巷道工作面的作业人员撤到安全地点。

**8.2.3** 独头巷道掘进工作面爆破时，应保持工作面与新鲜风流巷道之间畅通；爆破后，作业人员进入工作面之前，应进行充分通风。

**8.2.4** 天井掘进采用大直径深孔分段装药爆破时，装药前应在通往天井底部出入通道的安全地点设置警戒，确认底部无人时，方准起爆。

**8.2.5** 竖井、盲竖井、斜井、盲斜井或天井的掘进爆破，起爆时井筒内不应有人；井筒内的施工提升悬吊设备，应提升到施工组织设计规定的爆破安全范围之外。

**8.2.6** 在井筒内运送起爆药包，应把起爆药包放在专用木箱或提包内；不应使用底卸式吊桶；不应同时运送起爆药包与炸药。

**8.2.7** 往井筒掘进工作面运送爆破器材时，应遵守14.1.6.1的规定，还应做到：除爆破员和信号工外，任何人不应留在井筒内；工作盘和稳绳盘上除押运爆破器材的爆破员外，不应有其他人员；装药时，不应在吊盘上从事其他作业。

**8.2.8** 井筒掘进使用电力起爆时，应使用绝缘良好的柔性电线或电缆作爆破导线；电爆网路的所有接头都应用绝缘胶布严密包裹并高出水面。

**8.2.9** 井筒掘进起爆时，应打开所有的井盖门；与爆破作业无关的人员应撤离井口。

**8.2.10** 用钻井法开凿竖井井筒时，破锅底和开马头门的爆破作业应制定安全技术措施，并报单位爆破技术负责人批准。

**8.2.11** 用冻结法施工竖井井筒，冻结段的爆破作业应制定安全技术措施，并报单位爆破技术负责人批准。

**8.2.12** 人工冻土爆破应采取下列措施确保冻结管安全：

——爆破前书面通知冻结站停止盐水循环；

——爆破后与冻结站人员一起下井检查，确认冻结管无损坏时，方可恢复盐水循环；

——在后续出渣和钻孔过程中，要认真观察井帮，发现有出水或出现黄色水迹，应立即通知冻结站，关闭有关冻结管并检查。

**8.2.13** 用反井法掘进时，爆破作业应遵循下列规定：

——反井应及时采用木垛盘支护；爆破前最后一道小垛盘距离工作面不应超过1.6m；

——爆破前应将人行格和材料格盖严；爆破后，首先充分通风，待有害气体吹散，方可进入检查；检查人员不应少于2人；经检查确认安全，方可进行作业；

——用吊罐法施工时，爆破前应摘下吊罐，并放置在水平巷道的安全地点；爆破后，应指定专人检查提升钢丝绳和吊具有无损坏。

**8.2.14** 桩井爆破应遵守下列规定：

——桩井掘进爆破，应遵守井巷掘进爆破的有关规定；

——桩井爆破作业应有专人负责指挥；

——井深不足10m时，井口应做重点覆盖防护；

——应控制爆破振动的影响，确保邻井井壁和桩体的安全；

——爆后应修整井壁并及时清渣。

**8.3 地下大跨度硐群开挖爆破**

**8.3.1** 深孔爆破的钻孔直径不应超过90mm，台阶高度不应超过8m。

**8.3.2** 大跨度硐室边墙、顶板及硐群交汇部位应进行预裂爆破或光面爆破。

**8.3.3** 当地下厂房需留岩锚梁时，岩锚梁岩壁保护层开挖应采用浅孔爆破法。

**8.3.4** 大跨度硐群开挖，应按设计的开挖顺序进行，爆破时应监控爆破振动对本硐室及相邻硐室的影响。

**8.4 地下采场爆破**

**8.4.1** 浅孔爆破采场应通风良好、支护可靠并应至少有两个人行安全出口；特殊情况下不具备两个安全出口时，应报单位爆破技术负责人批准。

**8.4.2** 深孔爆破采场爆破前应做好以下准备工作：

——建立通往爆区井巷的良好通行条件和装药现场的作业条件，必要时在适当位置建立防冲击波阻波墙；

——巷道中应设有通往爆破区和安全出口的明显路标，并设联通爆破作业区和地表爆破指挥部的通讯线路；

——现场划定爆破危险区，并在通往爆破危险区的所有井巷的入口处设置明显的警示标识；

——验收合格的深孔应用高压风吹干净，列出深孔编号，废孔应作出明显标识。

**8.4.3** 地下深孔爆破作业，应遵守7.2和7.3的有关规定，还应符合以下要求：

——装药开始后，爆区50m范围内不应进行其他爆破；

——现场加工起爆药包应选择不受其他作业影响的安全地点；

——现场装药、填塞、联网、起爆，应由专职爆破员进行，遇有装药故障，应在爆破技术人员指导下进行处理；

——需要回收的装药操作台、人行梯子等物，应在起爆网路连接完成、并经现场爆破负责人检查无误后，由专人从工作面开始向起爆站方向依次回收。回收操作不得影响和损坏起爆网路。

**8.4.4** 地下开采二次爆破时，应遵守下列规定：

——起爆前应通知可能受影响的相邻采场和井巷中的作业人员撤到安全地点；

——人员不应进入溜井与漏斗内爆破大块矿石；

——人员不应进入采场放矿出现的悬拱或立槽下方危险区实施二次爆破；

——在与采场短溜井、溜眼相对或斜对的出矿漏斗处理卡斗或二次爆破时，应待溜井、溜眼下部的放矿作业人员撤到安全地点后方可进行，且爆破作业人员应有可靠的防坠措施；

——地下二次破碎地点附近，应设专用炸药箱和起爆器材箱，其存放量不应超过当班二次爆破使用量；

——在旋回、漏斗等设备、设施中的裸露药包爆破，应在停电、停机状态下进行，并应采取相应的安全措施。

**8.5 溜井（含矿仓）堵塞处理**

**8.5.1** 用爆破法处理溜井堵塞，不允许作业人员进入溜井，应采用竹、木等材料制作的长杆把炸药包送到堵头表面进行爆破振动处理。

**8.5.2** 当溜井堵塞、矿石粘壁，经多次爆振仍未塌落，准备采用特殊方法处理时，应制定和采取可靠安全措施，经爆破技术负责人批准后，在安全部门监护下作业。

**8.5.3** 用矿用火箭弹处理溜井堵塞时，应遵守下列规定：

——爆破员应经过火箭弹使用技术的专门培训；

——堵塞处不稳定（如掉石块）时，不得使用矿用火箭弹处理；

——用矿用火箭弹处理溜井堵塞时，相邻井巷、采场不应进行其他爆破作业；

——堵塞物一次未处理完，当班不应第二次用矿用火箭弹处理。

**8.5.4** 处理采场卡斗和悬顶爆破，应遵守下列规定：

——处理卡斗和悬顶人员，应经专门技术培训；

——处理卡斗和悬顶前，应保证作业人员进出通道畅通，观察人员应在照明充足和有人监护的条件下，确认卡斗、悬顶类型并做好记录；

——根据卡斗高度不同，应采用不同的处理方法（爆破振动法、直接爆破法和火箭弹法等）；

——当有人进入漏斗作业时，应停止相邻采场的爆破和出矿，且应有专人监护和警戒；

——振动爆破每次用药量不超过2kg，破碎爆破每次用药量不超过20kg；

——巨型石块卡堵在漏斗上方无冒落危险采用浅孔爆破法处理时，应在漏斗内搭操作平台，支护四壁岩石；从支护到爆破完毕应连续作业；

——用爆破方法处理采场残柱及悬顶，应由爆破技术负责人组织制定处理方案并实施。

## 8.6 煤矿井下爆破（包括有瓦斯或煤尘爆炸危险的地下工程爆破）

**8.6.1** 井下爆破工作应由专职爆破员担任，在煤与瓦斯突出煤层中，专职爆破员应固定在同一工作面工作，并应遵守下列规定：

——爆破作业应执行装药前、爆破前和爆破后的“一炮三检”制度；

——专职爆破员应经专门培训，考试合格，持证上岗；

——专职爆破员应依照爆破作业说明书进行作业。

**8.6.2** 在有瓦斯和煤尘爆炸危险的工作面爆破作业，应具备下列条件：

——工作面有风量、风速、风质符合煤矿安全规程规定的新鲜风流；

——使用的爆破器材和工具，应经国家授权的检验机构检验合格，并取得煤矿矿用产品安全标识；

——掘进爆破前，应对作业面20m以内的巷道进行洒水降尘；

——爆破作业面20m以内，瓦斯浓度应低于1%。

**8.6.3** 煤矿井下爆破作业，必须使用煤矿许用炸药和煤矿许用电雷管，不应使用导爆管或普通导爆索。煤矿和有瓦斯矿井选用许用炸药时，应遵守煤炭行业规定；同一工作面不应使用两种不同品种的炸药。

**8.6.4** 煤矿井下爆破使用电雷管时，应遵守下列规定：

——使用煤矿许用瞬发电雷管或煤矿许用毫秒延时电雷管；

——使用煤矿许用毫秒延时电雷管时，从起爆到最后一段的延时时间不应超过130ms。

**8.6.5** 煤矿井下应使用防爆型起爆器起爆；开凿或延深通达地面的井筒时，无瓦斯的井底工作面可使用其他电源起爆，但电压不应超过380V，并应有防爆型电力起爆接线盒。

**8.6.6** 推广使用新工艺、新设备、新器材等除应遵守6.3.1.4的规定外，煤矿井下使用新型爆破器材须经国家授权的检验机构检验合格，并取得煤矿矿用产品安全标识后，方可在煤矿井下试用。

**8.6.7** 装药前和爆破前有下列情况之一的，不应装药、爆破：

——采掘工作面的空顶距离不符合作业规程的规定、支架有损坏、伞檐超过规定；

——爆破地点附近20m以内风流中瓦斯浓度达到1%；

——炮孔内发现异状、温度骤高骤低、有显著瓦斯涌出、煤岩松散、穿透老采空区等情况；

——在爆破地点20m以内，矿车、未清除的煤、矸或其他物体堵塞巷道断面1/3以上；

——采掘工作面风量不足。

**8.6.8** 炮孔填塞材料应用黏土或黏土与砂子的混合物，不应用煤粉、块状材料或其他可燃性材料。

炮孔填塞长度应符合下列要求：

——炮孔深度小于0.6m时，不应装药、爆破；在特殊条件下，如挖底、刷帮、挑顶等确需炮孔深度小于0.6m的浅孔爆破时，应封满炮泥，并应制定安全措施；

——炮孔深度为0.6～1.0m时，封泥长度不应小于炮孔深度的1/2；

——炮孔深度超过1.0m时，封泥长度不应小于0.5m；

——炮孔深度超过2.5m时，封泥长度不应小于1.0m；

——光面爆破时，周边光爆孔应用炮泥封实，且封泥长度不应小于0.3m；

——工作面有两个或两个以上自由面时，在煤层中最小抵抗线不应小于0.5m，在岩层中最小抵抗线不应小于0.3m；浅孔装药二次爆破时，最小抵抗线和封泥长度均不应小于0.3m；

——炮孔用水炮泥封堵时，水炮泥外剩余的炮孔部分应用黏土炮泥或不燃性的、可塑性松散材料制成的炮泥封实，其长度不应小于0.3m；

——无封泥，封泥不足或不实的炮孔不应爆破。

**8.6.9** 有煤（岩）和瓦斯突出危险的采掘工作面，废炮孔也应在爆破前用炮泥封实；大直径炮孔的填塞深度，应超过炮孔装药的长度。

**8.6.10** 在有瓦斯或煤尘爆炸危险的采掘工作面，应采用毫秒延时爆破；掘进工作面应全断面一次起爆；采煤工作面，可分组装药，但一组装药应一次起爆且不应在一个采煤工作面使用两台起爆器同时进行爆破。

**8.6.11** 在有瓦斯或煤尘爆炸危险的矿井中，放顶煤工作面不应用爆破挑顶煤。

**8.6.12** 爆破法处理卡在溜煤（矸）孔中的煤、矸时，应遵守下列规定：

——应采用取得煤矿矿用产品安全标识的用于溜煤（矸）孔的煤矿许用被筒炸药或不低于该安全等级的煤矿许用炸药；

——每次只准使用一个煤矿许用电雷管，最大装药量不应超过450g；

——爆破前应检查溜煤（矸）孔内堵塞部位上部和下部空间的瓦斯；

——爆破前应洒水。

**8.6.13** 采用振动爆破揭开有煤（岩）与瓦斯突出危险的煤层时，应按专门设计及规定进行，并应遵守以下规定：

——选用符合分级规定的爆破器材，采用铜脚线的煤矿许用毫秒电雷管且不应跳段使用；

——爆破母线应采用专用电缆，并尽可能减少接头，有条件的可采用遥控起爆器；

——爆破前应加强振动爆破地点附近的支护；

——振动爆破应一次全断面揭穿或揭开煤层；如果未能一次揭穿煤层，掘进剩余部分的第二次爆破作业仍应按振动爆破的安全要求进行。

**8.6.14** 振动爆破工作面，应具有独立、可靠、畅通的回风系统；爆破时回风系统内应切断电源，且不应有人员作业或通过。

**8.6.15** 振动爆破应由爆破技术负责人统一指挥，并有救护队员在指定地点值班，爆破30min后，检查人员方可进入工作面检查。

**8.6.16** 石门揭煤采用远距离爆破时，应制定专项安全措施，内容应包括爆破地点、避灾路线、停电范围、撤人和警戒范围等。

**8.6.17** 煤巷掘进工作面爆破时，起爆地点应设在进风侧反向风门之外的全风压通风的新鲜风流中或避难硐室内，装药前回风系统必须停电撤人，爆破后不应小于30min方允许进入工作面检查。

**8.7 钾矿井下爆破**

**8.7.1** 装药前应测定爆破作业面及其20m以内的所有巷道和起爆站等重要部位空气中的氢气和瓦斯浓度，确认无危险时，方准进行爆破准备工作。

**8.7.2** 起爆站应设在安全区的新鲜风流中。

**8.7.3** 装药前，应切断采区的动力电源和照明电源；起爆前，应检查起爆网路绝缘情况。

**8.7.4** 起爆网路的设计，应保证炮孔按逆风流方向依次顺序起爆。

**8.7.5** 爆后15min，瓦斯检查员方准进入爆破作业面和电气设备附近检查瓦斯、氢气等浓度；确认无瓦斯爆炸危险，并检查确认动力电网、照明电网和电气设备无破损且绝缘良好，方可恢复送电；通风正常之后，方准人员进入工作面作业。

**8.7.6** 在有氢气和瓦斯爆炸危险的矿井爆破时，应使用符合钾矿爆破安全要求的爆破器材。

**8.8 石油矿和地蜡矿井下爆破**

**8.8.1** 应根据矿井空气中有毒气体、瓦斯和油蒸气等爆炸危险性气体的浓度，确定允许进行爆破作业的工作面，经单位爆破技术负责人批准后方可爆破。

**8.8.2** 在批准爆破作业的地点进行爆破，应遵守下列规定：

——确保爆破作业面有新鲜风流，可燃气体的浓度不超标；

——使用煤矿许用炸药；

——使用煤矿许用型雷管；

——不准使用裸露药包或不足1.0m深的炮孔爆破；

——炮孔深度为1.0~1.5m时，填塞长度不应小于孔深的1/2；炮孔深度超过1.5m时，填塞长度不应小于孔深的1/3，且不小于0.75m；不得采用无填塞爆破；

——有多个自由面时，每个方向的最小抵抗线不应小于0.5m。

**8.8.3** 装药与起爆前，应测定工作面及其20m以内的所有巷道和起爆站的瓦斯、油蒸气浓度。

**8.8.4** 应清除工作面及其20m以内的各巷道底板上的石油，并覆盖砂子。

**8.8.5** 爆破作业现场应有专人监护。

**8.8.6** 每次爆破后，应有专人检查工作面及通风情况，经爆破技术负责人批准后，方准许人员进入工作面。

**8.8.7** 有轻石油和瓦斯强烈喷出的炮孔，不应装药爆破；只有少量滴状石油析出的炮孔，装药前应仔细清除油滴。

**8.9 放射性矿井爆破**

**8.9.1** 放射性矿井爆破与放射性物探应遵守下列规定：

——井下采掘作业面应根据物探编录进行爆破设计；

——凿炮孔前应对工作面进行γ取样，确定矿体厚度、品位，圈定矿体边界，打孔后应进行γ测孔，区分矿石和废石；

——根据物探测孔资料确定炮孔装药方案，实施分爆分采；

——爆破后应进行放射性测量，根据物探测量资料进行分装分运；

——采场作业面分爆分运之后，还需进行物探钻孔找边，只有在物探找边完毕后，才能实施上采钻孔的施工。

**8.9.2** 采用原地爆破浸出工艺的采场，在爆破筑堆前应结合采切工程进行生产探矿设计和施工，并根据生产探矿资料计算采场储量，作为深孔爆破施工设计和浸出效果评估的基础资料。

钻孔施工结束后及时验孔并同时进行物探测孔、编录和上图，为爆破装药设计提供资料，并按炮孔排面进行储量核算。

**8.9.3** 采场原地浸出爆破宜采用小补偿空间一次挤压爆破方式，挤压爆破空间补偿系数宜控制在15%~20%范围内。

**8.9.4** 原地爆破浸出采场的爆破作业应遵守下列规定：

——对于中等厚度以下矿体，采场采用上向平行凿岩，炮孔深度不应大于15m；

——对于中等厚度以上矿体，可采用大于15m的深孔爆破，但应经过严格的论证；

——一次爆破取段长度控制在60m以内；

——应保证爆破后80%以上的矿岩粒度小于150mm；

——设计装药单耗比非原地爆破浸出采场的装药单耗增加20%~30%；

——爆破装药到起爆的时间不超过24h。

**8.9.5** 放射性矿井爆破后的通风应符合下列规定：

——以稀释氡气及氡子体浓度作为计算爆破后通风量的依据；

——爆破后工作面通风时间不应少于30min；

——井下深孔大爆破后应开启主风机，经通风吹散有害气体，达到设计要求的通风时间（不得少于48h）后，安全检查人员佩带防护装置和检测仪器到各工作面检测有毒、有害气体的含量；

——只有氡气浓度小于2700Bq/m$^3$，方可允许作业人员进入工作面作业；

——原地爆破浸出采场的布液巷和集液巷应与矿井回风系统贯通，确保原地爆破浸出采场析出的氡引入回风系统。

**8.9.6** 放射性矿井的凿岩爆破作业人员应遵守下列规定：

——应佩带好防护用品（包括口罩、个人计量剂）才能进入工作面；

——每天只应上一班，每班作业时间不应超过6h；

——作业结束后应洗澡，并经放射性剂量监测合格。

**8.9.7** 自然温度高于30℃的放射性矿井的工作面，应有完备的降温措施，保证工作面的温度低于30℃，同时适当控制持续作业时间。

**8.9.8** 水文地质条件复杂的大水铀矿床的采掘工作面应布置3个以上超前探水钻孔，钻孔深度不少于25m。

### 8.10 隧道开挖爆破

**8.10.1** 隧道开挖方法应根据隧道周围环境、工程地质条件、开挖断面形式及尺寸、施工设备、工期等因素，选择全断面法、半断面法或分部爆破开挖法。

**8.10.2** 非长大隧道掘进时，起爆站应设在硐口侧面50m以外；长大隧道在硐内的避车洞中设立起爆站时，起爆站距爆破位置应不小于300m，并能防飞石、冲击波、噪声等对人员的伤害。

**8.10.3** 隧道爆破时，所有人员和机械应撤离到安全地点，警戒人员应从爆破工作面向外全面清场，待警戒人员到达起爆站后，确认隧道内无人方可进行起爆。

**8.10.4** 隧道贯通爆破应遵守8.2.1有关规定；两条相邻平行隧道开挖爆破时，应遵守8.2.2有关规定。

**8.10.5** 长大隧道掘进，应配备充足的通风设备加强通风，保证硐内空气质量符合标准。

**8.10.6** 用压气盾构法掘进隧道时，不应将爆破器材放在有压缩空气的区域内。

**8.10.7** 隧道掘进遇到煤夹层时，应进行瓦斯监测并调整人员避炮安全距离。

## 9 高温爆破

### 9.1 一般规定

**9.1.1** 高温爆破作业人员应经过专门培训，且形成固定搭配。

**9.1.2** 高温爆破温度低于80℃时，应选用耐高温爆破器材或隔热防护措施，温度超过80℃时，必须对爆破器材采取隔热防护措施。

**9.1.3** 装药前应测定工作面与孔内温度，掌握孔温变化规律；温度计应进行标定，确保测温准确。

**9.1.4** 高温爆破作业面附近的非爆破工作人员，应在装药前全部撤离。

**9.1.5** 装药时，应按从低温孔到高温孔的顺序装药；在既有高温孔又有常温孔的爆区，应先把常温孔装填好之后，再实施高温孔装药。

**9.1.6** 装药时，应根据孔温限定装药至起爆的时间，并做好人员应急撤离方案，在限定时间内所有人员撤离到安全地点。

**9.1.7** 装药时，应安排专人监督，发现炮孔逸出棕色浓烟等异常现象时，应迅速组织撤离。

### 9.2 高温岩石爆破

**9.2.1** 装药前应做好以下准备工作：

——降低炮孔温度；

——测温并掌握温度上升规律；

——爆破器材隔热防护。

**9.2.2** 降温应遵守以下规定：

——每次降温后，应重新测量孔深并监测升温过程，如果炮孔变浅或坍塌，应及时调整该炮孔及其周围炮孔的装药量；

——对回温较快的炮孔应采取进一步的降温措施，并注意观测温度变化；

——装药前爆破员要对炮孔的温度、孔深进行测量并做好记录。

**9.2.3** 装药前的测温应遵守以下规定：

——测温应两人同时进行，并在装药前将孔温在现场标注清楚；

——测温应使用两种不同类型的测温仪同时进行，并分别做好记录。

**9.2.4** 露天台阶高温爆破应采用垂直炮孔。

**9.2.5** 高温爆破时不得在高温炮孔内放置雷管，应采用孔内敷设导爆索、孔外使用电雷管和导爆管雷管的起爆方式；应将导爆索捆在起爆药包外，不得直接插入药包内。

**9.2.6** 应严格控制一次高温爆破的炮孔数目，确保在规定的时间内完成装药、填塞及起爆工作。

**9.2.7** 高温孔的装药应在炮孔的填塞材料全部备好，所有作业人员分工明确并全部到位，孔外起爆网路全部连接好后进行。

**9.2.8** 在装药过程中如发生堵孔，在规定时间内不能处理完毕，应立即放弃该孔装药，并注意观察。

**9.3 高温高硫矿山爆破**

**9.3.1** 高温高硫矿山爆破应遵守 9.2 的规定。

**9.3.2** 高温高硫矿（岩）的大规模爆破应选用稳定性高、不易自燃自爆的炸药；在矿岩与常用炸药接触有较强反应的区域进行爆破作业时，应使用防自燃自爆的安全炸药。

**9.3.3** 高温高硫矿（岩）的爆破，应尽量避免炸药与高温高硫矿石接触，应控制药包与炮孔壁的接触时间，必要时采取隔离措施。

**9.3.4** 在具有硫尘或硫化物粉尘爆炸危险的矿井进行爆破时，应遵守下列规定：

——定期测量粉尘浓度；

——不许采用裸露药包爆破和无填塞的炮孔爆破，炮孔填塞长度应大于炮孔全长的 1/3，并应大于 0.3m；

——装药前，工作面应洒水：浅孔爆破时，10m 范围内均应洒水；深孔爆破时，30m 范围内均应洒水；

——爆破作业人员应随身携带自救器，使用防爆蓄电池灯照明。

**9.3.5** 在高温高硫矿井爆破时，应遵守下列规定：

——应使用加工良好的耐高温防自爆药包，且药包不应有损坏、变形；

——装药前应测定工作面与孔内温度，孔温不应高于药包安全使用温度；

——爆前、爆后应加强通风，并采取喷雾洒水、清洗炮孔等降温措施；

——用导爆索起爆时，应采用耐高温高强度塑料导爆索；

——不应使用含硫化矿的矿岩粉作填塞物；

——孔内温度为 60～80℃时，应控制装药至起爆的间隔时间不超过 1h；

——孔内温度为 80～120℃时，应用石棉织物或其他绝热材料严密包装炸药，采用防热处理的导爆索起爆，装药至起爆的间隔时间应通过模拟试验确定；

——孔内温度超过 120℃时，应采用特种耐高温爆破器材。

**9.3.6** 在高硫矿井使用硝铵类炸药进行爆破，应事先测定硫化矿矿粉含硫量和铁离子浓度。当矿石含硫量超过 30%，矿粉硫酸铁和硫酸亚铁的铁离子浓度之和（三价铁和二价铁）超过 0.3%，作业面潮湿有水时，应遵守下列规定：

——清除炮孔内矿粉；

——炸药应包装完好，炸药不应直接接触孔壁；

——不应使用硫矿渣填塞炮孔并严格控制装药至起爆的时间。

**9.3.7** 在同时具有高温、高硫和硫尘爆炸危险的矿井爆破时，应根据实地情况，制定操作细则并采取可靠的安全防护措施。

**9.3.8** 具有自燃自爆倾向的露天高温高硫矿山爆破应遵守以下规定：

——爆前应实测炮孔温度，对高温炮孔应遵守 9.3.5、9.3.6、9.3.7 的有关规定；

——应采用添加抑制剂的乳化炸药，或使用高强度塑料袋进行隔离；

——实施大规模爆破前，应模拟装药条件（炮孔有水，相同环境、炸药、温度等）进行试验，取得可靠经验后，再实施爆破作业；

——不许实施预装药爆破；

——应在整个爆区装药完毕后集中填塞，并同时连接起爆网路。

**9.4 热凝结物爆破**

**9.4.1** 热凝结物破碎宜采用钻孔爆破，用专门加工的炮泥填塞。

**9.4.2** 炮孔底部温度超过200℃时，应采用定型隔热药包向炮孔内装药；温度低于200℃时，炮孔内药包应进行隔热处理，确保药包内温度不超过80℃。

**9.4.3** 装药前，先对炮孔进行强制降温，然后测定隔热包装条件下的包装内部温度上升曲线，确认5min后隔热包装内的温度。

**9.4.4** 如孔内装雷管应采用双发，爆破前应先做隔热包装试验，保证雷管在5min内不发生自爆。

**9.4.5** 孔内装导爆索时，爆破前应做导爆索隔热试验，确保传爆可靠。

**9.4.6** 热凝结物爆破开始装药前应作好清场、警戒工作。

**9.4.7** 多个药包同时爆破且炮孔底部温度高于80℃时，每人装药的孔数不得超过2个，装药时间内炸药温度不得超过80℃。

**9.4.8** 采用新型隔热材料应经模拟试验，确认安全可靠；定型隔热药包的作业时间和装药孔数应根据产品说明书和模拟试验结果确定。

**9.4.9** 热凝结物爆破出现盲炮时，待其自爆后再解除警戒；如需人工处理盲炮，应大量洒水使凝结物温度降至80℃以下再进行处理。

**9.4.10** 邻近有金属熔液出炉作业时，炉内不准进行爆破。

## 10 水下爆破

**10.1 一般规定**

**10.1.1** 进行水下爆破工程前，应征得有关部门许可，并由海事部门发布航行通告。

**10.1.2** 水下爆破实施前，爆破区域附近有建（构）筑物、养殖区、野生水生物需保护时，应针对爆破飞石、水中冲击波（动水压力）、爆破振动和涌浪等水下爆破有害效应制定有效的安全保护措施。

**10.1.3** 爆破作业船（平台）上的工作人员，作业时应穿好救生衣，无关人员不应登上爆破作业船（平台）。爆破施工时，爆破作业船（平台）及其辅助船舶应悬挂信号（灯号）；水域危险边界上应设置警告标识、禁航信号。

**10.1.4** 进行水下爆破前，除按6.2的规定作相应准备工作外，还应准备救生设备，选择爆破作业船及其辅助船舶并报批爆破器材的水上运输和储存方案，调查水域中有无遗留的爆炸物和水中带电情况。

**10.1.5** 爆破作业负责人应根据爆破区的地质、地形、潮汐、水深、流速、流态、风浪和周围环境等情况布置爆破作业。

**10.1.6** 水下爆破应使用防水或经防水处理的爆破器材并进行与实际使用条件相应的抗水、抗压试验；爆破器材可存放在专用储存船内。

**10.1.7** 水下爆破采用导爆管起爆网路时，水下不应有导爆管接头和接点；采用导爆索起爆网路时，水下导爆索的接头或接点应做防水处理，同时应在主爆线上加系浮标，使其悬吊；采用电爆网路时，水下导线宜采用柔韧绝缘铜线并避免水中接头。

**10.1.8** 在流速较大的水域进行爆破作业时，应采用高强度导爆管雷管起爆网路，并对爆破网路采取有效的防护措施。

**10.1.9** 水下爆破施工中，爆区附近有重要建（构）筑物、水生物需保护时，一次爆破药量应由小逐渐加大，并对水中冲击波、涌浪、爆破振动等进行监测和观察。

**10.2 水下裸露药包爆破**

**10.2.1** 水下裸露药包爆破只宜在爆夯、挤淤及水下钻孔爆破难以实施时采用。

**10.2.2** 水下裸露爆破的药包，应在专用的加工房或加工船上制作，并适当配重；加工区和存放区应采取绝缘、隔热处理并留有足够的安全距离。

**10.2.3** 投药船应采用结构坚固、技术性能良好的船只，工作舱内和船壳外表不应有尖锐的突出物，作业舱内不应存放任何带电物品。

**10.2.4** 在急流区域投药时，投药船应由定位船或有固定端的绳缆牵引。定位船不应走锚移位。

**10.2.5** 投药船离开投放药包地点前，应检查船底、舵板、推进器、装药设备等是否挂有药包或缠有网路线。

**10.2.6** 已投入水底（水中）的裸露药包，不应拖曳和撞击，应采取防止漂移措施并设置浮标。

**10.3 水下钻孔爆破**

**10.3.1** 水下钻孔爆破宜一次钻孔至炮孔设计的底标高，爆破顺序按由深水至浅水、由下游至上游的方向进行。

**10.3.2** 钻孔船（平台）应稳固，定位应准确并经常校核；钻孔位置的偏差：内河应小于20cm，沿海应小于40cm。

**10.3.3** 装药前应将孔内的泥砂、石屑吹净；在现场加工起爆药包，加工完毕应立即装入孔内。

**10.3.4** 装药时应拉稳药包提绳，配合送药杆进行，不应强行冲击、挤压卡塞在孔内的药包；深水爆破采用金属杆作为送药杆时，应对接触药包端作绝缘处理。

**10.3.5** 水下深孔采取孔内分段装药时，段间应有间隔填塞；采用孔内延时爆破时填塞长度不得小于炸药殉爆距离。

**10.3.6** 水下钻孔爆破应采用小于2.0cm的碎石或粗砂填塞，填塞长度应不少于0.5m。

**10.3.7** 水下钻孔爆破采用延时起爆网路时，延时雷管宜放入孔内；采用孔外延时起爆网路时，应采取措施对起爆网路进行保护。

**10.3.8** 钻机移位时应将钻杆和套管提离水面，不得刮（挂）断爆破网路；移船及涨潮、落潮时，应适当收放导线（导爆管）；导线（导爆管）上附有漂浮物时，应及时清理。

**10.3.9** 水下钻孔爆破连续作业时，爆破器材可存放在主管部门认可的临时专用储存舱房内。

**10.3.10** 水下钻孔爆破应确保孔内炸药、雷管在防水有效时间内正常起爆。

**10.4 水下岩塞爆破**

**10.4.1** 水下岩塞爆破的设计除应遵照5.2的有关规定外，还应包括以下内容：

——岩塞口水下地形图及地质剖面图（1∶100 ~ 1∶200）；

——岩塞与聚渣坑的稳定性及其围岩渗漏性的分析；

——对水文地质情况的分析；

——采用硐室方案时，导硐及硐室开挖程序和相应爆破规模的规定；

——采用泄渣方案时，应对泄渣硐的损坏情况进行分析，并制定相应的应对措施；

——岩塞周边应采用预裂或光面爆破；

——水中冲击波、涌水对周围建（构）筑物影响的分析论证。

**10.4.2** 岩塞厚度小于10m时，不应采用硐室爆破法。

**10.4.3** 岩塞体漏水量过大时，应作引水或止水处理。

**10.4.4** 装药工作开始之前，应将距岩塞工作面50m范围内的所有电气设备全部撤离。

**10.4.5** 岩塞爆破应采用复式导爆管雷管起爆、电雷管起爆或数码电子雷管起爆网路；爆破器材应按设计要求进行防水试验，起爆网路应有可靠的保护措施。

**10.5 破冰爆破**

**10.5.1** 破冰爆破的爆破段（班）长，应由有破冰经验的爆破工程技术人员担任。

**10.5.2** 保护物周围的冰层，应先用人工或机械破碎；在特殊情况下，经爆破技术负责人批准和有关部门同意，才可使用小药包爆破破碎保护物周围的冰层。

**10.5.3** 用爆破法排除保护物附近的阻塞冰块、冰排时，一次爆破的炸药量应根据保护物、堤坝的坚固性和安全距离确定。采用火炮进行破冰排凌时，应严格控制弹丸破片对周边环境的有害影响。

**10.5.4** 从气垫船跨至冰层上作业的爆破人员，应穿好救生衣，携带杆子和木板，并系好安全带；待爆破人员撤至安全区域后，方可起爆。

**10.6　爆炸挤淤与夯实**

**10.6.1**　用裸露药包爆破时，应遵守10.2的规定。

**10.6.2**　爆炸挤淤筑堤置换厚度宜控制在4～25m，布药施工中应遵守下列规定：

——每个药包内都应装有起爆体并捆扎牢固，传爆用的导爆索或导爆管应有保护措施；

——导爆索搭接长度不应少于0.3m，不应用导爆索或导爆管拉扯重物；

——采用压入式装药机装药时，不应挤压或撞击药包、导爆管或导爆索；采用振冲式装药时，应先将套管振压就位后再投放药包，药包在套管内时不应开启振动装置；投放药包时，不应使药包在套管内自由坠落；

——泥下装药时，装药器应有可靠的脱钩装置，避免装药器在上拔过程中将药包带出；

——装药时，应对每个药包的装药深度、装药位置进行检查，对不符合要求的及时处理。

**10.6.3**　爆炸夯实分层夯实厚度不应大于12m；当药包在水面下的深度大于8m时，分层夯实厚度不应超过15m。

**10.6.4**　爆炸夯实布药施工中应遵守下列规定：

——可采用水上布药船布药，低潮露出石面时也可采用人工陆上布药，可选用点、线或面的布药方式进行；

——应对药包捆扎配重物，避免移位；

——受风或水流影响时，应逆风或逆流布药；受风和水流同时影响时，应逆流布药；

——在水位变动区施工时，应保证起爆时水深符合爆破设计要求。

**10.6.5**　在饱和砂（土）地基附近进行爆破作业时，应遵照13.8.5的规定。

**10.7　潜水爆破和水下结构物解体爆破**

**10.7.1**　海上救助、沉船打捞、水下结构物解体、深水炸礁采用潜水爆破时，允许在作业船上设置供爆破器材储存和加工的临时专用舱。

**10.7.2**　海上运输爆破器材，应使用符合航海等级的船舶，爆破器材应包装完好，不准分拆装卸。

**10.7.3**　潜水爆破应有良好的通讯设备，夜间进行潜水爆破应有良好的照明和通讯设备。

**10.7.4**　潜水爆破作业前，应对被爆物（如沉船等）进行调查和检测，如果被爆物内有易燃、易爆、有毒、放射性等危险物品时应采取有效的安全措施。

**10.7.5**　潜水爆破应在潜水员离开水面并将作业船移至安全地点后，方可起爆。

**10.7.6**　在潜水爆破作业时严禁进行与爆破无关的水下作业。

**10.7.7**　潜水爆破的炸药包，应由经过爆破培训的潜水员安放，潜水员的作业还应同时遵循相关的潜水安全操作规程。

**10.7.8**　同一爆破区的起爆导线，应并为一束，并用绳索加强，下端固定；潜水员出水时应避免潜水装备或管线等与起爆网路缠挂。

**10.7.9**　打捞爆破，爆后应进行水下探摸，确定无盲炮后方可开始打捞工作。

**10.7.10**　采用电力起爆网路进行潜水爆破时，应遵守下列规定：

——应用抗杂电和防水的金属壳电雷管；

——起爆主线应用双芯屏蔽电缆；

——安放药包时，不应使用水下照明灯；

——潜水员离开水面之前，不应校核起爆网路电阻和连接起爆主线。

**10.7.11**　钢结构拆除和沉船解体爆破应遵守下列规定：

——药条应紧贴钢结构拆除构件、船体；

——海况差时应采用复式起爆网路，海况恶劣时应禁止进行爆破作业；

——爆破点多、药量大时应采用毫秒延时爆破，但须采取措施，防止发生殉爆。

## 11　拆除爆破及城镇浅孔爆破

**11.1　设计文件**

**11.1.1**　拆除爆破及城镇浅孔爆破若无特别要求，宜将技术设计与施工组织设计合并编写。

**11.1.2** 拆除爆破及城镇浅孔爆破应按下列规定进行爆区周围设施、建（构）筑物的保护和安全防护设计：

——根据被保护建（构）筑物或设备允许的地面质点振动速度，限制最大一段起爆药量及一次爆破用药量，或采取减振措施；

——拆除高耸建（构）筑物时，应考虑塌落振动、后坐、残体滚动、落地飞溅和前冲等发生事故的可能性，并采取相应的防护措施，提出必要的监测方案；

——对爆破体表面进行有效覆盖；

——对保护物作重点覆盖或设置防护屏障；

——采取防尘、减尘措施。

**11.1.3** 对爆区周围道路的防护与交通管制，应遵守下列规定：

——使拆除物倒塌方向和爆破飞散物主要散落方向避开道路，并控制残体塌散影响范围；

——规定断绝交通、封锁道路或水域的地段和时间。

**11.1.4** 对爆区周围及地下水、电、气、通讯等公共设施进行调查和核实，并对其安全性做出论证，提出相应的安全技术措施。若爆破可能危及公共设施，应向有关部门提出关于申请暂时停水、电、气、通讯的报告，得到有关主管部门同意方可实施爆破。

**11.1.5** 水下及临水拆除爆破设计，应考虑水中冲击波和地震波在水饱和介质中传播的特性并加大安全允许距离。

**11.2 施工准备**

**11.2.1** 拆除爆破及城镇浅孔爆破应采用封闭式施工，围挡爆破作业地段，设置明显的警示标识，并设警戒；在邻近交通要道和人行通道的方位或地段，应设置防护屏障和信号标识。

**11.2.2** 爆破作业前，应清理现场，准备现场药包临时存放与制作场所。

**11.2.3** 拆除爆破及城镇浅孔爆破应在爆破设计人员参与下对炮孔逐个进行验收，复核最小抵抗线的大小，根据每个炮孔的实际状况调整装药量；对不合格的炮孔应提出处理意见；对截面较小的梁柱构件，钻孔宜采用中心线两侧交错布孔方法。

**11.2.4** 拆除爆破应进行试验爆破，试爆方案内容包括：

——了解结构及材质、核定爆破设计参数；

——进行结构整体稳定性分析，保证试爆不影响结构的稳定；

——监测方法和爆后处置措施。

试爆方案应经爆破技术负责人批准，并应在爆破设计人员的指导下进行试爆。存在下列情况，拆除爆破可以不进行试爆：

——试爆可能危及被拆建（构）筑物的稳定；

——周围环境不允许试爆。

**11.3 预拆除**

**11.3.1** 建（构）筑物拆除爆破的预拆除设计，应征求结构工程师的意见并保证建（构）筑物的整体稳定。预拆除工作应在工程技术人员的指导下进行。

**11.3.2** 预拆除工作应在装药前完成，预拆除和装药作业不应同时进行。

**11.4 装药、填塞、覆盖防护**

**11.4.1** 拆除爆破及城镇浅孔爆破装药作业，应设置相应的装药警戒范围，严禁无关人员进入。

**11.4.2** 拆除爆破及城镇浅孔爆破的每个药包，应按爆破设计要求计量准确，并按药包重量、雷管段别、药包个数分类编组放置；应设专人负责登记、办理领取手续，并设专人监督检查装药作业。

**11.4.3** 不能在当天完成装药爆破时，应设临时存放点，严格划定警戒范围并进行昼夜警戒。

**11.4.4** 所有装药炮孔均应做好填塞，并防止炮泥发生干缩。

**11.4.5** 应按爆破设计进行防护和覆盖，起爆前由现场负责人检查验收，对不合格的防护和覆盖提出处理措施。防护材料应有一定的重量和抗冲击能力，应透气、易于悬挂并便于连接固定。

**11.4.6** 装药、填塞和覆盖防护时应保护好起爆线路。

**11.5　起爆网路与起爆**

**11.5.1**　拆除爆破及城镇浅孔爆破严禁采用裸露爆破及孔外导爆索起爆网路。

**11.5.2**　爆区附近有高压输电线和电讯发射台时，应采用导爆管雷管起爆网路。

**11.5.3**　防护及覆盖工作完成后，应重新检查起爆网路。

**11.5.4**　起爆前应派人检查现场，核实警戒区无人并核查起爆网路无误后报告现场指挥，由现场指挥下令将起爆装置接入起爆网路。

**11.5.5**　在有瓦斯（如下水道）、城市煤气管道和可燃粉尘的环境进行拆除爆破，应按8.6有关规定制定安全操作细则。

**11.6　爆后检查、盲炮处理**

**11.6.1**　因设计失误或出现盲炮造成建（构）筑物未倒塌或倒塌不完全的，应由爆破技术负责人、结构工程师根据未倒塌建（构）筑物的稳定情况及时改变警戒范围，提出处置方案，未处理前不应解除警戒。

**11.6.2**　爆破作业人员应跟踪建（构）筑物解体、塌散体及岩渣清理作业的全过程，及时处理可能出现的盲炮并回收残留爆破器材。

**11.7　楼房类建筑物爆破拆除**

**11.7.1**　楼房类建筑物爆破拆除倒塌方式的选取，应遵守以下规定：

——根据建筑物的结构特点、环境条件等因素，综合确定倒塌方式；

——当倒塌场地条件受限制时，应采用原地坍塌、单向折叠或双向折叠、逐段塌落的倒塌方式；

——虽有足够的倒塌场地，但因周边环境要求需控制塌落振动时，应采取多切口的单向折叠或多向折叠倒塌方式。

**11.7.2**　建筑物拆除爆破后出现未倒塌或未完全倒塌的事故时，在确定建筑物处于稳定状态的情况下，由有经验的技术人员入内检查，并按下列方式处置：

——如果属于起爆网路问题，经爆破技术负责人批准后，可重新连接网路爆破；

——因设计原因造成未倒塌或未完全倒塌的，宜采用机械方法处理；

——如机械拆除存在严重安全问题，确需采用爆破方法施工的，需对未倒建筑物进行结构分析，重新制定爆破方案。

**11.7.3**　剪力墙、筒体结构的楼房可采取将墙体等效为柱子的承载方法进行预拆除，爆破时应采用高等级的防护措施。钢筋混凝土剪力墙应进行试爆调整爆破设计参数。

**11.8　烟囱、冷却塔类构筑物爆破拆除**

**11.8.1**　烟囱、冷却塔类构筑物爆破拆除，宜采用定向倒塌的爆破方案；因场地限制，倒塌长度不足时，可采用双向折叠或提高爆破切口位置的爆破方案。

**11.8.2**　采用定向倒塌爆破方案时，应对保留的支撑部分进行强度设计校核，且爆破切口最大断面所对应的圆心角应根据校核设计确定。

**11.8.3**　应由专业测量人员准确测定烟囱高度、垂直度以及倒塌中心线、定向窗的位置。要考虑风载荷、结构不对称（烟道、出灰口、爬梯、烟囱筒体内井字梁和灰斗）对倒塌方向的影响。

**11.8.4**　爆破拆除施工作业的预拆除、钻孔、起爆网路都应保持对于设计倒塌方向中心线的对称性。

**11.8.5**　爆破拆除烟囱、冷却塔类构筑物时，应考虑爆后筒体后坐及残体滚动、筒体塌落触地的飞溅、前冲，并采取相应的防护措施。

**11.8.6**　要做好防止烟囱、冷却塔塌落着地瞬间筒体两端冲出的强空气流，对爆区附近设备及设施造成破坏性影响。

**11.8.7**　烟囱、冷却塔类构筑物爆破拆除时，应清除地面积水、碎石；可将地面挖松，或开挖沟槽，并在地面堆起一定高度的土埂，组合成沟埂减振措施。

**11.9　桥梁构筑物爆破拆除**

**11.9.1**　应根据桥梁的结构类型、环境条件选择安全合理的爆破拆除总体方案。

**11.9.2**　桥梁爆破拆除设计方案应仔细分析桥梁结构体的整体受力关系，校核预拆除及试爆后桥梁的力学平衡状态。

**11.9.3** 若需采用水压爆破方法拆除箱式桥梁构件，应按 11.12 相关规定执行，并根据桥梁承载能力校核最大注水量。

**11.9.4** 爆破拆除设计应将桥梁桩柱（桥墩）间节点处的钻爆方案作为重点，确保爆后连接部分解体充分。

**11.9.5** 应对桥梁爆破残渣落水产生的涌浪危害进行分析，并采取必要的防护措施。

**11.9.6** 施工期间应设立交通封闭管理区，桥上、桥下严禁通行。

**11.10 基坑钢筋混凝土支撑爆破拆除**

**11.10.1** 采用预埋管装药爆破方案时应编制埋管设计说明书，详细说明预埋管的位置、深度、材质和施工方法 。预埋管的敷设应在爆破设计人员的指导下进行。

**11.10.2** 爆破前应对每个炮孔的孔位、深度和角度进行验收，对不合格的炮孔应采取加深、回填、重新钻孔等措施以确保炮孔符合设计要求。

**11.10.3** 当采用大规模或一次性爆破拆除基坑钢筋混凝土支撑时，应采用全封闭的防护棚，防护棚应严格按设计要求搭设并有严格的质量验收制度。

**11.10.4** 大面积支撑一次性爆破时，应充分论证起爆网路的可靠性。

**11.11 围堰、堤坝和挡水岩坎爆破**

**11.11.1** 围堰、堤坝和挡水岩坎的拆除爆破应遵守 10.1 的有关规定，设计文件除 5.2.3、5.2.4 规定的内容外还应包括以下内容：

——爆破区域与周围建（构）筑物的详细平面图；

——水下地形地质图及人工围堰的竣工图；

——爆破对周围被保护建（构）筑物和岩基影响的详细论证；

——爆破后需要过流的工程，应有确保过流的技术设计和措施。

**11.11.2** 混凝土围堰和堤坝工程需要爆破拆除时，宜在修建前作出爆破拆除设计，修建时预留出爆破拆除的装药空间。

**11.11.3** 应按周围设施安全要求严格控制单段最大药量，爆区两侧采用预裂或光面爆破，确保附近建（构）筑物的安全。

**11.11.4** 应采用复式或双复式起爆网路。

**11.11.5** 应根据工程要求进行爆破有害效应的监测，并长期保留测试资料。

**11.12 水压爆破**

**11.12.1** 水压爆破应避免泄水对周围环境造成危害。

**11.12.2** 拆除物盛水部位应按设计要求注水并校核注水后结构的安全。

**11.12.3** 装药时应将药包定位在设计位置，不得采用起爆电线或导爆管直接悬挂药包。

**11.12.4** 水压爆破使用的爆破器材与起爆网路连接应符合 10.1.6 和 10.1.7 的有关规定。

## 12 特种爆破

### 12.1 金属破碎爆破与爆炸加工

**12.1.1 一般规定**

**12.1.1.1** 金属破碎爆破和爆炸加工作业，应在专用爆炸场（坑）内进行。爆炸场（坑）或专用厂房的结构设计应保障使用安全并能长期使用。

**12.1.1.2** 爆炸加工场应建在空旷且有优越自然屏障条件的丘陵或山区；应远离居民点、高压线、强射频台、桥梁、铁道、公路、水坝、通信光缆等设施；最大装药爆炸时，在最近的工业及民用建筑物上的空气冲击波超压应不大于 2kPa，在最近村庄和居民区的爆炸噪声应符合表 5 的规定。

**12.1.1.3** 爆炸加工场的安全范围按飞散物安全允许距离和爆破冲击波对人员的安全允许距离确定。在安全范围边界处应设有围墙、篱笆或铁网，并只设一条进入作业场地的通道。

**12.1.1.4** 爆炸加工场应设有避炮掩体。避炮掩体应能够抵抗飞散物，掩体观察口应可视爆炸点全景，掩体入口方向应与爆炸点相背；掩体到爆炸点的距离按空气冲击波对人员的安全允许距离计算；掩体空间以能容纳 3 人为宜。

**12.1.1.5** 进行室内爆炸加工的厂房应有防振基础、防塌墙及轻型屋顶，地基周围应有减振沟。建筑物的高度和结构，减振沟的深度等，均应根据最大允许炸药量确定。

**12.1.1.6** 爆炸加工厂房应包括作业建筑物和辅助建筑物两部分。非操作人员禁止进入作业建筑物。

**12.1.1.7** 爆炸加工厂房应有良好的通风系统，还应设有安全联锁装置、加工作业所需要的给排水系统和真空系统。其测试线路与起爆线路要严格分开铺设。

**12.1.1.8** 炸药配置和药包制作应采用专用工具并在专用场所进行；炸药中不应混入砂子或金属屑等杂物。

**12.1.1.9** 爆炸压床操作时，雷管与炸药被送入爆炸腔内且关严后，才允许起爆。

**12.1.1.10** 火药锤应以黑火药或无烟药作能源；最大装药量应由设计确定，不得超药量进行操作。

**12.1.1.11** 在爆炸加工厂房、爆炸坑、地下室等密闭空间进行爆破后，应充分通风，待有害气体吹散、空气质量达标后，方可进行新的作业。

**12.1.1.12** 加工梯恩梯、硝化甘油等炸药的人员，应做好卫生防护工作。

**12.1.1.13** 未完全爆炸的残药应仔细回收，单独保存，集中销毁。

**12.1.2 金属破碎爆破**

**12.1.2.1** 采用多个药包同时破碎金属时，应使用瞬发雷管或导爆索起爆。

**12.1.2.2** 用火焰喷射法在金属内钻孔时，应待孔壁温度降到 40℃以下且孔内金属屑清除干净后，方准装药。

**12.1.2.3** 用裸露药包爆破破碎金属时，炸药应设置于工件上表面，不应将炸药设置在工件之下或工件空腔内；采用双向装药爆炸切割时，炸药应交错安放在工件两侧。

**12.1.3 聚能切割爆破**

**12.1.3.1** 对建（构）筑物进行聚能爆破拆除的爆破作业单位的爆破工程技术负责人员，应具有相应级别的特种爆破资质和拆除爆破资质。

**12.1.3.2** 裸露布放聚能切割器时，应对空气冲击波、爆炸飞溅物进行控制与防护，并防止高温飞溅物引起次生火灾。

**12.1.3.3** 聚能切割器的加工与组装应遵守下列规定：

——大量使用聚能切割器材爆破时，应采用定型的聚能切割器材或向生产厂家订制；少量使用时，可进行现场加工和组装简单的聚能切割器材，现场一次加工药量不大于 40kg；

——现场加工与组装聚能切割器材时，应选择安全地点设置专用的加工、组装工房；

——施工前应复验聚能切割器材的起爆、传爆性能和切割破碎指标。

**12.1.3.4** 采用火焰切割进行预处理时，应待火焰切割部位冷却到 60℃以下，清理干净周边高温焊渣后，方可安装聚能切割器。

**12.1.3.5** 在有可燃可爆气体、粉尘场所，应测定气体和粉尘的成分与浓度，并采取措施使其浓度降到爆炸极限点以下，方可进行爆破作业。

**12.1.3.6** 安放药包前应清理干净聚能药包固定位置的铁锈、油污、水珠等，并在布药位置标明切割器长度、雷管段别、连接方法。

**12.1.3.7** 聚能切割器应采用端面起爆或棱上起爆，聚能药包的聚能穴朝向应对准待切割体并背离被保护体方向；在切割平板类材料时，聚能药包应固定在材料的外表面；环形切割器安放时应采取相应措施测定并固定好环形聚能切割器位置。

**12.1.3.8** 对临近的被保护体应进行覆盖防护或设置防护屏障；聚能切割高耸钢架构筑物时，应考虑钢架后坐及残体滚动、落地飞溅前冲可能引起的安全问题，并采取相应的防护措施。

**12.1.3.9** 聚能切割爆破应采用导爆管雷管或导爆索起爆网路；两个以上聚能切割器进行延时聚能切割时，应防止先爆区域碎片损坏后爆区域网路与爆破器材。

**12.1.3.10** 聚能爆破的安全允许距离由爆破设计确定，但不小于 150m。

**12.1.3.11** 爆后检查的等待时间按6.8.1的规定执行；聚能切割爆破高耸建筑物时，应等倒塌建筑物和保留建筑物稳定后，方可进入爆破现场检查。

**12.1.3.12** 水下聚能切割爆破应遵循第10章水下爆破有关安全规定。

**12.1.3.13** 水下聚能切割器应准确定位，并牢靠地固定在待切割体上。

**12.1.3.14** 当水下聚能切割药包周边有被保护物体时，应对聚能切割器外壳进行强化处理，减小外壳对四周的损坏范围。

**12.1.4 爆炸复合**

**12.1.4.1** 专业从事爆炸复合的企业应配备专业人员调配专用炸药并配备专业的生产设施。

**12.1.4.2** 凡进入爆炸复合作业现场的一切机动车辆必须安装机动车排气火花熄灭器。

**12.1.4.3** 爆炸复合作业场地应平整，应清除地面石渣及直径50m范围内的杂草、灌木等可燃物，必要时在爆炸复合基板下面铺垫经过筛选的细沙土、矿岩粉等松软材料。

**12.1.4.4** 装药前，除装药车以外的所有车辆应撤离现场；装药应使用木制等不产生火花和静电的器具；剩余的爆炸物品，不得在现场存放。

**12.1.4.5** 爆炸复合炸药应选用操作安全、爆轰稳定的低爆速炸药。

**12.1.4.6** 爆炸复合应使用木框、油毡纸或硬纸板框敷设炸药，不应用金属框（如型铝框）敷设炸药。

**12.1.4.7** 内衬管爆炸复合时，应由熟练爆破员在衬管内腔装药，现场应有专业技术人员指导；设定安全允许距离时，应考虑金属管炸裂形成飞散物的影响。

**12.1.4.8** 管-管外爆炸复合时，装于外管外侧的装药外表面应用油毡纸、硬壳纸或薄壁塑料管进行包裹。

**12.1.5 爆炸成型、爆炸压实、爆炸硬化与爆炸合成**

**12.1.5.1** 爆炸成型、爆炸压实、爆炸硬化与爆炸合成等爆破作业应在专用的爆炸加工场内或专用的爆炸井、爆炸容器中进行，严禁超设计药量爆破；安全允许距离由设计确定。

**12.1.5.2** 露天爆炸硬化、爆炸压实与合成，爆破前应清除地面石渣及直径30m范围内的杂草、灌木等可燃物；同时进行多个硬化、压实与合成爆破时，应采用瞬发雷管同时起爆，相互之间距离不小于4.5m。

**12.1.5.3** 爆炸成型以水为传压介质时，应执行10.1的有关规定；爆炸成型采用反射板时，应严格控制装药量，防止反射板碎片飞散。

**12.1.5.4** 在室内爆炸井中进行爆炸加工作业时，应检查确认井盖自锁后，方可连接起爆线，实施起爆；发生拒爆应立即打捞残药；爆炸井进行抽水清理时，应有爆破技术人员现场指导，收集的残药应集中销毁。

**12.1.5.5** 在爆炸容器内进行爆炸硬化、爆炸压实与合成时，炸药应固牢并严禁接触和接近容器壁；应在紧固容器门、检查所有连通容器的紧固件并确认完全紧固后，再连接启动真空、注水等电器设备。

**12.1.5.6** 在专用爆炸容器中进行爆炸硬化时，不应在设备上直接操作。

**12.1.6 爆炸压接与爆炸消除应力**

**12.1.6.1** 爆炸压接与爆炸消除应力均属于现场裸露爆破，应充分考虑爆炸空气冲击波安全和爆破噪声影响。

**12.1.6.2** 连接输电导线的爆炸压接作业，应采用导爆索或专用炸药，应采取措施防止雷管早爆、防止爆炸诱发输电线路短路事故。

**12.1.6.3** 在地面进行爆炸压接作业时，应先将药包下方的碎石、杂物、干草等清除干净；安全距离由设计确定，不应小于30m。

**12.1.6.4** 爆炸消除应力时，应切断爆炸受体与其他带电设备的连接，检查焊缝温度，确认周边无高温焊渣后，方可开始布药作业。

**12.1.6.5** 爆炸消除应力时，禁止使用金属、石块顶靠药条；使用竹木等顶靠药条时，要进行浸湿等简易防火处理；使用普通塑料制品顶靠药条时，要进行消除静电处理。

**12.1.6.6** 爆炸消除拐角焊缝应力时，应事先进行传爆试验。

**12.1.6.7**　完成装药撤离爆破现场时，应清理所有可能产生飞散物的攀登器具、工具、周边遗留的金属物和药条下方的石块。

## 12.2　油气井爆破

### 12.2.1　施工井场条件

**12.2.1.1**　施工人员到达井场后，施工负责人应将“施工设计书”或“施工通知单”的内容告知作业队负责人与作业队，一起识别并纠正在作业过程中可能造成事故的井场条件。

**12.2.1.2**　在井场施工前应设置安全警戒线及醒目的安全警示标识，并应指定爆炸物品临时存放地点和装枪地点。

**12.2.1.3**　消除施工用电及通讯电磁波干扰的方法是：

——关掉阴极保护系统；

——停止所有用电作业；

——检查作业井架有无漏电，如有漏电应立即采取措施消除漏电；

——作业期间应关闭手机、对讲机等无线通讯工具。

### 12.2.2　施工准备

**12.2.2.1**　油气井爆破施工前，应确认施爆处的井深和井温，计算井压并根据井压和井温选择爆破器材的类型。

**12.2.2.2**　使用的电器仪表对地绝缘和仪表线路间绝缘电阻应大于$20\times10^{6}\Omega$。

**12.2.2.3**　作业人员穿戴好防静电工作服。

### 12.2.3　弹体装配

**12.2.3.1**　组装爆破器材时，应正确操作，不使部件受力，避免产生火花；已装弹的有枪身射孔器端部，应安装防护帽或其他防护装置；应保护好枪或带有暴露起爆部件的装置。组装作业应做到：

——在雷电、雨、雪、沙尘暴、六级以上大风等恶劣天气及有直升机或船只抵达现场时，不应进行组装作业；

——装卸射孔枪、切割器、压裂弹、雷管等爆炸器材时，装卸现场周围10m以内严禁无关人员进入，操作人员应站在射孔器材两端。射孔器材丝扣上如有药粉，须轻擦干净后方能上扣；

——装配好的射孔器下井前不允许再用任何仪表测量；

——施工结束后，对现场进行清理，检查核对爆炸物品数量，剩余爆炸物应及时交库核销，严禁在其他地方存放。

**12.2.3.2**　有枪身和无枪身的射孔枪装配时，应遵守下列规定：

——安装有枪身的射孔枪时，应将装有射孔弹的弹架平稳送入射孔枪管内，均匀用力拉直导爆索；安装枪尾时，应用手托好并准确定位；

——安装无枪身射孔器时、雷管应捆系牢固，不应脱落、摩擦。

**12.2.3.3**　取芯器装药时，应将弹筒向上用钳子夹牢，并设有保护装置。放置衬垫时不应使用产生火花的工具，不应与烟火、电源接近。已装药的取芯器弹筒应向下放置，不准将其朝向工作人员。

**12.2.3.4**　在井场装药（弹）时，装药地点应离开井口、输油管线和电源，枪身两侧不准站人。

### 12.2.4　弹体输送及起爆

**12.2.4.1**　压裂弹、切割弹、射孔枪（弹）、取芯器搬到井口前，应切断井场电源；绞车、仪器车应接好地线；待压裂弹、射孔枪（弹）、取芯器进入井内70m方可检查通断情况；井口联炮前应切断仪器电源，将缆芯接地放电，确认缆芯无电后，方可将缆芯与雷管导线接通。

**12.2.4.2**　严禁利用已装药的压裂弹、切割弹、射孔器、取芯器通井。

**12.2.4.3**　电缆输送射孔应遵守下列规定：

——用电雷管起爆时，应选用安全磁电雷管，并用专用起爆器起爆。爆破器材的耐温耐压性能应满足该施工井的要求；

——爆破器材升降中，点火开关必须断开；

——电缆在升降过程中应平稳，避免打结、扭缠；出现异常时，应立即停车处理；

——在套管内的有枪身射孔器，电缆的上提或下放速度不超过8000m/h，过油管射孔器，下放电缆速度应均匀，其最大速度不超过4000m/h，取芯器的上提速度不超过4000m/h，下放速度不超过6000m/h。

**12.2.4.4** 油管输送射孔应遵守下列规定：

——管柱下井前，需将每根管柱逐一用标准通管规通过，保证管柱畅通；

——下井管柱应平稳下放，下放速度控制在30根/h以内。严禁溜钻、顿钻、急停；

——防止落物掉进管柱内，引起误爆。

**12.2.4.5** 在硫化氢、一氧化碳含量大于$1g/m^3$的油气井中进行爆炸、射孔和取芯作业时，井口工作人员应佩戴防毒面具。

**12.2.4.6** 用导爆索爆炸松扣解卡时，井口周围不准站人；装配好的高温导爆索和高温管束的直径，不应超过导向套（扶正器）的直径；在含硫化氢、井温高于130℃、液压高于50MPa的井内，不应使用塑料导爆索。

**12.2.4.7** 不允许现场装配和使用自制的爆炸筒处理井下卡钻事故，应采用定型切割弹处理井下卡钻事故。

**12.2.4.8** 弹体到位后应采用用投棒引爆或电缆引爆，引爆程序是现场指挥确认安全后发布引爆命令，爆破员引爆。

**12.2.5 盲炮处理**

**12.2.5.1** 处理电缆输送射孔的盲炮时应先检查线路，当发现线路不通时应关闭引爆开关，上提射孔器(速度小于3000m/h)。射孔器提到距井口70m时，关闭井场所有电源、移动电话、对讲机；剪断引爆线，提出井口后拆除引爆体；确定盲炮是引爆体造成还是枪身（弹体）漏水所致，再作出相应处理；

**12.2.5.2** 处理油管输送射孔撞击引爆的盲炮时，必须用投棒打捞器下井打捞投棒，不准采用追加投棒处理法；投棒捞出后，起出管柱，将射孔器起到距井口约两根管柱长度时，由现场技术人员指导处理；已损坏的爆破器材应回收。

**12.2.5.3** 处理定时的盲炮，应在井下放置24h，使定时器电源电量耗尽，再进行处理。

**12.2.5.4** 拒爆的压裂弹、射孔器、取芯器提出井口前，应切断仪器电源和引爆电源，提出井口后剪断导线，使其短路，并立即卸掉起爆装置或雷管，搬运到安全地点后再进行处理。

**12.2.5.5** 拒爆的电雷管应就地销毁或装入防爆箱交还弹药库；打开拒爆的取芯器的取芯室时，不得使用金属工具敲砸，应在现场附近安全地点先向药室内灌水，再用专用工具打开，用燃烧法销毁取芯器内的火药；射孔器、切割弹按规定拆掉点火装置，然后将拆卸的射孔弹和切割弹送回库房，分别存放，统一销毁。

**12.2.6 油、气井爆炸灭火**

**12.2.6.1** 地面装药地点应设在井口火源的上风侧，其距井口的水平距离不应小于100m，并设安全警戒。

**12.2.6.2** 安放炸药的木箱内、外，应用耐火材料包裹并用石棉绳紧密缠绕。石棉绳应浸水（用于气井灭火）或浸泡沫灭火剂（用于油井灭火）。

**12.2.6.3** 全部高压灭火水龙头应配足水源，并聚集在药箱和火苗与喷气界面处；爆破前，全部高压水龙头应固定在设计的位置。

**12.3 钻孔雷爆**

**12.3.1** 实施钻孔雷爆前应勘查井场环境，测试杂散电流，了解含水层的位置及凿井施工偏差度，清洗井筒，清除残留岩心及障碍物。

**12.3.2** 钻孔雷爆应选用猛度与密度较大并有良好耐压及抗水性能的炸药，制成直径不超过井筒直径0.8倍、装药长度为含水层高度0.5倍的金属材料药筒进行装药。

**12.3.3** 爆破筒搬到井口前应切断周围一切电源；装药前应检查孔壁和水位，孔内缺水时应进行灌水，使水位高出药筒顶部2m以上。

**12.3.4** 药筒应用标有定长标记的钢丝绳缓慢吊入井筒，确保药筒到达含水层位置并固定于孔中心。

**12.3.5** 钻孔雷爆应采用双雷管引爆，安装雷管后不准冲击、摩擦筒体；装药时应有专人负责保护起爆线。待药筒进入井内50m后，方可检查电爆网路。

**12.3.6** 起爆站宜设置在钻孔上风侧，站内不应堆放与爆破无关的设备和用具。

## 13 安全允许距离与对环境影响的控制

### 13.1 一般规定

**13.1.1** 爆破地点与人员和其他保护对象之间的安全允许距离，应按各种爆破有害效应（地震波、冲击波、个别飞散物等）分别核定，并取最大值。

**13.1.2** 确定爆破安全允许距离时，应考虑爆破可能诱发的滑坡、滚石、雪崩、涌浪、爆堆滑移等次生灾害的影响，适当扩大安全允许距离或针对具体情况划定附加的危险区。

### 13.2 爆破振动安全允许距离

**13.2.1** 评估爆破对不同类型建（构）筑物、设施设备和其他保护对象的振动影响，应采用不同的安全判据和允许标准。

**13.2.2** 地面建筑物、电站（厂）中心控制室设备、隧道与巷道、岩石高边坡和新浇大体积混凝土的爆破振动判据，采用保护对象所在地基础质点峰值振动速度和主振频率。安全允许标准如表2。

**表2 爆破振动安全允许标准**

| 序号 | 保护对象类别 | 安全允许质点振动速度 $V/(cm \cdot s^{-1})$ | | |
|---|---|---|---|---|
| | | $f \leqslant 10Hz$ | $10Hz < f \leqslant 50Hz$ | $f > 50Hz$ |
| 1 | 土窑洞、土坯房、毛石房屋 | 0.15~0.45 | 0.45~0.9 | 0.9~1.5 |
| 2 | 一般民用建筑物 | 1.5~2.0 | 2.0~2.5 | 2.5~3.0 |
| 3 | 工业和商业建筑物 | 2.5~3.5 | 3.5~4.5 | 4.5~5.0 |
| 4 | 一般古建筑与古迹 | 0.1~0.2 | 0.2~0.3 | 0.3~0.5 |
| 5 | 运行中的水电站及发电厂中心控制室设备 | 0.5~0.6 | 0.6~0.7 | 0.7~0.9 |
| 6 | 水工隧洞 | 7~8 | 8~10 | 10~15 |
| 7 | 交通隧道 | 10~12 | 12~15 | 15~20 |
| 8 | 矿山巷道 | 15~18 | 18~25 | 20~30 |
| 9 | 永久性岩石高边坡 | 5~9 | 8~12 | 10~15 |
| 10 | 新浇大体积混凝土（C20）：<br>龄期：初凝~3d<br>龄期：3d~7d<br>龄期：7d~28d | <br>1.5~2.0<br>3.0~4.0<br>7.0~8.0 | <br>2.0~2.5<br>4.0~5.0<br>8.0~10.0 | <br>2.5~3.0<br>5.0~7.0<br>10.0~12.0 |

爆破振动监测应同时测定质点振动相互垂直的三个分量。

注1：表中质点振动速度为三个分量中的最大值，振动频率为主振频率。

注2：频率范围根据现场实测波形确定或按如下数据选取：硐室爆破$f$小于20Hz，露天深孔爆破$f$在10~60Hz之间，露天浅孔爆破$f$在40~100Hz之间；地下深孔爆破$f$在30~100Hz，地下浅孔爆破$f$在60~300Hz之间。

**13.2.3** 在按表2选定安全允许质点振速时，应认真分析以下影响因素：

——选取建筑物安全允许质点振速时，应综合考虑建筑物的重要性、建筑质量、新旧程度、自振频率、地基条件等；

——省级以上（含省级）重点保护古建筑与古迹的安全允许质点振速，应经专家论证后选取；

——选取隧道、巷道安全允许质点振速时，应综合考虑构筑物的重要性、围岩分类、支护状况、开挖跨度、埋深大小、爆源方向、周边环境等；

——永久性岩石高边坡，应综合考虑边坡的重要性、边坡的初始稳定性、支护状况、开挖高度等。

——非挡水新浇大体积混凝土的安全允许质点振速按本表给出的上限值选取。

**13.2.4** 爆破振动安全允许距离，按式（1）计算。

$$R = \left(\frac{K}{V}\right)^{\frac{1}{\alpha}} Q^{\frac{1}{3}} \tag{1}$$

式中：$R$——爆破振动安全允许距离，m；

$Q$——炸药量，齐发爆破为总药量，延时爆破为最大单段药量，kg；

$V$——保护对象所在地安全允许质点振速，cm/s；

$K$, $\alpha$——与爆破点至保护对象间的地形、地质条件有关的系数和衰减指数，应通过现场试验确定；在无试验数据的条件下，可参考表3选取。

**表3 爆区不同岩性的 $K$、$\alpha$ 值**

| 岩 性 | $K$ | $\alpha$ |
|---|---|---|
| 坚硬岩石 | 50～150 | 1.3～1.5 |
| 中硬岩石 | 150～250 | 1.5～1.8 |
| 软岩石 | 250～350 | 1.8～2.0 |

**13.2.5** 在复杂环境中多次进行爆破作业时，应从确保安全的单响药量开始，逐步增大到允许药量，并控制一次爆破规模。

**13.2.6** 核电站及受地震惯性力控制的精密仪器、仪表等特殊保护对象，应采用爆破振动加速度作为安全判据，安全允许质点加速度由相关管理单位确定。

**13.2.7** 高耸建（构）筑物拆除爆破的振动安全允许距离包括建（构）筑物塌落触地振动安全距离和爆破振动安全距离。

**13.3 爆破空气冲击波安全允许距离**

**13.3.1** 露天地表爆破当一次爆破炸药量不超过25kg时，按式（2）确定空气冲击波对在掩体内避炮作业人员的安全允许距离。

$$R_k = 25\sqrt[3]{Q} \tag{2}$$

式中：$R_k$——空气冲击波对掩体内人员的最小允许距离，m；

$Q$——一次爆破梯恩梯炸药当量，秒延时爆破为最大一段药量，毫秒延时爆破为总药量，kg。

**13.3.2** 爆炸加工或特殊工程需要在地表进行大当量爆炸时，应核算不同保护对象所承受的空气冲击波超压值，并确定相应的安全允许距离。在平坦地形条件下爆破时，可按式（3）计算超压。

$$\Delta P = 14\frac{Q}{R^3} + 4.3\frac{Q^{2/3}}{R^2} + 1.1\frac{Q^{1/3}}{R} \tag{3}$$

式中：$\Delta P$——空气冲击波超压值，$10^5$Pa；

$Q$——一次爆破梯恩梯炸药当量，秒延时爆破为最大一段药量，毫秒延时爆破为总药量，kg；

$R$——爆源至保护对象的距离，m。

**13.3.3** 空气冲击波超压的安全允许标准：对不设防的非作业人员为 $0.02\times10^5$Pa，掩体中的作业人员为 $0.1\times10^5$Pa；建筑物的破坏程度与超压的关系列入表4。

**表4 建筑物的破坏程度与超压关系**

| 破坏等级 | 1 | 2 | 3 | 4 | 5 | 6 | 7 |
|---|---|---|---|---|---|---|---|
| 破坏等级名称 | 基本无破坏 | 次轻度破坏 | 轻度破坏 | 中等破坏 | 次严重破坏 | 严重破坏 | 完全破坏 |
| 超压 $\Delta P/10^5$ Pa | <0.02 | 0.02～0.09 | 0.09～0.25 | 0.25～0.40 | 0.40～0.55 | 0.55～0.76 | >0.76 |

续表 4

| 破坏等级 | | 1 | 2 | 3 | 4 | 5 | 6 | 7 |
| --- | --- | --- | --- | --- | --- | --- | --- | --- |
| 建筑物破坏程度 | 玻璃 | 偶然破坏 | 少部分破碎呈大块，大部分呈小块 | 大部分破碎呈小块到粉碎 | 粉碎 | — | — | — |
| | 木门窗 | 无损坏 | 窗扇少量破坏 | 窗扇大量破坏，门扇、窗框破坏 | 窗扇掉落、内倒，窗框、门扇大量破坏 | 门、窗扇摧毁，窗框掉落 | — | — |
| | 砖外墙 | 无损坏 | 无损坏 | 出现小裂缝，宽度 < 5mm，稍有倾斜 | 出现较大裂缝，缝宽 5 ~ 50mm，明显倾斜，砖垛出现小裂缝 | 出现大于 50mm 的大裂缝，严重倾斜，砖垛出现较大裂缝 | 部分倒塌 | 大部分或全部倒塌 |
| | 木屋盖 | 无损坏 | 无损坏 | 木屋面板变形，偶见折裂 | 木屋面板、木檩条折裂，木屋架支座松动 | 木檩条折断，木屋架杆件偶见折断，支座错位 | 部分倒塌 | 全部倒塌 |
| | 瓦屋面 | 无损坏 | 少量移动 | 大量移动 | 大量移动到全部掀动 | — | — | — |
| | 钢筋混凝土屋盖房 | 无损坏 | 无损坏 | 无损坏 | 出现小于 1mm 的小裂缝 | 出现 1 ~ 2mm 宽的裂缝，修复后可继续使用 | 出现大于 2mm 的裂缝 | 承重砖墙全部倒塌，钢筋混凝土承重柱严重破坏 |
| | 顶棚 | 无损坏 | 抹灰少量掉落 | 抹灰大量掉落 | 木龙骨部分破坏，出现下垂缝 | 塌落 | — | — |
| | 内墙 | 无损坏 | 板条墙抹灰少量掉落 | 板条墙抹灰大量掉落 | 砖内墙出现小裂缝 | 砖内墙出现大裂缝 | 砖内墙出现严重裂缝至部分倒塌 | 砖内墙大部分倒塌 |
| | 钢筋混凝土柱 | 无损坏 | 无损坏 | 无损坏 | 无损坏 | 无损坏 | 有倾斜 | 有较大倾斜 |

**13.3.4** 地表裸露爆破空气冲击波安全允许距离，应根据保护对象、所用炸药品种、药量、地形和气象条件由设计确定。

**13.3.5** 露天及地下爆破作业，对人员和其他保护对象的空气冲击波安全允许距离由设计确定。

### 13.4 爆破作业噪声控制标准

**13.4.1** 爆破突发噪声判据，采用保护对象所在地最大声级。其控制标准见表 5。

**表 5 爆破噪声控制标准**

| 声环境功能区类别 | 对应区域 | 不同时段控制标准/dB(A) | |
| --- | --- | --- | --- |
| | | 昼间 | 夜间 |
| 0 类 | 康复疗养区、有重病号的医疗卫生区或生活区，进入冬眠期的动物养殖区 | 65 | 55 |

续表 5

| 声环境功能区类别 | 对 应 区 域 | 不同时段控制标准/dB(A) | |
|---|---|---|---|
| | | 昼间 | 夜间 |
| 1 类 | 居民住宅、一般医疗卫生、文化教育、科研设计、行政办公为主要功能，需要保持安静的区域 | 90 | 70 |
| 2 类 | 以商业金融、集市贸易为主要功能，或者居住、商业、工业混杂，需要维护住宅安静的区域；噪声敏感动物集中养殖区，如养鸡场等 | 100 | 80 |
| 3 类 | 以工业生产、仓储物流为主要功能，需要防止工业噪声对周围环境产生严重影响的区域 | 110 | 85 |
| 4 类 | 人员警戒边界，非噪声敏感动物集中养殖区，如养猪场等 | 120 | 90 |
| 施工作业区 | 矿山、水利、交通、铁道、基建工程和爆炸加工的施工厂区内 | 125 | 110 |

**13.4.2** 在 0～2 类区域进行爆破时，应采取降噪措施并进行必要的爆破噪声监测。监测应采用爆破噪声测试专用的 A 计权声压计及记录仪；监测点宜布置在敏感建筑物附近和敏感建筑物室内。

**13.5 水中冲击波及涌浪安全允许距离**

**13.5.1** 水下裸露爆破，当覆盖水厚度小于 3 倍药包半径时，对水面以上人员或其他保护对象的空气冲击波安全允许距离的计算原则，与地表爆破相同。

**13.5.2** 在水深不大于 30m 的水域内进行水下爆破，水中冲击波的安全允许距离，应遵守下列规定：

——对人员按表 6 确定；

**表 6 对人员的水中冲击波安全允许距离**

| 装药及人员状况 | | 炸药量/kg | | |
|---|---|---|---|---|
| | | $Q \leqslant 50$ | $50 < Q \leqslant 200$ | $200 < Q \leqslant 1000$ |
| 水中裸露装药/m | 游 泳 | 900 | 1400 | 2000 |
| | 潜 水 | 1200 | 1800 | 2600 |
| 钻孔或药室装药/m | 游 泳 | 500 | 700 | 1100 |
| | 潜 水 | 600 | 900 | 1400 |

——客船：1500m；

——施工船舶：按表 7 确定；

——非施工船舶：可参照表 7 和式（4），根据船舶状况由设计确定。

**表 7 对施工船舶的水中冲击波安全允许距离**

| 装药及船舶类别 | | 炸药量/kg | | |
|---|---|---|---|---|
| | | $Q \leqslant 50$ | $50 < Q \leqslant 200$ | $200 < Q \leqslant 1000$ |
| 水中裸露装药/m | 木 船 | 200 | 300 | 500 |
| | 铁 船 | 100 | 150 | 250 |
| 钻孔或药室装药/m | 木 船 | 100 | 150 | 250 |
| | 铁 船 | 70 | 100 | 150 |

**13.5.3** 一次爆破药量大于 1000kg 时，对人员和施工船舶的水中冲击波安全允许距离可按式（4）计算。

$$R = K_0 \times \sqrt[3]{Q} \tag{4}$$

式中：$R$——水中冲击波的最小安全允许距离，m；

$Q$——一次起爆的炸药量，kg；

$K_0$——系数，按表8选取。

**表8　$K_0$值**

| 装药条件 | 保护人员 | | 保护施工船舶 | |
|---|---|---|---|---|
| | 游　泳 | 潜　水 | 木　船 | 铁　船 |
| 裸露装药 | 250 | 320 | 50 | 25 |
| 钻孔或药室装药 | 130 | 160 | 25 | 15 |

**13.5.4**　在水深大于30m的水域内进行水下爆破时，水中冲击波安全允许距离由设计确定。

**13.5.5**　在重要水工、港口设施附近及水产养殖场或其他复杂环境中进行水下爆破，应通过测试和邀请专家对水中冲击波和涌浪的影响作出评估，确定安全允许距离。

**13.5.6**　水中爆破或大量爆渣落入水中的爆破，应评估爆破涌浪影响，确保不产生超大坝、水库校核水位涌浪、不淹没岸边需保护物和不造成船舶碰撞受损。

**13.5.7**　水中冲击波对鱼类影响安全控制标准，参见表9。

**表9　水中冲击波超压峰值对鱼类影响安全控制标准**

| 安全控制标准级别 | 鱼类品种 | 自然状态/$10^5$Pa | 网箱养殖/$10^5$Pa |
|---|---|---|---|
| 高度敏感 | 石首科鱼类 | 0.10 | 0.05 |
| 中度敏感 | 石斑鱼、鲈鱼、梭鱼 | 0.30～0.35 | 0.20～0.25 |
| 低度敏感 | 冬穴鱼、野鲤鱼、鲟鱼、比目鱼 | 0.35～0.50 | 0.25～0.40 |

**13.6　个别飞散物安全允许距离**

**13.6.1**　一般工程爆破个别飞散物对人员的安全距离不应小于表10的规定；对设备或建（构）物的安全允许距离，应由设计确定。

**表10　爆破个别飞散物对人员的安全允许距离**

<table>
<tr><th colspan="2">爆破类型和方法</th><th>最小安全允许距离/m</th></tr>
<tr><td rowspan="4">1. 露天岩土爆破</td><td>浅孔爆破法破大块</td><td>300</td></tr>
<tr><td>浅孔台阶爆破</td><td>200（复杂地质条件下或未形成台阶工作面时不小于300）</td></tr>
<tr><td>深孔台阶爆破</td><td>按设计，但不小于200</td></tr>
<tr><td>硐室爆破</td><td>按设计，但不小于300</td></tr>
<tr><td>2. 水下爆破</td><td>水深小于1.5m<br>水深大于1.5m</td><td>与露天岩土爆破相同<br>由设计确定</td></tr>
<tr><td rowspan="4">3. 破冰工程</td><td>爆破薄冰凌</td><td>50</td></tr>
<tr><td>爆破覆冰</td><td>100</td></tr>
<tr><td>爆破阻塞的流冰</td><td>200</td></tr>
<tr><td>爆破厚度大于2m的冰层或爆破阻塞流冰一次用药量超过300kg</td><td>300</td></tr>
</table>

续表 10

| 爆破类型和方法 | | 最小安全允许距离/m |
|---|---|---|
| 4. 金属物爆破 | 在露天爆破场 | 1500 |
| | 在装甲爆破坑中 | 150 |
| | 在厂区内的空场中 | 由设计确定 |
| | 爆破热凝结物和爆破压接 | 按设计，但不小于 30 |
| | 爆炸加工 | 由设计确定 |
| 5. 拆除爆破、城镇浅孔爆破及复杂环境深孔爆破 | | 由设计确定 |
| 6. 地震勘探爆破 | 浅井或地表爆破 | 按设计，但不小于 100 |
| | 在深孔中爆破 | 按设计，但不小于 30 |
| 注：沿山坡爆破时，下坡方向的个别飞散物安全允许距离应增大 50%。 | | |

**13.6.2** 抛掷爆破时，个别飞散物对人员、设备和建筑物的安全允许距离应由设计确定。

**13.6.3** 硐室爆破个别飞散物安全距离，可按式（5）计算：

$$R_f = 20K_f n^2 W \tag{5}$$

式中：$R_f$——爆破飞石安全距离，m；

$K_f$——安全系数，一般取 $K_f = 1.0 \sim 1.5$；

$n$——爆破作用指数；

$W$——最小抵抗线，m。

应逐个药包进行计算，选取最大值为个别飞散物安全距离。

**13.7 外部电源与电爆网路的安全允许距离**

**13.7.1** 电力起爆时，普通电雷管爆区与高压线间的安全允许距离，应按表 11 的规定；与广播电台或电视台发射机的安全允许距离，应按表 12、表 13 和表 14 的规定。

**表 11 爆区与高压线的安全允许距离**

| 电压/kV | | 3~6 | 10 | 20~50 | 50 | 110 | 220 | 400 |
|---|---|---|---|---|---|---|---|---|
| 安全允许距离/m | 普通电雷管 | 20 | 50 | 100 | 100 | — | — | — |
| | 抗杂电雷管 | — | — | — | — | 10 | 10 | 16 |

**表 12 爆区与中长波电台（AM）的安全允许距离**

| 发射功率/W | 5~25 | 25~50 | 50~100 | 100~250 | 250~500 | 500~1000 |
|---|---|---|---|---|---|---|
| 安全允许距离/m | 30 | 45 | 67 | 100 | 136 | 198 |
| 发射功率/W | 1000~2500 | 2500~5000 | 5000~10000 | 10000~25000 | 25000~50000 | 50000~100000 |
| 安全允许距离/m | 305 | 455 | 670 | 1060 | 1520 | 2130 |

**表 13 爆区与调频（FM）发射机的安全允许距离**

| 发射功率/W | 1~10 | 10~30 | 30~60 | 60~250 | 250~600 |
|---|---|---|---|---|---|
| 安全允许距离/m | 1.5 | 3.0 | 4.5 | 9.0 | 13.0 |

**表 14 爆区与甚高频（VHF）、超高频（UHF）电视发射机的安全允许距离**

| 发射功率/W | 1~10 | $10 \sim 10^2$ | $10^2 \sim 10^3$ | $10^3 \sim 10^4$ | $10^4 \sim 10^5$ | $10^5 \sim 10^6$ | $10^6 \sim 5 \times 10^6$ |
|---|---|---|---|---|---|---|---|
| VHF 安全允许距离/m | 1.5 | 6.0 | 18.0 | 60.0 | 182.0 | 609.0 | |
| UHF 安全允许距离/m | 0.8 | 2.4 | 7.6 | 24.4 | 76.2 | 244.0 | 609.0 |

**13.7.2** 不得将手持式或其他移动式通讯设备带入普通电雷管爆区。

**13.8 爆破对环境有害影响控制**

**13.8.1 有害气体**

**13.8.1.1** 有害气体监测应遵守下列规定：

——在煤矿、钾矿、石油地蜡矿、铀矿和其他有爆炸性气体及有害气体的矿井中爆破时，应按有关规定对有害气体进行监测；

——在下水道、储油容器、报废盲巷、盲井中爆破时，作业人员进入之前应先对空气取样检验。

**13.8.1.2** 预防瓦斯爆炸应采取下列措施：

——爆破工作面的瓦斯超标时严禁进行爆破；

——在有瓦斯爆炸危险的矿井中，严格按规程进行布孔、装药、填塞、起爆，以防爆破引爆瓦斯；

——通风良好，防止瓦斯积累；

——封闭采空区，以防氧气进入和瓦斯逸出；

——采用防爆型电器设备，严格控制杂散电流。

**13.8.1.3** 地下爆破作业点有害气体的浓度，不应超过表15的标准。

**表15 地下爆破作业点有害气体允许浓度**

| 有害气体名称 | | CO | $N_nO_m$ | $SO_2$ | $H_2S$ | $NH_3$ | Rn |
|---|---|---|---|---|---|---|---|
| 允许浓度 | 按体积/% | 0.00240 | 0.00025 | 0.00050 | 0.00066 | 0.00400 | 3700Bq/$m^3$ |
| | 按质量/($mg \cdot m^{-3}$) | 30 | 5 | 15 | 10 | 30 | |

**13.8.1.4** 有害气体监测应遵守下列规定：

——应按GB 18098规定的方法监测爆破后作业面和重点区域有害气体的浓度，且不应超过表15的规定值；

——露天硐室爆破后24h内，应多次检查与爆区相邻的井、巷、涵洞内的有毒、有害气体浓度，防止人员误入中毒；

——地下爆破作业面有害气体浓度应每月测定一次；爆破炸药量增加或更换炸药品种时，应在爆破前后各测定一次爆破有害气体浓度。

**13.8.1.5** 预防有害气体中毒应采取下列措施：

——使用合格炸药；

——做好爆破器材防水处理，确保装药和填塞质量，避免半爆和爆燃；

——井下爆破前后加强通风，应设置对死角和盲区的通风设施；

——加强有毒气体监测，不盲目进入可能聚藏有害气体的死角；

——对封闭矿井应作监管，防止盗采和人员误入造成中毒事故。

**13.8.2 防尘与预防粉尘爆炸**

**13.8.2.1** 在确保爆破作业安全的条件下，城镇拆除爆破工程应采取以下减少粉尘污染的措施：

——适当预拆除非承重墙，清理构件上的积尘；

——建筑物内部洒水或采用泡沫吸尘措施；

——各层楼板设置水袋；

——起爆前后组织消防车或其他喷水装置喷水降尘。

**13.8.2.2** 在有煤尘、硫尘、硫化物粉尘的矿井中进行爆破作业，应遵守有关粉尘防爆的规定。

**13.8.2.3** 在面粉厂、亚麻厂等有粉尘爆炸危险的地点进行爆破时，应先通风除尘，离爆区10m范围内的空间和表面应作喷水降尘处理。

**13.8.3 噪声控制**

**13.8.3.1** 城镇拆除及岩土爆破，应采取以下措施控制噪声：

——严禁使用导爆索起爆网路，在地表空间不应有裸露导爆索；

——严格控制单位炸药耗药量、单孔药量和一次起爆药量；

——实施毫秒延时爆破；
——保证填塞质量和长度；
——加强对爆破体的覆盖。

**13.8.3.2** 爆区周围有学校、医院、居民点时，应与各有关单位协商，实施定点、准时爆破。

**13.8.4 水下爆破时对水生物的保护**

**13.8.4.1** 水下爆破前应详细了解爆破影响范围内水生物及水产养殖的基本情况，并评估水中冲击波、涌浪及爆渣落水对水生物的影响。

**13.8.4.2** 水下爆破工程施工应尽量避开水生物的主要洄游、产卵季节，避开产卵区域或水生物幼苗生长区域；并应选用无污染或污染小的爆破器材。

**13.8.4.3** 可采取以下措施减少爆破有害效应对水生物的影响：
——优先采用水下钻孔爆破并保证孔口填塞长度与质量，避免采用水中裸露爆破；
——采用毫秒延时起爆技术并控制单段起爆药量；
——采用气泡帷幕等防护技术；
——减少爆破岩石向水域中的抛掷量。

**13.8.4.4** 受影响水域内有重点保护生物时，应与生物保护管理单位协商制定保护措施。

**13.8.5 振动液化控制**

**13.8.5.1** 在饱和砂（土）地基附近和尾矿库库区进行爆破作业时，应邀请专家评估爆破引起地基与尾矿坝振动液化的可能性和危害程度；提出预防土层受爆破振动压密、孔隙水压力骤升的措施；评估因土体“液化”对建筑物及其基础产生的危害。

**13.8.5.2** 实施爆破前，应查明可能产生液化土层的分布范围，并采取相应的处理措施，如增加土体相对密度，降低浸润线，加强排水，减小饱和程度；控制爆破规模，降低爆破振动强度，增大振动频率，缩短振动持续时间等。

## 14 爆破作业单位使用爆破器材的购买、运输、储存等

### 14.1 爆破器材的购买和运输

**14.1.1 一般规定**

**14.1.1.1** 爆破器材应办理审批手续后持证购买，并按指定线路运输。

**14.1.1.2** 爆破器材运达目的地后，收货单位应指派专人领取，认真检查爆破器材的包装、数量和质量；如果包装破损、数量与质量不符，应立即报告有关部门，并在有关代表参加下编制报告书，分送有关部门。

**14.1.1.3** 运输爆破器材应使用专用车船。

**14.1.1.4** 装卸爆破器材，应遵守下列规定：
——认真检查运输工具的完好状况，清除运输工具内一切杂物；
——有专人在场监督；
——设置警卫，无关人员不允许在场；
——遇暴风雨或雷雨时，不应装卸爆破器材；
——装卸爆破器材的地点应远离人口稠密区并设明显标识：白天应悬挂红旗和警标，夜晚应有足够的照明并悬挂红灯；
——装卸爆破器材应轻拿轻放，码平、卡牢、捆紧，不得摩擦、撞击、抛掷、翻滚；
——分层装载爆破器材时，不应脚踩下层箱（袋）。

**14.1.1.5** 同车（船）运输两种以上的爆破器材时，应遵守14.2.1.4的规定。

**14.1.1.6** 当需要将雷管与炸药装载在同一车内运输时，应采用符合有关规定的专用的同载车运输。

**14.1.1.7** 待运雷管箱未装满雷管时，其空隙部分应用不产生静电的柔软材料塞满。

**14.1.1.8** 装运爆破器材的车（船），在行驶途中应遵守下列规定：
——押运人员应熟悉所运爆破器材性能；

——非押运人员不应乘坐；

——运输工具应符合有关安全规范的要求，并设警示标识；

——不准在人员聚集的地点、交叉路口、桥梁上（下）及火源附近停留；开车（船）前应检查码放和捆绑有无异常；

——运输特殊安全要求的爆破器材，应按照生产企业提供的安全要求进行；

——车（船）完成运输后应打扫干净，清出的药粉、药渣应运至指定地点，定期进行销毁。

**14.1.2 公路运输**

**14.1.2.1** 用汽车运输爆破器材，应遵守下列规定：

——出车前，车库主任（或队长）应认真检查车辆状况，并在出车单上注明“该车经检查合格，准许运输爆破器材”；

——由熟悉爆破器材性能，具有安全驾驶经验的司机驾驶；

——在平坦道路上行驶时，前后两部汽车距离不应小于50m，上山或下山不小于300m；

——遇有雷雨时，车辆应停在远离建筑物的空旷地方；

——在雨天或冰雪路面上行驶时，应采取防滑安全措施；

——车上应配备消防器材，并按规定配挂明显的危险标识；

——在高速公路上运输爆破器材，应按国家有关规定执行。

**14.1.2.2** 公路运输爆破器材途中应避免停留住宿，禁止在居民点、行人稠密的闹市区、名胜古迹、风景游览区、重要建筑设施等附近停留。

**14.1.3 铁路运输**

除执行铁道部门有关规定外，铁路运输爆破器材还应遵守下列规定：

——装有爆破器材的车厢不应溜放；

——装有爆破器材的车辆，应专线停放，与其他线路隔开；通往该线路的转辙器应锁住，车辆应锲牢，其前后50m处应设“危险”警示标识；机车停放位置与最近的爆破器材库房的距离，不应小于50m；

——装有爆破器材的车厢与机车之间，炸药车厢与起爆器材车厢之间，应用一节以上未装有爆破器材的车厢隔开；

——车辆运行的速度，在矿区内不应超过30km/h、厂区内不超过15km/h、库区内不超过10km/h。

**14.1.4 水路运输**

**14.1.4.1** 水路运输爆破器材，应遵守下列规定：

——不应用筏类工具运输爆破器材；

——船上配备消防器材；

——船头和船尾设“危险”警示标识，夜间及雾天设警示灯；

——停泊地点距岸上建筑物不小于250m。

**14.1.4.2** 运输爆破器材的机动船，应符合下列条件：

——装爆破器材的船舱不应有电源；

——底板和舱壁应无缝隙，舱口应关严；

——与机舱相邻的船舱隔墙，应采取隔热措施；

——对邻近的蒸汽管路进行可靠的隔热。

**14.1.5 航空运输**

用飞机运输爆破器材，应严格遵守国际民航组织理事会和我国航空运输危险品的有关规定。

**14.1.6 往爆破作业地点运输爆破器材**

**14.1.6.1** 在竖井、斜井运输爆破器材，应遵守下列规定：

——事先通知卷扬司机和信号工；

——在上下班或人员集中的时间内，不应运输爆破器材；

——除爆破人员和信号工外，其他人员不应与爆破器材同罐乘坐；

——运送硝化甘油类炸药或雷管时，罐笼内只准放 1 层爆破器材料箱，不得滑动；运送其他类炸药时，炸药箱堆放的高度不得超过罐笼高度的 2/3；

——用罐笼运输硝化甘油类炸药或雷管时，升降速度不应超过 2m/s；用吊桶或斜坡卷扬设备运输爆破器材时，速度不应超过 1m/s；运输电雷管时应采取绝缘措施；

——爆破器材不应在井口房或井底车场停留。

**14.1.6.2** 用矿用机车运输爆破器材时，应遵守下列规定：

——列车前后设“危险”警示标识；

——采用封闭型的专用车厢，车内应铺软垫，运行速度不超过 2m/s；

——在装爆破器材的车厢与机车之间，以及装炸药的车厢与装起爆器材的车厢之间，应用空车厢隔开；

——运输电雷管时，应采取可靠的绝缘措施；

——用架线式电力机车运输爆破器材，在装卸时机车应断电。

**14.1.6.3** 在斜坡道上用汽车运输爆破器材时，应遵守下列规定：

——行驶速度不超过 10km/h；

——不应在上、下班或人员集中时运输；

——车头、车尾应分别安装特制的蓄电池红灯作为危险标识。

**14.1.6.4** 用人工搬运爆破器材时，应遵守下列规定：

——在夜间或井下，应随身携带完好的矿用灯具；

——不应一人同时携带雷管和炸药；雷管和炸药应分别放在专用背包（木箱）内，不应放在衣袋里；

——领到爆破器材后，应直接送到爆破地点，不应乱丢乱放；

——不应提前班次领取爆破器材，不应携带爆破器材在人群聚集的地方停留；

——一人一次运送的爆破器材数量不超过：

雷管，1000 发；

拆箱（袋）运搬炸药，20kg；

背运原包装炸药 1 箱（袋）；

挑运原包装炸药 2 箱（袋）。

——用手推车运输爆破器材时，载重量不应超过 300kg，运输过程中应防止碰撞并采取防滑、防摩擦产生火花等安全措施。

### 14.2 爆破器材的储存

#### 14.2.1 一般规定

**14.2.1.1** 爆破器材储存库安全评价应按 GA/T 848 执行。

**14.2.1.2** 爆破器材应储存在爆破器材库内，任何个人不得非法储存爆破器材。

**14.2.1.3** 单库允许存放量及存放方式执行 GB 50089 的规定，总库的总容量不得超过以下规定：

——炸药为本单位半年用量；

——起爆器材为本单位年用量。

**14.2.1.4** 爆破器材单一品种专库存放。若受条件限制，同库存放不同品种的爆破器材则应符合下列规定：

——炸药类、射孔弹类和导爆索、导爆管可以同库混存；

——雷管类起爆器材应单独库房存放；

——黑火药应单独库房存放；

——硝酸铵不应和任何物品同库存放。

当不同品种的爆破器材同库存放时，单库允许的最大存药量应符合 GB 50089 的规定。

**14.2.1.5** 小型爆破器材库的最大储存量应按 GA 838 执行。

#### 14.2.2 可移动式爆破器材仓库

可移动爆破器材仓库的选址、外部距离、总平面布置按 GB 50089 和 GA 838 的相关规定执行，其结构应经国家有关主管部门鉴定验收。

**14.2.3　地下矿山的井下爆破器材库与发放站**

**14.2.3.1**　井下只准建分库，库容量不应超过：炸药 3 天的生产用量；起爆器材 10 天的生产用量；

**14.2.3.2**　井下爆破器材库的布置，应遵守下列规定：

——井下爆破器材库不应设在含水层或岩体破碎带内；

——井下爆破器材库应设有独立的回风道；

——井下爆破器材库距井筒、井底车场和主要巷道的距离：硐室式库不小于 100m，壁槽式库不小于 60m；

——井下爆破器材库距行人巷道的距离：硐室式库不小于 25m，壁槽式库不小于 20m；

——井下爆破器材库距地面或上下巷道的距离：硐室式库不小于 30m，壁槽式库不小于 15m；

——井下爆破器材库应设防爆门，防爆门在发生意外爆炸事故时应可自动关闭，且能限制大量爆炸气体外溢；

——井下爆破器材库除设专门储存爆破器材的硐室和壁槽外，还应设联通硐室或壁槽的巷道和若干辅助硐室；

——储存雷管和硝化甘油类炸药的硐室或壁槽，应设金属丝网门；

——储存爆破器材的各硐室、壁槽的间距应大于殉爆安全距离。

**14.2.3.3**　井下爆破器材库和距库房 15m 以内的联通巷道，需要支护时应用不燃材料支护；库内应备有足够数量的消防器材。

**14.2.3.4**　有瓦斯煤尘爆炸危险的井下爆破器材库附近，应设置岩粉棚，并应定期更换岩粉。

**14.2.3.5**　在多水平开采的矿井，爆破器材库距工作面超过 2.5km 或井下不设爆破器材库时，允许在各水平设置发放站。

**14.2.3.6**　井下爆破器材发放站应符合下列规定：

——发放站存放的炸药不应超过 0.5t，雷管不应超过 1000 发；

——炸药与雷管应分开存放，并用砖或混凝土墙隔开，墙的厚度不小于 0.25m；

**14.2.3.7**　井下爆破器材库区，不应设爆破器材检验与销毁场；爆破器材的爆炸性能检验与销毁，应在地面指定的地点进行。

**14.2.3.8**　不应在井下爆破器材库房对应的地表修筑永久性建筑物，也不应在距库房 30m 范围内掘进巷道。

**14.2.3.9**　井下爆破器材库应安装专线电话并装备报警器。

**14.2.3.10**　井下爆破器材库的电气照明，应遵守下列规定：

——应采用防爆型或矿用密闭型电气设备，电线应采用铜芯铠装电缆；

——照明线路的电压不应大于 36V；

——储存爆破器材的硐室或壁槽，不安装灯具；

——电源开关或熔断器，应设在铁制的配电箱内，该箱应设在辅助硐室里；

——爆破器材库和发放站的移动式照明，应使用防爆型移动灯具和防爆手电筒。

**14.3　爆破器材的治安防范、收发、检验、销毁与加工**

**14.3.1　储存库的治安防范**

爆破器材库区和储存库的治安防范，应满足 GA837 的要求。

**14.3.2　爆破器材的收发**

**14.3.2.1**　新购进的爆破器材，应逐个检查包装情况，并按规定作性能检测。

**14.3.2.2**　建立爆破器材收发账、领取和清退制度，定期核对账目，应做到账物相符。

**14.3.2.3**　变质、过期和性能不详的爆破器材，不应发放使用。

**14.3.2.4**　爆破器材应按出厂时间和有效期的先后顺序发放使用。

**14.3.2.5**　库房内不准许拆箱（袋）发放爆破器材，只准许整箱（袋）搬出后发放。

**14.3.2.6**　爆破器材的发放应在单独的发放间（发放硐室）里进行，不应在库房硐室或壁槽内发放。

**14.3.2.7** 退库的爆破器材应单独建账、单独存放。

**14.3.3 爆破器材的检验**

**14.3.3.1** 各类爆破器材的检验项目，应按照产品的技术条件和性能标准确定；检验方法应严格执行相应的国家标准或行业标准；在爆破器材性能试验场进行性能试验时，应遵守 GB 50089 的有关规定。

**14.3.3.2** 爆破器材的外观检验应由保管员负责定期抽样检查。

**14.3.3.3** 爆破器材的爆炸性能检验，由爆破工程技术人员负责。

**14.3.3.4** 对新入库的爆破器材，应抽样进行性能检验；有效期内的爆破器材，应定期进行主要性能检验。

**14.3.4 爆破器材的销毁**

**14.3.4.1** 经过检验，确认失效及不符合国家标准或技术条件要求的爆破器材，均应退回原发放单位销毁；包装过硝化甘油类炸药有渗油痕迹的药箱（袋、盒），应予销毁。

**14.3.4.2** 不应在阳光下暴晒待销毁的爆破器材。

**14.3.4.3** 销毁爆破器材，可采用爆炸法、焚烧法、溶解法、化学分解法。

**14.3.4.4** 用爆炸法或焚烧法销毁爆破器材时，应在销毁场进行，销毁场应符合 GB 50089 的规定。

**14.3.4.5** 用爆炸法销毁爆破器材应按销毁技术设计进行，技术设计由爆破器材库主任提出并经单位爆破技术负责人批准后报当地县级公安机关监督销毁。

**14.3.4.6** 燃烧不会引起爆炸的爆破器材，可组织用焚烧法销毁；焚烧前，应仔细检查，严防其中混有雷管或其他起爆器材。

**14.3.4.7** 不抗水的硝铵类炸药和黑火药可置于容器中用溶解法销毁；不得将爆破器材直接丢入河塘江湖及下水道。

**14.3.4.8** 采用化学分解法销毁爆破器材时，应使爆破器材达到完全分解，其溶液应经处理符合有关规定后，方可排放到下水道。

**14.3.4.9** 每次销毁爆破器材后，应对现场进行检查，发现残存爆破器材应收集起来，进行再次销毁。

**14.3.5 炸药的再加工**

**14.3.5.1** 炸药的再加工应由具备加工资质的单位进行。

**14.3.5.2** 再加工单位应制定严格的加工工艺流程和安全操作规程，并经爆破技术负责人审查批准。

## 参考文献


[1] 民用爆炸物品安全管理条例（国务院令第466号）.

[2] 汪旭光. 爆破手册[M]. 北京：冶金工业出版社，2010.

[3] 汪旭光. 爆破设计与施工[M]. 北京：冶金工业出版社，2011.

# 附录 3.《爆破作业单位资质条件和管理要求》(GA 990—2012)

## 前　　言

本标准的全部内容为强制性。

本标准按照 GB/T 1.1—2009 给出的规则起草。

本标准由公安部治安管理局提出。

本标准由公安部社会公共安全应用基础标准化技术委员会归口。

本标准主要起草单位：公安部治安管理局。

本标准主要起草人：闫正斌、亓希国、张国亮。

本标准为首次发布。

## 引　　言

《民用爆炸物品安全管理条例》（国务院令第 466 号）规定，爆破作业单位分为非营业性爆破作业单位和营业性爆破作业单位；从事爆破作业的单位应取得公安机关核发的《爆破作业单位许可证》，并按照其资质等级承接爆破作业项目；爆破作业人员应按照其资格等级从事爆破作业。爆破作业的分级管理办法由国务院公安部门规定。

根据《民用爆炸物品安全管理条例》授权，在充分调研并广泛征求有关部门、从业单位意见的基础上，本标准将营业性爆破作业单位按照其拥有的注册资金、专业技术人员、技术装备和业绩等条件，分为一级、二级、三级、四级资质，规定了其从业范围，并设定了爆破作业单位岗位职责和设置要求。本标准还对《爆破作业单位许可证》的申请、发放、换发、降级、撤销和爆破作业单位安全管理作了具体要求。

# 爆破作业单位资质条件和管理要求

## 1 范围

本标准规定了爆破作业单位的分类、资质分级、资质条件和管理要求。
本标准适用于爆破作业单位的管理。

## 2 规范性引用文件

下列文件对于本文件的应用是必不可少的。凡是注日期的引用文件，仅注日期的版本适用于本文件。凡是不注日期的引用文件，其最新版本（包括所有的修改单）适用于本文件。

GB 6722 爆破安全规程
GA 991 爆破作业项目管理要求

## 3 术语和定义

GB 6722 中界定的以及下列术语和定义适用于本文件。

3.1

**爆破作业单位 unit of blasting operation**

依法取得《爆破作业单位许可证》从事爆破作业的单位。

3.2

**非营业性爆破作业单位 unit of non-business blasting operation**

仅为本单位合法的生产活动需要，在限定区域内自行实施爆破作业的单位。

3.3

**营业性爆破作业单位 unit of business blasting operation**

具有独立法人资格，承接爆破作业项目设计施工和/或安全评估和/或安全监理的单位。

## 4 分类

爆破作业单位分为非营业性爆破作业单位、营业性爆破作业单位。

## 5 资质等级

**5.1** 营业性爆破作业单位的资质等级由高到低分为：一级、二级、三级、四级，从业范围分为设计施工、安全评估、安全监理。资质等级与从业范围的对应关系见表 1。

**表 1 营业性爆破作业单位资质等级与从业范围对应关系表**

| 资质等级 | A 级爆破作业项目 | B 级爆破作业项目 | C 级爆破作业项目 | D 级及以下爆破作业项目 |
|---|---|---|---|---|
| 一级 | 设计施工<br>安全评估<br>安全监理 | 设计施工<br>安全评估<br>安全监理 | 设计施工<br>安全评估<br>安全监理 | 设计施工<br>安全评估<br>安全监理 |
| 二级 | — | 设计施工<br>安全评估<br>安全监理 | 设计施工<br>安全评估<br>安全监理 | 设计施工<br>安全评估<br>安全监理 |

续表 1

| 资质等级 | A 级爆破作业项目 | B 级爆破作业项目 | C 级爆破作业项目 | D 级及以下爆破作业项目 |
|---|---|---|---|---|
| 三级 | — | — | 设计施工<br>安全监理 | 设计施工<br>安全监理 |
| 四级 | — | — | — | 设计施工 |
| 注：表中 A 级、B 级、C 级、D 级为 GB 6722 中规定的相应级别。 | | | | |

**5.2** 非营业性爆破作业单位不分级。

## 6 资质条件

### 6.1 基本要求

爆破作业单位应具备下列条件：

a）从事的爆破作业属于合法的生产活动；

b）有健全的安全管理制度和岗位安全责任制度；

c）设置技术负责人、项目技术负责人、爆破员、安全员和保管员等岗位，并配备相应人员。

### 6.2 特别要求

#### 6.2.1 非营业性爆破作业单位

非营业性爆破作业单位应具备下列条件：

a）有经安全评价合格的民用爆炸物品专用仓库；

b）技术负责人具有理学、工学学科范围中级及以上技术职称，有 2 年及以上爆破作业项目技术管理工作的经历；

c）爆破工程技术人员不少于 1 人，爆破员不少于 5 人，安全员不少于 2 人，保管员不少于 2 人；

d）有爆破作业专用设备。

#### 6.2.2 营业性爆破作业单位

**6.2.2.1** 一级资质的营业性爆破作业单位应具备下列条件：

a）有或租用经安全评价合格的民用爆炸物品专用仓库；

b）注册资金 2000 万元以上，净资产不低于 2000 万元，其中爆破施工机械及检测、测量设备净值不少于 1000 万元；

c）近 3 年承担过的 A 级爆破作业项目的设计施工不少于 10 项，或 B 级及以上爆破作业项目的设计施工不少于 20 项，工程质量达到设计要求，未发生重大及以上爆破作业责任事故；

d）技术负责人具有理学、工学学科范围高级技术职称，有 10 年及以上爆破作业项目技术管理工作的经历，且主持过的 A 级爆破作业项目的设计施工不少于 5 项，或 B 级及以上爆破作业项目的设计施工不少于 10 项；

e）具有理学、工学学科范围技术职称的工程技术人员不少于 30 人（其中，高级爆破工程技术人员不少于 9 人，中级爆破工程技术人员不少于 6 人），爆破员不少于 10 人，安全员不少于 2 人，保管员不少于 2 人；

f）有钻孔机、空压机、测振仪、全站仪等爆破施工机械及检测、测量设备。

**6.2.2.2** 二级资质的营业性爆破作业单位应具备下列条件：

a）有或租用经安全评价合格的民用爆炸物品专用仓库；

b）注册资金 1000 万元以上，净资产不低于 1000 万元，其中爆破施工机械及检测、测量设备净值不少于 500 万元；

c）近 3 年承担过的 B 级及以上爆破作业项目的设计施工不少于 10 项，或 C 级及以上爆破作业项目的设计施工不少于 20 项，工程质量达到设计要求，未发生重大及以上爆破作业责任事故；

d）技术负责人具有理学、工学学科范围高级技术职称，有 7 年及以上爆破作业项目技术管理工作的经历，且主持过的 B 级及以上爆破作业项目的设计施工不少于 5 项，或 C 级及以上爆破作业项目的设计施工不少于10项；

e）具有理学、工学学科范围技术职称的工程技术人员不少于20人（其中，高级爆破工程技术人员不少于6人，中级爆破工程技术人员不少于4人），爆破员不少于10人，安全员不少于2人，保管员不少于2人；

f）有钻孔机、空压机、测振仪、全站仪等爆破施工机械及检测、测量设备。

**6.2.2.3** 三级资质的营业性爆破作业单位应具备下列条件：

a）有或租用经安全评价合格的民用爆炸物品专用仓库；

b）注册资金300万元以上，净资产不低于300万元，其中爆破施工机械及检测、测量设备净值不少于150万元；

c）近3年承担过的C级及以上爆破作业项目的设计施工不少于10项，或D级及以上爆破作业项目的设计施工不少于20项，工程质量达到设计要求，未发生重大及以上爆破作业责任事故；

d）技术负责人具有理学、工学学科范围高级技术职称，有5年及以上爆破作业项目技术管理工作的经历，且主持过的C级及以上爆破作业项目的设计施工不少于5项，或D级及以上爆破作业项目的设计施工不少于10项；

e）具有理学、工学学科范围技术职称的工程技术人员不少于10人（其中，高级爆破工程技术人员不少于3人，中级爆破工程技术人员不少于2人），爆破员不少于10人，安全员不少于2人，保管员不少于2人；

f）有钻孔机、空压机、测振仪、全站仪等爆破施工机械及检测、测量设备。

**6.2.2.4** 四级资质的营业性爆破作业单位应具备下列条件：

a）有或租用经安全评价合格的民用爆炸物品专用仓库；

b）注册资金100万元以上，净资产不低于100万元，其中爆破施工机械及检测、测量设备净值不少于50万元；

c）技术负责人具有理学、工学学科范围中级及以上技术职称，有3年及以上爆破作业项目技术管理工作的经历；

d）具有理学、工学学科范围技术职称的工程技术人员不少于5人（其中，中级爆破工程技术人员不少于2人，初级爆破工程技术人员不少于1人），爆破员不少于10人，安全员不少于2人，保管员不少于2人；

e）有钻孔机、空压机、测振仪、全站仪等爆破施工机械及检测、测量设备。

## 7 岗位职责和设置要求

### 7.1 岗位职责

**7.1.1** 技术负责人的岗位职责包括：

a）组织领导爆破作业技术工作；

b）组织制定爆破作业安全管理制度和操作规程；

c）组织爆破作业人员安全教育、法制教育和岗位技术培训；

d）主持制定爆破作业设计施工方案、安全评估报告和安全监理报告。

**7.1.2** 项目技术负责人的岗位职责包括：

a）监督爆破作业人员按照爆破作业设计施工方案作业；

b）组织处理盲炮或其他安全隐患；

c）全面负责爆破作业项目的安全管理工作；

d）负责爆破作业项目的总结工作。

**7.1.3** 爆破员的岗位职责包括：

a）保管所领取的民用爆炸物品；

b）按照爆破作业设计施工方案，进行装药、联网、起爆等爆破作业；

c）爆破后检查工作面，发现盲炮或其他安全隐患及时报告；

d）在项目技术负责人的指导下，配合爆破工程技术人员处理盲炮或其他安全隐患；

e）爆破作业结束后，将剩余的民用爆炸物品清退回库。

**7.1.4** 安全员的岗位职责包括：

a）监督爆破员按照操作规程作业，纠正违章作业；

b）检查爆破作业现场安全管理情况，及时发现、处理、报告安全隐患；

c）监督民用爆炸物品领取、发放、清退情况；

d）制止无爆破作业资格的人员从事爆破作业。

**7.1.5** 保管员的岗位职责包括：

a）验收、保管、发放、回收民用爆炸物品；

b）如实记载收存、发放民用爆炸物品的品种、数量、编号及领取人员的姓名；

c）发现、报告变质或过期的民用爆炸物品。

**7.2 岗位设置要求**

**7.2.1** 技术负责人、项目技术负责人应由爆破工程技术人员担任，可以兼任。

**7.2.2** 爆破员、安全员、保管员不得兼任。

**7.2.3** 爆破工程技术人员、爆破员、安全员、保管员不应同时受聘于两个及以上爆破作业单位。

## 8 管理要求

### 8.1 许可证管理

**8.1.1 申请**

**8.1.1.1** 申请非营业性爆破作业单位许可证的单位，应向所在地设区的市级公安机关提出申请，并提交《爆破作业单位许可证》（非营业性）申请表（见附录A）及下列材料：

a）民用爆炸物品专用仓库安全评价报告；

b）爆破作业区域证明；

c）涉爆从业人员从业资格证明；

d）爆破作业专用设备清单。

**8.1.1.2** 申请营业性爆破作业单位许可证的单位，应向所在地省级公安机关提出申请，并提交《爆破作业单位许可证》（营业性）申请表（见附录B）及下列材料：

a）自有或租用民用爆炸物品专用仓库安全评价报告；

b）注册资金、净资产、专用设备净值的有效证明；

c）近3年单位承接的爆破作业项目设计施工方案；

d）技术负责人主持的爆破作业项目设计施工方案；

e）涉爆从业人员从业资格证明；

f）爆破施工机械及检测、测量设备清单。

**8.1.2 发放**

**8.1.2.1** 受理申请的公安机关应自受理申请之日起20日内进行审查。对符合条件的，发放《爆破作业单位许可证》；对不符合条件的，书面向申请人说明理由。

**8.1.2.2** 《爆破作业单位许可证》（非营业性）应包括下列主要内容：

a）许可证编号；

b）单位名称；

c）单位地址；

d）法定代表人姓名；

e）技术负责人姓名；

f）有效期；

g）签发机关；

h）签发日期。

**8.1.2.3** 《爆破作业单位许可证》（营业性）除符合8.1.2.2要求外，还应包括下列主要内容：

a）资质等级；

b）从业范围。

**8.1.2.4** 《爆破作业单位许可证》（非营业性）仅在爆破作业许可区域内有效。

**8.1.2.5** 《爆破作业单位许可证》（营业性）在全国范围内有效。

**8.1.3 换发**

**8.1.3.1** 《爆破作业单位许可证》的有效期为3年。

**8.1.3.2** 有效期届满继续从事爆破作业的，爆破作业单位应在期满前60日内，向原签发公安机关提出换发《爆破作业单位许可证》的申请。

**8.1.3.3** 法定代表人、技术负责人、单位名称、单位地址发生变化的，爆破作业单位应在发生变化之日起30日内，向原签发公安机关提出换发《爆破作业单位许可证》的申请。

**8.1.3.4** 受理申请的公安机关应按照6.1、6.2和8.1的相关规定进行审查。对符合条件的，换发《爆破作业单位许可证》；对不符合条件的，书面向申请人说明理由。

**8.1.4 降级**

**8.1.4.1** 营业性爆破作业单位在爆破作业活动中发生较大爆破作业责任事故的，签发公安机关应根据利害关系人的请求或依据职权，对其资质等级予以降级，并根据降级情况重新核定从业范围。

**8.1.4.2** 被降低资质等级的营业性爆破作业单位，3年内不得申请晋升资质等级。

**8.1.5 撤销**

**8.1.5.1** 县级及以上地方公安机关应加强对爆破作业单位的监督检查，发现资质条件不符合规定要求，未按照资质等级从事爆破作业，或发生重大及以上爆破作业责任事故的，应书面告知《爆破作业单位许可证》签发公安机关。

**8.1.5.2** 签发公安机关接到书面告知后，应组织复核。对经复核属实的，应撤销其《爆破作业单位许可证》。

**8.2 其他管理要求**

**8.2.1** 营业性爆破作业单位应按照《爆破作业单位许可证》许可的资质等级、从业范围承接相应等级的爆破作业项目。不应为非法的生产活动实施爆破作业；不应将承接的爆破作业项目转包；不应为本单位或有利害关系的单位承接的爆破作业项目进行安全评估、安全监理；不应在同一爆破作业项目中同时承接设计施工、安全评估和安全监理。

**8.2.2** 从事安全评估、安全监理的爆破作业单位，应按照有关法律、行政法规和GA 991的规定实施安全评估、安全监理，承担相应的法律责任，并适用8.1.4和8.1.5的相关规定。

**8.2.3** 营业性爆破作业单位应建立爆破作业业绩档案管理制度，在爆破作业活动结束后15日内，如实将本单位从事爆破作业活动的有关情况录入民用爆炸物品信息管理系统。

**8.2.4** 爆破作业单位应加强对本单位涉爆从业人员的管理，不应聘用无爆破作业资格的人员从事爆破作业。

**8.2.5** 公安机关应在核发《爆破作业单位许可证》30日内，将依法取得《爆破作业单位许可证》的爆破作业单位的基本情况向社会公布，接受社会监督。

**8.2.6** 省级公安机关应在核发《爆破作业单位许可证》15日内，将依法取得一级、二级、三级资质的营业性爆破作业单位的基本情况向公安部备案（见附录C）。

# 附　录　A
## (规范性附录)
## 《爆破作业单位许可证》(非营业性) 申请表式样

**A.1**　《爆破作业单位许可证》(非营业性) 申请表式样见表 A.1。

**表 A.1　《爆破作业单位许可证》(非营业性) 申请表**

<table>
<tr><td colspan="2">单位名称</td><td colspan="3"></td></tr>
<tr><td colspan="2">单位地址</td><td colspan="3"></td></tr>
<tr><td colspan="2">作业地点</td><td colspan="3"></td></tr>
<tr><td colspan="2">负责人</td><td>法定代表人</td><td>技术负责人</td><td>治安保卫负责人</td></tr>
<tr><td colspan="2">姓　名</td><td></td><td></td><td></td></tr>
<tr><td colspan="2">公民身份号码</td><td></td><td></td><td></td></tr>
<tr><td colspan="2">联系电话</td><td></td><td></td><td></td></tr>
<tr><td colspan="2">注册资金</td><td>万元</td><td>银行账户</td><td></td></tr>
<tr><td colspan="2">证照种类</td><td>编　号</td><td colspan="2">有效期至</td></tr>
<tr><td colspan="2">采矿许可证</td><td></td><td colspan="2"></td></tr>
<tr><td colspan="2">安全生产许可证</td><td></td><td colspan="2"></td></tr>
<tr><td colspan="2">煤炭生产许可证</td><td></td><td colspan="2"></td></tr>
<tr><td colspan="2">工商营业执照</td><td></td><td colspan="2"></td></tr>
<tr><td colspan="2">……</td><td>……</td><td colspan="2">……</td></tr>
<tr><td rowspan="19">爆破<br>作业人员</td><td>种　类</td><td>姓　名</td><td>许可证编号</td><td>公民身份号码</td></tr>
<tr><td rowspan="5">爆破工程<br>技术人员</td><td></td><td></td><td></td></tr>
<tr><td></td><td></td><td></td></tr>
<tr><td></td><td></td><td></td></tr>
<tr><td></td><td></td><td></td></tr>
<tr><td>……</td><td>……</td><td>……</td></tr>
<tr><td rowspan="5">爆破员</td><td></td><td></td><td></td></tr>
<tr><td></td><td></td><td></td></tr>
<tr><td></td><td></td><td></td></tr>
<tr><td></td><td></td><td></td></tr>
<tr><td>……</td><td>……</td><td>……</td></tr>
<tr><td rowspan="4">安全员</td><td></td><td></td><td></td></tr>
<tr><td></td><td></td><td></td></tr>
<tr><td></td><td></td><td></td></tr>
<tr><td>……</td><td>……</td><td>……</td></tr>
<tr><td rowspan="4">保管员</td><td></td><td></td><td></td></tr>
<tr><td></td><td></td><td></td></tr>
<tr><td></td><td></td><td></td></tr>
<tr><td>……</td><td>……</td><td>……</td></tr>
</table>

续表 A. 1

<table>
<tr><td rowspan="5">库区四邻安全距离</td><td>方位</td><td>被保护对象</td><td>核定安全距离（m）</td></tr>
<tr><td></td><td></td><td></td></tr>
<tr><td></td><td></td><td></td></tr>
<tr><td></td><td></td><td></td></tr>
<tr><td></td><td></td><td></td></tr>
<tr><td colspan="2">仓库编号</td><td>储存品种</td><td>核定储存量</td></tr>
<tr><td colspan="2">1</td><td></td><td></td></tr>
<tr><td colspan="2">2</td><td></td><td></td></tr>
<tr><td colspan="2">……</td><td>……</td><td>……</td></tr>
<tr><td>企业法定代表人声明</td><td colspan="3">我对申报的所有材料的真实性负责，保证本单位涉爆从业人员具备完全民事行为能力。<br>法定代表人签名：（申请单位印章）<br>年　月　日</td></tr>
<tr><td>设区的市级公安机关审批意见</td><td colspan="3">经办人签名：<br>审批人签名：<br>（签发机关印章）<br>年　月　日</td></tr>
<tr><td>备　注</td><td colspan="3"></td></tr>
</table>

说明：申请单位应随本申请表提交《民用爆炸物品安全管理条例》规定的其他材料。

# 附　录　B
## （规范性附录）
## 《爆破作业单位许可证》（营业性）申请表式样

**B.1**　《爆破作业单位许可证》（营业性）申请表式样见表 B.1。

**表 B.1　《爆破作业单位许可证》（营业性）申请表**

<table>
<tr><td colspan="3">单位名称</td><td colspan="8"></td></tr>
<tr><td colspan="3">单位地址</td><td colspan="8"></td></tr>
<tr><td colspan="3">负责人</td><td colspan="3">法定代表人</td><td colspan="2">技术负责人</td><td colspan="3">治安保卫负责人</td></tr>
<tr><td colspan="3">姓　名</td><td colspan="3"></td><td colspan="2"></td><td colspan="3"></td></tr>
<tr><td colspan="3">公民身份号码</td><td colspan="3"></td><td colspan="2"></td><td colspan="3"></td></tr>
<tr><td colspan="3">联系电话</td><td colspan="3"></td><td colspan="2"></td><td colspan="3"></td></tr>
<tr><td colspan="3">注册资金</td><td colspan="4">万元</td><td colspan="3">净资产</td><td>万元</td></tr>
<tr><td colspan="3">专用设备净值</td><td colspan="4">万元</td><td colspan="3">银行账户</td><td></td></tr>
<tr><td colspan="3">申请资质等级</td><td colspan="4">级</td><td colspan="3">申请从业范围</td><td></td></tr>
<tr><td colspan="2" rowspan="4">近 3 年单位爆破作业项目施工业绩</td><td>项目级别</td><td colspan="4">项目名称</td><td colspan="3">爆破施工日期</td><td>第一设计人</td></tr>
<tr><td></td><td colspan="4"></td><td colspan="3"></td><td></td></tr>
<tr><td></td><td colspan="4"></td><td colspan="3"></td><td></td></tr>
<tr><td>……</td><td colspan="4">……</td><td colspan="3">……</td><td>……</td></tr>
<tr><td colspan="2" rowspan="5">技术负责人爆破作业项目设计施工业绩</td><td>项目级别</td><td colspan="4">项目名称</td><td colspan="4">爆破施工日期</td></tr>
<tr><td></td><td colspan="4"></td><td colspan="4"></td></tr>
<tr><td></td><td colspan="4"></td><td colspan="4"></td></tr>
<tr><td></td><td colspan="4"></td><td colspan="4"></td></tr>
<tr><td>……</td><td colspan="4">……</td><td colspan="4">……</td></tr>
<tr><td rowspan="4">工程技术人员</td><td colspan="2">姓　名</td><td>专　业</td><td>技术职称</td><td colspan="2">许可证级别</td><td colspan="2">许可证编号</td><td colspan="2">公民身份号码</td></tr>
<tr><td colspan="2"></td><td></td><td></td><td colspan="2"></td><td colspan="2"></td><td colspan="2"></td></tr>
<tr><td colspan="2"></td><td></td><td></td><td colspan="2"></td><td colspan="2"></td><td colspan="2"></td></tr>
<tr><td colspan="2">……</td><td>……</td><td>……</td><td colspan="2">……</td><td colspan="2">……</td><td colspan="2">……</td></tr>
<tr><td rowspan="4">爆破员</td><td colspan="3">姓　名</td><td colspan="3">许可证编号</td><td colspan="4">公民身份号码</td></tr>
<tr><td colspan="3"></td><td colspan="3"></td><td colspan="4"></td></tr>
<tr><td colspan="3"></td><td colspan="3"></td><td colspan="4"></td></tr>
<tr><td colspan="3">……</td><td colspan="3">……</td><td colspan="4">……</td></tr>
<tr><td rowspan="3">安全员</td><td colspan="3">姓　名</td><td colspan="3">许可证编号</td><td colspan="4">公民身份号码</td></tr>
<tr><td colspan="3"></td><td colspan="3"></td><td colspan="4"></td></tr>
<tr><td colspan="3">……</td><td colspan="3">……</td><td colspan="4">……</td></tr>
<tr><td rowspan="3">保管员</td><td colspan="3">姓　名</td><td colspan="3">许可证编号</td><td colspan="4">公民身份号码</td></tr>
<tr><td colspan="3"></td><td colspan="3"></td><td colspan="4"></td></tr>
<tr><td colspan="3">……</td><td colspan="3">……</td><td colspan="4">……</td></tr>
</table>

续表 B.1

<table>
<tr><td rowspan="5">库区四邻<br>安全距离</td><td>方位</td><td>被保护对象</td><td colspan="2">核定安全距离（m）</td></tr>
<tr><td></td><td></td><td colspan="2"></td></tr>
<tr><td></td><td></td><td colspan="2"></td></tr>
<tr><td></td><td></td><td colspan="2"></td></tr>
<tr><td></td><td></td><td colspan="2"></td></tr>
<tr><td colspan="2">仓库编号</td><td>性 质</td><td>储存品种</td><td>核定储存量</td></tr>
<tr><td colspan="2">1</td><td></td><td></td><td></td></tr>
<tr><td colspan="2">2</td><td></td><td></td><td></td></tr>
<tr><td colspan="2">……</td><td>……</td><td>……</td><td>……</td></tr>
<tr><td>企业法定<br>代表人声明</td><td colspan="4">我对申报的所有材料的真实性负责，保证本单位涉爆从业人员具备完全民事行为能力。<br>法定代表人签名：（申请单位印章）<br>年 月 日</td></tr>
<tr><td>省级公安机关<br>审批意见</td><td colspan="4">资质等级： 从业范围：<br>经办人签名：<br>审批人签名：<br>（签发机关印章）<br>年 月 日</td></tr>
<tr><td>备 注</td><td colspan="4"></td></tr>
</table>

说明：申请单位应随本申请表提交《民用爆炸物品安全管理条例》规定的其他材料。

# 附　录　C
## （规范性附录）
## 《营业性爆破作业单位基本情况备案表》式样

**C.1**　《营业性爆破作业单位基本情况备案表》式样见表 C.1。

**表 C.1　营业性爆破作业单位基本情况备案表**

填报单位：　　　　　　　　　　　　　　　　填报时间：　　　年　月　日

| 序号 | 单位名称 | 资质等级 | 从业范围 | 法定代表人 | 技术负责人 | 有效期至 |
|---|---|---|---|---|---|---|
| 1 | | | | | | |
| 2 | | | | | | |
| 3 | | | | | | |
| 4 | | | | | | |
| 5 | | | | | | |
| 6 | | | | | | |
| 7 | | | | | | |
| 8 | | | | | | |
| 9 | | | | | | |
| 10 | | | | | | |
| 11 | | | | | | |
| 12 | | | | | | |
| 13 | | | | | | |
| 14 | | | | | | |
| 15 | | | | | | |
| …… | …… | …… | …… | …… | …… | …… |

## 参　考　文　献

[1] 国务院令第 466 号　民用爆炸物品安全管理条例.
[2] 国务院令第 493 号　生产安全事故报告和调查处理条例.

# 附录 4.《爆破作业项目管理要求》（GA 991—2012）

## 前　言

本标准全部内容为强制性。

本标准按照 GB/T 1.1—2009 给出的规则起草。

本标准由公安部治安管理局提出。

本标准由公安部社会公共安全应用基础标准化技术委员会归口。

本标准主要起草单位：公安部治安管理局。

本标准主要起草人：闫正斌、亓希国、张国亮。

本标准为首次发布。

## 引　言

《民用爆炸物品安全管理条例》（国务院令第 466 号）规定，在城市、风景名胜区和重要工程设施附近实施爆破作业的，爆破作业单位应向爆破作业所在地设区的市级人民政府公安机关提出申请，提交《爆破作业单位许可证》和具有相应资质的安全评估企业出具的爆破设计、施工方案评估报告。实施爆破作业时，应由具有相应资质的安全监理企业进行监理。

根据《民用爆炸物品安全管理条例》授权，在充分调研并广泛征求有关部门、从业单位意见的基础上，本标准规定在城市、风景名胜区和重要工程设施附近实施爆破作业的，应经爆破作业所在地设区的市级公安机关批准后方可实施，并规定了安全评估、安全监理、施工公告、爆破公告的主要内容。本标准还对爆破作业项目日常管理、民用爆炸物品购买、储存、存放和混装炸药车作业系统等作了具体要求。

# 爆破作业项目管理要求

## 1　范围

本标准规定了爆破作业项目的分级及爆破作业项目的管理要求。

本标准适用于爆破作业项目的管理。

## 2　规范性引用文件

下列文件对于本文件的应用是必不可少的。凡是注日期的引用文件，仅注日期的版本适用于本文件。凡是不注日期的引用文件，其最新版本（包括所有的修改单）适用于本文件。

GB 6722　爆破安全规程

GB 50089　民用爆破器材工程设计安全规范

GA 990　爆破作业单位资质条件和管理要求

## 3　术语和定义

GB 6722、GA 990 界定的术语和定义适用于本文件。

## 4　爆破作业项目分级

爆破作业项目的分级按 GB 6722 执行。

## 5　管理要求

### 5.1　爆破作业项目许可

#### 5.1.1　安全评估

**5.1.1.1**　需经公安机关审批的爆破作业项目，提交申请前，应由符合 GA 990 要求具有相应资质的爆破作业单位进行安全评估。

**5.1.1.2**　安全评估应包括下列主要内容：

a）爆破作业单位的资质是否符合规定；

b）爆破作业项目的等级是否符合规定；

c）设计所依据的资料是否完整；

d）设计方法、设计参数是否合理；

e）起爆网路是否可靠；

f）设计选择方案是否可行；

g）存在的有害效应及可能影响的范围是否全面；

h）保证工程环境安全的措施是否可行；

i）制定的应急预案是否适当。

#### 5.1.2　申请

在城市、风景名胜区和重要工程设施附近实施爆破作业的，爆破作业单位应向爆破作业所在地设区的市级公安机关提出申请，提交《爆破作业项目许可审批表》（见附录 A）及下列材料：

a）设计施工、安全评估、安全监理单位持有的《爆破作业单位许可证》、工商营业执照及其复印件；

b）设计施工单位与委托单位签订的爆破作业合同；

c）安全评估单位与委托单位签订的安全评估合同；

d）安全监理单位与委托单位签订的安全监理合同；

e）安全评估单位出具的爆破设计、施工方案的安全评估报告。

**5.1.3 审批**

受理申请的公安机关应在受理申请之日起 20 日内进行审查。对符合条件的，作出批准的决定；对不符合条件的，书面向申请人说明理由。

**5.1.4 安全监理**

**5.1.4.1** 经公安机关审批的爆破作业项目，实施爆破作业时，应由符合 GA 990 要求具有相应资质的爆破作业单位进行安全监理。

**5.1.4.2** 安全监理应包括下列主要内容：

a）爆破作业单位是否按照设计方案施工；

b）爆破有害效应是否控制在设计范围内；

c）审验爆破作业人员的资格，制止无资格人员从事爆破作业；

d）监督民用爆炸物品领取、清退制度的落实情况；

e）监督爆破作业单位遵守国家有关标准和规范的落实情况，发现违章指挥和违章作业，有权停止其爆破作业，并向委托单位和公安机关报告。

**5.2 其他管理要求**

**5.2.1 施工公告**

**5.2.1.1** 爆破作业单位应在施工前 3 天发布施工公告。

**5.2.1.2** 施工公告应包括下列主要内容：

a）爆破作业项目名称；

b）委托单位；

c）设计施工单位；

d）安全评估单位；

e）安全监理单位；

f）爆破作业时限。

**5.2.2 爆破公告**

**5.2.2.1** 爆破作业单位应在爆破前 1 天发布爆破公告。

**5.2.2.2** 爆破公告应包括下列主要内容：

a）爆破地点；

b）每次爆破时间；

c）安全警戒范围；

d）警戒标志；

e）起爆信号。

**5.2.3 备案**

**5.2.3.1** 营业性爆破作业单位接受委托实施爆破作业，应事先与委托单位签订爆破作业合同，并在签订爆破作业合同后 3 日内，将爆破作业合同向爆破作业所在地县级公安机关备案。

**5.2.3.2** 对由公安机关审批的爆破作业项目，爆破作业单位应在实施爆破作业活动结束后 15 日内，将经爆破作业项目所在地公安机关批准确认的爆破作业设计施工、安全评估、安全监理的情况，向核发《爆破作业单位许可证》的公安机关备案，并提交《爆破作业项目备案表》（见附录 B）。

**5.2.4 民用爆炸物品购买、储存、存放**

**5.2.4.1** 爆破作业单位实施爆破作业所需的民用爆炸物品，由爆破作业单位依法从民用爆炸物品生产企业或销售企业自主选择购买。

**5.2.4.2** 因爆破作业项目需要，爆破作业单位可以新建、改建、扩建或租用民用爆炸物品专用仓库用于储存民用爆炸物品，但民用爆炸物品专用仓库应经安全评价合格。

**5.2.4.3** 在爆破作业现场临时存放民用爆炸物品的，其临时存放条件应符合 GB 6722 的要求，并设专人管理、看护。

**5.2.4.4** 当天爆破作业后剩余的民用爆炸物品应当天清退回库，不应在爆破作业现场过夜存放民用爆炸物品。

**5.2.5 混装炸药车作业系统**

**5.2.5.1** 爆破作业单位使用混装炸药车作业系统实施爆破作业的，所选用的混装设备和建立的设施应符合 GB 6722、GB 50089 的要求。

**5.2.5.2** 混装炸药车作业系统建设完成后，应进行安全验收评价。经安全验收评价合格的，方可使用进行爆破作业。

**5.2.5.3** 混装炸药车作业系统仅限本单位合法的爆破作业活动使用。

# 附 录 A
## (规范性附录)
## 《爆破作业项目许可审批表》式样

**A.1** 《爆破作业项目许可审批表》式样见表A.1。

**表A.1 爆破作业项目许可审批表**

<table>
<tr><td colspan="3">申请单位</td><td colspan="3"></td></tr>
<tr><td colspan="3">委托单位</td><td colspan="3"></td></tr>
<tr><td colspan="3">项目名称</td><td colspan="3"></td></tr>
<tr><td colspan="3">项目级别</td><td colspan="3"></td></tr>
<tr><td colspan="3">作业地点</td><td colspan="3"></td></tr>
<tr><td colspan="3">作业时间</td><td colspan="3">年 月 日至 年 月 日 共 天</td></tr>
<tr><td rowspan="4">设计施工方案</td><td colspan="2"></td><td>姓 名</td><td>许可证编号</td><td>公民身份号码</td></tr>
<tr><td colspan="2">设计人</td><td></td><td></td><td></td></tr>
<tr><td colspan="2">审核人</td><td></td><td></td><td></td></tr>
<tr><td colspan="2">批准人</td><td></td><td></td><td></td></tr>
<tr><td rowspan="10">爆破作业单位</td><td colspan="2"></td><td>设计施工单位</td><td>安全评估单位</td><td>安全监理单位</td></tr>
<tr><td colspan="2">许可证编号</td><td></td><td></td><td></td></tr>
<tr><td rowspan="2">法定代表人</td><td>姓名</td><td></td><td></td><td></td></tr>
<tr><td>电话</td><td></td><td></td><td></td></tr>
<tr><td rowspan="2">技术负责人</td><td>姓名</td><td></td><td></td><td></td></tr>
<tr><td>电话</td><td></td><td></td><td></td></tr>
<tr><td rowspan="2">项目技术负责人</td><td>姓名</td><td></td><td></td><td></td></tr>
<tr><td>电话</td><td></td><td></td><td></td></tr>
<tr><td rowspan="2">治安保卫负责人</td><td>姓名</td><td></td><td></td><td></td></tr>
<tr><td>电话</td><td></td><td></td><td></td></tr>
<tr><td rowspan="13">设计施工单位参加本项目的爆破作业人员名单</td><td colspan="2">种 类</td><td>姓 名</td><td>许可证编号</td><td>公民身份号码</td></tr>
<tr><td colspan="2" rowspan="3">爆破工程技术人员</td><td></td><td></td><td></td></tr>
<tr><td></td><td></td><td></td></tr>
<tr><td>……</td><td>……</td><td>……</td></tr>
<tr><td colspan="2" rowspan="3">爆破员</td><td></td><td></td><td></td></tr>
<tr><td></td><td></td><td></td></tr>
<tr><td>……</td><td>……</td><td>……</td></tr>
<tr><td colspan="2" rowspan="3">安全员</td><td></td><td></td><td></td></tr>
<tr><td></td><td></td><td></td></tr>
<tr><td>……</td><td>……</td><td>……</td></tr>
<tr><td colspan="2" rowspan="3">保管员</td><td></td><td></td><td></td></tr>
<tr><td></td><td></td><td></td></tr>
<tr><td>……</td><td>……</td><td>……</td></tr>
</table>

续表 A. 1

<table>
<tr><td rowspan="5">安全评估单位<br>参加本项目的爆破<br>作业人员名单</td><td>姓　名</td><td>许可证编号</td><td colspan="2">公民身份号码</td></tr>
<tr><td></td><td></td><td colspan="2"></td></tr>
<tr><td></td><td></td><td colspan="2"></td></tr>
<tr><td></td><td></td><td colspan="2"></td></tr>
<tr><td>……</td><td>……</td><td colspan="2">……</td></tr>
<tr><td rowspan="5">安全监理单位<br>参加本项目的爆破<br>作业人员名单</td><td>姓　名</td><td>许可证编号</td><td colspan="2">公民身份号码</td></tr>
<tr><td></td><td></td><td colspan="2"></td></tr>
<tr><td></td><td></td><td colspan="2"></td></tr>
<tr><td></td><td></td><td colspan="2"></td></tr>
<tr><td>……</td><td>……</td><td colspan="2">……</td></tr>
<tr><td rowspan="5">安全警戒距离</td><td>方　位</td><td>被保护对象名称</td><td colspan="2">核定安全距离（m）</td></tr>
<tr><td></td><td></td><td colspan="2"></td></tr>
<tr><td></td><td></td><td colspan="2"></td></tr>
<tr><td></td><td></td><td colspan="2"></td></tr>
<tr><td>……</td><td>……</td><td colspan="2">……</td></tr>
<tr><td colspan="2">仓库编号</td><td>性质</td><td>储存品种</td><td>核定储存量</td></tr>
<tr><td colspan="2">1</td><td></td><td></td><td></td></tr>
<tr><td colspan="2">2</td><td></td><td></td><td></td></tr>
<tr><td colspan="2">……</td><td>……</td><td>……</td><td>……</td></tr>
<tr><td colspan="2">申请单位<br>法定代表人声明</td><td colspan="3">我对申报的所有材料的真实性负责。<br>法定代表人签名：　　　　（申请单位印章）<br>年　月　日</td></tr>
<tr><td colspan="2">设区的市级<br>公安机关审批意见</td><td colspan="3">经办人签名：<br>审批人签名：<br>（签发机关印章）<br>年　月　日</td></tr>
<tr><td colspan="2">备　注</td><td colspan="3"></td></tr>
</table>

# 附　录　B
## （规范性附录）
## 《爆破作业项目备案表》式样

**B.1**　《爆破作业项目备案表》式样见表B.1。

**表B.1　爆破作业项目备案表**

<table>
<tr><td colspan="3">申请备案单位</td><td colspan="3"></td></tr>
<tr><td colspan="3">委托单位</td><td colspan="3"></td></tr>
<tr><td colspan="3">项目名称</td><td colspan="3"></td></tr>
<tr><td colspan="3">项目级别</td><td colspan="3"></td></tr>
<tr><td colspan="3">作业地点</td><td colspan="3"></td></tr>
<tr><td colspan="3">作业时间</td><td colspan="3">年　月　日至　年　月　日　共　天</td></tr>
<tr><td colspan="2" rowspan="4">设计施工方案</td><td></td><td>姓　名</td><td>许可证编号</td><td>公民身份号码</td></tr>
<tr><td>设计人</td><td></td><td></td><td></td></tr>
<tr><td>审核人</td><td></td><td></td><td></td></tr>
<tr><td>批准人</td><td></td><td></td><td></td></tr>
<tr><td rowspan="10">爆破作业单位</td><td colspan="2"></td><td>设计施工单位</td><td>安全评估单位</td><td>安全监理单位</td></tr>
<tr><td colspan="2">许可证编号</td><td></td><td></td><td></td></tr>
<tr><td rowspan="2">法定代表人</td><td>姓名</td><td></td><td></td><td></td></tr>
<tr><td>电话</td><td></td><td></td><td></td></tr>
<tr><td rowspan="2">技术负责人</td><td>姓名</td><td></td><td></td><td></td></tr>
<tr><td>电话</td><td></td><td></td><td></td></tr>
<tr><td rowspan="2">项目技术负责人</td><td>姓名</td><td></td><td></td><td></td></tr>
<tr><td>电话</td><td></td><td></td><td></td></tr>
<tr><td rowspan="2">治安保卫负责人</td><td>姓名</td><td></td><td></td><td></td></tr>
<tr><td>电话</td><td></td><td></td><td></td></tr>
<tr><td colspan="2" rowspan="13">设计施工单位参加本项目的爆破作业人员名单</td><td>种　类</td><td>姓　名</td><td>许可证编号</td><td>公民身份号码</td></tr>
<tr><td rowspan="3">爆破工程技术人员</td><td></td><td></td><td></td></tr>
<tr><td></td><td></td><td></td></tr>
<tr><td>……</td><td>……</td><td>……</td></tr>
<tr><td rowspan="3">爆破员</td><td></td><td></td><td></td></tr>
<tr><td></td><td></td><td></td></tr>
<tr><td>……</td><td>……</td><td>……</td></tr>
<tr><td rowspan="3">安全员</td><td></td><td></td><td></td></tr>
<tr><td></td><td></td><td></td></tr>
<tr><td>……</td><td>……</td><td>……</td></tr>
<tr><td rowspan="3">保管员</td><td></td><td></td><td></td></tr>
<tr><td></td><td></td><td></td></tr>
<tr><td>……</td><td>……</td><td>……</td></tr>
</table>

续表 B. 1

<table>
<tr><td rowspan="5">安全评估单位<br>参加本项目的爆破<br>作业人员名单</td><td>姓　名</td><td>许可证编号</td><td>公民身份号码</td></tr>
<tr><td></td><td></td><td></td></tr>
<tr><td></td><td></td><td></td></tr>
<tr><td></td><td></td><td></td></tr>
<tr><td>……</td><td>……</td><td>……</td></tr>
<tr><td rowspan="5">安全监理单位<br>参加本项目的爆破<br>作业人员名单</td><td>姓　名</td><td>许可证编号</td><td>公民身份号码</td></tr>
<tr><td></td><td></td><td></td></tr>
<tr><td></td><td></td><td></td></tr>
<tr><td></td><td></td><td></td></tr>
<tr><td>……</td><td>……</td><td>……</td></tr>
<tr><td colspan="2">安全评估单位<br>法定代表人意见</td><td colspan="2">法定代表人签名：　（安全评估单位印章）<br>年　月　日</td></tr>
<tr><td colspan="2">安全监理单位<br>法定代表人意见</td><td colspan="2">法定代表人签名：　（安全监理单位印章）<br>年　月　日</td></tr>
<tr><td colspan="2">委托单位<br>法定代表人意见</td><td colspan="2">法定代表人签名：　（委托单位印章）<br>年　月　日</td></tr>
<tr><td colspan="2">项目所在地公安机关<br>批准备案意见</td><td colspan="2">经办人签名：<br>审批人签名：　（公安机关印章）<br>年　月　日</td></tr>
<tr><td colspan="2">申请备案单位<br>法定代表人声明</td><td colspan="2">我对申报的所有材料的真实性负责。<br>法定代表人签名：　（申请单位印章）<br>年　月　日</td></tr>
<tr><td colspan="2">备　注</td><td colspan="2"></td></tr>
</table>

说明：申请单位应当随本备案表提交项目所在地公安机关批准确认的爆破作业设计施工方案及安全评估、安全监理报告。

## 参 考 文 献

[1] 国务院令第466号　民用爆炸物品安全管理条例.

# 附录5.《爆破作业人员资格条件和管理要求》(GA 53—2015)

## 1　范围

本标准规定了爆破作业人员的分类、分级、资格条件、岗位设置和职责要求以及管理要求。

本标准适用于爆破作业人员的资格管理和日常管理。

## 2　规范性引用文件

下列文件对于本文件的应用是必不可少的。凡是注日期的引用文件，仅注日期的版本适用于本文件。凡是不注日期的引用文件，其最新版本（包括所有的修改单）适用于本文件。

GB 6722—2014　爆破安全规程

GA 990　爆破作业单位资质条件和管理要求

GA 991　爆破作业项目管理要求

## 3　术语和定义

GB 6722—2014、GA 990 界定的术语和定义适用于本文件。为了便于使用，以下重复列出了 GB 6722—2014 中的一些术语和定义。

**3.1**

**爆破作业　blasting**

利用炸药的爆炸能量对介质做功，以达到预定工程目标的作业。

[GB 6722—2014，定义3.1]

**3.2**

**爆破作业单位　blasting unit**

持有《爆破作业单位许可证》从事爆破作业的单位，分非营业性和营业性两类。非营业性爆破作业单位是指为本单位的合法生产活动需要，在限定区域内自行实施爆破作业的单位；营业性爆破作业单位是指具有独立法人资格，承接爆破作业项目设计施工、安全评估、安全监理的单位。

[GB 6722—2014，定义3.2]

**3.3**

**爆破工程技术人员　blasting engineering and technical personnel**

具有爆破专业知识和实践经验并通过考核，获得从事爆破工作资格证书的技术人员。

[GB 6722—2014，定义3.3]

**3.4**

**爆破作业人员　blasting personnel; personals engaged in blasting operations**

从事爆破作业的爆破工程技术人员、爆破员、安全员和保管员。

[GB 6722—2014，定义3.4]

## 4　分类

爆破作业人员分为爆破工程技术人员、爆破员、安全员和保管员。

## 5　分级

**5.1**　爆破工程技术人员分为高级/A、高级/B、中级/C 和初级/D。资格等级与作业范围对应关系见表1。

表 1 爆破工程技术人员资格等级与作业范围对应关系表

| 资格等级 | 作 业 范 围 |
| --- | --- |
| 高级/A | A 级及以下爆破作业项目 |
| 高级/B | B 级及以下爆破作业项目 |
| 中级/C | C 级及以下爆破作业项目 |
| 初级/D | D 级及以下爆破作业项目 |
| 注 1：表中作业范围的 A 级、B 级、C 级、D 级为 GB 6722—2014 中规定爆破工程的相应级别。<br>注 2：爆破工程技术人员资格条件见 6. 2. 1。 | |

**5. 2** 爆破员、安全员和保管员不分级。

## 6 资格条件

### 6. 1 一般要求

一般规定如下：

a）无妨碍爆破作业的疾病或生理缺陷；

b）具有完全民事行为能力；

c）无刑事处罚记录；

d）无涉恐、吸毒等其他不适合从事爆破作业的情况。

### 6. 2 特殊要求

#### 6. 2. 1 爆破工程技术人员资格条件

爆破工程技术人员资格条件为：

a）年满 18 周岁且不超过 70 周岁；

b）申请爆破工程技术人员初级/D 的，应取得理学或工学学科范围大学专科学历且从事爆破相关工作 3 年以上，或者取得理学或工学学科范围大学本科学历且从事爆破相关工作 1 年以上；

c）申请爆破工程技术人员中级/C 的，应取得理学或工学学科范围硕士研究生学历且从事爆破相关工作 2 年以上，或者取得爆破工程技术人员初级/D 后连续从事爆破相关工作 4 年以上且主持过不少于 3 项 D 级爆破作业项目的设计施工；

d）申请爆破工程技术人员高级/B 的，应取得理学或工学学科范围博士研究生学历且从事爆破相关工作 2 年以上，或者取得爆破工程技术人员中级/C 后连续从事爆破相关工作 4 年以上且主持过不少于 3 项 C 级爆破作业项目的设计施工；

e）申请爆破工程技术人员高级/A 的，应取得爆破工程技术人员高级/B 后连续从事爆破相关工作 4 年以上且主持过不少于 5 项 B 级爆破作业项目的设计施工；

f）近 3 年参与爆破作业项目设计施工、安全评估和安全监理的，未发生爆破作业责任事故。

#### 6. 2. 2 爆破员、安全员和保管员资格条件

爆破员、安全员和保管员资格条件为：

a）年满 18 周岁且不超过 60 周岁；

b）初中以上文化程度；

c）近 3 年未发生爆破作业责任事故。

## 7 岗位设置和职责要求

### 7. 1 岗位设置

**7. 1. 1** 按照岗位职责分工不同，爆破作业单位应设置单位技术负责人、项目技术负责人、爆破员、安全员和保管员岗位。

**7. 1. 2** 单位技术负责人、项目技术负责人应由爆破工程技术人员担任，可以兼任。

**7.1.3** 爆破员、安全员和保管员不得兼任。

**7.2 岗位职责要求**

单位技术负责人、项目技术负责人、爆破员、安全员和保管员的岗位职责应符合 GA 990 的规定。

## 8 资格管理要求

### 8.1 培训教育

**8.1.1 首次培训**

**8.1.1.1** 初次申请《爆破作业人员许可证》的爆破工程技术人员应参加不少于240学时的安全技术培训。

**8.1.1.2** 初次申请《爆破作业人员许可证》的爆破员、安全员和保管员应参加不少于72学时的安全技术培训。

**8.1.2 继续教育培训**

**8.1.2.1** 爆破工程技术人员每年应参加不少于40学时的继续教育培训。

**8.1.2.2** 爆破员、安全员和保管员每年应参加不少于20学时的继续教育培训。

**8.1.3 培训组织**

**8.1.3.1** 爆破作业人员首次培训和继续教育培训应由爆破作业单位自行组织或委托专业培训机构、行业协会组织。

**8.1.3.2** 组织爆破作业人员培训的单位应有固定教学场所和专职工作人员，培训师资由省级公安机关认定。

**8.1.3.3** 爆破作业人员培训应使用统一规范的培训教材，并参照8.2.2.3设置课程和教学内容。

**8.1.3.4** 组织爆破作业人员培训的单位应建立培训档案，在培训结束后10日内通过爆破作业人员培训考核信息系统录入培训人员、时间、地点、师资和内容信息，并向培训人员发放参加培训的证明。

### 8.2 许可证管理

**8.2.1 申请**

**8.2.1.1** 申请《爆破作业人员许可证》的爆破员、安全员、保管员，应向单位所在地设区的市级公安机关提出申请，提交《爆破作业人员许可证》申请表（见附录A）及以下材料：

a）身份证明复印件；

b）申请人符合8.1.2要求的证明，初次申请《爆破作业人员许可证》的提供符合8.1.1要求的证明；

c）申请人与爆破作业单位签订的聘用劳动合同复印件或其他有效证明；

d）爆破作业单位为申请人缴纳基本养老保险、基本医疗保险、工伤保险和失业保险等社会保险的证明；

e）爆破作业单位聘用高等院校、科研院所人员和退休人员等不能提供c）、d）项材料的，应提供爆破作业单位的聘任协议以及现或原所在单位的同意受聘证明或退休证明。

**8.2.1.2** 申请《爆破作业人员许可证》的爆破工程技术人员，应向单位所在地设区的市级公安机关提出申请，除提交8.2.1.1规定的材料外，还应提交符合6.2.1要求的证明材料，包括：

a）资历证明，包括学历、学位证书，从事爆破作业的时间、经历和获奖证明等；

b）工作业绩证明，包括主持爆破作业项目设计施工的证明、设计文件等。

**8.2.2 考核**

**8.2.2.1 考核组织**

**8.2.2.1.1** 爆破作业人员的考核由设区的市级公安机关组织，报省级公安机关备案。

**8.2.2.1.2** 爆破工程技术人员考核专家由公安部认定。

**8.2.2.1.3** 爆破员、安全员和保管员考核专家由省级公安机关认定。

**8.2.2.2 考核程序**

**8.2.2.2.1** 考核30日前，设区的市级公安机关向社会公告考核时间、地点及考核大纲。

**8.2.2.2.2**　考核10日前，设区的市级公安机关组织对申请参加考核的人员进行资格审查，并通知通过资格审查的申请人参加考核。

**8.2.2.2.3**　考核结束10日内，设区的市级公安机关向社会公告考核结果。

**8.2.2.3　考核内容**

**8.2.2.3.1**　爆破工程技术人员考核的主要内容包括：

a）民用爆炸物品相关法律、法规、规章和标准；

b）爆破安全技术的现状及发展方向；

c）炸药与爆破基本理论；

d）爆破作业安全管理；

e）爆破器材及爆破施工技术；

f）爆破工程地质；

g）爆破设计与施工；

h）爆破安全评估与安全监理。

**8.2.2.3.2**　爆破员考核的主要内容包括：

a）民用爆炸物品相关法律、法规、规章和标准；

b）爆破安全技术；

c）炸药与爆破基本理论；

d）常见民用爆炸物品的品种、性能、使用条件及安全管理要求；

e）装药、堵塞、网路敷设和起爆等爆破工艺及安全技术要求；

f）爆破安全技术和环境保护要求；

g）处理盲炮或其他安全隐患的操作程序。

**8.2.2.3.3**　安全员考核的主要内容包括：

a）民用爆炸物品相关法律、法规、规章和标准；

b）爆破安全技术；

c）爆破作业现场安全管理要求；

d）民用爆炸物品领取、发放和清退安全管理规定；

e）爆破作业人员资格要求。

**8.2.2.3.4**　保管员考核的主要内容包括：

a）民用爆炸物品相关法律、法规、规章和标准；

b）爆破安全技术；

c）验收、保管、发放和回收民用爆炸物品的安全管理要求；

d）民用爆炸物品流向登记规定；

e）民用爆炸物品储存安全要求。

**8.2.2.4　考核方式**

**8.2.2.4.1**　爆破作业人员考核方式为理论考核和面试考核。

**8.2.2.4.2**　理论考核采取闭卷考试方式进行，满分为100分，60分及以上为及格。

**8.2.2.4.3**　理论考核和面试考核均及格的，考核结果为合格；否则为不合格。

**8.2.2.4.4**　爆破作业人员考核成绩、考核结果和考核专家等信息应录入爆破作业人员培训考核信息系统。

**8.2.3　发放**

**8.2.3.1**　经考核合格的爆破作业人员，自考核结果公布之日起10日内，由设区的市级公安机关核发《爆破作业人员许可证》。

**8.2.3.2**　《爆破作业人员许可证》在全国范围内有效。

注：《爆破作业人员许可证》式样参见《公安部关于印发民用爆炸物品许可证件及相关法律文书式样的通知》（公通字〔2012〕24号）。

**8.2.4　换发和补发**

**8.2.4.1　换发**

**8.2.4.1.1**　《爆破作业人员许可证》的有效期为3年。

**8.2.4.1.2**　有效期届满需要继续从事爆破作业的，爆破作业人员应在期满前30日内，向原签发公安机关提出换发《爆破作业人员许可证》的申请，并提交8.2.1.1规定的材料。

**8.2.4.1.3**　变更工作单位的，爆破作业人员应向现工作单位所在地设区的市级公安机关提出换发《爆破作业人员许可证》的申请，并提交8.2.1.1规定的材料和与原单位解除聘用合同或聘用合同到期的证明文件。

**8.2.4.1.4**　受理申请的公安机关按照规定进行审查。对符合条件的，收回原证并换发《爆破作业人员许可证》；对不符合条件的，书面向申请人说明理由。

**8.2.4.2　补发**

**8.2.4.2.1**　《爆破作业人员许可证》遗失的，应持在公众媒体上刊登的遗失声明的证明，向原签发公安机关提出补发《爆破作业人员许可证》的申请。受理申请的公安机关按照规定进行核实后予以补发，补发的《爆破作业人员许可证》编号、有效期与原证一致。

**8.2.4.2.2**　《爆破作业人员许可证》因损毁影响使用的，应向原签发公安机关提出补发《爆破作业人员许可证》的申请。受理申请的公安机关按照规定进行核实、收回原证后予以补发，补发的《爆破作业人员许可证》编号、有效期与原证一致。

**8.2.5　撤销、吊销和注销**

**8.2.5.1**　县级及以上地方公安机关应加强对爆破作业人员的监督检查，发现不符合资格条件或不适合继续从事爆破作业的，应书面告知《爆破作业人员许可证》签发公安机关。签发公安机关接到书面告知后，应组织复核，对经复核确实不适合继续从事爆破作业的，应撤销其《爆破作业人员许可证》。

**8.2.5.2**　爆破作业人员因故不再从事爆破作业的，由签发公安机关撤销其《爆破作业人员许可证》。

**8.2.5.3**　爆破作业人员违反国家有关标准和规范的规定实施爆破作业，发生爆破作业责任事故并负有主要责任的，签发公安机关应依法吊销其《爆破作业人员许可证》。

**8.2.5.4**　爆破作业人员在有效期届满3个月内未提出换发《爆破作业人员许可证》申请或死亡的，由签发公安机关注销其《爆破作业人员许可证》。

## 9　日常管理要求

**9.1**　爆破作业人员不得超出《爆破作业人员许可证》上载明的作业类别从事爆破作业。

**9.2**　爆破工程技术人员不得超出其资格等级从事爆破作业。

**9.3**　爆破作业人员不得同时受聘于两个及以上爆破作业单位。

**9.4**　不得涂改、倒卖、出租、出借或以其他形式非法转让《爆破作业人员许可证》。

**9.5**　初次取得《爆破作业人员许可证》的爆破员，应在有经验的爆破员指导下实习3个月后，方可独立进行爆破作业。

**9.6**　爆破工程技术人员不得同时担任两个及以上爆破作业项目技术负责人。发生下列情形除外：

a）同一爆破工程相邻分段发包或分期施工的；

b）因非爆破作业单位原因致使爆破工程项目停工超过2个月，经委托单位同意的。

**9.7**　爆破作业单位不得更换爆破作业项目技术负责人。发生下列情形除外：

a）委托方与爆破作业单位已解除爆破作业合同的；

b）委托方同意更换项目技术负责人的；

c）因不可抗力等特殊情况必须更换项目技术负责人的。

**9.8**　爆破作业单位在合同履行期间变更项目技术负责人的，应书面办理交接手续，并于项目技术负责人变更5个工作日内书面报告爆破作业合同备案的公安机关。属于GA 991规定经公安机关审批的爆破作业项目的，还应同时将项目技术负责人变更情况书面报告所在地设区的市级公安机关。

**9.9**　爆破工程技术人员担任项目技术负责人期间，除9.7规定的情形外，不得变更工作单位。

# 附　录　A

## （规范性附录）

## 《爆破作业人员许可证》申请表式样

**A. 1**　《爆破作业人员许可证》申请表式样见表 A. 1。

**表 A. 1　《爆破作业人员许可证》申请表**

<table>
<tr><td>姓　　名</td><td></td><td>性　别</td><td></td><td>民　族</td><td></td><td rowspan="4">照片</td></tr>
<tr><td>出生日期</td><td></td><td colspan="2">公民身份号码</td><td colspan="2"></td></tr>
<tr><td>学　　历</td><td></td><td>专　业</td><td></td><td>技术职称</td><td></td></tr>
<tr><td>工作单位</td><td colspan="5"></td></tr>
<tr><td>通讯地址</td><td colspan="4"></td><td>联系电话</td><td></td></tr>
<tr><td>申请类别</td><td colspan="6">□初次申领　□到期换发　□变更单位换发　□补发　□提高资格等级</td></tr>
<tr><td>申请从事爆破作业类别</td><td colspan="4">□爆破员　□安全员　□保管员<br>爆破工程技术人员（□高级/A　□高级/B　□中级/C　□初级/D）</td><td>初次领证时间</td><td>年　月　日</td></tr>
<tr><td>从事爆破工作的简历</td><td colspan="6">（可附页）</td></tr>
<tr><td>所在单位法定代表人声明</td><td colspan="6">我对申报的所有材料的真实性负责，保证申请人具备完全民事行为能力，无妨碍爆破作业的疾病或生理缺陷。<br>（单位印章）<br>法定代表人签名：　　年　　月　　日</td></tr>
<tr><td>县级公安机关背景审查意见</td><td colspan="6">申请人无犯罪记录，无涉恐、吸毒等其他不适合从事爆破作业的情况。<br>（公安机关印章）<br>经办人签名：　　年　　月　　日</td></tr>
<tr><td>考核意见</td><td colspan="6">作业类别：<br>考核专家组签名：<br>年　　月　　日</td></tr>
<tr><td>发证公安机关审批意见</td><td colspan="6">审核人签名：<br>签发人签名：　　（签发机关印章）<br>年　　月　　日</td></tr>
</table>

## 参 考 文 献

[1] 国务院令第 466 号　民用爆炸物品安全管理条例.

[2] 公通字〔2012〕24 号　公安部关于印发民用爆炸物品许可证件及相关法律文书式样的通知.

# 附录 6. 初级爆破工程技术人员考试填空题

1. 长期研究和应用实践表明：工程爆破的发展前景正朝着精细化、科学化、数字化方向发展。

2. 根据国家标准《民用爆破器材术语》（GB/T 14659—2003）给出的定义，民用爆破器材是用于非军事目的的各种炸药及其制品和火工品的总称。

3. 爆破器材的发展方向是高质量、多品种、低成本和生产工艺连续化。

4. 精细爆破是通过定量化的爆破设计、精心的爆破施工和精细化的爆破管理，进行炸药能力释放与介质破碎、抛掷等过程的控制，既达到预期的爆破效果，又实现爆破有害效应的控制，实现安全、环保及经济合理的爆破作业。

5. 小直径钎头，按硬质合金形状分为片式和球齿式。

6. 手持式凿岩机可钻凿水平、倾斜及垂直向下方向的炮孔。

7. 目前常用的空压机的类型是风动空压机、电动空压机。

8. 选择钎头时，主要根据凿岩机的类别，钻凿炮孔的直径，矿岩的岩性、节理裂隙的发育情况，确定钎头类型和规格。

9. 潜孔钻机是将冲击凿岩的工作机构置于孔内，这种结构可减少凿岩能量损失。

10. 潜孔钻机通过其风接头，将高压空气输入冲击器，依靠机械传动装置，可确保空心主轴输出的扭矩传递给钎杆。

11. 牙轮钻机以独具特色的碾压机理破碎岩石，它的钻凿速度与轴压之间具有指数关系，增大轴压可以显著提高凿岩速度。

12. 移动式液压破碎机由反铲改造而成，起直接破碎作用的机头称为破碎冲击器。

13. 液压破碎机除了用于二次破碎外，通过更换不同形式的钎头，还可用于开沟、破路面、拆除、清理隧道及岩石开挖等作业。

14. 按行走方式，装载机分为履带式和轮胎式，当前发展较快的是履带式。

15. 土石方工程的运输道路按使用年限分为固定路、半固定路和临时路。

16. 炸药爆炸必须具备的三个基本要素是；变化过程释放大量的热、变化过程必须是高速的、变化过程能产生大量气体。

17. 爆炸是某一种物质系统在有限空间和极短时间内，迅速释放大量能量或急骤转化的物理、化学过程。

18. 爆轰是炸药以最大而稳定的爆速进行传爆的过程，是炸药所特有的一种化学变化形式，与外界的压力、温度等条件无关。

19. 炸药发生爆炸时，其爆炸的传播速度是可变的，爆轰的传播速度是恒定的。

20. 通常将爆炸现象分为物理爆炸、化学爆炸及核爆炸。炸药爆炸属于化学爆炸。

21. 炸药化学反应的四种基本形式是：热分解、燃烧、爆炸和爆轰。

22. 引起炸药爆炸的外部作用是：热能、机械能、爆炸能。

23. 炸药爆炸所需的最低能量称临界起爆能。

24. 爆炸压力的大小取决于炸药爆热、爆温和爆轰气体的体积。

25. 炸药爆炸过程的热损失主要取决于爆炸过程中的热传导、热辐射、介质的塑性变形。

26. 炸药的热化学参数有：爆热、爆温、爆压。

27. 影响炸药感度的外界因素有：炸药的物理状态与晶体形态、装药密度、炸药结晶的大小、温度和惰性杂质的渗入等。

28. 爆温是炸药爆炸时所放出的热量将爆炸产物加热达到的最高温度；它取决于炸药的爆热和爆炸产物的组成。

29. 炸药的爆炸性能有：爆速、炸药威力、猛度、殉爆、沟槽效应、聚能效应。

30. 炸药猛度的大小主要取决于爆速，爆速越高，猛度越大；炸药猛度的实测方法一般采用铅柱压缩法。

31. 爆速是衡量炸药性能的重要指标之一，影响炸药爆速的主要因素是：药柱直径、约束条件、炸药密度和炸药粒度。

32. 一般情况下，随着密度的增加，炸药的感度会降低；随着温度的升高，炸药的感度会增高。

33. 沟槽效应也称管道效应、间隙效应，它的产生与炸药配方、物理结构、包装条件和加工工艺等因素有关。

34. 炸药的性能是影响聚能威力的根本因素，药型罩压合和碰撞的速度主要取决于炸药的爆轰压力。

35. 影响炸药殉爆距离的因素有装药密度、药量、药径、药包外壳和连接方式。

36. 在工程爆破中，殉爆距离对于确定分段装药、盲炮处理和合理的孔网参数等都具有指导意义。在炸药厂和危险品库房的设计中，它是确定安全距离的重要依据。

37. 工业炸药又称民用炸药，是氧化剂、可燃剂和其他添加剂等组分按照氧平衡的原理配制，并均匀混合制成的爆炸物。

38. 单质猛炸药是指化学成分为单一化合物的炸药，它具有敏感度比起爆药低、爆炸威力大和爆炸性能好等特点，常用于做雷管的加强药、导爆索和导爆管药芯以及混合炸药的敏化剂。

39. 炸药按其组成分类有：单质炸药、混合炸药。

40. 炸药按其作用特性分类有：起爆药、猛炸药、发射药、焰火剂。

41. 工业炸药按其主要化学成分分类，可分为硝铵类炸药、硝化甘油类炸药、芳香族硝基化合物类炸药。

42. 工业炸药按照其物理状态可分为粉状炸药、粒状炸药、浆状炸药、乳化炸药、胶质炸药和液体炸药。

43. 以硝酸铵为主要成分，加入适量的可燃剂、敏化剂及其他添加剂的混合炸药均属硝铵类炸药，目前是国内外工程爆破中用量最大、品种最多的一类混合炸药。

44. 铵油炸药主要成分是硝酸铵和轻柴油。它的品种有粉状铵油炸药、多孔粒铵油炸药和改性铵油炸药。

45. 乳化炸药的主要特性是：密度可调范围较宽、爆速和猛度较高、起爆感度高、抗水性强。

46. 乳化炸药的主要成分有氧化剂水溶液、油相材料、乳化剂、敏化剂和其他添加剂。

47. 重铵油炸药又称乳化铵油炸药，是乳胶基质与多孔粒铵油炸药的物理掺和产品。

48. 水胶炸药与浆状炸药没有严格的界限，二者主要区别在于使用不同的敏化剂。

49. 水胶炸药具有爆炸反应较完全，能力释放系数高，威力大；抗水性好；爆炸后有毒气体生成量少；机械和火焰感度低；储存稳定性好和规格品种多等优点。

50. 多孔粒状铵油炸药由多孔粒状硝酸铵、柴油组成。

51. 硝化甘油炸药具有抗水性强、密度大、爆炸威力大等优点。

52. 炸药的氧平衡包括正氧平衡、负氧平衡及零氧平衡。工业炸药的氧平衡通常设计为零氧平衡。

53. 允许在有瓦斯和煤尘爆炸危险的矿井所使用的炸药称为煤矿许用炸药。

54. 常用工业炸药爆炸产生的有害气体主要是一氧化碳和氮的氧化物。

55. 爆破器材检验项目有：外观检验、爆炸性能检验和物理化学安定性检验。

56. 现场通常检测的炸药爆炸性能指标有爆速、猛度、做功能力和殉爆距离。

57. 通常用来评价工业炸药的威力的方法有爆破漏斗法及铅铸扩孔法。

58. 乳化炸药、水胶炸药、浆状炸药可直接用于有水的深孔爆破和浅孔爆破作业。

59. 销毁爆破器材时可以采用爆炸法、焚烧法、溶解法和化学分解法。

60. 爆炸法和焚烧法销毁爆破器材的场地应选择在安全偏僻地带，距周围建筑物不应小于200m，距铁路、公路不应小于50m。

61. 禁止在夜间、雨天、雾天和三级风以上的天气里销毁爆破器材。

62. 不抗水的硝铵类炸药和黑火药可用溶解法销毁。对不溶解的残渣应收集在一起，再用爆炸法或焚烧法销毁。

63. 当库房内存放两种以上爆破器材时，其中任何两种爆破器材都应能满足同库存放的要求。

64. 电雷管主要由五部分组成：管壳、电点火系统、加强帽、起爆药和猛炸药，延期电雷管还有延期体元件。

65. 电雷管的电发火系统按照转变电能和点燃引火头的方法不同可分为：桥丝炽热式点火系统、导电引燃药炽热电点火系统和火花式电点火系统。

66. 导爆管雷管主要由导爆管、卡口塞、加强帽、起爆药、猛炸药和管壳五部分组成。

67. 导爆管雷管具有抗静电、抗雷电、抗射频、抗水、抗杂散电流的能力，使用安全可靠，简单易行等特点而得到广泛应用。

68. 每发工业雷管出厂时必须有编码；工业雷管编码必须在10年内具有唯一性。

69. 工业雷管编码采用13位字码，由生产企业代码、生产年份代码、生产月份、生产日、特征号及流水号组成。

70. 工业雷管的主要性能参数是电阻、最大安全电流和最小发火电流。

71. 雷管和小直径药包底部有一凹穴，其作用是为了提高雷管和药包的聚能效应。

72. 瞬发电雷管有两种点火装置：直插式、引火头式。

73. 导爆索是传递爆轰波的起爆器材，其爆速一般不小于6000m/s。

74. 电雷管的最高安全电流是指给电雷管通以恒定直流电，在一定时间5min内不会引燃引火头的最大电流。

75. 在有煤尘或瓦斯的环境中爆破使用毫秒雷管时，总延期时间不得超过130ms，禁止使用秒或半秒延期雷管。

76. 电雷管的最低准爆电流是指给电雷管通以恒定直流电，能将全部试验雷管点燃的最小电流强度。

77. 电子雷管起爆系统在安全性、可靠性和实用性等方面具有普通电雷管起爆系统无法比拟的技术优势和实用前景。

78. 电爆网路的导通与检测，应使用专用的导通器和爆破电桥。

79. 检查、测量电雷管和电爆网路必须使用专用的爆破量测仪表，且这些仪表外壳应有良好的绝缘和防潮性能，输出电流必须小于30mA。

80. 根据电爆网路中导线的位置和作用，可以将导线分为端线、连接线、区域线和主线。

81. 导爆管起爆网路最大缺点是没有检测网路完好性的有效手段。

82. 进行爆破器材加工和爆破作业的人员，不应穿戴产生静电的衣物。

83. 起爆网路连接人员应按起爆网路图，从后起爆到先起爆的顺序连接。

84. 构成电力起爆法的器材有电雷管、导线、起爆电源和测量仪表。

85. 导爆管起爆网路可用雷管、专用起爆器具、导爆索引爆。

86. 非电起爆方法包括导爆管起爆法、导爆索起爆法。

87. 电爆网路常用的起爆电源有电池、动力交流电源、起爆器。

88. 在工程爆破中，电爆网路常用的连接形式有：串联、并串联、串并联和并串并联。

89. 电容式起爆器一般只用来起爆串联网路和并联数较少的并串联网路。

90. 同一电爆网路应使用同厂、同批、同型号的电雷管。

91. 起爆电源功率应能保证全部电雷管准爆，流经每个雷管的电流应满足：一般爆破，交流电不小于2.5A，直流电不小于2A；硐室爆破，交流电不小于4A，直流电不小于2.5A。

92. 导爆索网路可用于深孔爆破、预裂和光面爆破，而拆除爆破、复杂环境深孔爆破、城镇浅孔爆破不应采用导爆索网路。

93. 塑料导爆管的引爆方法有：击发枪引爆、雷管引爆、导爆索引爆。

94. 塑料导爆管起爆网路产生串段、重段的主要原因是：毫秒延期雷管自身的延时偏差和网路自身的延时性。

95. 向多个起爆药包传递起爆信息和能量的系统称为起爆网路，包括：电力起爆网路、导爆管起爆网路、导爆索起爆网路、数码电子雷管起爆网路和混合起爆网路。

96. 起爆网路敷设时的各种接头须将连接部位清理干净、连接牢固、用胶布缠紧。

97. 爆破作业现场常使用混合起爆网路，以保证网路的安全可靠和经济合理，混合起爆网路主要有三种形式：电雷管-导爆管雷管混合网路、导爆索-导爆管雷管混合网路和电雷管－导爆索混合网路。

98. 导爆索起爆网路具有操作简单、可靠性高、安全性好等优点。

99. 用导爆索起爆导爆管时，宜采用垂直连接。

100. 敷设起爆网路应由有经验的爆破员或爆破工程技术人员实施，并实行双人作业制。

101. 导爆管起爆网路通常由以下四种元件组成：击发元件、传爆元件、起爆元件和连接元件。

102. 连接导爆索中间不应出现打结或打圈；交叉敷设时，应在两根导爆索之间设置厚度不小于10cm的木质垫块。

103. 切割导爆索应使用锋利刀具，不应用剪刀剪断导爆索。

104. 常用的电雷管包括瞬发电雷管、秒延期电雷管和毫秒延期电雷管。

105. 导爆索起爆网路搭接时，两根导爆索的搭接长度不应小于15cm，雷管的聚能穴应朝向导爆索的传爆方向，支线与主线传爆方向的夹角应小于90°。

106. 在有矿尘、煤尘或气体爆炸危险的矿井爆破，禁止使用导爆管起爆。

107. 逐孔起爆技术的特点是：先爆炮孔为后爆炮孔多创造一个自由面；爆炸应力波靠自由面充分反射，岩石加强破碎；相邻孔爆破相互碰撞、挤压，增强岩石二次破碎；同段爆破药量小，可减小爆破振动。

108. 岩石种类很多，按照它的形成原因可分为岩浆岩、沉积岩、变质岩。

109. 与爆破关系密切的地形地质条件是：地形地貌、岩性、地质构造、水文地质和特殊地质条件。

110. 岩石介质对爆破作用的抵抗能力和其性质有关。从根本上说，岩石的基本性质决定其生成条件、矿物成分、结构构造状态和后期地质的营造作用。

111. 影响爆破效果的岩石物理性质主要有：密度、孔隙率、波阻抗和风化程度等。

112. 影响爆破效果的岩石力学性质主要有；岩石的变形特征、岩石的强度特征和岩石的动态特性等。

113. 影响爆破效果的因素有岩石性质、炸药与装药结构、爆破参数、爆破工艺。

114. 在岩石的动力特性中，动载强度大于静载强度，动载抗拉强度随加载速率的增大而增大。

115. 对爆破作用有影响的岩体结构构造主要有：断层、层理、节理、裂隙、褶皱、溶洞、破碎带等。

116. 描述岩体结构产状的三要素是：走向、倾向和倾角。

117. 一般爆破都会对保留边坡的内部岩体产生破坏，受破坏的程度主要与爆破药量、最小抵抗线和岩体地质条件有关。

118. 岩溶（溶洞）对爆破的不利影响主要是：改变最小抵抗线的方向、引起冲炮造成事故、影响爆破效果、增加爆破施工难度和影响爆后边坡的质量。

119. 爆破施工过程中，如发现地形测量结果和地质条件与原设计依据不相符时，应及时修改设计和采用相应的补救措施。

120. 炸药爆炸能量利用率，不仅与药包埋置深度和介质的质量有关，还与微地形的变化有关。同一地形坡度，多面临空地形炸药爆炸能量有效利用率最高。

121. 传播途径不同，应力波分为两类：在介质内部传播的应力波称为体积波，仅在介质表面一定深度内传播的应力波称为表面波。

122. 爆炸载荷为动载荷，在爆炸载荷作用下，岩石中引起的应力状态表现为动应力状态。它不仅随时间而变化，而且随距离远近而变化。

123. 爆破作用指数是指爆破漏斗半径和最小抵抗线的比值。

124. 爆破漏斗的几何参数包括：自由面；最小抵抗线；爆破漏斗半径；爆破作业半径；爆破漏斗深度；爆破漏斗的可见深度；爆破漏斗张开角。

125. 当炸药置于无限均质岩石中爆炸时，在岩石中将形成以炸药为中心的由近及远的不同破坏区域，分别为粉碎区（压缩区）、裂隙区（破裂区）及弹性振动区。

126. 预裂爆破的成缝机理，包括以下几种解释：应力波干涉破坏理论、以高压气体为主要作用的理论和爆炸应力波和高压气体联合作用理论。

127. 影响爆破作用的因素很多，归纳起来主要有三个方面，即炸药性能；岩石特性；爆破条件和爆破工艺。

128. 根据起爆药包在炮孔中安置的位置不同，有三种不同的起爆方式：第一种是反向起爆；第二种是正向起爆；第三种是多点起爆。

129. 实行精细爆破的技术支撑条件包括：新技术、新工艺、新材料和新设备，即“四新”技术。

130. 常用的露天爆破方法有深孔爆破、浅孔爆破、边坡控制爆破、硐室爆破和高温爆破、冻土爆破。

131. 浅孔爆破的炮孔孔径小于或等于50mm，孔深小于5m。

132. 露天深孔台阶爆破的台阶要素主要爆破参数包括：单位炸药消耗量、孔距与排距、最小抵抗线、填塞长度、超深与孔径、底盘抵抗线等。

133. 装药不耦合系数是指炮孔直径和装药直径的比值；单位炸药消耗量是指爆破单位体积岩石所消耗的炸药量。

134. 深孔台阶爆破的超深的作用是降低装药中心位置，克服底盘岩石的夹制作用，使爆后少留或不留根坎以形成平整的底部平台。

135. 露天深孔爆破的孔径主要取决于钻机类型、台阶高度和岩石性质。

136. 爆破药包的最小抵抗线是指药包中心到自由面的最小距离。

137. 炮孔的底盘抵抗线过大时，可采取加密炮孔、预拉底和底部装威力大的炸药等措施来避免产生根底。

138. 影响单位炸药消耗量的因素主要有岩石的可爆性、炸药特性、自由面条件、起爆方式和块度要求。

139. 在露天深孔爆破中，装药结构分为连续装药结构、分段装药结构、孔底装药结构和混合装药结构。在预裂和光面爆破中，采用不耦合装药结构。

140. 露天台阶爆破多排孔布孔方式有方形、矩形、三角（梅花）形。

141. 深孔台阶爆破施工工艺包括施工准备、钻孔、装药、填塞、起爆网路连接、起爆和爆后检查。

142. 露天深孔爆破炮孔装药前要对炮孔进行验收，其主要内容有：检查炮孔的深度和孔网参数、复核前排各炮孔的抵抗线和查看孔中含水情况。

143. 露天浅孔爆破容易出现爆破飞石、冲炮和爆后残留根底等问题。

144. 露天台阶爆破的一个重要特征是采用多排孔毫秒延期起爆，多排孔毫秒延期起爆的作用原理有：应力波叠加作用、增加自由面的作用、岩块相互碰撞作用和减少爆破振动作用。

145. 毫秒延期间隔时间的选择主要与岩石性质、抵抗线、岩体移动速度以及对破碎效果和减振的要求等因素有关。

146. 硐室爆破按爆破作用特征分为标准抛掷爆破、加强抛掷爆破、减弱抛掷爆破和松动爆破。

147. 选择药包的最小抵抗线是硐室爆破中药包布置的核心问题。最小抵抗线应根据爆区地形、周围环境和爆破要求而定。

148. 为确保浅孔爆破的爆破质量，采取的措施有：合理的单位炸药消耗量、充分利用临空面、避免最小抵抗线与炮孔在同一个方向、确保堵塞长度和合理分配炮孔底部装药。

149. 边坡控制爆破时，维护边坡稳定的重要技术措施是采用光面爆破和预裂爆破。

150. 光面爆破和预裂爆破的不同点包括：炮孔起爆顺序不同、自由面数目不同和单位炸药消耗量不同。

151. 高温爆破是指炮孔温度在40～80℃的爆破作业，80℃以上严禁在未采取任何有效措施下实施爆破。

152. 高温爆破测温需采用至少两种型号的测温仪同时进行，高温爆破采用的测温仪主要有接触式和非接触式两大类。

153. 地下矿山开凿在岩体或矿层中不直通地表的水平巷道，称为平巷；在地层中开凿的直通地表的水平巷道称为平硐。

154. 地下采矿浅孔爆破主要用于留矿法、分层充填法、分层崩落法以及某些房柱法采矿作业中。

155. 地下采矿炮孔深度与矿体、围岩性质、矿体厚度及边界形状等因素有关。它不仅决定着采矿场每循环的进尺和采高、回采强度，且影响爆破效果和材料消耗。

156. VCR 是垂直深孔球状药包后退式崩矿方法的简称，其主要特点是炮孔两端是敞开的，要求采用堵孔，将药包停留在预定的位置上，所以装药是这种爆破方法非常关键的作业。

157. 巷道掘进爆破的掏槽方式的选择，主要取决于巷道断面大小、岩石性质、岩层地质条件和循环进尺要求等。

158. 地下采场深孔爆破，深孔布置方式有两种：平行布孔和扇形布孔。

159. 平巷掘进爆破的特点是只有一个自由面，同时炮孔深度受到限制，一般使用1.5～3.0m。

160. 平巷掘进爆破掏槽孔的形式可分为倾斜孔掏槽、平行空孔直线掏槽、混合式掏槽。

161. 井筒掘进爆破掏槽孔最常用的有圆锥形掏槽和直孔筒形掏槽两种形式。

162. 井巷掘进中按作用不同，炮孔分为掏槽孔、辅助孔（崩落孔）、周边孔三种。

163. 平行空孔直线掏槽有龟裂、筒形、螺旋式三种类型。

164. 平行空孔直线掏槽中，空孔的作用是作为装药炮孔爆破时的辅助自由面和破碎体的补偿空间。

165. 直孔掏槽在单位炸药消耗量和爆破单位体积岩石所需的炮孔长度方面都比楔形掏槽高，其主要原因是直孔掏槽槽腔的炸药单耗和炮孔数目明显偏高。

166. 隧道开挖常用的方法有全断面开挖法、半断面开挖法、分部开挖法。

167. 浅埋隧道爆破开挖的基本原则是：短进尺、弱爆破、多循环和强支护。

168. 预裂爆破钻孔质量的好坏取决于：钻孔机械性能、施工中控制钻孔角度和工人操作技术水平。

169. 预裂爆破时，预裂缝形成后的作用是：防止主爆区的破裂缝伸向保留区和减小主爆区对保留区的振动影响。

170. 城镇大规模岩土爆破时，起爆技术至关重要，根据炮孔距保护物的远近，采用数孔一响、一孔一响或一孔内 2～3 响的不同起爆方式。

171. 爆破现场混制铵油炸药品种，仅限于多孔粒状铵油炸药和重铵油炸药。

172. 水下爆破作业船上的工作人员作业时，应穿好救生衣或应备有相应数量的救生设备，无关人员不准许登上爆破作业船。

173. 水下爆破中的导爆索起爆网路应在主导爆索上加系浮标，使其悬吊；应避免导爆索网路沉入水底，造成网路交叉，破坏起爆网路。

174. 水下裸露药包应有足够的配重，使其能顺利自沉，药包表面应包裹良好，防止与礁石（或被爆破物）碰撞、摩擦损坏。

175. 水下电爆网路的导线，应采用有足够强度且防水性和柔韧性良好的绝缘胶质线，不应采用铝芯线或带接头的铜芯线。

176. 水下爆破工作船（平台）及其辅助船舶，应按规定悬挂信号（灯号）。

177. 水下钻孔爆破，应采取隔绝电源和防止错位等安全措施，才准边钻孔边装药。

178. 潜水爆破应在潜水员离开水面，并将作业船移至安全地点后，才准起爆。

179. 拆除爆破技术主要内容包括：工程概况、爆破设计方案、爆破参数选择、爆破网路设计和爆破安全设计及防护措施。

180. 拆除爆破按爆破方式分类可分为钻孔爆破、水压爆破、聚能切割爆破和膨胀剂静态破碎。

181. 楼房拆除爆破根据倒塌方式不同，其总体方案有：定向倒塌、原地坍塌、逐跨坍塌和折叠倒塌。

182. 爆破缺口参数是影响烟囱失稳倒塌的关键因素，常见的缺口形状有：长方形缺口、梯形缺口、倒梯形缺口、斜形缺口、反斜形缺口和反人字形缺口等。

183. 拆除爆破防止飞石飞散的防护措施有直接覆盖防护、近体防护和保护性防护。

184. 水压爆破中水的主要作用是：传能作用、缓冲作用和水楔作用。

185. 爆破工地可能遇到的外来电有雷电、静电、杂散电和感应电。

186. 爆破作业可能产生的公害有爆破振动、爆破冲击波、爆破飞散物、有害气体、爆破噪声和爆破烟尘。

187. 标志爆破振动强度的主要特征参数是地表峰值质点振动速度和主振频率。

188. 爆破振动强度随炸药量的增加而增大，随离爆源距离的增大而减小。

189. 爆破作业地点存放爆破器材的数量应为当班作业所需的爆破器材。

190. 为防止炮烟中毒，露天爆破时人员应位于上风方向。

191. 实施电起爆出现拒爆时，必须立即切断电源，并将网路主线短接。

192. 岩土爆破时，大量飞石主要是顺着最小抵抗线方向向外抛撒的。

193. 遇雷雨时，爆区所有人员应立即撤离危险区。撤离前应将电爆网路导线与大地绝缘，并禁止将其构成闭合回路。

194. 露天爆破飞散物对人员的最小安全允许距离是：浅孔爆破大块300m；浅孔台阶爆破200m；复杂地质条件下或未形成台阶工作面时300m；深孔爆破按设计确定，但不少于200m；硐室爆破按设计确定，但不少于300m。

195. 爆破安全技术包括爆破施工作业中的安全问题和爆破对周围建筑设施与环境安全影响两大部分。

196. 为安全实施爆破作业，两人以上共同作业时应指定负责人。

197. 导致爆破事故的人为因素主要是爆破作业人员安全技术差、安全意识淡薄和违章作业。

198. 《爆破安全规程》规定：B、C、D级一般岩土爆破工程遇下列情况，距爆区1000m范围内有国家一、二级文物或特别重要的建（构）筑物设施；距爆区500m范围内有国家三级文物、风景名胜区或重要的建（构）筑物设施；距爆区300m范围内有国家省级文物、医院、学校、居民楼、办公楼等重要保护对象应提高一个相应爆破工程的管理等级。

199. A级、B级爆破工程设计及在城区、风景名胜区、距重要设施500m范围内实施的爆破工程，应经所在地市级公安机关批准。

200. 爆破设计由设计单位编制，施工组织设计由施工单位编写，设计、施工由同一爆破作业单位承担的爆破工程，允许将施工组织设计与爆破技术设计合并。

201. 与建设程序相对应的工程造价分为投资估算、概算、预算、竣工结算四种。

202. 爆破施工组织设计应突出三方面是施工方案、施工进度计划和施工平面布置。

203. 爆破作业是利用炸药的爆炸能量对介质做功，以达到预定工程目标的作业。

204. 通常爆破效果的好坏可以从爆破块度、爆堆形态和爆破危害效应等方面来判断。

205. 爆破工程的作业程序可分为工程准备及爆破设计、施工和爆破实施三个阶段。

206. 大雾天气，能见度不超过100m时，应停止露天、水下爆破作业，所有人员应立即撤到安全地点。

207. 距工作面20m以内的风流中瓦斯含量达到或超过1%或有瓦斯突出征兆的，不应进行爆破作业。

208. 实施爆破时发出的三次信号是预警信号、起爆信号、解除信号。

209. 在深孔爆破装药过程中，不应使用金属制作的炮棍，应使用木质炮棍或竹制炮棍。

210. 浅孔爆破的盲炮，经检查确认起爆网路完好时，可重新起爆。

211. 盲炮在当班不能处理或未处理完毕，应将盲炮数目、炮孔方向、装药数量和起爆药包位置等事项在现场交代清楚，由下一班继续处理完成。

212. 经安全评估审批通过的爆破设计，施工时不得任意更改。经安全评估否定的爆破设计，应重新设计、重新评估。

213. 爆破安全监理工程师发现违章指挥和违章作业，有权停止其爆破作业，并向业主和有关部门报告。

214. 遇有雷雨时，运输爆破器材的车辆应停在远离建筑物的空旷地方。

215. 常用的药包形状有集中药包和延长药包两类。

216. 在露天深孔爆破中，采用连续装药结构时，起爆药包分别放置在总装药长度的1/4 和3/4处。

217. 孔内装入起爆药包后严禁用力捣压起爆药包，防止早爆或将雷管脚线拉断造成拒爆。

218. 间距小于20m 的两个平行巷道掘进中的一个工作面需要进行爆破时，应通知相邻巷道的全体人员都撤至安全地点。

219. 在填塞过程中，应注意保护好雷管脚线或导爆管，不能将炮棍捣在雷管脚线或导爆管上，使其保持完好。

220. 爆后等待时间，露天浅孔爆破爆后应超过5min，方准许检查人员进入爆破地点，如不能确认有无盲炮，应经15min 后才能进入爆区检查。

221. 与天然地震比较，爆破地震的振动频率高，持续时间短，影响范围小。

222. 爆后安全检查的主要内容有是否有盲炮、有无危石、出现漏水、塌方等情况。

223. 在隧道中爆破，起爆人员避炮是一个突出的问题，应考虑预防飞石、爆破冲击波、洞顶石块掉落、炮烟中毒等危害。

224. 施工组织设计应突出的三个方面是施工方案、施工进度计划和施工平面布置。

225. 爆破工程按工程类别、一次爆破总药量、爆破环境复杂程度和爆破物特征，分 A、B、C、D 四个级别，实行分级管理。

226.《爆破安全规程》（GB 6722—2014）规定：B、C、D 级一般土岩爆破工程，遇下列情况应相应提高一个工程级别：距爆区1000m 范围内有国家一、二级文物或特别重要的建（构）筑物、设施；距爆区500m 范围内有国家三级文物、风景名胜区、重要的建（构）筑物、设施；距爆区300m 范围内有省级文物、医院、学校、居民楼、办公楼等保护对象。

227. 爆破设计施工、安全评估与监理负责人及主要人员应具备相应的资格和作业范围进行相关作业。

228. 需经公安机关审批的爆破作业项目，提交申请前，均应进行安全评估；经公安机关审批的爆破作业项目，实施爆破作业时应进行安全监理。

229. 从事爆破设计施工、安全评估与安全监理的爆破作业单位，应当按照相关法律、法规和《爆破安全规程》（GB 6722—2014）的规定实施爆破设计、安全评估与安全监理，并承担相应的法律责任。

230. 爆破安全监理人员应在爆破器材领用、清退、爆破作业、爆后安全检查及盲炮处理的各个环节实行旁站监理，并作出监理记录。

231. 凡须经公安机关审批的爆破作业项目，爆破作业单位应在施工前 3 天发布公告，施工公告的内容包括：爆破作业项目的名称、委托单位、设计施工单位、安全评估单位、安全监理单位和爆破作业时限等。

232. 加工起爆药包和起爆药柱，应在指定的安全地点进行，加工数量不应超过当班爆破作业用量。

233. 爆破工程使用的炸药、雷管、导爆管、导爆索、电线、起爆器、测量仪表均应作现场检测，检测合格后方可使用。

234. 电爆网路的连接线不应使用裸露导线，不得使用照明线、铁轨、钢管、钢丝作爆破线路，电爆网路与电源开关之间应设置中间开关。

235. 电爆网路的导通和电阻值检查，应使用专用导通器和爆破电桥，导通器和爆破电桥应每月检查一次，其工作电流应小于30mA。

236. 采用地表延时网路时，地表雷管与相邻导爆管之间应留有足够的安全距离，孔内应采用高段别雷管，确保地表未起爆雷管与已起爆药包之间的水平距离大于20m。

237. 爆破装药用电灯照明时，在装药警戒区20m以外可装220V的照明材料，在作业现场或硐室内应使用电压不高于36V的照明材料。

238. 混装炸药车行驶速度不应超过40km/h，扬尘、起雾、暴风雨等能见度差时速度减半；平坦道路上行驶时，两车距离不应小于50m；上山或下山时两车距离不应小于200m。

239. 混装乳化炸药装药完毕10min后，经检查合格后才可进行填塞并测量填塞段长度是否符合爆破设计要求。

240. 预装药作业时应制定安全作业细则并经爆破技术负责人审批；预装药爆区应设专人看管，并作醒目警示标识，无关人员及车辆不得进入预装药爆区。

241. 《爆破安全规程》（GB 6722—2014）中规定，盲炮处理后应由处理者填写登记卡或提交报告，说明产生盲炮的原因、处理的方法、效果和预防措施。

242. 硐室、深孔和浅孔爆破装药后都应进行填塞，禁止使用无填塞爆破。

243. 《爆破安全规程》（GB 6722—2014）中规定：爆破有害效应的监测单位应经有关部门认证具有法定资格，所使用的测试系统应满足国家计量法规的要求。

244. 《爆破安全规程》（GB 6722—2014）中规定：爆破有害效应的监测报告内容应包括：监测目的和方法、测点布置、测试系统的标定结果、实测波形图及其处理方法、各种实测数据、判定标准和判定结论。

245. 《爆破安全规程》（GB 6722—2014）中规定：地下爆破时，距井下爆破器材库30m以内的区域不应进行爆破作业；在离爆破器材库30～100m区域内进行爆破时，人员不应停留在爆破器材库内。

246. 煤矿井下爆破作业时，必须使用煤矿许用炸药和煤矿许用电雷管，不应使用导爆管或普通导爆索。

247. 煤矿和有瓦斯矿井选用许用炸药时，应遵守煤炭行业规定；同一工作面不应使用两种不同品种的炸药。

248. 高温爆破作业时，应严格控制一次爆破的炮孔数目，确保在规定时间内完成装药、填塞及起爆工作。

249. 高温爆破作业时不得在高温炮孔内放置雷管，应采用孔内敷设导爆索、孔外使用电雷管和导爆管雷管的起爆方式；应将导爆索捆在起爆药包外，不得直接插入药包内。

250. 拆除爆破须进行试爆时，试爆方案应经爆破技术负责人批准，并应在爆破设计人员的指导下进行试爆。

251. 拆除爆破及城镇浅孔爆破严禁采用裸露爆破及孔外导爆索起爆网路。

252. 烟囱、冷却塔类构筑物爆破拆除施工作业的预拆除、钻孔、起爆网路都应保持对于设计倒塌方向中心线的对称性。

253. 爆破器材运达目的地后，收货单位应指派专人领取，认真检查爆破器材的包装、数量和质量；如果包装破损，数量与质量不符，应立即报告有关部门，并在有关代表参加下编制报告书，分送有关部门。

254. 民用爆炸物品治安管理的目的是保障社会公共安全，其核心要求是防止民用爆炸物品非法流失，防止民用爆炸物品在运输、储存、爆破作业活动中发生安全事故；其最基本的措施就是对爆炸物品及其危害作业的封闭管理；其监督实施的主体是公安机关。

255. 民用爆炸物品的从业主体，即从事民用爆炸物品生产、销售、购买、运输、储存和爆破作业活动的单位或个人，均纳入民用爆炸物品治安管理范畴。

256. 民用爆炸物品的从业单位包括爆破作业单位、民用爆炸物品生产企业和销售企业三个主要类别。其中爆破作业单位分为营业性和非营业性两类，由公安机关负责实施行政许可。

257. 民用爆炸物品从业单位依法应当在规定的时间内向公安机关报告从事相应从业活动的资质、基本活动、民用爆炸物品交易流向等三类基本情况的治安管理要素信息，由公安机关登记、备查、纳入日常管理，并为申请后续从业活动许可的依据。

258. 爆炸物品的生产、贮存、销售、购买、运输、使用，必须遵守《中华人民共和国民用爆炸物品管理条例》。

259. 实施民用爆炸物品治安管理的主要措施，包括行政许可管理、现场监管和对违反民用爆炸物品治安管理行为的调查处置等三个重要方面。

260. 民用爆炸物品交易备案，即销售或购买民用爆炸物品的企业应当自民用爆炸买卖成交之日起3日内，将销售或购买的品种、数量向各自单位所在地县级公安机关备案。

261. 政府主管部门可以采用行政许可、罚款、追究刑事责任和监督检查措施加强民用爆炸物品安全管理。

262. 爆破作业人员包括爆破工程技术人员、爆破员、安全员和保管员。

263. 爆破设计人员应持有《爆破作业人员许可证》，并只能从事作业证上规定的范围、级别内的爆破工程设计施工、评估和监理。

264. 国家对民用爆炸物品的生产、销售、购买、运输和爆破作业实行许可证制度。

265. 未经许可，任何单位或者个人不得生产、销售、购买、运输民用爆炸物品，不得从事爆炸作业。

266. 销售、购买民用爆炸物品，应当通过银行账号进行交易，不得使用现金或者实物进行交易。

267. 营业性爆破作业单位应当按照其资质等级承接爆破作业项目，爆破作业人员应当按照其资格等级从事爆破作业。

268. 销售民用爆炸物品的企业，应当将购买单位的许可证、银行账户转账凭证、经办人的身份证复印件保存2 年备查。

269. 民用爆炸物品使用单位申请购买民用爆炸物品时必须提供该单位的《爆破作业单位许可证》。

270. 民用爆炸物品的装载应符合国家有关标准和规范，车厢内不得载人。

271. 运输民用爆炸物品的车辆应按照规定的路线行驶，途中经停应当有专人看守，并远离建筑设施和人口稠密的地方，不得在许可以外的地点经停。

272. 装卸民用爆炸物品时，应在装卸现场设置警戒，禁止无关人员进入。

273. 实施爆破作业时，应当在安全距离以外设置警示标志并安排警戒人员，防止无关人员进入。

274. 营业性爆破作业单位接受委托实施爆破作业，应在签订爆破作业合同后3 日内，携带爆破作业合同向爆破作业所在地县级公安机关备案。

275. 未携带《民用爆炸物品运输许可证》运输民用爆炸物品的，由公安机关责令改正，处5 万元以上 20 万元以下的罚款。

276. 民用爆炸物品从业单位转让、出借、转借、抵押、赠送民用爆炸物品的，由公安机关处以 2 万元以上 10 万元以下的罚款；情节严重的，吊销其许可证。

277. 爆破作业单位未经许可实施爆破作业的，可由公安机关对单位处以5 万元以上 20 万元以下的罚款。

278. 爆破作业单位聘用无资格人员从事爆破作业或爆破器材管理的，可由公安机关对单位处以10 万元以上 50 万元以下的罚款。

279. 爆破作业单位聘用无资格人员从事爆破作业或爆破器材管理的，可由公安机关对行为人给予行政拘留。

280. 违反爆炸物品的管理规定，在生产、储存、运输、使用中发生重大事故，造成后果特别严重的，处以三年以上七年以下有期徒刑。

281. 运输民用爆炸物品时，装载民用爆炸物品的车厢载人的，由公安机关责令改正，处以5万元以上20万元以下的罚款。

282. 《民用爆炸物品运输许可证》使用要严格执行一证一车一次的规定。

283. 营业性爆破作业单位是指具有独立法人资格，承接爆破作业项目设计施工、或安全评估、或安全监理的单位。

284. 非营业性爆破作业单位是指仅为本单位合法的生产活动需要，在限定区域内自行实施爆破作业的单位。

285. 爆破作业单位的具体资质条件包括单位主体资格、储存仓库、资金条件、人员条件、专用设备、施工业绩等方面，公安机关根据资质条件核发《爆破作业单位许可证》。

286. 非营业性爆破作业单位的储存库必须自有、自用，且经过有资质的安全评价机构评价合格。

287. 营业性爆破作业单位应建立爆破作业业绩档案管理制度，在爆破作业活动结束后15日内，如实将本单位从事爆破作业活动的有关情况录入民用爆炸物品信息管理系统。

288. 爆破作业项目业绩是营业性爆破作业单位申请换证或升级工作的基础，实施爆破作业的单位应当登录项目所在省的民用爆炸物品网络服务平台，开展合同备案、项目审批和业绩备案工作，同时将相关材料送核发《爆破作业单位许可证》的公安机关备案。

289. 爆破作业单位应当如实记载领取、发放民用爆炸物品的品种、数量、编号以及领取、发放人员的姓名。领取民用爆炸物品的数量不得超过当班用量，作业后剩余的民用爆炸物品必须当班清退回库。

290. 爆破作业单位不再使用的民用爆炸物品，应当将剩余的民用爆炸物品登记造册，报所在地县级公安机关组织监督销毁。

291. 《爆破作业单位许可证》有效期届满前60日内，以及法定代表人、技术负责人、单位名称、单位地址发生变化之日起30日内，向原签发公安机关提出换发《爆破作业单位许可证》的申请。

292. 营业性爆破作业单位在爆破作业活动中发生较大爆破作业责任事故的，签发公安机关应当根据利害关系人的请求或依据职权，对其资质等级给予降级，并根据降级情况重新核定从业范围且3年内不得申请晋升企业资质等级。

293. 公安机关在工作中发现爆破作业单位资质条件不符合规定要求，未按照资质等级从事爆破作业，或发生重大（含）以上爆破作业责任事故等情形的，应书面告知许可证签发公安机关。签发公安机关应组织复核，对复核属实的应撤销其《爆破作业单位许可证》。

294. 爆破工程技术人员，是指在爆破作业单位中从事爆破作业技术及相关管理工作，并取得《爆破作业人员许可证》的人员。

295. 爆破工程技术人员资格证件为《爆破作业人员许可证》，分为高级A或高级B、中级C、初级D三个等级。

296. 按照岗位职责分工不同，爆破作业单位应设置单位技术负责人、项目技术负责人、爆破员、安全员和保管员岗位。

297. 民用爆炸物品销售企业凭《民用爆炸物品销售许可证》向民用爆炸物品生产企业购买民用爆炸物品，无须申办《民用爆炸物品购买许可证》，但应在买卖成交3日内向所在地县级人民政府公安机关备案。

298. 民用爆炸物品使用单位购买民用爆炸物品，需向所在地县级人民政府公安机关申办《民用爆炸物品购买许可证》。

299. 爆破作业单位使用混装车作业系统为本单位爆破作业项目实施爆破作业的，所使用的硝酸铵由爆破作业单位向所在地县级公安机关提出购买申请，并提供经审批的爆破作业设计施工方案、《爆破作业单位许可证》等证明材料。

300. 对民用爆炸物品储存库的治安防范是指综合利用人防、物防、技防和犬防等防范措施，防止民用爆炸物品丢失、被盗、被抢以及爆炸事故发生。

## 参 考 文 献


[1] 汪旭光．爆破设计与施工[M]．北京：冶金工业出版社，2011.

[2] 汪旭光．爆破手册[M]．北京：冶金工业出版社，2010.

[3] 刘国军，梁锐．逐孔爆破技术在采石场中的应用[C]见：中国爆破新技术Ⅲ．北京：冶金工业出版社，2012：331～334.

[4] 大昌建设集团有限公司．舟山市临城新区红茅山整治地块土石方爆破工程设计施工方案．2009. 6.

[5] 胡树文，于运婷．路堑开挖施工技术探讨．《建筑科技与管理》编委会，建筑科技与管理学术交流会论文集 ，北京，2013 年 2 月：77～78.

[6] 张鲁南，汪海亮．公路路堑深孔爆破方案的优化与实践[J]．山东科技大学学报（自然科学版），2014，No. 3：65～68.

[7] 王璞，等．市区复杂环境下深基坑开挖控制爆破[J]．工程爆破，Vol. 16，No. 1，March，2010：35～39.

[8] 中铁 11 局．京福铁路客专闽赣Ⅰ标三清山大桥道基及桥台爆破施工设计说明书．内部资料．

[9] 中铁 11 局．京福铁路客专闽赣Ⅰ标三清山隧道（上饶县段）爆破设计说明书．内部资料．

[10] 任江，王潇．预裂爆破技术在高边坡路堑开挖工程中的应用[J]．采矿技术，第 11 卷，第 2 期，2011：77～79.

[11] 刘俊轩，等．全断面光面爆破技术在坚硬岩巷掘进中的应用[J]．爆破，Vol. 31，No. 3，Sep. 2014：80～84.

[12] 戚文革，等．矿山爆破技术[M]．北京：冶金工业出版社，2010.

[13] 孙雷，等．无底柱分段崩落法现状及发展趋势[M]．中国矿山工程，Vol. 9，No. 6，2010：44～47.

[14] 江兵．大冶铁矿无底柱分段崩落法采场结构参数优化的研究[D]．硕士学位论文，武汉科技大学，2008.